Florian Schacht

Mathematische Begriffsbildung zwischen Implizitem und Explizitem

VIEWEG+TEUBNER RESEARCH

**Dortmunder Beiträge zur Entwicklung
und Erforschung des Mathematikunterrichts
Band 4**

Herausgegeben von:

Prof. Dr. Hans-Wolfgang Henn
Prof. Dr. Stephan Hußmann
Prof. Dr. Marcus Nührenbörger
Prof. Dr. Susanne Prediger
Prof. Dr. Christoph Selter
Technische Universität Dortmund

Eines der zentralen Anliegen der Entwicklung und Erforschung des Mathematikunterrichts stellt die Verbindung von konstruktiven Entwicklungsarbeiten und rekonstruktiven empirischen Analysen der Besonderheiten, Voraussetzungen und Strukturen von Lehr- und Lernprozessen dar. Dieses Wechselspiel findet Ausdruck in der sorgsamen Konzeption von mathematischen Aufgabenformaten und Unterrichtsszenarien und der genauen Analyse dadurch initiierter Lernprozesse.

Die Reihe „Dortmunder Beiträge zur Entwicklung und Erforschung des Mathematikunterrichts" trägt dazu bei, ausgewählte Themen und Charakteristika des Lehrens und Lernens von Mathematik – von der Kita bis zur Hochschule – unter theoretisch vielfältigen Perspektiven besser zu verstehen.

Florian Schacht

Mathematische Begriffsbildung zwischen Implizitem und Explizitem

Individuelle Begriffsbildungsprozesse
zum Muster- und Variablenbegriff

Mit einem Geleitwort von Prof. Dr. Stephan Hußmann

VIEWEG+TEUBNER RESEARCH

Bibliografische Information der Deutschen Nationalbibliothek
Die Deutsche Nationalbibliothek verzeichnet diese Publikation in der
Deutschen Nationalbibliografie; detaillierte bibliografische Daten sind im Internet über
<http://dnb.d-nb.de> abrufbar.

Dissertation Technische Universität Dortmund, 2011

Tag der Disputation: 04.05.2011

Erstgutachter: Prof. Dr. Stephan Hußmann
Zweitgutachterin: Prof. Dr. Susanne Prediger
Drittgutachterin: Prof. Dr. Lisa Hefendehl-Hebeker

1. Auflage 2012

Alle Rechte vorbehalten
© Vieweg+Teubner Verlag | Springer Fachmedien Wiesbaden GmbH 2012

Lektorat: Ute Wrasmann | Britta Göhrisch-Radmacher

Vieweg+Teubner Verlag ist eine Marke von Springer Fachmedien.
Springer Fachmedien ist Teil der Fachverlagsgruppe Springer Science+Business Media.
www.viewegteubner.de

Umschlaggestaltung: KünkelLopka Medienentwicklung, Heidelberg
Gedruckt auf säurefreiem und chlorfrei gebleichtem Papier

ISBN 978-3-8348-1967-3

Geleitwort

Gesetzmäßigkeiten und Wirkungsweisen in Begriffsbildungsprozessen zu rekonstruieren ist eine große Herausforderung, der sich seit vielen Jahren Wissenschaftlerinnen und Wissenschaftler aus unterschiedlichen Fachdisziplinen wie Fachdidaktik, Psychologie, Philosophie oder Sprachwissenschaften stellen. Die methodischen Zugriffe und die stützenden Rahmentheorien fallen je nach disziplinärem Bezug sehr unterschiedlich aus. Um interessante und ertragreiche Ansätze für die Mathematikdidaktik nutzbar zu machen, ist es von großer Bedeutung, sie hinsichtlich ihrer Verwertbarkeit auszuloten.

Florian Schacht hat sich dieser Aufgabe in einer herausfordernden Variante gestellt, indem er die derzeit intensiv diskutierten Arbeiten des Philosophen Robert Brandom, einer der gegenwärtig anerkanntesten amerikanischen Philosophen, zur inferentiellen Semantik für die mathematikdidaktische Analyse von Begriffsbildungsprozessen aufbereitet, mit geeigneten didaktischen Theorien verflechtet und empirisch an einer Fallstudie absichert.

Der Kern der Betrachtungen von Herrn Schacht fokussiert auf die Idee, dass das (mathematische) Denken und Handeln durch eine inferentielle Struktur von Festlegungen gegliedert werden kann. Demnach stellen Festlegungen die zentralen und kleinsten Einheiten des Denkens und Handelns dar. Festlegungen haben den Charakter von Behauptungen und steuern implizit und explizit das Denken und Handeln. Sie geben an, was wir aktuell oder auch längerfristig für ‚wahr‘ halten. Festlegungen bieten somit in analytischer Hinsicht aussichtsreiche Anknüpfungspunkte, um individuelles Denken und Handeln mitsamt den Konsequenzen in einen Begründungszusammenhang zu stellen und zu analysieren.

Inhaltliche Äußerungen lassen sich unter diesem Blickwinkel zweifach deuten: als Ergebnis der individuellen Festlegungsentwicklung und als Antwort auf den normativen Status des anderen. Jede inhaltliche Äußerung ist demzufolge sowohl der eigenen Biographie als auch der Akzeptanz des Diskurspartners verpflichtet. Herr Schacht nutzt diese Doppelperspektive, um das komplexe Zusammenspiel individueller Begriffsentwicklung und sozialer Praxis zu analysieren. Hierzu reformuliert er den Brandomschen Ansatz für die Mathematikdidaktik und reichert ihn durch die Theorie der ‚conceptual fields‘ von Vergnaud an. Diese Zusammenschau erlaubt ihm zweierlei: Einerseits einen differenzierten Blick auf die Festlegungsarten zu richten, andererseits Prozesse der Begriffsentwicklung an solche Situationen zu binden, in denen die Begriffe seitens ihrer Akteure handelnd und denkend genutzt werden.

Die Fokussierung auf Inferenzen lenkt die Aufmerksamkeit auf die individuellen Denk- und Verstehensprozesse von Schülerinnen und Schülern, die sich innerhalb ihres je spezifischen Begründungszusammenhangs als in sich logisch und kohärent strukturiert zeigen. Als Beschreibungs- und Analyseinstrument vermag dieses theoretische Konstrukt die besonderen Gelenkstellen von Begriffsbildungsprozessen zu beleuchten, im Sinne der Offenlegung eines Zusammenhangs von Vorbedingungen, Vorerfahrungen und den Konklusionen der getroffenen Festlegungen.

Die Güte einer Theorie zur Rekonstruktion muss sich an ihrer Erklärungskraft für empirische Daten bewähren. Diesen Beweis ist Florian Schacht nicht schuldig geblieben. Er hat das Instrumentarium auf den Lernkontext ,Bildmuster und Zahlenfolgen' in einer 5. Klasse angewendet und die Lernprozesse hinsichtlich der Entwicklung des Variablenbegriffes analysiert. An dem Lernkontext wird der Theorierahmen beispielgebunden entwickelt und das Auswertungsschema erprobt.

Herrn Schacht ist es mit der vorliegenden Arbeit gelungen, sowohl theoretisch als auch empirisch relevante mathematikdidaktische Fragestellungen mit fundiertem und versiertem theoretisch und methodisch überzeugenden Vorgehen zu bearbeiten. Dabei begeistert die Arbeit durch die Komplexität des theoretischen Fundaments, durch die Stringenz der systematischen und komplexen Analysen, durch die Sauberkeit und Angemessenheit der Methoden, die Lesbarkeit und insbesondere durch das innovative Potential für die Mathematikdidaktik.

Stephan Hußmann

Danksagung

Entstanden ist diese Arbeit in meinem privaten und beruflichen Umfeld, von dem ich zu schätzen weiß, dass es mich inspiriert, mich stützt, mich ermutigt und mir Kraft gibt für ein solches Projekt.

Ganz besonders danken möchte ich Prof. Dr. Stephan Hußmann für das überaus produktive Arbeitsumfeld und die Unterstützung meines Projektes. Von den intensiven Gesprächen, von seinem Weitblick und seiner kreativen Art, Mathematikdidaktik zu treiben, habe ich viel gelernt. Prof. Dr. Susanne Prediger danke ich für die konstruktive Begleitung und die wichtigen Impulse, die meine Arbeit durch sie erfahren hat, sowie für die Übernahme des Zweitgutachtens. Prof. Dr. Lisa Hefendehl-Hebeker danke ich sehr für das Interesse, das sie meiner Beschäftigung mit diesem Thema entgegengebracht hat, sowie für die Übernahme des Drittgutachtens.

Die konstruktive und begrifflich anregende Arbeitsatmosphäre in der AG Hußmann / Prediger habe ich sehr genossen. Danken möchte ich insbesondere meinen Kolleg(inn)en Heinz Laakmann, Dr. Michael Meyer, Maike Schindler und Susanne Schnell für die vielen intensiven Gespräche, die Fragen beantworten und aufwerfen konnten, die meine Arbeit betrafen.

Ein ganz besonderer Dank gilt Kathrin Akinwunmi für die Hilfe bei der Auswertung der Daten der empirischen Erhebung sowie für die Bereitschaft, sich so intensiv in mein Thema mit einzudenken, dass ein tolles Arbeitsteam entstanden ist. Von den vielen Gesprächen mit Theresa Deutscher und der Möglichkeit, mit ihr den Entstehungsprozess unserer beiden Arbeiten zu reflektieren, habe ich sehr profitiert. Das überaus fruchtbare Arbeitsumfeld im Dortmunder Doktoranden Seminar am Institut für Entwicklung und Erforschung des Mathematikunterrichts, die tollen Kolleginnen und Kollegen am IEEM sowie die IEEM-DOPACG haben mir drei intensive und schöne Jahre in Dortmund geschenkt.

Prof. Dr. Uta Quasthoff und ihrem Team möchte ich für die Möglichkeit des interdisziplinären Austauschs danken und für das Interesse an meiner Arbeit.

Mein Dank gilt außerdem allen an dieser Arbeit beteiligten Schülerinnen und Schülern sowie den Lehrerinnen und Lehrern, insbesondere Conny Witzmann und Bernd Ohmann. Sie haben maßgeblich dazu beigetragen, dass dieses Projekt gelingen konnte. Dr. Christian Rüede danke ich für den kollegialen fachlichen Austausch.

Meinen engen Freundinnen und Freunden, besonders Tom Bauernfeind, Sascha Fuchs und Sarah Reinhold, möchte ich danken für die Kraft und die Rücksicht und die Verlässlichkeit, die ich in dieser Zeit erfahren habe. Es ist schön, solche Freunde zu haben. Ein solches Projekt wäre in dieser Form nicht entstanden ohne die Abwechslung, die Gespräche und die gemeinsamen Interessen mit ihnen.

Schließlich danke ich meiner Familie – Marita Determann-Schacht, Klemens Löchte und Elisa Schacht – für die gesamte Unterstützung, die ich erfahren habe, nicht zuletzt einfach dadurch, dass sie für mich da sind. Mein größter Dank gilt meiner Freundin Teresa Boldt, die mir unschätzbar viel Kraft gibt, die mich ablenkt, mich fokussieren und fragen lässt und die dadurch mir Freude bereitet, dass sie ist wie sie ist.

Florian Schacht

Inhaltsverzeichnis

Verzeichnis der Tabellen

Verzeichnis der Abbildungen

Verzeichnis der Diagramme

Einleitung

Seinem umfassenden Werk *Making it explicit* stellt der Philosoph Robert B. Brandom die Bemerkung voran, es sei eine „Untersuchung über das Wesen der *Sprache*: über die sozialen Praktiken, die uns als rationale, ja logische, mit Begriffen hantierende Wesen auszeichnen – als Wissende und Handelnde" (Brandom 2000, S. 11). Wissende und Handelnde sind wir in besonderem Maße, wenn wir Mathematik treiben. In der vorliegenden Arbeit wird eine theoretische Perspektive auf Mathematiklernen entwickelt, die das *Hantieren mit Begriffen* beim mathematischen Denken und Handeln sowie bei der Formulierung der Gründe und Konsequenzen des Denkens und Handelns, in den Mittelpunkt rückt.

Enzensberger (2009) beschreibt in seiner Geschichte vom Zahlenteufel, wie dieser mit Robert nachts in seinen Träumen eine abenteuerliche Reise durch die Welt der Mathematik unternahm. „Das Teuflische an den Zahlen ist, dass sie so einfach sind", weiß der Zahlenteufel (Enzensberger 2009, S. 15), der Robert Entdeckungen mathematischen Wissens und Handelns ermöglicht. In der fünften Nacht saßen der Zahlenteufel und Robert auf einer Palme und schmissen Kokosnüsse herunter in den Sand. Aufmal sah es unten ganz dreieckig aus:

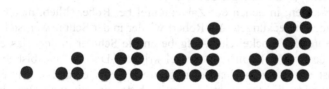

Robert sah den Zahlenteufel an. „Komisch, dass die Nüsse so ordentlich runterfallen. Robert wunderte sich. Ich hab doch gar nicht gezielt, und selbst wenn ich es drauf abgesehen hätte – so gut kann ich überhaupt nicht werfen. Ja, sagte der Alte und lächelte, so genau zielen kann man eben nur im Traum – und in der Mathematik. Im gewöhnlichen Leben klappt nichts, aber in der Mathematik klappt alles", schreibt Enzensberger (2009, S. 94).

Robert zählte die Kokosnüsse der ersten 10 Muster: 1, 3, 6, 10, 15, 21, 28, 36, 45, 55,… Er merkte schnell, dass die *dreieckigen Zahlen*, wie die beiden die Dreieckszahlen nennen, Regelmäßigkeiten aufweisen: „Drei minus eins ist zwei. Sechs minus drei ist drei. Zehn minus sechs ist vier. Da kommen alle Zahlen von eins bis zehn heraus, eine nach der andern. Toll! Und wahrscheinlich geht das immer so weiter" (Enzensberger 2009, S. 97). Der Zahlenteufel zeigte Robert viele erstaunliche Tricks, die man mit den *dreieckigen Zahlen* anstellen kann. Robert war neugierig. Der Zahlenteufel fragte: „Wenn du alle gewöhnlichen Zahlen von eins bis zwölf zusammenzählst, was kommt dann heraus?" (Enzensberger 2009, S. 99f) Diese Aufgabe fand Robert langweilig. Doch der Zahlenteufel entgegnete: „Keine Sorge. Mit den dreieckigen Zahlen geht es spielend leicht. Du suchst dir einfach die zwölfte unter ihnen heraus, dann hast du die Summe aller Zahlen von eins bis zwölf" (Enzensberger 2009, S. 100). Robert suchte die zwölfte dreieckige Zahl heraus: 78. Er war sich jedoch unsicher und fragte: „Aber wieso?" Der Zahlenteufel schrieb die Zahlen eins bis zwölf untereinander, die ersten sechs von links nach rechts, die Zahlen 7 bis 12 von rechts nach links. Er setzte einen Strich darunter und addierte:

1	2	3	4	5	6
12	11	10	9	8	7
13	13	13	13	13	13

Der Zahlenteufel fragte Robert: „Macht? (...) – ‚Sechs mal dreizehn', sagte Robert, ‚ist achtundsiebzig'. – Die zwölfte dreieckige Zahl. Stimmt genau! Da siehst du, wozu die dreieckigen Zahlen alles gut sind. Übrigens, die viereckigen sind auch nicht schlecht" (Enzensberger 2009, S. 101).

In den zwölf Nächten, in denen der Zahlenteufel bei Robert blieb, machte dieser viele spannende Entdeckungen. Als Robert wieder in der Schule war, stellte der Mathematiklehrer Dr. Bockel eine Aufgabe an die Schüler in der Klasse: „Der erste Schüler davorn (...) soll *eine* Brezel kriegen, Du, Bettina, bist die Zweite, du bekommst zwei Brezeln, Charlie kriegt drei, Doris vier, und so geht es weiter bis zum Achtunddreißigsten. Jetzt rechnet ihr bitte aus, wie viele Brezeln wir bräuchten, um auf diese Weise die ganze Klasse zu versorgen" (Enzensberger S. 251). Diese Aufgabe fand Robert öde. Er begann zu schreiben: 1+2+3+4+5+6... Da erkannte er das Muster wieder, dachte an den Zahlenteufel und schrieb:

1	2	3	...	18	19
38	37	36	...	21	20
39	39	39	...	39	39

Danach berechnete er: 19·39=741. Blitzschnell hatte er das Ergebnis gefunden. „Woher weißt du das? fragte Dr. Bockel. – ‚Ooch', antwortete Robert, ‚das rechnet sich doch fast von selber. Und er griff nach dem kleinen Sternchen unter seinem Hemd und dachte dankbar an seinen Zahlenteufel'" (Enzensberger 2009, S. 253).

Dieser Ausschnitt der Geschichte von Enzensberger macht deutlich, inwiefern sich unser Wissen und Handeln im Laufe der Zeit ändern kann, wenn wir Mathematik treiben. Lernen ist eine Entwicklung des Wissens und Handelns. In dieser Arbeit möchte ich der Frage nachgehen, was es für den Mathematikunterricht heißt, dieser Entwicklung von Wissen und Handeln, letzthin Lernprozessen von Schülerinnen und Schülern, aus einer neuartigen Perspektive nachzuspüren.

Die Geschichte von Robert kann im Zusammenhang mit der Frage, was es eigentlich heißt, sich mit Wissensaufbau bzw. Lernprozessen zu beschäftigen, erste wichtige Anhaltspunkte liefern. Als der Zahlenteufel Robert erklärt, wie man die Summe der ersten zwölf natürlichen Zahlen berechnen kann, fragt Robert den Zahlenteufel: *Aber wieso?* Der Zahlenteufel kennt hier offenbar einen Trick, den Robert nicht kennt, der Zahlenteufel weiß in dieser Situation mehr. Und es ist Robert in dieser Situation offenbar ein Grundbedürfnis, vom Zahlenteufel Gründe für seine Behauptung einzufordern. Seine Behauptung steht nicht isoliert für sich, sie ist vielmehr eingebettet in eine Reihe von Gründen und Konsequenzen, die sich daraus ergeben. Nach diesen Gründen fragt Robert, er verlangt vom Zahlenteufel, dass er sie explizit macht. Der Zahlenteufel macht seinen Grund explizit und zeigt Robert einen Trick, die zwölf Zahlen auf geschickte Weise untereinander zu schreiben. Wenn wir uns mit Wissens- und Lernprozessen beschäftigen, so fragen wir in intuitiver Weise nach Gründen und Konsequenzen. Denn: Wenn jemand etwas weiß, dann kann er Gründe geben und mögliche Konsequenzen aufzeigen. Der Kern dieser Arbeit liegt in der Idee begründet, dass wir Lernprozesse interpretieren können, indem wir die Gründe und Konsequenzen rekonstruieren, die unserem Wissen und Handeln zugrunde liegen. Nach Brandom (2000) unterscheidet sich der Mensch von anderen Lebewesen dadurch, dass er sich an Gründe und Konsequenzen bindet: „Wir sind diejenigen, für die Gründe bindend sind, die der eigentümlichen Kraft des besseren Grundes unterliegen. Diese Kraft ist eine *normative*, ein rationales ,Sollen'" (Brandom 2000, S. 37).

Als Robert in der Klasse nach kurzer Zeit Lösung zur Aufgabe angibt, mit wie vielen Brezeln man die Klasse versorgen müsse, ist Dr. Bockel sehr erstaunt über Roberts Geschwindigkeit. Er fragt Robert: *Woher weißt du das?* Es ist eines unserer Grundbedürfnisse, nach den Gründen zu fragen, die die anderen Personen für ihre Behauptungen haben. *Wie kommt Robert dazu, das Ergebnis so schnell berechnet zu haben?* Hier ist ein Trick der Grund für Roberts Schnelligkeit, an den er sich aus einer anderen Situation erinnert. Robert erinnert sich an die Situation, die Summe der ersten zwölf natürlichen Zahlen zu bilden und überträgt den Trick auf die hier vorliegende Situation. Es ist eine typisch mathematische Tätigkeit, Handlungsmuster aus gewissen Situationen entlang einer Regel zu verallgemeinern und sie dann auf andere Situationen zu übertragen, d.h. Konsequenzen und Folgerungen zu ziehen.

Insofern zeigt sich Wissensaufbau in Äußerungen und Handlungen.

Robert nutzt den Trick, den ihm der Zahlenteufel gezeigt hat, für die Brezelaufgabe. Er folgert: *Wenn ich die ersten zwölf Zahlen auf diese Weise geschickt berechnen kann, dann sicher auch die ersten achtunddreißig Zahlen.*

Überträgt man dieses Beispiel auf den Mathematikunterricht, so wird nicht nur deutlich, dass auch dort sich Wissensaufbau in Äußerungen und Handlungen zeigt, sondern dass Lernprozesse auch immer soziale Prozesse sind:

Wissensaufbau findet in der Interaktion mit anderen statt, mit den Mitschülerinnen und Mitschülern, mit den Lehrern und manchmal auch mit Zahlenteufeln. Das gilt für alle Lernprozesse.

Mathematische Lernprozesse hingegen sind noch durch eine weitere Besonderheit ausgezeichnet. Robert wundert sich, dass die Kokosnüsse so präzise fallen. So genau hätte er gar nicht werfen können, dass die Nüsse so präzise in Dreiecken angeordnet von der Palme fallen. Der Zahlenteufel hält dagegen: So „genau zielen kann man eben nur im Traum – und in der Mathematik" (Enzensberger 2009, S. 94). Mathematische Objekte – wie z.B. die Dreiecke in dieser Situation – zeichnet ihre spezifische Natur aus: Sie sind zu allererst theoretische Objekte, die wir uns vorstellen können, von denen wir *träumen* können, die wir aber nicht selbst konstruieren oder direkt real wahrnehmen können. Selbst wenn wir uns noch so sehr anstrengen und noch so präzise zeichnen, wird es uns z.B. nicht gelingen, einen perfekten Kreis zu zeichnen.

Insofern zeichnet gerade mathematisches Wissen und Handeln aus, dass wir es hier mit *theoretischen* Objekten zu tun haben, von deren Existenz wir uns letzthin nicht mit unseren Sinnen überzeugen können. Der Zahlenteufel kommentiert das sehr radikal, aber im Kern genauso: „Im wirklichen Leben klappt nichts, aber in der Mathematik klappt alles" (Enzensberger 2009, S. 94). Diese Erkenntnis hat wichtige Konsequenzen, bedeutet sie doch, dass wir uns bei der Frage nach der Richtigkeit unserer Aussagen über mathematische Objekte nicht darauf verlassen können, dass die mathematischen Objekte *in Wirklichkeit so sind*. Mathematisches Wissen und Handeln zeichnet vielmehr aus, „dass Mathematiktreibende sich im Forschungsprozess zu diesen Fragen nicht explizit äußern müssen. Sie nehmen schlicht einige Objekte als vertraute Objekte an, deren Natur nicht diskutiert werden muss (...) und führen alle anderen mathematischen Objekte darauf zurück" (Prediger 2004, S. 63f). Mathematisches Wissen und Handeln zeichnet also insbesondere aus, dass die *Gründe* und die *Konsequenzen* von Behauptungen, von Wissen und Handeln, explizit gemacht werden. Und so stellt es Robert auch nicht zufrieden, dass der Zahlenteufel ihm sagt, *dass* die Summe der ersten zwölf natürlichen Zahlen der zwölften Dreieckszahl entspreche. Robert fragt nach den Gründen, die der Zahlenteufel für diese Behauptung hat und er nutzt diese Gründe später selbst in der Klasse, um Konsequenzen und Folgerungen für ein anderes Beispiel zu nutzen. Hier wird ein weiterer Aspekt mathematischen Wissens und Handelns deutlich:

> Bedeutungsträger mathematischen Wissens sind nicht unsere Sätze und Behauptungen, die ihrerseits auf mögliche reale Objekte verweisen (denn: es gibt diese realen Objekte gar nicht). Bedeutungsträger sind vielmehr die Menschen, die diese Sätze bzw. Behauptungen gebrauchen und die Gründe und Konsequenzen in Form von weiteren Sätzen bzw. Behauptungen für ihr Wissen und Handeln angeben.

Die spezielle Natur mathematischer Objekte fördert nun in gewisser Weise ein Dilemma zu Tage, das wir haben, wenn wir uns mit dem Aufbau von mathematischem Wissen beschäftigen: Wir stehen vor dem Problem, wie wir mathematischen Wissensaufbau adäquat beschreiben können.

Folgt man einer wohlvertrauten Erklärungsstrategie, so könnte man annehmen, über mathematisches Wissen verfüge man, wenn die konkreten mathematischen Objekte in adäquater Weise mental repräsentiert sind bzw. wenn wir mathematisch tragfähige Vorstellungen zu einem gewissen Objekt herausgebildet haben. Eine in der Mathematikdidaktik wichtige Kategorie ist die der Grundvorstellung, bei der es sich „um eine *didaktische Kategorie des Lehrers* (handelt, F.S.), die im Hinblick auf ein didaktisches Ziel aus inhaltlichen Überlegungen hergeleitet wurde und Deutungsmöglichkeiten eines Sachzusammenhangs bzw. dessen mathematischen Kerns beschreibt" (vom Hofe 1995, S. 123). Vor allem die stoffdidaktische Tradition mathematikdidaktischer Forschung hat diese Kategorie intensiv genutzt, um Deutungen mathematischer Objekte entlang didaktischer und inhaltlicher Zielsetzungen genauer zu untersuchen. Ziel für den Unterricht ist in dieser Perspektive, dass sich bei den Schülerinnen und Schülern „*Grundvorstellungen ausbilden lassen*" (vom Hofe 1995, S. 123). Aus der Sicht des Zahlenteufels allerdings ist diese Erklärungsstrategie nicht ganz unproblematisch, denn wie soll man angemessene Vorstellungen von Objekten haben, die allenfalls als theoretische Objekte vorliegen? Was ist eine korrekte Repräsentation eines perfekten Dreiecks oder Kreises, wenn wir nie in die Verlegenheit kommen werden, solche zu sehen? Andererseits ist es unbestreitbar, *dass* wir uns so etwas wie perfekte Dreiecke vorstellen. Wie sonst ließe sich erklären, dass Robert mit Verwunderung feststellt: „Ich hab doch gar nicht gezielt, und selbst wenn ich es drauf abgesehen hätte – so gut kann ich überhaupt nicht werfen" (Enzensberger 2009, S. 94). Eine der Hauptschwierigkeiten dieser an Vorstellungen und mentalen Repräsentationen orientierten Erklärungsstrategie für die Beschreibung mathematischen Wissens und Handelns besteht somit darin zu klären, was es heißt, sich etwas vorzustellen oder etwas mental zu repräsentieren, das es *in Wirklichkeit* gar nicht gibt.

Eine andere wohlvertraute Erklärungsstrategie, sich der Frage nach mathematischem Wissensaufbau zu nähern, reduziert das Beschreibungsvokabular drastisch und umgeht so die Schwierigkeit der Erklärung der Natur von *Vorstellungen*. Der *mentale Repräsentationsbegriff* wird in neurowissenschaftlicher Perspektive vor allem mit Blick auf die Funktionen gewisser Hirnareale genutzt. So lassen sich sowohl Hirnregionen identifizieren, „die für Aufmerksamkeitssteuerung und Arbeitsgedächtnis zuständig" (van Aster 2005, S. 22) sind, als auch eine Hirnregion wie das horizontale Segment des intraparietalen Sulcus (HIPS), das entscheidenden Einfluss auf das Erlernen und den Gebrauch „von relationalen Begriffen, wie ‚mehr' und ‚weniger' im Zusammenhang mit dem Erlernen der Zahlwörter" (von Aster 2005, S. 16f) hat. Die Ergebnisse neurowissenschaftlicher Forschungsunterfangen der letzten Jahre konnten vielfältige neuartige Perspektiven auf Lernprozesse ermöglichen. Gleichwohl hilft eine isolierte Betrachtung neuronaler Prozesse mit einer Sprache zur Beschreibung von Funktionsweisen gewisser Hirnareale aufgrund des spezifischen Erkenntnisinteresses zum Verständnis der zunehmenden Konstruktion mathematischen Wissens nur bedingt weiter. Insbesondere sind individuelle begriffliche – mathematische – Entwicklungsprozesse von vielen Einflussfaktoren bedingt: neben der individuellen mentalen Disposition auch von den sozialen Einflussfaktoren und vor allem natürlich durch die Spezifität der mathematischen Gegenstände an sich.

Hier zeigt sich das Dilemma bei der Betrachtung von Lernprozessen und Wissensaufbau deutlich. Wählt man eine am Vorstellungs- und Repräsentationsbegriff orientierte Erklärungsstrategie zur Beschreibung mathematischen Wissens, so ist man vor die Herausforderung gestellt, anzugeben, was Vorstellungen und mentale Repräsentationen von (mathematischen) Objekten sind, die ihrerseits allenfalls eine theoretische Natur haben. Wählt man hingegen einen Zugang, der sich darauf beschränkt, neuronale Aktivitäten beim Mathematiktreiben zu untersuchen, so bleibt die Herausforderung, dabei den spezifischen Charakter mathematischer Objekte und die sozialen Einflussfaktoren in konkreten Lernsituationen in angemessener Weise mit zu berücksichtigen.

Der in dieser Arbeit eingeschlagene Weg ist eine Art Mittelweg. Die hier verwendete Sprache ist weder so großzügig, mathematischen Wissensaufbau über Vorstellungen und mentale Repräsentationen zu betrachten, noch so geizig, sich ausschließlich auf naturalistisches Vokabular zu beschränken (vgl. auch Brandom 2000, S. 15). Der hier eingeschlagene Weg startet bei dem, was spezifisch für mathematisches Wissen und Handeln ist: bei den Gründen, die Mathematiktreibende für ihre Behauptungen und Handlungen haben und den Konsequenzen, die sich daraus ergeben. Wissen und Wissensentstehung werden in dieser Arbeit rekonstruiert über die systematische Betrachtung der Gründe, die wir für unser mathematisches Tun haben, sowie über die Konsequenzen, die sich daraus ergeben. Nach Wissen und Wissensaufbau zu fragen meint somit, sowohl nach den Gründen für die Äußerungen und Handlungen als auch nach den Folgerungen und Konsequenzen zu fragen. Wissen ist in dieser Perspektive nicht etwas, das *wahr ist* aufgrund seiner Übereinstimmung mit extern wahrgenommenen Reizen: weil etwas so und so *ist*. Vielmehr ist Wissen in dieser Perspektive etwas, das *für wahr gehalten wird*, weil es sich dadurch auszeichnet, dass wir es in Form von Behauptungen „in den logischen Raum der Gründe, der Rechtfertigung und der Fähigkeit zur Rechtfertigung des Gesagten" (Sellars 1999, S. 66) stellen können: weil der und der Grund vorgebracht werden kann und das und das folgt.

Diese Perspektive ermöglicht es, mathematisches Wissen und Handeln über den Gebrauch von Begriffen, über die Gründe, die wir für die Begriffsanwendung beim Mathematiktreiben haben, in neuartiger Weise erklären. Mathematisches Wissen wird hier nicht erklärt über den Bezug zu den konkreten mathematischen Objekten, sondern vielmehr über den Bezug zu den Personen, die die mathematischen Objekte in ihren Behauptungen und Gründen verwenden und aus diesen Konsequenzen ableiten. Robert nutzt beispielsweise für die Berechnung der Brezelaufgabe einen Trick, den er in einer anderen Situation gelernt hat. Er nutzt sein Wissen für die neue Situation und leitet die Bearbeitungsweise von bereits Gelerntem ab. Gleichzeitig kann er sein Handeln mit Hilfe des Tricks begründen.

Aus dieser Idee heraus wird im Rahmen der vorliegenden Arbeit eine Perspektive auf mathematisches Wissen und Handeln eingenommen und diskutiert, die die Gründe für mathematisches Wissen und Handeln und die Konsequenzen, die sich daraus ergeben, rekonstruiert. Die Gründe und Folgerungen werden explizit gemacht, sie stellen eine Form praktischen *Tuns* dar, über das wir mathematisches Wissen und Handeln beschreiben können.

Diese Perspektive knüpft daher in kohärenter Weise an die oben skizzierten Aspekte mathematischen Wissens und Handelns an:

Indem die Beschreibung mathematischer Wissens- und Handlungsprozesse auf individuelle Behauptungen zurückgeführt wird, für die ihrerseits entweder Gründe gegeben werden oder die selbst als Gründe für weitere Behauptungen dienen können, ergibt sich deren Bedeutung aus dem *Gebrauch* und nicht unter Bezugnahme auf die eigentlichen mathematischen Objekte. Diese Perspektive überwindet daher das Problem der Ontologie mathematischer Gegenstände, indem hier speziell für die Beschreibung mathematischen Wissens nicht auf die Realität mathematischer Gegenstände (als theoretische Objekte) bzw. auf adäquate Vorstellungen oder mentale Repräsentationen von ebendiesen Bezug genommen wird. Stattdessen werden Bedeutungen, Wissen und Handeln über ein *praktisches Tun* – das Aufstellen von Behauptungen im Raum des Gebens und Verlangens von Gründen - rekonstruiert.

Integraler Bestandteil dieser Perspektive ist insofern gleichsam die soziale Perspektive auf mathematisches Wissen und Handeln. Gefragt wird hier nicht, ob Behauptungen *wahr sind*, sondern inwiefern und welche Behauptungen *für wahr gehalten* und entsprechend begründet werden. Gleichzeitig steht das eigene Wissen und Handeln mit jeder Aussage des Gegenübers zur Disposition, jede andere Behauptung kann Auswirkungen auf unsere eigenen Gründe und Konsequenzen haben. Die Behauptung des Zahlenteufels, die Summe der ersten 12 natürlichen Zahlen entspreche der zwölften Dreieckszahl, hat fundamentale Auswirkungen auf Roberts Wissen und Handeln sowie auf dessen Gründe im weiteren Verlauf der Geschichte. Insofern ist mathematisches Wissen nicht nur Produkt sozialer Prozesse, vielmehr wird mit der hier eingenommenen Perspektive diesem Aspekt in fundamentaler Weise Rechnung getragen.

Schließlich sind es die individuellen Äußerungen und Handlungen, die den Ausgangspunkt der Untersuchung mathematischen Wissensaufbaus darstellen. Nach Gründen und Folgerungen von Behauptungen zu fragen, bedeutet, eine spezifische Form mathematischen und vor allem praktischen *Handelns* in den Mittelpunkt der Betrachtungen zu stellen. Dahinter steht die Überzeugung, dass mathematisches Wissen sich eben in Äußerungen und Handlungen ausdrückt.

Um diese Perspektive in der vorliegenden Arbeit einzunehmen, wird im ersten Teil der Arbeit zunächst das theoretische Fundament etabliert. Dazu wird in Kapitel 1 eine Theorie der Begriffsbildung in inferentialistischer Perspektive entwickelt. Dahinter steht die Auffassung, dass die Entwicklung individuellen mathematischen Wissens und Handelns in aller erster Linie individuelle *Begriffsbildung* ist, denn „Mathematik ist ein Denken in und ein Handeln mit Begriffen" (Hußmann 2009, S. 62). Diese theoretische Fundierung schärft die Begriffe der *Gründe* und *Folgerungen* weiter aus und nutzt stattdessen *Festlegungen, Berechtigungen* und *Inferenzen* als die analytischen Grundeinheiten zur Beschreibung individueller Begriffsbildungsprozesse. Hinter dieser weiteren Ausschärfung steht die Idee, dass wir uns mit jeder Behauptung *festlegen*: auf Konsequenzen, die aus der Behauptung folgen sowie auf Gründe. Außerdem können wir fragen, welche Gründe uns zu möglichen Behauptungen *berechtigen*. In Kapitel 2 wird aufbauend auf den theoretischen Erwägungen ein auswertungspraktisches Analyseschema entwickelt. Der so entstandene Gesamtrahmen (forschungstheoretisches Fundament und forschungspraktisches Analyseschema) wird in einem vergleichenden Kapitel bereits existierenden Ansätzen der mathematikdidaktischen Forschung zur Analyse von Begriffsbildungsprozessen gegenübergestellt.

Der Gesamtrahmen wird dann im zweiten Teil der Arbeit genutzt, um eine Analyse des Gegenstandsbereiches vorzunehmen, in den der Lernkontext der empirischen Erhebung eingebettet ist. Deren Ergebnisse und Zusammenfassungen werden im dritten Teil der Arbeit diskutiert.

Auf diese Weise wird die Beschreibung der Entwicklung mathematischen Wissens und Handelns auf eine Beschreibung der „sozialen Praktiken, die uns als rationale, ja logische, mit Begriffen hantierende Wesen auszeichnen" (Brandom 2000, S. 11) zurückgeführt. Vor diesem Hintergrund lassen sich die maßgeblichen Erkenntnisinteressen, die mit dieser Arbeit verknüpft sind, wie folgt zusammenfassen:

- Inwiefern ist es überhaupt möglich, individuelle Begriffsbildungs*prozesse*, die sich über einen längeren Zeitraum im Rahmen einer gegebenen Unterrichtsreihe vollziehen, als *Entwicklungen von Festlegungen, Berechtigungen* und *Inferenzen* explizit zu machen?

- Was zeichnet die Entwicklung von Festlegungen, Berechtigungen und Inferenzen in einem Lernkontext zum Thema *Variable* aus?

- Inwiefern eignet sich der gegebene Lernkontext, mathematisch tragfähige Festlegungen einzugehen.

- Welche Perspektiven eröffnet der festlegungsbasierte Ansatz zur Beschreibung individueller Begriffsbildungsprozesse im Vergleich zu bereits bestehenden Ansätzen?

Teil 1

Theoretische Grundlagen

1 Individuelle Begriffsbildung in inferentialistischer Perspektive

Die vorliegende Arbeit nimmt sich zum Ziel, individuelle Begriffsbildungsprozesse genauer zu beschreiben, zu strukturieren und zu verstehen. Dafür muss zunächst geklärt werden, was genau eigentlich unter individuellen Begriffsbildungsprozessen zu verstehen ist und wie man solche Prozesse dann beschreibbar machen kann. Der Kern des hier vorliegenden theoretischen Rahmens zur Beschreibung individueller Begriffsbildungsprozesse liegt in der Fokussierung auf individuelle Festlegungen, Berechtigungen und Inferenzen. Grundlegend ist dabei die Erkenntnis, dass wir uns bei jeder Verwendung von Begriffen festlegen. Festlegungen liegen also unserem Begriffsgebrauch zugrunde. Sie bilden die kleinsten Einheiten unseres Denkens und Handelns. Hier liegt der Schlüssel für die spezifisch festlegungsbasierte Beschreibung individueller Begriffsbildungsprozesse. Lernprozesse werden auf diese Weise rekonstruiert als begriffliche Entwicklungsprozesse, die in Handlungen und sprachlichen Äußerungen, die wir ihrerseits für wahr halten, explizit gemacht werden. Es ist Aufgabe der ersten drei Kapitel dieser Arbeit, aus dieser Idee heraus einen theoretischen Rahmen und ein forschungspraktisches Auswertungsschema für die Analyse solcher begrifflichen Prozesse zu entwickeln.

In diesem Kapitel wird eine festlegungsbasierte Sicht auf individuelle Begriffsbildungsprozesse begründet. Diese Perspektive nimmt ihre wesentlichen Anleihen im Inferentialismus nach Robert Brandom (Brandom 2000). Zur Begründung des hier eingeschlagenen Weges wird dabei in diesem Kapitel zunächst die theoretische Fundierung dieser Perspektive vorgenommen. Hierbei ist zunächst zu klären, welche epistemologische Grundhaltung hinter einer solchen festlegungsbasierten Perspektive steht. Es wird darüber hinaus zu klären sein, welches Verständnis von Begriff und individueller Begriffsbildung sich aus dieser Grundhaltung ableitet. Die übergreifende epistemologische Fragestellung dieser Arbeit ist daher, inwiefern die Beschreibung und Rekonstruktion individueller Begriffsbildungsprozesse aus einer solchen Perspektive überhaupt möglich ist.

Individuelle Begriffsbildung in inferentialistischer Perspektive

Das Konzept der Festlegung als der kleinsten Einheit, um sich dem Wesen der Sprache zu nähern, geht auf die Theorie des Inferentialismus nach Robert B. Brandom zurück (Brandom 2000). Robert Brandom gehört zu einem der meist diskutierten Philosophen der Gegenwart. Mit *Making it explicit* (in deutscher Sprache 2000 erschienen: *Expressive Vernunft*) veröffentlichte Brandom 1994 ein philosophisches Werk „über das Wesen der *Sprache*: über die sozialen Praktiken, die uns als rationale, ja logische, mit Begriffen hantierende Wesen auszeichnen – als Wissende und Handelnde" (Brandom 2000, S. 11). Die Komplexität und der Reichtum an Argumentations- und Begründungszusammenhängen dieses Werks sind auch noch über 15 Jahre nach seinem Erscheinen Gegenstand der philosophischen Diskussion (vgl. z.B. Habermas 2004, S. 138ff; Sandbothe 2000, Fuhrmann / Olsen 2004). Mit *Begründen und Begreifen* arbeitet Brandom 2001 eine Vorlesungsreihe zu den Inhalten seiner Philosophie zu einer *Einführung in den Inferentialismus* aus.

Für die vorliegende Arbeit möchte ich diejenigen Aspekte und Gedankengänge des Inferentialismus nach Brandom aufgreifen, die mit Blick auf die hier zugrunde liegenden Erkenntnisinteressen von Relevanz sind. Dabei erhebe ich insbesondere angesichts der zum Teil immer noch sehr kontrovers geführten Diskussionen um Aspekte der Philosophie Robert Brandoms (vgl. z.B. Fuhrmann 2004 oder Habermas 2004) in meiner Diskussion nicht den Anspruch auf Werktreue. Gleichwohl möchte ich hier den Versuch unternehmen, die Festlegungen, die ich in dieser Arbeit eingehe, explizit zu machen und damit am Spiel des Gebens und Verlangens von Gründen teilzunehmen. Die Theorie Brandoms ist in der Mathematikdidaktik bisher sehr wenig rezipiert. An anderer Stelle wurden vor dem Hintergrund der inferentiellen Semantik Experten-Novizen-Untersuchungen zu Bruchtermgleichungen durchgeführt (vgl. Rüede 2009).

Entwickelt wird der hier vorliegende theoretische Rahmen beispielgebunden. Die nachfolgende Szene entstammt einer Interviewsituation, die im Rahmen der empirischen Erhebung entstanden ist, die für diese Arbeit durchgeführt wurde. Anhand dieser Szene werden einige Besonderheiten und Charakteristika von Festlegungen genauer betrachtet. Die umfassende Einbettung in die einschlägige Fachliteratur und detaillierte Analysen finden sich weiter hinten. Die Studie ist eingebettet in einen Lernkontext, in dem die Erforschung statischer und dynamischer Punktmuster sowie Zahlenfolgen durch die Schülerinnen und Schüler zum Anlass genommen wird, den Variablenbegriff zunächst auf propädeutischer und dann auf expliziter Ebene zu etablieren. Ziel ist dabei, mathematische Muster und Strukturen zu nutzen, um Anzahlen in Mustern bzw. Folgeglieder in Zahlenfolgen zu berechnen. Im Mittelpunkt steht dabei die Frage nach den Regeln (z.B. den Regeln des Wachstums dynamischer Punktmuster), die den mathematischen Strukturen jeweils zugrunde liegen. Solche Regeln kann man auf unterschiedliche Weise explizit machen: man kann sie verbalisieren, man kann sie im Muster direkt kenntlich machen oder Tabellen nutzen, um z.B. die Regelmäßigkeiten bei den Anzahlen von Punkten in dynamischen Punktmustern zu erkennen und zu verdeutlichen. Ebenso kann man einen Term nutzen, um die mathematische Struktur zu beschreiben. Ein möglicher Term zu dem unten abgebildeten Punktmuster lautet 2+6x (vgl. Abb. 1-1). Zu den aus fachdidaktischer Sicht bedeutsamen Zielen des Lernkontextes gehört daher der zunächst propädeutische Umgang mit Variablen, die im Verlauf des Lernkontextes in ihrer Funktion als Beschreibungsmittel für Regeln von dynamischen Zahl- und Bildmusterfolgen in einem Term explizit gemacht werden.

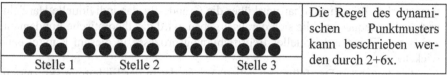 Die Regel des dynamischen Punktmusters kann beschrieben werden durch 2+6x.

Abbildung 1-1 Beispiel für eine Regel zu dynamischen Punktmustern

Die Variable ist in diesem Zusammenhang (vgl. Abb. 1-1) Beschreibungsinstrument für mathematische Strukturen. Gleichzeitig eröffnet sie als theoretisches Objekt die Möglichkeit zur Entdeckung neuer mathematischer Strukturen (eine ausführliche stoffdidaktische Fundierung und fachliche Klärung findet sich in Kapitel 4). Im Rahmen des für diese Arbeit verwendeten Lernkontextes bildet die Variable als Beschreibungsinstrument für mathematische Strukturen nicht den Ausgangspunkt, sondern das Ziel des mathematischen Tuns. Insofern wird der Variablenbegriff hier zunächst hauptsächlich auf propädeutischer Ebene thematisiert.

In einer Interviewsituation wird Karin, eine Schülerin aus Klasse 6 eines Gymnasiums, gefragt, wie viele Punkte an der 10. Stelle des Musters zu sehen wären. Sie umkreist einen 6er Block an der dritten Stelle (vgl. Abb. 1-2) und sagt: *Hier kommen ja noch 7 mal von diesen 6-Dingern dazu. 7·6 sind 42. 42 und dann plus die!* Dabei zeigt sie auf alle Punkte der dritten Stelle.

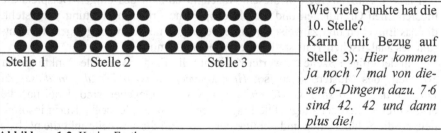 Wie viele Punkte hat die 10. Stelle?
Karin (mit Bezug auf Stelle 3): *Hier kommen ja noch 7 mal von diesen 6-Dingern dazu. 7·6 sind 42. 42 und dann plus die!*

Abbildung 1-2 Karins Festlegungen

Dieser Ausschnitt gibt einen exemplarischen Einblick in Karins Lernprozess, der hier in ihren sprachlichen Äußerungen und Handlungen explizit wird. Karin begründet ihr mathematisches Tun, indem sie die Strukturen benennt, die sie in dem Muster identifiziert (*6-Dinger*). Gleichzeitig zeigt sie auf, welche Folgerungen sich für das Ergebnis der Aufgabe daraus ergeben (*42 und dann plus die!*). Entlang dieses Beispiels und vor dem Hintergrund der leitenden Idee, dass mathematisches Wissen sichtbar wird über die Gründe für das individuelle Handeln und die Konsequenzen, die sich daraus ergeben, wird das theoretische Fundament zur Beschreibung individueller Begriffsbildungsprozesse in diesem Kapitel entwickelt.

Die folgenden Darstellungen geben entlang der in der Einleitung skizzierten Erkenntnisinteressen genaueren Einblick in die theoretischen Begriffe dieser Arbeit. Es soll nun auf jeder dieser Ebenen eine den theoretischen Begriffen angemessene Forschungsfrage formuliert und damit eine inferentialistische Perspektive auf individuelle Begriffsbildungsprozesse begründet und eingenommen werden.

1.1 Epistemologische Fundierung: Zwischen Repräsentation und Inferenz

Die Analyse individueller Begriffsbildungsprozesse beschäftigt sich mit der Beschreibung, der Strukturierung und dem genaueren Verständnis von Lernen bzw. dem Begreifen begrifflicher Gehalte. Am Ende dieses Abschnitts wird die Forschungsfrage formuliert, inwiefern sich individuelle Begriffsbildungsprozesse als Entwicklungen individueller Festlegungen beschreiben, strukturieren und verstehen lassen. Dazu werden in diesem Abschnitt entlang des obigen Beispiels die theoretischen Grundlagen und die philosophische Erklärungshaltung vorgestellt, die das Eingehen und Zuweisen von Festlegungen und Berechtigungen ins Zentrum des analytischen Tuns stellen: der Inferentialismus.

In der obigen Szene antwortet Karin auf die Frage, wie viele Punkte an der 10. Stelle des Musters seien, so: *Hier kommen ja noch 7 mal von diesen 6-Dingern dazu. 7·6 sind 42. 42 und dann plus die!* Gegeben sind dabei nur die ersten drei Stellen der Folge. Die Frage nach der 10. Stelle ist für Karin insofern neu, als die Schülerinnen und Schüler der Klasse zu diesem Zeitpunkt die nächste bzw. die nächsten zwei Stellen der Folge zu bestimmen hatten. Im Rahmen des Lernkontextes wird Karin nun erstmalig gefragt, wie viele Punkte an einer höheren Stelle zu finden seien. Karin macht in der vorliegenden Situation ihr Vorgehen zur Bestimmung der Anzahl der Punkte des 10. Folgenglieds explizit. Sie begründet ihr Vorgehen damit, dass sie die Regel des Wachstums zur Bestimmung der Anzahl der Punkte in einem weiteren Folgenglied nutzt (*Hier kommen ja noch 7 mal von diesen 6-Dingern dazu.*). Als Konsequenz für die Anzahl der Punkte im 10. Muster ergibt sich daraus ihr Schluss, dass 42 Punkte zu denen der dritten Stelle addiert werden müssen (*42 und dann plus die!*).

Die analytischen Grundeinheiten: Festlegungen, Berechtigungen und Inferenzen

Karin geht in dieser Szene verschiedene Festlegungen ein, die sich interpretativ rekonstruieren lassen. Eine davon ist: (i) *Die Regel des Wachstums kann zur Anzahlbestimmung genutzt werden.* Eine andere ist: (ii) *Die Anzahl der Punkte an der 10. Stelle ergibt sich aus der Summe der Anzahl der Punkte an der 3. Stelle und 7 mal dem Zuwachs.* Karin legt sich fest, wenn sie Begriffe gebraucht. Festlegungen sind die zentralen und kleinsten Einheiten des Denkens und Handelns. (Diese Idee nach Brandom 2000 lehnt sich an die Auffassung Kants 1999 an, der das Urteil als die kleinste Einheit der Erkenntnis ansieht (vgl. Diskussion unten).)

Im Folgenden wird die Charakterisierung der analytischen Grundeinheit der *Festlegung*, die dieser Arbeit zu Grunde liegt, dargestellt. Zentrale Begriffe dieser Arbeit werden auf diese Weise im Text charakterisiert und beschrieben.

> **Festlegungen:** Festlegungen sind (rekonstruierte) Behauptungen in propositionaler Form, die wir für wahr halten. Damit liegen sie unseren Äußerungen und Handlungen zugrunde. Festlegungen können wir explizit machen und sie stellen eine Form praktischen *Tuns* dar.

Die analytische Grundeinheit der Festlegung ist im Inferentialismus (Brandom 2000) verwurzelt. Schon in der Einleitung wurde an einem Beispiel gezeigt, dass in der Angabe von Gründen und Konsequenzen (mathematisches) Wissen explizit wird. Diese Grundhaltung korrespondiert mit dem Inferentialismus: „Im Mittelpunkt der diskursiven Praxis steht das Spiel des Gebens und Forderns von Gründen" (Brandom 2000, S. 242). Verbunden sind das Angeben und das Einfordern von Gründen und Konsequenzen immer mit der Frage danach, inwiefern die Behauptungen bzw. die Verwendung von Begriffen richtig, angemessen oder womöglich falsch bzw. nicht angemessen sind. Ob etwas angemessen oder unangemessen, richtig oder falsch ist, lässt sich hingegen nur entscheiden, wenn eine Norm vorhanden ist, vor deren Hintergrund sich eine solche Entscheidung treffen ließe. Insofern ist „die diskursive Praxis implizit *normativ* (…); sie schließt wesentlich Beurteilungen von Zügen als richtig oder unrichtig, angemessen oder unangemessen ein" (Brandom 2000, S. 242). Das analytische Vokabular, das

Brandom verwendet, fußt auf dem Begriff der Festlegung. Betrachtet werden somit die mit Behauptungen bzw. mit der Verwendung von Begriffen verbundenen *Festlegungen*, die man mit dem Aufstellen der Behauptung bzw. mit der Verwendung von Begriffen eingeht. Festlegungen stellen die normativen Grundbegriffe dar: „Festlegungen gibt es erst, seit die Menschen einander als festgelegt behandeln; sie gehören nicht zur natürlichen Ausstattung der Welt. Sie sind vielmehr soziale Status, die dadurch instituiert werden, daß Individuen sie sich gegenseitig zuerkennen oder sie anerkennen. Als rein natürlicher Vorgang ist das Unterschreiben eines Vertrags nichts anderes als eine Handbewegung und ein Aufbringen von Tinte auf Papier. Eine Festlegung ist er nur wegen der Signifikanz, die diesem Akt von denen beigelegt wird, die die Festlegung zuerkennen oder anerkennen; von denen, die diesen Akt so betrachten oder behandeln, daß er die Unterzeichner auf diverse weitere Akte festlegt" (Brandom 2000, S. 245).

Die obige Definition (s. Kasten) hebt den Zusammenhang von Begriffsverwendung in Behauptungen und dem Eingehen von Festlegungen hervor. Festlegungen sind auch die fundamentalen Analysewerkzeuge der vorliegenden Arbeit, da mathematisches Wissen über das Angeben von Gründen und Konsequenzen somit insbesondere auch über Festlegungen explizit gemacht werden kann. In Rahmen der vorliegenden Arbeit werden die Festlegungen von Schülerinnen und Schülern interpretativ rekonstruiert. Festlegungen sind also insofern Rekonstruktionen unseres Wissens und Handelns in propositionaler Form. Die Festlegungen müssen nicht *wahr* sein, vielmehr geben die Festlegungen an, was das Subjekt *für wahr hält*. Gleichzeitig können die Festlegungen anderer die eigenen Festlegungen beeinflussen: Mit jeder neuen Behauptung können sich auch die eignen Behauptungen ändern (das Beispiel vom Zahlenteufel und Robert ist sicher ein gutes – wenn auch extremes – Beispiel). Mit Hilfe von Festlegungen können in der Interpretation sowohl die Gründe für unser Denken und Handeln als auch die jeweiligen Konsequenzen dargestellt werden. Begriffliches Wissen und Handeln wird in dieser Perspektive auf die individuellen Festlegungen zurückgeführt, die das Individuum eingeht. Wenn Karin die Gründe für ihre Berechnung erklärt, macht sie damit ihre Festlegungen explizit. Festlegungen können explizit oder implizit sein. In der obigen Situation beispielsweise äußert Karin die Festlegung (i) nicht explizit, diese wird vielmehr vor dem Hintergrund ihrer Äußerungen und ihres Handelns rekonstruiert. Karins Begriffsgebrauch liegen Festlegungen zugrunde. Vor dem Hintergrund des epistemologischen Erkenntnisinteresses dieser Arbeit muss daher gefragt werden, inwiefern es möglich ist, Karins Lernprozess hin zu einem tragfähigen Variablenbegriff als eine Entwicklung individueller Festlegungen zu beschreiben und zu verstehen. Mit Blick auf Karins Festlegungen von oben kann exemplarisch gefragt werden: *Welchen Beitrag leistet Karins rekonstruierte Festlegung, dass die Regel des Punktmusters zur Anzahlbestimmung genutzt werden kann, zur Rekonstruktion ihres Variablenverständnisses?* Das Konzept der Festlegung geht auf Brandom (2000) zurück. Brandom (2000) entwickelt die Analyse vom Begreifen begrifflicher Gehalte in einer kantischen Tradition weiter. Der Gehalt von Begriffen ergibt sich nach Kant gemäß der Rollen, die sie in Urteilen spielen. Kant vollzieht einen Paradigmenwechsel: Nicht die Begriffe bilden die kleinsten Einheiten der Erkenntnis, sondern Urteile bilden die kleinsten Einheiten: „Wir können aber alle Handlungen des Verstandes auf Urtheile zurückführen, so daß der Verstand überhaupt als ein *Vermögen zu urtheilen* vorgestellt werden kann" (Kant 1999, S. 134). Kant fasst das Urteil „(die Tätigkeit des erkennenden Subjekts, die Ausübung seines Vermögens der Spontaneität, nämlich des Verstandes) als *klassifizierende* Verwendung von Begriffen" (Brandom 2000, S. 148) auf und damit ist es für ihn die Grundlage allen Erkennens und Begreifens. Klassifizierend ist die Verwendung von Begriffen insofern, als Erkenntnis nach Kant damit beginnt, „daß Anschauungen unter Begriffe gebracht werden" (Brandom 2000, S. 147). Die kleinste Einheit der Erkenntnis ist dabei das Urteil: Jede „Diskussion des Gehalts (muss, F.S.) bei den Gehalten von Urteilen anfangen, denn alles andere besitzt nur insofern Gehalt, als es zu den Gehalten von Urteilen beiträgt. (…) Der Begriff *Begriff* ist unabhängig von der Möglichkeit einer solchen Verwendung beim *Urteilen* nicht verstehbar" (Brandom 2001, S. 209). Der Begriff der Folge und der propädeutische Begriff des Terms, über die Karin in der obigen Szene verfügt, sind demnach nur verständlich über ihre Rolle, die sie beim Urteilen spielen. In der Situation, die Anzahl der Punkte für das 10. Folgenglied zu berechnen, geht Karin die Festlegung ein, dass sie die Wachstumsregel der Folge für die Berechnung nutzen kann. Der Begriff der *Wachstumsregel* wird in dieser Situation verständlich über seine Rolle, die er in ebendieser Festlegung spielt. Karin ordnet ihre Anschauung, mithin die Situation, die sie zu bewältigen hat, ihren Begriffen unter. Der Gehalt der Begriffe, über die Karin verfügt, wird hier also erklärt über die Rolle, die die Begriffe beim Urteilen bzw. beim Eingehen von Festlegungen spielen. Damit zeichnet sich begrifflich strukturiertes Tun aus „durch seinen *normativen* Charakter (…). Die fundamentale Einsicht Kants lautet, daß Urteile und Handlungen zunächst einmal anhand der besonderen Art zu verstehen sind, wie wir für sie *verantwortlich* sind" (Brandom 2000, S. 42). Brandom hebt die Bedeutung der Verantwortung hervor, die wir für unsere Urteile tragen: „Urteile sind deswegen grundlegend, weil sie die kleinste Einheit darstellen, für die man auf der kognitiven Seite *Verantwortung* übernehmen kann" (Brandom 2001, S. 208). Diese Sicht auf Begriffe und ihre Verwendung macht eine wesentliche Dimension der Theorie Kants explizit: Jede Verwendung von Begriffen, jeder Akt der Behauptung, jede Sprechhandlung ist ein normativer Akt, für den wir Gründe liefern, für den wir

Verantwortung übernehmen (in Form von Urteilen), bei dem wir uns festlegen und insofern entlang von Normen handeln. Wenn wir urteilen, gehen wir gleichsam eine Verpflichtung ein; wir legen uns fest (vgl. Brandom 2000, S 43). Die folgende Hervorhebung bezieht sich auf die analytische Grundeinheit dieser Arbeit: die Festlegung. Hier wird mit F1 der erste von sechs Zusammenhängen aufgezeigt, die sich aus der obigen Charakterisierung der *Festlegung* ableiten. Im Verlauf des Kapitels werden mit F2 bis F5 fünf weitere solcher Zusammenhänge dargestellt. Mit F1 wird die fundamentale Bedeutung der Festlegung als Erkenntniseinheit betont.

> **F1**: Individuelle Festlegungen sind kleinste Einheiten des Denkens und Handelns.

Karin übernimmt in der obigen Situation Verantwortung für ihre Urteile: Die Behauptung, dass das 10. Folgenglied 56 Punkte habe, ist ein solches Urteil, eine solche Festlegung. Karins Folgenbegriff liegt die Festlegung zugrunde, dass sich die Regel der Folge nutzen lässt für die Berechnung weiterer Folgen. Der Folgenbegriff, über den sie verfügt, wird demnach verständlich über die Festlegungen, die ihm zugrunde liegen. In der Einleitung wurde die besondere Natur mathematischer Begriffe als spezifisch theoretische Objekte hervorgehoben. Karins Lernprozess wird in der vorliegenden Arbeit dargestellt mit Bezug auf die Festlegungen, die Karin eingeht, nicht mit Bezug auf die (realen) Gegenstände, die sie repräsentiert. Mit Festlegungen wird rekonstruiert, was Karin *für wahr hält*, und nicht, inwiefern sie die konkreten mathematischen Gegenstände auf korrekte Weise repräsentiert. Diese Perspektive eignet sich daher in besonderer Weise zur Beschreibung mathematischer Begriffsbildungsprozesse (zur Diskussion der (Doppel-)Natur mathematischer Begriffe siehe auch Kap. 1.2 sowie zur Diskussion des Objektivitätsbegriffs Kap. 1.3).

Neben Festlegungen gibt es noch eine zweite analytische Grundeinheit des Inferentialismus (Brandom 2000), die ebenfalls eine fundamentale Rolle spielt: die Berechtigung. „Dem Begriff der *Festlegung* ist der Begriff der *Berechtigung* zur Seite gestellt. Zu tun, worauf man festgelegt ist, ist in einem Sinne angebracht, und zu tun, wozu man berechtigt ist, in einem anderen" (Brandom 2000, S. 243). Berechtigt sein im Sinne Brandoms (2000) meint, über eine Art Lizenz zu verfügen, eine gewisse (Sprech-)Handlung auszuführen: „So berechtigt eine Lizenz, z.B. eine Eintrittskarte, dazu, etwas Bestimmtes zu tun. (...) Eine Lizenz, Einladung oder Eintrittskarte berechtigt oder autorisiert, etwas zu tun, wozu man sonst nicht berechtigt wäre. Sie ist stets eine Lizenz aus der Sicht von jemandem, etwa einem Türsteher. Diese ‚Verwender' von Lizenzen (...) schaffen diese, indem sie ihnen die Autorität zuweisen, die sie dadurch besitzen. Das tun sie, indem sie den Autorisierten als jemanden behandeln, der zu einem Akt berechtigt ist" (Brandom 2000, S. 245).

Während Festlegungen demnach betonen, welche Gründe und Konsequenzen zwingend und notwendigerweise aus bestimmten (Sprech-)Handlungen folgen bzw. welche ihnen in diesem Sinne zugrunde liegen – letzthin: wofür man *Verantwortung* übernimmt -, so betonen Berechtigungen den Aspekt der *Autorität*, über gute Gründe zu verfügen, eine gewisse (Sprech-)Handlung ausführen zu können (vgl. Brandom 2000, S. 245ff).

Die folgende Charakterisierung betont diesen Aspekt der berechtigenden Autorität (vgl. Brandom 2000, S. 246) für die vorliegende Arbeit. Berechtigt sein heißt, gute Gründe für das Eingehen einer Festlegung zu haben und dies ist immer dann der Fall, wenn das Eingehen der Festlegung nicht verboten ist. Insofern sind Festlegungen und Berechtigungen auf das Engste miteinander verknüpft: „Diese beiden Sorten (Berechtigungen und Festlegungen, F.S.) des normativen Status treten (…) nicht einfach unabhängig voneinander auf, sondern sie interagieren. Denn bei den zur Debatte stehenden Berechtigungen handelt es sich um Berechtigungen zu Festlegungen. Wir können sagen, daß zwei behauptbare Gehalte dann *unvereinbar* sind, wenn die *Festlegung* auf den einen die *Berechtigung* zum anderen ausschließt" (Brandom 2001, S. 251).

> **Berechtigung**: Berechtigungen sind spezifische Festlegungen. Berechtigt ist man zu einer Festlegung, wenn ihr Eingehen prinzipiell erlaubt bzw. möglich, nicht aber notwendigerweise verpflichtend ist.

Im obigen Beispiel wäre Karin u.a. zu der Festlegung berechtigt: (iii) *Für die Bestimmung des 10. Folgegliedes berechne ich zunächst die vierte Stelle, dann die fünfte, dann die sechste usw. bis zur zehnten Stelle.* Zu dieser Festlegung ist Karin insofern berechtigt, als die Festlegung auf (ii) (*Die Anzahl der Punkte an der 10. Stelle ergibt sich aus der Summe der Anzahl der Punkte an der 3. Stelle und 7 mal dem Zuwachs.*) das Eingehen der Berechtigung (iii) prinzipiell erlaubt ist, aber nicht notwendigerweise aus (ii) folgt. In dem einen Fall (iii) ermittelt Karin die Anzahl der Punkte auf rekursive Weise, in dem anderen Fall (ii) explizite Weise. Wenn Robert im Eingangsbeispiel der Einleitung im Unterricht die Festlegung eingeht *Die Summe der ersten 38 Zahlen lässt sich auf geschickte Weise berechnen*, so ist er zu dieser Festlegung berechtigt. Keinesfalls folgt sie zwingend z.B. aus der Aufgabenstellung oder aus der Tatsache, dass er zunächst 1+2+3+4… in sein Heft schreibt. Berechtigungen stellen also Festlegungen dar, die man *berechtigt* ist einzugehen, auf die man aber nicht *zwingend* festgelegt ist. Berechtigt sind beide – Karin und Robert – zu ihren Festlegungen, weil sie nicht inkompatibel mit weiteren Festlegungen sind, die sie eingehen.

Während Festlegungen Rekonstruktionen von zwingenden Gründen bzw. Konsequenzen darstellen, stellen Berechtigungen individuell als gut befundene Gründe bzw. Konsequenzen dar. Die Unterscheidung zwischen Festlegungen und Berechtigungen ist daher einerseits notwendig, um die Dimensionen von Verantwortung (in Form von zwingenden, festlegenden Gründen aus bzw. bindenden Konsequenzen für gewisse (Sprech-)Handlungen) und Autorität (in Form von guten berechtigenden Gründen bzw. Konsequenzen) zu diskutieren. Die Diskussion dieser beiden analytischen Einheiten wird im Folgenden auch zeigen, dass beide – Berechtigungen und Festlegungen – über je spezifisches Potential bei der Analyse individueller Begriffsbildungsprozesse verfügen. Mittels (bindender) Festlegungen können individuelle Begründungszusammenhänge und Argumentationsmuster explizit gemacht werden. Mit Hilfe von (autorisierenden) Berechtigungen kann aufgezeigt werden, welche Kategorien und Begriffe Schülerinnen und Schüler in gewissen Situationen nutzen, in denen mehrere Begriffe (berechtigenderweise) genutzt werden können. Dadurch lassen sich wertvolle Erkenntnisse gewinnen über die Vorgehensweisen und die individuellen Präferenzen, die die Handlungen und das Denken der Schülerinnen und Schüler in gewissen Situationen strukturieren.

Individuelle Festlegungen zeichnen sich dadurch aus, dass sie es ermöglichen, eine Erklärungshaltung zu fundieren, die Bedeutungen erklärt nicht unter Bezugnahme auf die realen Objekte, auf die die Wissenden und Handelnden Bezug nehmen, sondern unter Bezugnahme auf das Subjekt selbst, das Festlegungen eingeht. Bedeutsam ist in diesem Zusammenhang nicht, *ob* das Individuum etwas Wahres behauptet oder weiß, sondern was es *für wahr hält*: „Damit schließt sich Brandom an eine pragmatistische Tradition an, die sich den Fallstricken eines vergegenständlichenden Mentalismus dadurch entzieht, daß sie die relevanten Phänomene aus der Sicht eines Aktors, der eine Handlung vollzieht, analysiert. So wird etwa die deskriptive Frage, was ‚Wahrheit' ist oder bedeutet, durch die performative Frage ersetzt, was wir tun, wenn wir etwas als ‚wahr behandeln'" (Habermas 2004, S. 142). Gleichwohl muss für die vorliegende Arbeit unterschieden werden können zwischen Festlegungen und Berechtigungen, die aus mathematischer Sicht überindividuell als *richtig* oder *wahr* bzw. *konsolidiert* betrachtet werden (und zwar nicht, weil sie *wahr sind*, sondern weil die Mathematiker sie *als wahr behandeln*), und solchen Festlegungen und Berechtigungen, die individuell *tragfähig* sind und *für wahr* gehalten werden – und zwar unabhängig davon, ob sie aus mathematischer Sicht tragfähig oder wahr sind (für eine ausführliche Diskussion des Wahrheitsbegriffs vgl. weiter unten bzw. Kap. 1.1-1.3). Für eine solche Unterscheidung zwischen einerseits konsolidierten und überindividuell als wahr behandelten mathematischen Festlegungen und Berechtigungen und andererseits individuell tragfähigen und für wahr gehaltenen Festlegungen und Berechtigungen wird im Folgenden von konventionalen bzw. individuellen Festlegungen und Berechtigungen gesprochen. Als konventional werden solche Inahlte bezeichnet, die entlang von Konventionen bzw. Normen überindividuell geteilt werden (vgl. auch Seiler 2008, S. 7). Will man die mathematische Tragfähigkeit individueller Festlegungen und Berechtigungen beurteilen, bilden die konventionalen Festlegungen und Berechtigungen den Hintergrund, vor dem man eine solche Beurteilung vornimmt (eine ausführliche Diskussion beider Ebenen sowie die Implikationen für die forschungspraktische Auswertung finden sich in Kapitel 2).

Indem man individuelle und konventionale Festlegungen miteinander vergleicht, bekommt man eine Einschätzung sowohl dafür, inwiefern individuelle Behauptungen gesellschaftlich konsolidiert sind und damit überindividuell als **wahr behandelt werden**, als auch dafür, welche Behauptungen individuell **für wahr gehalten** werden.

Die Rede von Festlegungen und Berechtigungen als Gründe und Konsequenzen deutet eine der wesentlichen Eigenschaften von Festlegungen und Berechtigungen an: Individuelle Festlegungen und Berechtigungen können als Gründe dienen und für Festlegungen und Berechtigungen können Gründe verlangt werden. „Der Gedanke, der hier fruchtbar gemacht wird, lautet also, daß *Behauptungen* in erster Linie Stoff für *Folgerungen* sind. Behaupten heißt Gründe angeben – nicht unbedingt bezogen auf eine bestimmte Frage oder gegenüber einem bestimmten Individuum, sondern Ansprüche erheben, deren Verfügbarkeit als Gründe für andere wesentlich für ihre assertionale Kraft ist. Behauptungen sind ihrem Wesen nach *bereit*, Gründe zu sein. Die Funktion des Behauptens ist die, Sätze zur Verwendung als Prämissen in Inferenzen verfügbar zu machen. Damit Performanzen diese Rolle spielen oder diese Signifikanz haben, muß die behauptende Billigung von etwas oder Festlegung auf etwas zu anderen Billigungen oder Festlegungen berechtigen oder verpflichten" (Brandom 2000, S. 254f).

Unsere Festlegungen sind insofern inferentiell gegliedert, als für sie Gründe verlangt werden können und sie selbst gleichsam als Gründe dienen können. Individuelle Inferenzen müssen dabei keine Folgerungen im Sinne einer klassischen Logik sein. Relationen zwischen zwei Festlegungen müssen nicht richtig bzw. falsch sein, sondern sie werden für richtig oder falsch gehalten werden: „Eine Behauptung *als* wahr vorbringen heißt sie als eine vorbringen, die andere angemessenerweise als wahr *betrachten*, also selbst vertreten können" (Brandom 2000, S. 257). Bei Karin bedeutet das, dass die beiden rekonstruierten Festlegungen nicht isoliert nebeneinander stehen, sondern dass Festlegung (i) als Grund für Festlegung (ii) dient. Karin beherrscht den Begriff der *Wachstumsregel* in dieser Situation insofern, als sie ihn für die Berechnung weiterer Folgeglieder nutzen kann. „Das Begreifen des *Begriffs* (...) besteht im Beherrschen seines *inferentiel-*

len Gebrauchs: im Wissen (in dem praktischen Sinne, daß man unterscheiden kann, und das ist ein Wissen-*wie*), worauf man sich sonst noch festlegen würde, wenn man den Begriff anwendet, was einen dazu berechtigen würde und wodurch eine solche Berechtigung ausgeschlossen wäre" (Brandom 2001, S. 23).

Die folgende Festlegung 1 der vorliegenden Arbeit fasst die Kernpunkte der obigen Diskussion noch einmal zusammen. Festlegungen dieser Art strukturieren den vorliegenden Text entlang der theoretischen Kristallisationspunkte. Sie unterscheiden sich daher nicht nur hinsichtlich ihrer textstrukturierenden Funktion von den Charakterisierungen F1 bis F6 der analytischen Einheiten dieser Arbeit, sondern auch hinsichtlich ihrer Funktion, indem Sie inhaltliche Ankerpunkte markieren.

Festlegung 1:
Die Festlegungen und Berechtigungen, die unseren Handlungen zugrunde liegen, sind inferentiell gegliedert. Im Kontext dieser Arbeit sind damit keine Inferenzen im Sinne einer klassischen Logik gemeint. Relationen zwischen zwei Festlegungen müssen nicht richtig bzw. falsch sein, sondern sie werden vom Individuum für richtig oder falsch gehalten.

Auf dieses Verständnis von Festlegungen und Berechtigungen verweisen die ersten beiden Charakterisierungen F1* und F2. In Charakterisierung F1* wird der Gegenstandsbereich gegenüber F1 auch auf individuelle Berechtigungen ausgeweitet. F2 hebt hervor, dass festgelegt und berechtigt sein spezifisch normative Status sind.

F1*: Individuelle Festlegungen und Berechtigungen sind kleinste Einheiten des Denkens und Handelns.

F2: Mit individuellen Festlegungen und Berechtigungen formuliert das Subjekt Aussagen über seine Weltwahrnehmung. Festgelegt und berechtigt sein sind normative Status in dem Sinne, dass das Subjekt für sie Verantwortung übernimmt und Gründe gibt.

Die beiden normativen Status – also einerseits der normative Status, auf eine Aussage und daraus folgende weitere Aussagen festgelegt zu sein und andererseits der Status, zu einer Aussage berechtigt zu sein - erzeugen drei Varianten von Schlussweisen bzw. inferentieller Relationen (vgl. Brandom 2001, S. 252 und Brandom 2000, S. 256ff):

- Festlegungserhaltende bzw. festlegende Inferenzen: In Relation stehen hier z.B. eine Aussage und die daraus qua festlegungserhaltender Inferenzen folgenden, d.h. diejenigen Gründe und Konsequenzen, auf die man darüber hinaus zwingend festgelegt ist. In dem vorliegenden Beispiel wäre das die Festlegung: *An der 10. Stelle sind 62 Punkte.* Auf diese Aussage ist Karin festgelegt, wenn sie sagt: *42 und dann plus die.* Diese Kategorie verallgemeinert die deduktive Inferenz (vgl. Brandom 2001, S. 252).

- Berechtigungserhaltende bzw. ermächtigende Inferenzen: In Relation steht eine Aussage A mit einer Aussage B genau dann, wenn die Festlegung auf A die Berechtigung zu B nicht ausschließt. Beispielsweise kann die Festlegung (i) *Die Regel der Punktmusterfolge kann für die Bestimmung der Anzahl in weiteren Folgegliedern genutzt werden* zu folgender Behauptung berechtigen: (ii) *Die Anzahl der Punkte an der 10. Stelle ergibt sich aus der Summe der Anzahl der Punkte an der 3. Stelle und 7 mal dem Zuwachs.* Auf diese Behauptung ist man allerdings vor dem Hintergrund von (i) nicht festgelegt, denn auch die folgende Festlegung ist mit ihr vereinbar: (iii) *Für die Bestimmung des 10. Folgegliedes berechne ich zunächst die vierte Stelle, dann die fünfte, dann die sechste usw. bis zur zehnten Stelle.* Diese Kategorie verallgemeinert die induktive Inferenz (vgl. Brandom 2001, S. 252)

- Inkompatibilitätsfolgen: Zwei Gehalte sind inkompatibel, wenn die Festlegungen auf den einen Gehalt die Berechtigung zu dem anderen Gehalt ausschließt. Eine inkompatible Festlegung zu (i) wäre in dem obigen Beispiel *Das Wachstum des vorliegenden Punktmusters unterliegt keiner Regelmäßigkeit.*

„Die behauptbaren Gehalte, die von Aussagesätzen ausgedrückt werden, (…) müssen dementsprechend in beiden normativen Dimensionen inferentiell gegliedert sein" (Brandom 2001, S. 250): hinsichtlich der weiteren Festlegungen, die man durch diese Aussagen eingeht und hinsichtlich der Berechtigungen, also derjenigen Festlegungen, die zu der Aussage berechtigen. Auch dieser Zusammenhang drückt sich in dem obigen Beispiel aus: Die Festlegung, dass 7·6 Punkte hinzugefügt werden, wird *berechtigt* durch die Festlegung, dass die Regel der Folge für die Bestimmung der Anzahl der Punkte in weiteren Folgegliedern genutzt werden kann. Daraus leitet sich direkt eine weitere Festlegung ab: *Es sind also insgesamt 62 Punkte.*

Indem wir die inferentiellen Relationen zwischen den Festlegungen im Rahmen der Interpretation rekonstruieren, die die beiden eingehen, bekommen wir somit ein Gespür für die individuellen Schlussweisen, die hier zum Teil sehr unterschiedlich sind.

Der Begriff der Schlussweisen wird hier allerdings nicht im Sinne klassischer logischer Betrachtungen verstanden: „In ihrer Funktion als Wissenschaft von den Formen des Denkens untersuchte die traditionelle Logik die einfachsten Formelemente des Denkens. Als solche werden die verschiedenen Arten der Begriffe (die Grundeinheiten des Denkens), Urteile (Verbindungen von Begriffen) und Schlussweisen (Folgerungen von Urteilen aus anderen) betrachtet" (Prediger 2000, S. 167).

Nicht immer müssen die individuellen Logiken auch formal logisch strukturiert sein – im Gegenteil: in der Regel sind unsere Festlegungen nicht oder nur unzureichend formallogisch strukturiert. Gleichwohl halten wir die individuellen Inferenzen für richtig. Die Norm, an der wir uns also dabei orientieren, ist nicht die der klassischen Logik, sondern unsere individuelle Logik. Diese Arbeit spürt daher den individuellen Normen nach, die unserem Handeln zugrunde liegen und vor deren Hintergrund die individuell eingegangenen Festlegungen und Berechtigungen sowie die Inferenzen *für wahr gehalten* werden. Indem Karins Festlegungen, die ihrem Begriff der Wachstumsregel in der obigen Situation zugrunde liegen, identifiziert werden, bekommen wir ein Gespür für ihre Normen, entlang derer sie Festlegungen eingeht und Inferenzen beherrscht.

Normen und Begriffe sind daher auf das Engste mit einander verknüpft: Bindeglied stellen die individuellen Festlegungen dar. Insofern spürt diese Arbeit auch der Entwicklung individueller Begriffe nach, in denen wir denken und mit denen wir handeln. Kleinste Einheit des Denkens sind dabei die individuellen Festlegungen.

Begriffe sind inferentiell gegliedert: „Sie in der Praxis zu begreifen heißt sich bei den Richtigkeiten der Inferenzen und Inkompatibilitäten auskennen, in die sie eingebunden sind" (Brandom 2000, S. 152).

Auf diesen Aspekt der Inferenz verweist die Charakterisierung F3 von Festlegungen:

F3: Mit jeder individuellen Festlegung wird das Wissen neu strukturiert und Position bezogen, für die man prinzipiell Gründe angeben können muss bzw. aus denen sich weitere Festlegungen ableiten.

Insbesondere folgt aus F3 sofort, dass sich Begriffe nicht isoliert betrachten lassen, weil Berechtigungen zu gewissen Festlegungen ihrerseits wieder auf weitere Begriffe verweisen.

Begriffe begreifen heißt Inferenzen beherrschen und das meint seinerseits, in der Lage zu sein, Gründe in Form von Festlegungen für die Verwendung angeben zu können. Insofern entsprechen die Aussagen, mit denen wir unsere Gründe für den Begriffsgebrauch explizit machen, den Festlegungen, die den Begriffen zugrunde liegen. Karins Begriff der Regel liegt die Festlegung zugrunde, dass sie ebendiese Regel nutzen kann zur Bestimmung der Anzahl von Punkten an weiteren Stellen der Punktmusterfolge. Diese Festlegung ist Berechtigung – sie dient als Grund – für Festlegung (ii). Die folgende Charakterisierung F4 von Festlegungen beschreibt den Aspekt, dass Festlegungen in impliziter oder expliziter Form vorliegen können:

> **F4:** Individuelle Festlegungen können implizit oder explizit sein. Sie lassen sich in eine propositionale Form bringen.

Festlegungen und Berechtigungen verweisen dabei ihrerseits auf den normativen Charakter begrifflich strukturierten Tuns, sind sie doch gerade „Produkte menschlicher Tätigkeit. Im Besonderen sind sie Geschöpfe der Einstellungen, die wir anderen gegenüber in einer Praxis einnehmen, indem wir sie nämlich *als* festgelegt oder berechtigt (…) auffassen, behandeln oder auf sie reagieren. Eine solche normen-instituierende soziale Praxis zu beherrschen heißt, ein gewisses praktischen Know-how zu besitzen – in der Lage zu sein, eine Art deontisches *Punktekonto* (…) zu führen, indem man den eigenen Festlegungen und den damit verbundenen Berechtigungen genauso auf den Fersen bleibt wie denen der anderen und dieses Punktekonto systematisch anpaßt, je nachdem, welche Akte jeder an der Praxis Beteiligte gerade hervorbringt. Die Normen, die den Gebrauch sprachlicher Ausdrücke leiten, sind in diesen deontischen Kontoführungspraktiken implizit enthalten" (Brandom 2000, S. 15/16). Mit Festlegungen können wir unser Punktekonto explizit machen und damit den Hintergrund (und die Berechtigungen), vor dem wir neue Festlegungen eingehen: Karin macht durch ihre Äußerungen im Interview einen Teil ihres Punktekontos explizit. Im Diskurs führen wir nicht nur Buch über unsere eigenen Festlegungen, wir bleiben auch denen der anderen auf der Spur. Der normative Charakter von Festlegungen kommt in Charakterisierung F2 zum Ausdruck (s.o.): *Mit individuellen Festlegungen formuliert das Subjekt Aussagen über seine Weltwahrnehmung. Festgelegt sein ist ein normativer Status.* Dabei spielt der Aspekt der Viabilität, d.h. die individuelle Tragfähigkeit, eine große Rolle. Festlegungen gehen wir ein vor dem Hintergrund von Berechtigungen. Insofern müssen die Festlegungen, die wir eingehen, nicht wahr bzw. mathematisch tragfähig sein. Gleichwohl halten wir sie für wahr, wenn wir genügend Berechtigungen haben. Insofern meint *Viabilität* in der Sprache der Festlegungen nichts anderes als hinreichend viele Berechtigungen (=berechtigende Festlegungen) und keine Inkompatibilitäten. Auch für die Rekonstruktion von Karins Festlegung ist es zunächst nicht erheblich, ob ihre Festlegung mathematisch tragfähig ist. Vielmehr zeigt die Analyse der inferentiellen Relationen zwischen den Festlegungen, dass sie sich insofern als viabel erweisen, als Festlegung (i) zu Festlegung (ii) berechtigt. Charakterisierung F5 der Festlegungen fasst diesen Aspekt zusammen:

F5: Individuelle Festlegungen sind für das Subjekt viabel. Sie müssen nicht wahr oder falsch sein, sondern sie werden für wahr oder falsch gehalten.

F6: Nach Kant ist „Denken (...) das Erkenntniß durch Begriffe" (Kant 1999, S. 134). Um Begriffe anzuwenden, müssen wir urteilen. Denn nur in Urteilen kann man Gegenstände erkennen, da man nur in Urteilen etwas von ihnen aussagt. Wenn wir urteilen, legen wir uns fest. Individuelle Festlegungen adressieren dabei keinen bestimmten epistemischen Status, sondern meinen jede Art von Urteil. Insofern sind individuelle Festlegungen geeignete Analysewerkzeuge für die Beschreibung von Lernprozessen.

Repräsentationalismus und Inferentialismus

Hinsichtlich der Frage, was es heißt, begriffliche Gehalte zu begreifen und zu erkennen, werden im Folgenden zwei Erklärungsrichtungen entlang des Beispiels von Karin diskutiert, die bereits in der Einleitung zur Unterscheidung zwischen den Herangehensweisen zur Beschreibung mathematischer Lernprozesse herausgestellt wurden. Oben konnten bereits wichtige Grundbegriffe der inferentialistischen Perspektive auf individuelle Begriffsbildung verdeutlicht werden. Diese steht in einer philosophischen Tradition, die bis auf Kant zurückgeht und das Wissen nicht unter Bezugnahme auf reale Gegenstände erklärt, sondern mit Blick darauf, worauf die Diskursteilnehmer festgelegt sind. Auf Sellars geht dabei die Idee zurück, dass Wissen nicht etwas ist, das sich dadurch auszeichnet, dass wir etwas zweifelsfrei beobachten können, sondern dass wir eine Episode oder einen Zustand als *Wissen* bezeichnen können, wenn wir sie „in den logischen Raum der Gründe, der Rechtfertigung und der Fähigkeit zur Rechtfertigung des Gesagten" (Sellars 1999, S. 66) stellen können. Die beiden Erklärungsrichtungen der repräsentationalistischen und der inferentialistischen Perspektive, die bereits in der Einleitung an ausgewählten prototypischen Theorien näher skizziert wurden, werden in diesem Abschnitt entlang des Beispiels weiter ausgeführt. Karin schlägt zur Bestimmung der Anzahl der Punkte im 10. Punktmuster folgende Lösung vor (ausgehend von der abgebildeten 3. Stelle der Punktmusterfolge): *Hier kommen ja noch 7 mal von diesen 6-Dingern dazu. 7·6 sind 42. 42 und dann plus die!* Die eine Erklärungsrichtung setzt bei der Frage an, inwiefern begriffliche Gehalte angemessen repräsentiert sind. Für das hier diskutierte Beispiel schließt diese Perspektive zum Beispiel die Frage nach den aktivierten Grundvorstellungen der Variable mit ein (vgl. z.B. vom Hofe 1995). Dieser theoretische Ansatz steht beispielhaft für eine solche repräsentationalistische Erklärungshaltung. Hier wird mathematisches Wissen zurückgeführt auf die individuell aktivierten (Grund-)Vorstellungen, die a priori in einer stoffdidaktischen Analyse des

Gegenstandsbereiches ermittelt werden. Mit Blick auf die Variable wird meist zwischen drei verschiedenen Aspekten unterschieden: dem Gegenstandsaspekt, dem Einsetzungsaspekt und dem Kalkülaspekt (vgl. z.B. Malle 1993). Aus dieser Perspektive wäre mithin der Frage nachzugehen, welcher dieser drei Vorstellungsaspekte bei Karin bereits in angemessener Form repräsentiert ist. Hier werden zwei Erklärungslasten dieses Konzeptes deutlich. Zum einen stellt die Aufgabe, anhand der obigen Szene Aussagen über Karins aktivierten Variablenbegriff zu tätigen, an sich eine große Herausforderung dar. Es ließe sich argumentieren, dass Karin hier die Variable unter dem Einsetzungsaspekt auf einer propädeutischen Ebene aktiviert. Diese Argumentation wird allerdings insofern dem eigentlichen Verständnis des Einsetzungsaspektes *nicht* gerecht, als es dafür eines mathematischen Objektes bedarf, *in das* etwas eingesetzt werden kann. Dieses ist hier jedoch nicht vorhanden. Die Erklärungslasten dieses Konzeptes der Grundvorstellungen bestehen somit in dieser Szene (vor dem Hintergrund des Konzeptes der Festlegungen) zum einen darin, Aussagen über Repräsentationen von Begriffsaspekten zu treffen, während die Begriffe noch nicht explizit sind und zum anderen darin zu klären, was es heißt, dass gewisse Begriffsaspekte in angemessener Weise repräsentiert sind. Die folgenden Aspekte fassen in diesem Zusammenhang noch einmal die Unterscheidungsmerkmale der hier vorgestellten inferentialistischen Perspektive auf individuelle Begriffsbildung gegenüber repräsentationstheoretisch fundierten Perspektiven hervor:

- Zum einen ermöglicht die Rekonstruktion von individuellen Festlegungen eine differenzierte perspektivische Betrachtung der Verwendung von Begriffen. In Kapitel 2 wird ausführlich diskutiert, wie Festlegungen einer Mitschülerin die Festlegungen des Schülers Orhan (Fallbeispiel 1, vgl. auch Kap. 6) massiv beeinflussen. Mit Hilfe von Festlegungen können so Orhans Begriffsbildungsprozesse rekonstruiert werden als individuelle Prozesse, die massiv durch das soziale Umfeld beeinflusst werden. Orhans neue Festlegungen können auf Festlegungen von Mitschülerinnen und Mitschülern zurückgeführt werden. Auf diese Weise kann ein differenziertes Bild von individueller Begriffsbildung nachgezeichnet werden, dass den *Prozess* als Zusammenspiel von eigenen Festlegungen und denen der anderen beschreibbar macht.

- Weiterhin wird die Frage, inwiefern Begriffe richtig oder angemessen verwendet werden, nicht diskutiert unter Bezugnahme auf konkrete Objekte (vgl. hierzu die Diskussion des Objektitivtätsbegriffs weiter unten), sondern entlang der Frage, worauf sich die Akteure jeweils festlegen. Wissen wird hier nicht betrachtet als korrekte Repräsentation (von gegebenen Objekten), sondern als das Vermögen, Gründe und Konsequenzen angeben zu können und damit letzthin *Inferenzen zu beherrschen*.

- Hinsichtlich der Verwendung von Begriffen lässt sich mit dem vorliegenden analytischen Apparat in differenzierter Weise die propädeutische Ebene mathematischer Begriffe diskutieren. Für die Rekonstruktion von Festlegungen zum Variablenbegriff zum Beispiel (vgl. oben) lassen sich bei Karin Festlegungen identifizieren, die auf propädeutischer Ebene auf den Variablenbegriff hinsichtlich des Einsetzungsaspektes (Malle 1993) verweisen. Zu einem solchen Analyseergebnis käme man durch Nutzung der Kategorie der Grundvorstellungen hingegen nicht, weil diese Kategorie ihren analytischen Ausgangspunkt bei den mathematischen Begriffen und nicht bei den individuellen Perspektiven nimmt: Karin nutzt die Variable in dem obigen Beispiel nicht, insofern lässt sich der Einsetzungsaspekt hier auch nicht identifizieren. Mit Hilfe von Festlegungen lässt sich daher in differenzierter Weise der Begriffsbildungsprozess von ersten propädeutischen Aktivierungen bis hin zur Explizierung gewisser Begriffe nachzeichnen.
- Weiterhin wird die Unterscheidung zwischen konventionalen und individuellen Festlegungen und Berechtigungen vorgenommen. Diese wird weiter unten noch ausführlich diskutiert. An dieser Stelle jedoch kann bereits festgehalten werden, dass eine Unterscheidung zwischen individueller und konventionaler, d.h. konsolidierter bzw. individuumsübergreifenden Perspektive, zwischen Singulärem und Regulärem (Gallin / Ruf 1998) möglich ist.

Vor diesem Hintergrund wird Begriffsbildung in der vorliegenden erkenntnistheoretischen Perspektive nicht als zunehmend korrekte interne Repräsentationen, Vorstellungen (vgl. Spitzer 2002, S. 79f) oder Grundvorstellung aufgefasst, sondern vielmehr als das zunehmende Beherrschen eines praktischen Knowhows: das *Eingehen* und *Zuweisen* von Festlegungen und Berechtigungen. Diese zweite Erklärungsrichtung fragt nicht nach der mentalen Repräsentation von Begriffen, sondern danach, was Karin eigentlich *tut*, wenn sie Begriffe wie *6-Ding, mal, plus* oder implizit *hochrechnen, Punktmusterfolge* oder *Term* verwendet: Sie geht Festlegungen ein, die zum Teil in expliziter, zum Teil in impliziter Form vorliegen. Die Bedeutung, die wir gewissen Begriffen zuschreiben, wird also in der einen Perspektive über Vorstellungen und mentale Repräsentationen erklärt und in der anderen Perspektive über den Gebrauch, über *praktisches Tun*: das Eingehen und Zuweisen von Festlegungen.

Eingehen und Zuweisen: Festlegungen und Berechtigungen werden im Diskurs ((Klassen-)Gespräch, Interview, Schreibprozess,...) explizit. In der vorliegenden Arbeit wird unterschieden zwischen solchen Festlegungen und Berechtigungen, die das Subjekt selbst eingeht und solchen, die es anderen Subjekten zuweist.

Diesen beiden Erklärungshaltungen entsprechen zwei philosophische Traditionslinien, die sich mit der Frage der Bedeutung von Begriffen auseinandersetzen. Begriffe begreifen im Sinne Descartes meint, über angemessene Repräsentationen zu verfügen. Begriffe begreifen im Sinne Kants meint, so zu handeln, dass man der Regel bzw. der Autorität des verwendeten Begriffs Rechnung trägt. Für das vorliegende Beispiel wird dieser epistemologische Paradigmenwechsel von Descartes zu Kant in der Frage nach dem Beherrschen des Folgenbegriffs offensichtlich. Über den Begriff der *Folge* verfügen im Sinne Descartes meint beispielsweise, über Repräsentationen zum Folgenbegriff nicht nur hinsichtlich seines rekursiven Charakters zu verfügen, sondern auch hinsichtlich seines expliziten Charakters. Den Begriff der *Folge* beherrschen im Sinne Kants meint, nicht über entsprechende Repräsentationen zu verfügen, sondern entsprechend zu *handeln*. Das heißt, Karin verfügt in dieser Erklärungsrichtung über einen adäquaten Folgenbegriff, wenn sie die Regel der Folge explizit machen kann und weitere Folgeglieder in rekursiver (also als Summe des vorangehenden Folgegliedes und des Zuwachses) oder expliziter Form (mit Bezug auf die zugrunde liegende mathematische Struktur bzw. Regel) *angeben kann*.

Diese beiden unterschiedlichen Sichtweisen auf das Verwenden und Begreifen von Begriffen sollen zum Anlass genommen werden, die für diese Arbeit wesentlichen Grundbegriffe, auf die sich Brandom (2000) in seiner Theorie des Inferentialismus bezieht, explizit zu machen. Hierbei wird das Erfassen begrifflicher Gehalte vollständig auf inferentielles Vokabular – Festlegungen, Berechtigungen und Inferenzen – zurückgeführt. Auf diese Weise wird der dieser Arbeit zugrunde liegende Begriffsbildungsbegriff instituiert. So wird deutlich, was es aus festlegungsbasierter Perspektive heißt, einen Begriff zu begreifen. Das epistemologische Gerüst dieser Arbeit nimmt auf diese Weise erste Konturen an.

Im Folgenden werden die beiden historischen Perspektiven, die mit den Namen Descartes und Kant verbunden sind und die oben entlang des Beispiels eingeführt wurden, näher diskutiert. Die eine Sichtweise auf das Begreifen von Begriffen ist mit dem Namen René Descartes verbunden. Begriffe begreifen, also das kognitive Verfügen über begrifflichen Gehalt (vgl. Brandom 2000, S. 156), wird hier in Begriffen der Repräsentation erklärt. Descartes formuliert in seiner *Abhandlung über die Methode des richtigen Vernunftgebrauchs*, „niemals eine Sache als wahr anzunehmen, die ich nicht als solche sicher und einleuchtend erkennen" (Descartes 1961, S. 19f) würde. Anders als in der inferentialistischen Perspektive geht der Wahrheitsbegriff hier nicht von der Idee aus zu fragen, was für wahr gehalten wird. Leitend ist vielmehr die Vorstellung, dass eine wahre Behauptung sich von einer falschen dadurch unterscheidet, dass die eine mit dem Wahrgenommenen übereinstimmt und die andere nicht. Das entscheidende Kriterium bei Descartes ist das der Korrespondenz: „Wahr ist ein Urteil genau dann, wenn es mit dem Gegenstand bzw. mit dem So-und-so-sein des Gegenstandes übereinstimmt" (Perler 1996, S. 300) Im Sinne Descartes „sind wir Repräsentierende – Erzeuger und Verwender von Repräsentationen – gegenüber einer Welt bloß repräsentierter und repräsentierbarer Dinge. Die für uns charakteristischen Zustände und Akte handeln in einem besonderen Sinne *von* Dingen, sind *über* oder *richten* sich *auf* Dinge. Sie sind Repräsentationen, und das heißt, sie haben einen repräsentativen Gehalt" (Brandom 2000, S. 39). Klassisches repräsentationalistisches Vokabular wie *von, über* oder *richten auf* markiert, inwiefern diese Erklärungsrichtung eine relationale Strategie verfolgt und Bedeutung von Begriffen unter Bezugnahme auf gewisse Objekte zu klären versucht, die sie repräsentieren. Wichtige mathematikdidaktische und sozialpsychologische Arbeitsgebiete stehen in diesem Sinne in einer repräsentationalistischen Tradition. Ob gewisse Grundvorstellungen, die Karin *von* der Variable hat (vgl. hierzu z.b. Malle 1993) oder ob es *interne Repräsentationen* (vgl. z.B. Goldin 2004) der Begriffe sind, deutlich wird an dem zugrunde liegenden analytischen mathematikdidaktischen Vokabular jeweils seine repräsentationalistische Erklärungshaltung. Goldin (2004) hebt die Rolle interner Repräsentationssysteme wie z.B. das sprachliche oder das syntaktische Repräsentationssystem für mathematische Problemlösefähigkeiten hervor: „These are general human systems, which encode the specifics of mathematical concepts, problems, and solution processes" (Goldin 2004, S. 58).

Die Angabe der Bedeutung bzw. des repräsentationalen Gehalts eines Satzes besteht im Sinne klassischer Semantiken in der Angabe seiner Wahrheits- bzw. Erfüllungsbedingungen, also jener Bedingungen, unter denen dieser Satz wahr bzw. falsch wäre. Richtig sind in dieser Perspektive Karins Aussagen beispielsweise, wenn die Begriffe der Folge, der Wachstumsregel oder der Variable angemessen – d.h. in mathematisch tragfähiger Weise z.B. entlang der Grundvorstellungen – repräsentiert sind. Im Sinne dieser Erklärungsrichtung meint einen begrifflichen Gehalt zu begreifen, über die jeweiligen begrifflichen Repräsentationen zu verfügen (vgl. Brandom 2001, S. 17; Brandom 2000, S. 157): „Die Angabe der Bedeutung eines Satzes besteht in der Angabe seiner Wahrheitsbedingungen (Erfüllungsbedingungen), also jener Bedingungen, unter denen er wahr bzw. falsch ist" (Detel 2007, S. 83).

Gleichwohl konnte im Eingangsbeispiel in der Einleitung dieser Arbeit auf ein Dilemma im Zusammenhang mit einer solchen Erklärungsrichtung hingewiesen werden: Im Sinne einer vorstellungs- bzw. repräsentationsgebundenen Erklärungshaltung mathematischen Wissens bleibt die Herausforderung bestehen, was *angemessene Repräsentationen mathematischer Objekte* sind. Steinbring (1999) weist in seinen epistemologischen Analysen auf die theoretische Natur mathematischer Begriffe hin, die „für das Einzelsubjekt ‚mentale Objekte'" (Steinbring

1999, S. 515) darstellen (eine ausführliche Diskussion der Natur mathematischer Begriffe findet sich weiter unten). Sfard betont in diesem Zusammenhang, „advanced mathematical constructs are totally inaccessible to our senses – they can only be seen with our mind's eyes" (Sfard 1991, S. 3).

Es stellt sich ein weiteres – forschungsmethodisches – Problem einer repräsentationalistischen Perspektive auf Mathematiklernen: Weil Vorstellungen mentale Repräsentationen sind, ist es forschungsmethodisch gar nicht möglich, diese sichtbar bzw. direkt explizit zu machen. Vor diesem Hintergrund stellt sich die Verwendung von repräsentationalistischem Vokabular zur Beschreibung von mathematischen Lernprozessen als schwierig dar. Explizit gemacht werden können allenfalls unsere Urteile bzw. die Festlegungen, die wir eingehen.

Kant (1999) lehnt – wie oben beschrieben – eine repräsentationalistische Erklärungsstrategie ab mit der Begründung, dass die Begriffe des Menschen nicht von den wahrnehmbaren Eindrücken der Umwelt geprägt werden (und diese damit repräsentieren), sondern dass der Mensch durch die Anwendung von Begriffen die Umwelt aktiv strukturiert und für die Urteile bzw. Festlegungen als kleinste Einheiten des Denkens Verantwortung übernimmt.

Der Paradigmenwechsel, der sich von der Auffassung Descartes (1964) hin zu der von Kant (1999) vollzogen hat, lässt sich beschreiben als eine Verschiebung der Auffassung des Begrifflichen als Wissen-*dass* zum Wissen-*wie*. Im Sinne einer repräsentationalistischen Auffassung des Begrifflichen heißt über begrifflichen Gehalt verfügen, über angemessene Repräsentationen zu verfügen: eine Art des Wissens-*dass*. Begriffe im Sinne Kants als Regeln zu verstehen, die wir anwenden und den Verstand zu verstehen als das Vermögen, diese Regeln zu begreifen, meint, eine Art begrifflichen Tuns beherrschen zu müssen, um die Begriffe gemäß der Regeln anwenden zu können: eine Art des Wissens-*wie*.

Fazit und Forschungsfrage zur epistemologischen Fundierung

In den obigen Ausführungen konnten vielfältige Abgrenzungskriterien der inferentialistischen Perspektive gegenüber der repräsentationalistischen Perspektive auf die Beschreibung von Wissensentstehungsprozessen herausgearbeitet werden. Als ein wesentlicher Unterschied dieser beiden Perspektiven konnte herausgearbeitet werden, dass das lernende Subjekt in der einen Perspektive *Repräsentierender* einer gegebenen (externen) Realität ist und in der anderen Perspektive *aktiv Handelnder*, der durch die Anwendung von Begriffen und das Eingehen und Zuweisen von Festlegungen und Berechtigungen *praktisch handelt*. Vorstellungen und Repräsentationen entziehen sich den forschungsmethodischen Zugriffsmöglichkeiten bei der Analyse von mathematischen Begriffsbildungsprozessen. Insofern wird in dieser Arbeit eine analytische Sprache genutzt, die auf repräsentationalistische (Analyse-)Begriffe (wie Vorstellungen, mentale Repräsentationen o.ä.) zugunsten von handlungstheoretisch orientierten Analysekategorien (z.B. Festlegungen, Berechtigungen) verzichtet.

Die repräsentationalistische Erklärungsebene zu verlassen und eine inferentialistische Erklärungshaltung einnehmen bedeutet zunächst einmal, dass man mit Blick auf die Beschreibung von Lernprozessen eine gewisse *Sicherheit* verliert und aufgibt: Lernprozesse können nicht beschreiben und beurteilt werden mit Blick auf die Eigenschaften der jeweiligen Lerngegenstände. Eine solche Sicht ist mit den inferentialistischen Grundannahmen nicht vereinbar. Es ist in dieser Hinsicht nicht möglich zu sagen, dass Karin den Folgenbegriff in angemessener Weise repräsentiert oder dass sie adäquate Grundvorstellungen zur Variable aufgebaut hat. Vielmehr ist die inferentialistische Erklärungshaltung von Grund auf perspektivisch angelegt insofern, als hierbei Bezug genommen wird auf die eigenen Festlegungen und die des Gegenübers und nicht auf die Frage, ob die individuellen Vorstellungen gewisser mathematischer Objekte mit den Objekten selbst übereinstimmen. Hier liegt das Potential dieser Erklärungshaltung: Genähert wird sich aus dieser Perspektive der Frage, was Karin tut und worauf sie sich festlegt, wenn sie etwas *für wahr hält*. Dieser perspektivischen und inferentialistischen Sichtweise liegen die Grundbegriffe der Festlegungen, Berechtigungen und Inferenzen zugrunde. Festlegungen und Berechtigungen sind dabei die kleinsten Einheiten des Denkens und Handelns. Sie werden für wahr gehalten, liegen unserem Wissen und Handeln zugrunde und können explizit gemacht werden. Gleichzeitig verweisen sie auf die soziale Dimension von Wissen und Handeln: Jede Festlegung von anderen, kann die eigenen Festlegungen und Berechtigungen beeinflussen. Gleichzeitig gilt für Lernprozesse, dass Festlegungen fachlich (d.h. mathematisch) tragfähig sind oder nicht, unabhängig davon, ob sie individuell tragfähig sind.

Insofern weist die hier fundierte inferentialistische Perspektive Bezugspunkte zu drei Dimensionen von Lernen auf, die schon in der Einleitung Ausgangspunkt des hier beschriebenen Weges waren.

• Individuelle Festlegungen, Berechtigungen und Inferenzen liegen dem Wissen und Handeln zugrunde. Sie verändern ihre Struktur im Laufe von Lernprozessen. Lernen ist ein individueller aktiver Konstruktionsprozess (vgl. z.B. Ausubel et al 1981, Bruner et al. 1971), bei dem Wissen „konstruktiv in realistischen und komplexen Problemsituationen erzeugt wird" (Hußmann 2006, S. 20).

• Individuelle Festlegungen werden durch die Festlegungen der anderen (Schüler, Lehrer, Eltern etc.) hochgradig beeinflusst. Sie können Berechtigung zu neuen, eigenen Festlegungen geben und sie können Anlass sein, nach Gründen und Konsequenzen zu fragen. Lernen ist daher geprägt und hochgradig beeinflusst von sozialem Austausch (vgl. z.B. Voigt 1984a, Krummheuer 1984), so „dass Wissen nicht mehr notwendig an ein Individuum geknüpft ist, sondern dass Wissensaufbau zudem sozialen Prozessen unterliegt" (Hußmann 2006, S. 21).

- Mathematiklernen geschieht in einem ständigen Dialog zwischen individuellen Festlegungen und konventionalen Festlegungen, zwischen individuellen und fachlichen Normen, zwischen Singulärem und Regulärem (Gallin / Ruf 1998): „Überall, wo ein singulärer Standort in Widerspruch zum Regulären gerät, entsteht eine Spannung. Diese Spannung ist die Triebfeder des Lernens" (Gallin / Ruf 1998, S. 27). Lernen ist gebunden an (fach-)kulturelle Normen, bei denen überlieferte „Erkenntnisse und die dahinterliegenden Bedeutungen und Bezüge, sprachliche Aspekte, Arbeitsformen, Normen, Werte und Überzeugungen, insbesondere Intentionen, Zielsetzungen und Geltungsansprüche, Standards für Begründungen und vieles mehr" (Prediger 2004, S. 274) eine Rolle spielen.

Insofern stellt die inferentialistische Perspektive auf individuelle Begriffsbildung gleichsam einen nicht nur konsistenten, sondern darüber hinaus auch elementaren Zugang zur Beschreibung und zum Verständnis fundamentaler Dimensionen von Lernen dar. Wissen und Wissensaufbau wird sichtbar über die Äußerungen und Handlungen. Immer, wenn wir handeln oder eine Behauptung aufstellen, sind wir schon festgelegt und stehen im Raum des Gebens und Verlangens von Gründen (vgl. Sellars 1999).

Diese Auffassung begrifflich gegliederten Tuns setzt den Begriff der Inferenz in den Mittelpunkt, nicht den der Repräsentation. Hierbei geht es darum, zu wissen, welche weiteren Festlegungen aus einer gewissen Behauptung folgen, welche Berechtigungen ich habe, die Behauptung aufzustellen und zu welchen Festlegungen ich vor dem Hintergrund einer anderen Festlegung keine Berechtigung habe (Inkompatibilitäten). Begriffe begreifen oder verstehen heißt demnach, „sich bei den Richtigkeiten der Inferenzen und Inkompatibilität auskennen, in die sie eingebunden sind" (Brandom 2000, S. 152). Dabei sind Festlegungen die kleinsten Einheiten des Denkens und Handelns, mit Hilfe derer im Rahmen dieser Arbeit individuelle Begriffsbildungsprozesse beschrieben werden. In Kapitel 1.2 wird diese Perspektive auf individuelle Lernprozesse auf spezifisch mathematische Begriffsbildungsprozesse konkretisiert.

Vor dem Hintergrund der hier vorgestellten 6 Charakterisierungen F1-F6 von Festlegungen ergib sich die folgende

Forschungsfrage 1 zum epistemologischen Erkenntnisinteresse:
Inwiefern lassen sich Begriffsbildungsprozesse als die Entwicklung von Festlegungen, Berechtigungen und Inferenzen erklären, strukturieren und verstehen?

1.2 Empirische Fundierung: Individuelle Begriffsbildung in der Mathematik

In Kapitel 1.1 konnte gezeigt werden, inwiefern die Grundbegriffe der inferentialistischen Perspektive auf individuelle Begriffsbildungsprozesse auf fundamentale Dimensionen von Lernen verweisen: Lernen ist ein individueller aktiver Konstruktionsprozess, der sozialen Prozessen und im Spannungsfeld von Singulärem und Regulärem kulturellen Normen unterliegt. In diesem Abschnitt wird diese Perspektive im Hinblick auf die Spezifität mathematischer Lernprozesse konkretisiert, um so eine kohärente Theorie zur Beschreibung und zum Verständnis mathematischer Lernprozesse zu entwickeln. Dies geschieht in zwei Schritten.

Zunächst wird hier aus den in Kapitel 1.1 definierten Grundbegriffen abgeleitet, was in inferentialistischer Perspektive unter *individueller Begriffsbildung* zu verstehen ist. Eine fundamentale Rolle kommt dabei dem logischen Vokabular zu, mit dessen Hilfe individuelle Begriffsbildungsprozesse als eine Entwicklung von Festlegungen, Berechtigungen und Inferenzen beschrieben werden können. Dabei zeigt sich, dass die fundamentale Rolle, die dem logischen Vokabular bei der *Beschreibung mathematischer Lernprozesse* zukommt, mit ontologischen Erkenntnissen mathematischer Forschungen und mit epistemologischen Erkenntnissen mathematikdidaktischer Forschungen korrespondiert. Prediger (2000) weist darauf hin, dass die „mathematische Logik (…) eine wichtige Disziplin der Mathematik (ist, F.S.), in der viele für die Mathematik zentrale Resultate entwickelt wurden und die insbesondere für die Grundlegung der Mathematik eine entscheidende Rolle gespielt hat" (Prediger 2000, S. 165). In korrespondierender Weise misst die mathematikdidaktische Forschung der Logik bzw. individuellen Argumentationen einen hohen Stellenwert zu (vgl. Meyer 2007a, 2007b; Krummheuer 2008). Die inferentialistische Perspektive auf individuelle (mathematische) Begriffsbildungsprozesse ergänzt daher die ontologischen und epistemologischen Erwägungen um eine *Beschreibungssprache für mathematische Lernprozesse* in kohärenter Weise mit Blick auf die Bedeutung, die der Logik dabei zukommt (siehe Tabelle 1-1).

In einem zweiten Schritt wird die hier vorgelegte Perspektive auf individuelle Begriffsbildungsprozesse für die besondere Natur mathematischer Begriffe fruchtbar gemacht. In diesem Zusammenhang wurde bereits in der Einleitung darauf hingewiesen, dass mathematische Begriffe bzw. Objekte sich insbesondere durch ihre theoretische Natur auszeichnen. Prediger (2004) hebt in diesem Zusammenhang hervor, dass der mathematische Wahrheitsbegriff sich gerade dadurch auszeichnet, „auf Korrespondenz zur Wirklichkeit zu verzichten" (Prediger 2004, S. 42). Dahinter steht insbesondere eine perspektivische Auffassung von Mathematik, die mathematisches Tun, das Aushandeln von Begriffen in den Vordergrund der Betrachtungen stellt und nicht die Korrespondenz des *Produktes Mathematik* mit einer externen Realität: „Es reicht nicht aus, Mathematik als kulturelles *Produkt* zu betrachten, stattdessen tauchen immer mehr Gesichtspunkte auf, die es nahe legen, die Disziplin Mathematik selbst als eine lebendige Kultur mit eigenen Werten, Entwicklungsgesetzmäßigkeiten, sozialen Institutionen usw. zu betrachten" (Prediger 2004, S. 43). In ganz ähnlicher Richtung argumentiert Hußmann (2006) aus epistemologischer Perspektive (bzw. ganz ähnlich u.a. Bruner et al. 1971, Ausubel et al. 1981). Mathematiktreiben in konstruktivistischer Sicht ist ein Prozess aktiver Konstruktion und nicht passiver Rezeption. Mathematiktreiben in dieser Perspektive ist kein Prozess, bei dem extern gegebene Wahrheiten vom Subjekt aufgenommen werden, sondern ein Prozess der Konstruktion bzw. des Erfindens mathematischer Begriffe (vgl. Hußmann 2006, S. 174f). Die hier vorgestellte Beschreibungssprache für mathematische Lernprozesse korrespondiert daher sowohl mit den ontologischen als auch mit den epistemologischen Erwägungen hinsichtlich der perspektivischen Auffassung von Mathematik bzw. Mathematiklernen (vgl. Tabelle 1-1).

Tabelle 1-1 Korrespondierende Perspektiven auf Mathematik, Mathematiklernen sowie die Beschreibung mathematischer Lernprozesse

	Ontologische Aspekte der Mathematik	Epistemologische Aspekte des Mathematiklernens	Aspekte des hier vorgelegten Beschreibungssystems mathematischen Lernens
Rolle der Logik	Logik als fundamentale mathem. Disziplin	Logik und Schlussweisen als Kernelemente mathematischer Argumentationen	Logik als expressive Ressource zur Beschreibung individueller Begriffsbildungsprozesse
Perspektivität statt Korrespondenz	Mathematik als lebendige Kultur des Denkens in und Handelns mit Begriffen	Mathematiklernen als das Erfinden und die Konstruktion von Begriffen	Festlegungen, Berechtigungen und Inferenzen als die perspektivische (nicht: korrespondenztheoretische) Analysewerkzeuge zur Beschreibung begrifflicher Prozesse

Die Rolle des logischen Vokabulars für die Beschreibung individueller Begriffsbildungsprozesse in inferentialistischer Perspektive

In diesem Abschnitt wird die empirische Fundierung der vorliegenden Arbeit angelegt, sodass am Ende des Abschnitts die Forschungsfrage gestellt werden kann, wie sich Merkmale, Muster und Strukturen individueller Festlegungen im Verlauf von Begriffsbildungsprozessen bei Schülerinnen und Schülern entwickeln. Hierzu wird zunächst die Sprache vorgestellt, mit der die empirischen Daten später ausgewertet werden. Die Diskussion fundamentaler Thesen des Inferentialismus wird zeigen, dass die Analyse von Festlegungen und der Inferenzen, die Schülerinnen und Schüler beherrschen, *hinreichend* ist, um individuelle Begriffsbildungsprozesse zu beschreiben und dass insofern individuelle Begriffsbildungsprozesse als Entwicklungen von Festlegungen, Berechtigungen und Inferenzen beschrieben werden können. Dabei kommt der Logik eine Art Sonderstatus zu. Mit Hilfe des logischen Vokabulars ist es möglich, Implizites – nämlich die Inferenzen, die Relationen zwischen den Festlegungen als kleinste Einheiten des Denkens und Handelns - explizit zu machen. Mit Blick auf die Forschungsfrage ist darüber hinaus zu klären, was Begriffsbildung in der Sprache der Festlegungen eigentlich meint und inwiefern diese Konzeptualisierung von Begriffsbildung durch die Sonderrolle des logischen Vokabulars beeinflusst ist. Dabei wird gezeigt, dass Begriffsbildung in inferentialistischer Perspektive verstanden wird als die Herausbildung von Festlegungen in Begriffsnetzen.

Im vorigen Abschnitt wurde die für diese Arbeit grundlegende These beschrieben, dass Festlegungen und Berechtigungen inferentiell gegliedert sind: Sie dienen als Gründe bzw. für sie können Gründe verlangt werden. Zentral sind also nicht nur die rekonstruierbaren Festlegungen selbst. Wichtig sind darüber hinaus die inferentiellen Relationen zwischen den Festlegungen. Rekonstruiert wurde für das Eingangsbeispiel von Karin die inferentielle Relation zwischen den Festlegungen (i) (*Die Regel des Wachstums kann zur Anzahlbestimmung genutzt werden.*) und (ii) (*Die Anzahl der Punkte an der 10. Stelle ergibt sich aus der Summe der Anzahl der Punkte an der 3. Stelle und 7 mal dem Zuwachs.*): Weil die Regel des Wachstums für die Anzahlbestimmung genutzt werden kann, ergibt sich die Anzahl der Punkte an der 10. Stelle der Folge aus der Summe der Anzahl der Punkte an der 3. Stelle und 7 mal dem Zuwachs. Insofern ergibt sich der Gehalt von Begriffen, die wir in unseren Festlegungen verwenden, aus dem Gehalt der inferentiell gegliederten Festlegungen: „grob gesprochen, der Festlegung auf die Richtigkeit der Inferenz von den angemessenen *Umständen* auf die angemessenen *Folgen* der *Anwendung* des Begriffs" (Brandom 2000, S. 856).

Eine grundlegende Rolle kommt dabei dem logischen Vokabular zu, paradigmatischerweise dem Konditional, mit dem inferentielle Relationen, also

Folgerungen und die Gründe, explizit gemacht werden können. Man kann mit Hilfe konditionaler Wendungen Inferenzen wie *Karin ist auf die Behauptung festgelegt, dass* **wenn** *7 Teilmengen zu je 6 Punkten addiert werden,* **dann** *sind an der 10. Stelle 62 Punkte im Muster* explizit machen. Das logische Vokabular spielt eine so fundmentale Rolle, weil es denen, die es beherrschen, etwas Zentrales zu sagen erlaubt. Das logische Vokabular stellt expressive Ressourcen bereit, um explizit zu diskutieren, was die praktische Grundlage des Äußerns und Handelns ist: Inferenzen und die damit verbundenen Festlegungen und Berechtigungen können mit Hilfe des logischen Vokabulars explizit gemacht werden. Mit logischem Vokabular werden expressive Ressourcen bereitgestellt, explizite Kontoführungseinstellungen zueinander einzunehmen (vgl. Brandom 2000, S. 891), d.h. zu beurteilen, worauf man selbst bzw. andere festgelegt bzw. berechtigt ist.

Die Logik erlaubt uns also, die Gründe und Konsequenzen für unsere Handlungen und Äußerungen – letzthin also die inferentiellen Relationen zwischen diesen – in Form von Festlegungen bzw. Berechtigungen explizit zu machen. Wir können mit Hilfe der Logik aber nicht nur das Implizite – also die inferentiellen Relationen – explizieren, sondern auch die Entwicklung dokumentieren, in der sich die eingegangenen Festlegungen ändern können, mithin die Begriffsbildung dokumentieren: „Die Begriffsbildung selbst (…) entpuppt sich als etwas, dessen sich diejenigen, die das logische Vokabular entfalten können, bewußt sein können" (Brandom 2000, S. 24), eben weil sie die die inferentiellen Relationen (d.h. Gründe und Konsequenzen) zwischen Festlegungen (bzw. Berechtigungen) explizieren können. Mit Hilfe von Festlegungen und Inferenzen ist es in inferentialistischer Perspektive demnach möglich, individuelle Begriffsbildungsprozesse explizit zu machen.

Ein inferentialistisches Verständnis des logischen Vokabulars als expressive Ressource, das Implizite – also das Zuweisen und Anerkennen von Berechtigungen und Festlegungen – in Form von Behauptungen, für die Gründe gegeben werden können, explizit zu machen, beeinflusst das Verständnis der Untersuchung individueller Begriffsbildungsprozesse grundlegend. Zum einen wird dadurch begründet, dass mit Hilfe des logischen Vokabulars sowie der Fähigkeit, Festlegungen zuschreiben und eingehen zu können, ein hinreichendes Instrumentarium zur Verfügung steht, um individuelle Begriffsbildungsprozesse verstanden als die Herausbildung von Festlegungsstrukturen und individuellen Logiken explizit zu machen.

Festlegungsstruktur: Mit Festlegungsstruktur wird die Gesamtheit der individuell eingegangenen Festlegungen bzw. Berechtigungen bezeichnet. Eine Struktur hat diese Gesamtheit hinsichtlich der inferentiellen Relationen zwischen den individuellen Festlegungen und Berechtigungen.

Individuelle Logik: Mit individuellen Logiken werden die inferentiellen Relationen bezeichnet, die die individuell eingegangenen Festlegungen und Berechtigungen strukturieren. Die individuellen Festlegungen müssen nicht in deduktiver Weise strukturiert – und damit *wahr* - sein. Vielmehr werden die inferentiellen Relationen, die auf Gründe und Konsequenzen verweisen, für wahr gehalten.

Auswirkungen der Rolle des logischen Vokabulars auf die empirische Analyse

Die Logik stellt die expressiven Ressourcen bereit, die Inferenzen – die Folgerungen und die Gründe, die wir für unseren Begriffsgebrauch geben – explizit zu machen. Es lässt sich nicht nur angeben, welche Festlegungen Karin in der Beispielszene eingeht, sondern darüber mit Hilfe des logischen Vokabulars hinaus, welche Inferenzen Karin beherrscht. Insofern bleibt als zentrales Ergebnis der inferentialistischen Perspektive für die Untersuchung von *Begriffsbildungsprozessen* festzuhalten: „Gerade weil die Merkmale, deren sich Handelnde durch die Anwendung von Begriffen explizit bewußt werden können, in Pläne einfließen und zum Gegenstand gezielter praktischer Beeinflussung werden können, wird die Begriffsbildung selbst auf diese Weise zum allerersten Mal Gegenstand bewußter Überlegungen und Kontrolle" (Brandom 2000, S. 25). Hier wird die Metaebene für den vorliegenden Theorierahmen angesprochen: Inferenzen und Festlegungen stellen ein analytisches Instrumentarium für die vorliegende Arbeit bereit, das explizit machen kann, was sonst implizit bliebe: Karins Gründe und die (inferentiellen) Relationen, die sie beherrscht.

Es ist ein wesentliches Ergebnis der Theorie Brandoms, auf konzeptueller Ebene den Weg zu ebnen für die Untersuchung individueller Begriffsbildungsprozesse in dem Sinne, dass mit diesem epistemologischen Gesamtrahmen ein Programm vorliegt, das es ermöglicht,

- die theoretischen Grundbegriffe mit Hilfe eines festlegungsbasierten Theorierahmens zu explizieren, mit denen wir über Begriffsbildungsprozesse sprechen (wie z.B. Vorstellungen, mentale Repräsentationen oder gedankliche Erfindungen), sowie
- Begriffe und begriffliche Gehalte gemäß ihrer inferentiellen Gliederung aufzufassen. Mit Hilfe des logischen Vokabulars können wir die implizit eingegangenen und zugewiesenen Festlegungen gemäß ihrer inferentiellen Relation explizit machen.

Bei der Untersuchung individueller Begriffsbildungsprozesse stehen die Sprache und das begriffliche Tun der Schülerinnen und Schüler im Vordergrund.

Im Mittelpunkt der Untersuchung stehen somit Begriffe und ihre Verwendung. Im Sinne Brandoms verweisen diese gleichsam auf die zugrundeliegenden *Festlegungen* bzw. *Berechtigungen*. Insofern <u>sind</u> Analyse, Strukturierung und Verstehen *individueller* Begriffsbildungsprozesse gleichsam Analyse, Strukturierung und Verstehen der der Verwendung von Begriffen zugrunde liegenden *Festlegungen und Berechtigungen*. Mit Bezug auf das Eingangsbeispiel konnte gezeigt werden, inwiefern die Rekonstruktion der Bedeutung beispielsweise von Karins Regelbegriff in dieser Situation zurückgeführt wurde auf die Rekonstruktion der diesem Begriff zugrunde liegenden Festlegungen. Daraus ergeben sich für die vorliegende Arbeit weitere Festlegungen.

Festlegung 2:
Begriffsbildung vollzieht sich nicht sichtbar. Sichtbar werden allein individuelle (Sprech-)Handlungen in gewissen Situationen.

Festlegung 3:
Unseren (Sprech-)Handlungen liegen Festlegungen zugrunde, die inferentiell gegliedert sind.

Festlegung 4:
Individuelle Bildungsprozesse begrifflicher Repräsentationen werden explizit gemacht in Begriffen des Zuweisens und Eingehens von Festlegungen und Berechtigungen.

Das Ziel dieser Arbeit lässt sich somit vor dem Hintergrund der fundamentalen Einsichten des Inferentialismus präzisieren: Begriffsbildungsprozesse verstehen meint, die Prozesse der Herausbildung und Veränderung individueller Festlegungsstrukturen explizit zu machen. Dieses Verständnis von Begriffsbildung folgt einer kantischen Auffassung, die davon ausgeht, dass es die Begriffe sind, die unsere Anschauungen prägen und nicht umgekehrt. Begriffsbildung bei Schülerinnen und Schüler in diesem Sinne untersuchen heißt also fragen, welche Festlegungen der Verwendung gewisser Begriffe zugrunde liegen. Dieses Verständnis zur *Beschreibung individueller Begriffsbildungsprozesse* ist tief verwurzelt in den sozialperspektivischen Grundannahmen Brandoms (2000). Begriffsbildungsprozesse untersuchen meint in diesem Verständnis, die Prozesse individueller Begriffsbildung nachzuzeichnen und die Festlegungen, die die Begriffsverwender eingehen, zu rekonstruieren.

Gleichzeitig zieht die Tatsache, dass Inferenzen den Ausgangspunkt der Erklärungsstrategie darstellen, wichtige Konsequenzen hinsichtlich des Verständnisses von Begriffen nach sich, das im nächsten Abschnitt genauer diskutiert wird. Bereits im Eingangsbeispiel konnte gezeigt werden: Rekonstruiert werden jederzeit eine Vielzahl von Begriffen, hier die Begriffe *mal, plus, Folge* oder *Term*. Begriffe können nicht isoliert betrachtet werden: „Eine unmittelbare Konsequenz einer solchen inferentiellen Abgrenzung des Begrifflichen ist, daß man viele Begriffe haben muß, um überhaupt welche zu haben. Denn zum Verstehen eines Begriffs gehört das Beherrschen der Richtigkeiten inferentieller Züge, die ihn mit vielen anderen Begriffen verknüpfen (…). Man kann nicht einen Begriff allein haben" Brandom 2000, S. 152/153). Für diese Arbeit gilt

Festlegung 5:
Begriffe lassen sich nicht isoliert betrachten, sondern nur als Festlegungen in Begriffsnetzen.

Die Festlegung, dass Begriffe nicht isoliert betrachtet werden können, hat wichtige epistemologische Konsequenzen. Wenn wir lernen, vollziehen sich keine Prozesse der Herausbildung einzelner Begriffe, sondern wir denken in und handeln mit Begriffsnetzen. Dieses Verständnis instituiert die grundlegende Annahme für diese Arbeit: Untersucht wird die **Bildung von Begriffsnetzen**, nicht die Bildung isolierter Begriffe.

Festlegung 6:
Unter Begriffsbildung wird die Konstruktion von Begriffsnetzen verstanden.

Genauer: Begriffsbildung als die Konstruktion von Begriffsnetzen wird sichtbar über die Inferenzen, in denen die Begriffe jeweils gebraucht werden. Die Analyse von Begriffs(netz)bildung ist daher zweiperspektivisch in einem doppelten Sinne angelegt:
* *Begriffe und Festlegungen:* Einerseits werden Begriffsnetze (und somit der jeweilige Stand der individuellen Begriffsbildung) nur explizit im Lichte der Festlegungen, die dem Begriffsgebrauch in spezifischen Situationen zugrunde liegen. Daher gilt

Festlegung 7:
Begriffs(netze) untersuchen heißt Festlegungsstrukturen in gewissen Situationen untersuchen.

* *Kurzzeit und Langzeit:* Andererseits lassen sich Begriffsnetze via individuelle Festlegungen (und Inferenzen) immer nur kurzfristig für gewisse Situationen explizit machen. Durch eine Rekonstruktion ähnlicher Begriffsnetze (in chronologischer Weise) entlang von Lernprozessen via Festlegungsstrukturen

(inferentielle Zusammenhänge) kann eine langfristige Perspektive eingenommen werden. Für das Eingangsbeispiel besteht die Herausforderung darin, den Ausschnitt von Karins Begriffsbildungsprozess als Teil eines längerfristigen – im Rahmen des Lernkontextes sich abspielenden – Begriffsbildungsprozesses explizit zu machen. Daher gilt

Festlegung 8:
Begriffs(netz)bildung untersuchen heißt die Entwicklung *von Begriffsnetzen, d.h. wiederum die Entwicklung individueller Festlegungsstrukturen untersuchen.*

Anforderung an ein inferentialistisches Analyseinstrumentarium ist daher, dass individuelle Begriffsnetze und die ihnen zugrunde liegenden Festlegungsstrukturen in gewissen Situationen explizit gemacht werden können. Über verschiedene Stationen hinweg werden so die individuellen Festlegungsstrukturen analysiert, in denen gewisse Festlegungen aktiviert werden. Sichtbar wird dadurch eine Abfolge individueller Festlegungsstrukturen, die einzelnen Begriffsnetzen zugrunde liegen. Weil diese Festlegungen auf spezifische Begriffe verweisen, wird durch die Analyse von Festlegungen *Begriffsbildung selbst* explizit, daher gilt

Festlegung 9:
Begriffsbildung ist die Entwicklung der Festlegungsstrukturen, die dem Gebrauch gewisser Begriffe zugrunde liegen.

Die Theorie der Conceptual Fields von Gérard Vergnaud bietet einen lokalen Theorierahmen auf der mathematikdidaktischen Ebene, der Anknüpfungspunkte zu diesem Begriffsverständnis im Sinne einer inferentiellen Gliederung begrifflicher Gehalte bietet (vgl. Kapitel 1.4): „A conceptual field is also a set of concepts, whose meaning and explanatory power stem from their joint intervention in the same situations and schemes" (Vergnaud 1992, S. 289). Auch Winter hebt den Aspekt der Analyse von Begriffs*netzen* im Zusammenhang mit der Analyse von Begriffsbildung hervor: „Wesentlich ist jedenfalls, daß zur Begriffsbildung ganz fundamental die Einbindung in ein System von Begriffen gehört" (Winter 1983, S. 180). Diese Einsicht erweitert das Verständnis individueller Begriffsbildungsprozesse dahingehend, dass Begriffsbildung als die Herausbildung von Festlegungen in Begriffsnetzen aufgefasst werden kann. Für den hier zugrunde liegenden Lernkontext ist demnach im Rahmen der fachlichen Klärung herauszuarbeiten, welche Begriffsnetze dem Kontext zugrunde liegen. Diese Begriffsnetze sind dann der Hintergrund, vor dem die individuellen begrifflichen Entwicklungsprozesse betrachtet und rekonstruiert werden.

In diesem Abschnitt konnte die Rolle des logischen Vokabulars für die Beschreibung individueller Begriffsbildungsprozesse herausgearbeitet werden. Es zeigt sich, dass das logische Vokabular die expressiven Ressourcen bereithält, die inferentiellen Relationen zwischen Festlegungen und Berechtigungen explizit zu machen. Damit können wir die Gründe und Konsequenzen unserer Äußerungen und Handlungen, mithin die Begriffsbildungs- bzw. Lernprozesse selbst, explizit machen. Aus diesem Verständnis heraus wurde in diesem *Abschnitt Begriffsbildung in festlegungsbasierter Perspektive* beschrieben. Im folgenden Abschnitt wird dieses festlegungsbasierte Verständnis von Begriffsbildung für die Spezifität mathematischer Begriffe konkretisiert.

Die Spezifität mathematischer Begriffe

Von besonderer Bedeutung für diese Arbeit ist die Natur mathematischer Begriffe im Spannungsfeld von Begriffen als Werkzeuge und Begriffen als theoretische Objekte. Denn die Auffassung des Menschen als ein mit Begriffen hantierendes Wesen (vgl. Brandom 2000) mag leicht zu der Annahme führen, Begriffe seien lediglich Werkzeuge, mit denen wir im Diskurs operieren. In diesem Zusammenhang wäre der Regelbegriff, der Karins Festlegungen zugrunde liegt, ein Werkzeug für das Hochrechnen dynamischer Punktmuster und später die Variable und Terme Werkzeug zur Beschreibung mathematischer Strukturen und Muster. Mathematische Begriffe zeichnen sich allerdings nicht nur durch ihren operationalen Charakter, sondern insbesondere auch durch ihre strukturelle Dimension aus: Der Regelbegriff, der Karins Festlegung in der Eingangssituation zugrunde liegt, würde z.B. auf die Möglichkeit verweisen, mit Hilfe eines Terms mathematische Strukturen zu beschreiben. Anna Sfard (1991) betont den Unterschied zwischen diesen beiden Dimensionen mathematischer Begriffe deutlich: *„there is a deep ontological gap between operational and structural conceptions"* (Sfard 1991, S. 4). Beide Dimensionen mathematischer Begriffe – die operationale und die strukturelle – sind grundlegend für die Natur mathematischer Begriffe. Die eine Dimension betont *„processes, algorithms and actions* rather than objects. We shall say therefore, that it reflects an *operational conception"* (Sfard 1991, S. 4). Lineare Funktionen beispielsweise oder Zahlenfolgen sowie Bildmusterfolgen sind in dieser Hinsicht Veränderungsprozesse bzw. regelgeleitete Abfolgen z.B. von Punkten oder Zahlen. Die strukturelle Dimension verweist hingegen eher auf einen Abstrakten Zugang zu den jeweiligen Konzepten. Funktionen, Bildmusterfolgen oder Zahlenfolgen in diesem Zusammenhang sind Mengen von Paaren, denen eine gewisse Ordnung zugrunde liegt. Im Rahmen des Lernkontextes, der der empirischen Erhebung zugrunde liegt, werden beide Dimensionen von ausgewählten mathematischen Begriffen thematisiert (für die stoffdidaktische Diskussion des Lernkontextes vgl. Kap. 4)

Brandom (2000a) hebt in diesem Zusammenhang hervor, dass Lockes Auffassung von „Sprache selbst als ein Werkzeug zur Äußerung von Gedanken" (Brandom 2000a, S. 53) in einer kartesischen, d.h. repräsentationalistischen Erklärungstradition steht. Gleichzeitig hebt er hervor, dass auch in einer pragmatischen Erklärungstradition die Auffassung von Sprache als Werkzeug häufig vertreten wird: „Das Bild von Sprache als Werkzeug eint Autoren wie den frühen Heidegger und den späten Wittgenstein. (...) (Ich möchte, F.S.) geltend machen, daß die Vorstellung, die Sprache diene irgendwelchen Zwecken – insbesondere der Verwirklichung schon vorher verständlicher Zwecke -, konfus und verkehrt ist" (Brandom 2000a, S. 54). Im Folgenden wird Brandoms Argument gegen die Vorstellung von Sprache und Begriffen ausschließlich als Werkzeuge und damit gegen die Vorstellung, Sprache diene einem gewissen Zweck, skizzenhaft nachgezeichnet (und es ist genauer nachzulesen in Brandom 2000a, S. 53-58). Dabei wird deutlich, dass sich das Ergebnis auf den mathematikdidaktischen Diskurs übertragen lässt: Insbesondere mathematische Begriffe sind gekennzeichnet durch ihre Doppelnatur gleichsam Werkzeug und theoretisches Objekt in einem zu sein.

Sprache als Werkzeug zu verstehen meint, Sprache als Mittel zur Verwirklichung eines gewissen Zweckes zu verstehen: „Der Grundgedanke ist (...) der, daß die Sprache als Werkzeug zum Streben nach beliebigen Zielen begriffen werden kann. Nach meiner Auffassung verkennt dieser Gedanke gerade das Wesentliche des Sprachlichen" (Brandom 2000a, S. 56). Das Problem stellt sich in folgender Weise dar: Eine Sache – insbesondere: die Sprache - verständlich zu machen in ihrer Rolle als Werkzeug, ist gleichbedeutend damit, diese Sache als ein Mittel zu einem bestimmten Zweck – also Sprache als Mittel zum Zweck – zu verstehen. Der Variablenbegriff wäre in diesem Falle beschreibbar über seine Rolle, die er bei der Beschreibung mathematischer Strukturen spielt. In dieser Logik kann der Zweck „unabhängig von einer Betrachtung dieses Mittels erfaßt oder gekennzeichnet werden" (Brandom 2000a, S. 56). Das Grundproblem dieser Argumentationslogik stellt Brandom so dar: „Die Sprachpraxis trägt zwar dazu bei, unsere Zwecke zu verwirklichen, aber die überwiegende Mehrzahl dieser Zwecke ließe sich unabhängig von unserer Beteiligung an der Sprachpraxis nicht einmal *vorstellen*, geschweige denn erreichen. (...) Schon allein die Verständlichkeit der Zwecke ist von unseren sprachlichen Fähigkeiten abhängig" (Brandom 2000a, S. 56). Die *Regelbegriff* ist für Karin zwar in der Situation ein Werkzeug zur Bewältigung der Anforderung in der Interviewsituation, aber sie ist gleichzeitig mehr: Die Regel wird ihrerseits zum Gegenstand der Aushandlung und Weiterentwicklung, sie fließt als theoretisches Objekt im Verlauf des Begriffsbildungsprozesses ein z.B. in den Termbegriff (im Form des Linearitätsfaktors). Wäre die Regel allein Werkzeug zur Erreichung eines Ziels (z.B. zur Berechnung gewisser Folgeglieder), so würde das wesentliche Merkmal des Regelbegriffs verloren gehen: Er ist Lernanlass eines ganzen Kontextes und bietet über seine begriffliche Vielfalt und sein begriffliches Potential die Möglichkeit, Gegenstand von Auseinandersetzungs- und Aushandlungsprozessen zu werden und damit neue Begriffe (wie z.b. Variable, Term, Muster, Funktion) durch die Schülerinnen und Schüler hervorzubringen.

Sprache kann also nicht allein als Werkzeug oder als Mittel zum Erlangen irgendwelcher Zwecke betrachtet werden, weil diese Argumentationslogik eine Unabhängigkeit von Mittel (Sprache) und Zweck impliziert, die de facto nicht existiert: Würde das Mittel (also die Sprache) nicht existieren, ließen sich die meisten Zwecke der an der Sprachpraxis beteiligten „nicht einmal vorstellen". Brandom resümiert: „Das Wesen der spezifisch diskursiven Praxis – der Praxis, *Begriffe* zum Einsatz zu bringen – liegt gerade darin, daß sie diese Fähigkeit hervorbringt, eine unbegrenzte Anzahl neuer Überzeugungen in Erwägung zu ziehen (...). Faßt man die diskursive Praxis selbst instrumentalistisch (d.h. als Mittel zum Zweck, F.S.) auf, wird dieses für sie kennzeichnende Merkmal verwischt" (Brandom 2000a, S. 57). Sprache ist in dieser Perspektive mehr als ein Werkzeug zum Erreichen eines Ziels: Die Praxis, Begriffe zum Einsatz zu bringen hat insofern theoretischen Charakter, als sie uns in die Lage versetzt, sie selbst zum Gegenstand der Aushandlung und der Untersuchung zu machen und damit zu neuen Überzeugungen zu gelangen.

Die Doppelnatur des Begrifflichen spielt insbesondere vor dem Hintergrund der Besonderheit mathematischer Begriffe eine wichtige Rolle in der Mathematikdidaktik. Der Vergleich zeigt hierbei, dass die inferentialistische Auffassung hier viele Parallelen aufweist und sie somit ein wichtiges Anschlusskriterium an mathematikdidaktische Theoriebildung darstellt.

Im Sinne eines konstruktivistischen Lernverständnisses greift Hußmann (2006) die Unterscheidung von Begriff als Werkzeug und als theoretisches Objekt im Rahmen der Beschreibung von Begriffsbildungsprozessen mit dem Begriff des *Komplementaritätsprinzips* auf. Auf der Grundlage der vorhandenen Schemata (Piaget) erfindet das Individuum oder die Gruppe in intentionalen Problemkontexten einen neuen Begriff: „Der Begriff wird zum Werkzeug um sich in der Erlebniswelt mitsamt ihrer Widerstände zu bewegen. Er wird zur Methode, wenn er sich in *verschiedenen* Situationen als tragfähig erweist. Und die Notwendigkeit und Möglichkeit zur Methode ist für die Schülerin eine Triebfeder, konkrete Begriffe (...) selbsttätig zu abstrahieren. Die Perturbation und Konstruktion verbinden den theoretischen Begriff mit dem Referenzobjekt, die den Anlass zu einer verallgemeinerten und theoretischen Begriffsbildung geben"

(Hußmann 2006, S. 22). In diesem Sinne vollzieht sich der Begriffsbildungspro-zess entlang der Entwicklung des Begriffs als Werkzeug hin zum Begriff als theoretisches Objekt. Insofern bewegt sich der Begriff des „Begriffs" hier inner-halb eines dialektischen Spannungsverhältnisses von Werkzeug und theoreti-schem Objekt.

Vergnaud hebt in diesem Zusammenhang ebenfalls deutlich die Doppelnatur mathematischer Begriffe hervor: „Concepts can be tools and objecs" (Vergnaud 1992, S. 306). Begriffe sind demnach nicht ausschließlich Gebrauchsmittel, derer man sich vor dem Hintergrund der individuellen Festlegungen bzw. theorems-und concepts-in-action „*bedient*": „explicit concepts and theorems are more than operational invariants: they are public and can therefore be discussed (…) Sym-bolizing plays a part in changing the cognitive status of concepts from tools to objects" (Vergnaud 1992, S. 306).

Insbesondere mathematische Begriffe sind demnach durch ihren theoreti-schen Charakter gekennzeichnet. Die Diskussion der festlegungsbasierten Per-spektive zeigt in diesem Zusammenhang, dass die Verwendung mathematischer Begriffe als theoretische Objekte oder als Werkzeuge über die Rekonstruktion von Festlegungen und Berechtigung herausgearbeitet werden kann. Dies ge-schieht vor dem Hintergrund der sozialperspektivischen Anlage des theoretischen Rahmens: Wesentlich ist dabei nicht, inwiefern der verwendete Begriffs in theo-retisch-struktureller oder operationaler Hinsicht mit dem *wirklichen* Begriff kor-respondiert, sondern worauf sich die Verwender des Begriffs festlegen, welche Gründe sie für die Verwendung haben und welche Konsequenzen ihre Äußerun-gen und Handlungen haben. Dieses Verständnis korrespondiert in kohärenter Weise einerseits mit *ontologischen* Erwägungen zur Mathematik als einer Wis-senschaft, die sich „nicht durch die Apriorität der mathematischen Gegenstände" (Prediger 2004, S. 42) auszeichnet, sondern durch „eine lebendige Kultur mit eigenen Werten, Entwicklungsgesetzmäßigkeiten, sozialen Institutionen usw" (Prediger 2004, S. 43). Andererseits korrespondiert dieser Ansatz mit *epistemolo-gischen* Aspekten des Mathematiklernens als fundamental perspektivische Pro-zesse in dem Sinne, dass Begriffe gemeinsam ausgehandelt und erfunden werden anstatt dass die Begriffe am Ende des Lernprozesses mit den *richtigen Begriffen korrespondieren* (vgl. Hußmann 2006).

Die hier gewählte inferentialistische Perspektive auf individuelle Begriffs-bildung kann insofern sehr fruchtbar sein, als diese Perspektive der ontologischen Natur mathematischer Gegenstände gerecht wird und sich damit das in der Einlei-tung beschriebene Dilemma repräsentationalistischer Beschreibungsweisen ma-thematischer Begriffsbildungen nicht stellt. Wenn mathematische Begriffe „für das Einzelsubjekt ‚mentale Objekte'" (Steinbring 1999, S. 515) sind, so ist frag-lich, was unter mentalen Repräsentationen mentaler Objekte verstanden werden kann. Mathematische Lern- bzw. Begriffsbildungsprozesse über Äußerungen und Handlungen bzw. die damit verbundenen Festlegungen und Berechtigungen zu beschreiben, bedeutet somit nicht nur der Natur mathematischer Begriffe in der *Beschreibungssprache* für individuelle Lernprozesse gerecht zu werden, sondern auch der Auffassung von Lernprozessen als individuelle aktive Konstruktionsprozesse, die sozialen und kulturellen Normen unterworfen sind.

Die Diskussion der Konzeptualisierung von *Begriff*, die hier auf einer theoretischen Ebene skizziert, wird in Kapitel 4 auf einer konkreten Ebene umgesetzt: Die Doppelnatur mathematischer Begriffe ist für die vorliegende Arbeit nämlich nicht nur in epistemologischer Hinsicht (für hintergrundtheoretische Erwägungen zur Integration verschiedener theoretischer Ansätze), sondern auch für den Gegenstandsbereich selbst. Die statischen und dynamischen Punktmuster sind nicht nur ein Hilfsmittel (Werkzeug) zur alternativen Repräsentation mathematischer Strukturen, sondern sie sind vielmehr selbst theoretische Objekte, die das Erforschen und das Entdecken von Mustern und Strukturen ermöglichen.

Fazit und Forschungsfrage zur empirischen Fundierung

Einen Begriff verstehen heißt also zu wissen, worauf man sich festlegt und was aus den jeweiligen Festlegungen folgt, nichts anderes meint, *die Inferenzen zu diesem Begriff beherrschen.* Karins Verständnis des Regelbegriffs wird im Beispiel verständlich über die Rolle, die er beim Eingehen von Festlegungen spielt. Dieses Verständnis von Begriffen und den Festlegungen, die ihrem Gebrauch zugrunde liegen, wirkt sich auf das Verständnis von *Begriffsbildung* aus: Begriffsbildung oder die aktive Konstruktion von Begriffen wird hier verstanden als eine Transformation, Herausbildung bzw. eine Veränderung von Festlegungsstrukturen, die den Begriffen, die wir verwenden, zugrunde liegen.

Die empirische Fundierung des theoretischen Rahmens für diese Arbeit wird demnach auf zwei Ebenen vorgenommen: Zum einen impliziert die inferentialistische Erklärungsstrategie, dass mit der Sprache des Zuweisens und Anerkennens von Berechtigungen und Festlegungen sowie mit den inferentiellen Relationen zwischen den Festlegungen ein sprachlicher Apparat für die Analyse von Begriffsbildungsprozessen zur Verfügung steht. Denn die Logik hat die Rolle der expressiven Ressource, mit der Inferenzen explizit gemacht werden können. So sind diejenigen, die logisches Vokabular beherrschen – also wir! – in der Lage, das gegenseitige Zuweisen und Anerkennen von Berechtigungen und Festlegungen (mithin Begriffsbildungen) explizit zu machen. Das fundamentale Verständnis von Festlegungen als der zentralen analytischen Einheit wirkt sich zum anderen auf das Verständnis von Begriffsbildungsprozessen insofern aus, als diese nicht verstanden werden können als die „Bildung von Begriffen", sondern vielmehr als die Entwicklung von Festlegungen in Begriffsnetzen.

Forschungsfrage 2 zum empirischen Erkenntnisinteresse:
Wie entwickeln sich Merkmale, Muster und Strukturen individueller Festlegungen, Berechtigungen und Inferenzen im Verlauf von Begriffsbildungsprozessen bei Schülerinnen und Schülern?

1.3 Konstruktive Fundierung: Lernkontexte als Forschungsgegenstand

In diesem Abschnitt werden die theoretischen Grundlagen für die Forschungsfrage vorgestellt, inwiefern der zugrunde liegende Lernkontext (eine Lernumgebung zur Propädeutik und Explizierung der Variable) sich zum Aufbau tragfähiger mathematischer Begriffe bei den Schülerinnen und Schülern eignet. Diese Frage bedarf der theoretischen Vorbereitung auf unterschiedlichen Ebenen: Zum einen wird diskutiert, was genau unter *tragfähigen mathematischen Begriffen* zu verstehen ist im Lichte einer Theorie, die den Menschen nicht als einen Repräsentierenden einer externen Realität auffasst. In diesem Zusammenhang ist zu klären, inwiefern es überhaupt möglich ist, von einer *tragfähigen, adäquaten* oder gar *objektiv richtigen* Verwendung von Begriffen zu sprechen. Mit Bezug auf das eingangs diskutierte Beispiel ließe sich hier fragen, inwiefern es überhaupt sinnvoll bzw. zulässig ist, Karin einen *richtigen* Umgang mit Bildmusterfolgen zuzuschreiben bzw. davon zu sprechen, dass sie einen *mathematisch tragfähigen Variablenbegriff* aufbaut. Diskutiert wird in diesem Zusammenhang die Objektivität begrifflicher Normen. Damit ist z.B. die Frage gemeint, inwiefern wir Karin im Eingangsbeispiel einen *richtigen* Umgang mit Punktmusterfolgen zuschreiben können, d.h. inwiefern ihr Begriffsgebrauch in dieser Szene mathematisch tragfähig ist gemessen an *objektiven* Normen. Das Wesen dieses Objektivitätsbegriffs steht im Mittelpunkt dieses Abschnitts. Zum anderen ist zu klären, welche Auswirkung die inferentialistische Erklärungshaltung auf das Bild von Mathematiklernen hat: Hierbei zeigt sich einerseits die Anschlussfähigkeit zu sozialkonstruktivistischen Lerntheorien. Zum anderen werden ausgehend von theoretischen Erwägungen Vorschläge für die Gestaltung von Lernkontexten gemacht, die für einen bewussten und expliziten Umgang mit Festlegungen plädieren.

Dieses Projekt ist eingebunden in das Forschungsprojekt „Kontexte für sinnstiftenden Mathematikunterricht" (KOSIMA) unter Leitung von B. Barzel, S. Hußmann, T. Leuders und S. Prediger. Die lerntheoretischen Annahmen, die der Konstruktion von Lernkontexten hierbei zugrunde liegen, basieren auf einem sozialkonstruktivistischen Lernverständnis (vgl. z.B. Hußmann 2006). Es konnte auf einer empirischen Basis gezeigt werden (Hußmann 2006), dass Schülerinnen und Schüler „bei geeigneter Gestaltung der Lernumgebung in der Lage sind mathematische Begriffe selbsttätig zu konstruieren und zu erfinden" (Hußmann 2006, S. 174/5). Lernen wird hier aufgefasst als situierter Prozess, d.h. dem Lernkontext sowie den sozialen Einflüssen werden maßgebliche Einflussfaktoren des Lernens zugeschrieben (vgl. Reinmann-Rothmeyer / Mandl 2001, S. 636). Insbesondere folgt die sozialkonstruktivistische Perspektive auf Lernen der Auffassung, dass nicht eine externe Realität entdeckt wird, sondern dass neues Wissen als aktiver Konstruktionsprozess entsteht. Auch die inferentialistische Erklärungsstrategie zieht einen Objektivitätsbegriff nach sich, mit dem die Entdeckung einer externen Realität nicht vereinbar ist und sich daher hinsichtlich des Objektivitätsbegriffs mit einem konstruktivistischen Lernverständnis verknüpfen lässt: Es gibt keine Vogelperspektive (vgl. Brandom 2000, S. 834), d.h. insbesondere gibt es keine privilegierten Festlegungen dahingehend, dass sich von ihnen behaupten ließe, sie würden mehr mit der externen Realität korrespondieren als andere. Allenfalls gibt es solche Festlegungen, die intersubjektiv geteilt werden, d.h. die von vielen Personen für wahr gehalten werden (z.B. *Die Summe von 3 und 3 ist 6.*). Anhand des Eingangsbeispiels lässt sich diese Erklärungshaltung verdeutlichen. Die Grundhaltung dieser Arbeit ist nicht, dass Karin die Eigenschaften von Variablen entdeckt und sie dabei zunehmend angemessene Repräsentationen des Variablenbegriffs entwickelt. Vielmehr wird in dieser Arbeit davon ausgegangen, dass die Begriffsbildung als das zunehmende Eingehen mathematisch tragfähiger Festlegungen und das Beherrschen von Inferenzen modelliert werden kann. Begriffsbildung in dieser Perspektive wird verstanden als aktiver Prozess, den wir durch das Eingehen und Zuweisen von Festlegungen und Berechtigungen aktiv beeinflussen und in dem wir in hohem Maße Verantwortung übernehmen, indem wir Gründe für unsere Handlungen und Behauptungen bzw. Konsequenzen daraus geben. Lernen wird somit nicht als passiver Adaptionsprozess angesehen: *Begriffsbildung passiert nicht mit uns!* Vielmehr ist das Eingangsbeispiel ein Beleg dafür, dass die Bildung der Begriffe *Variable, Term* oder *Folge* bestimmt wird durch und damit beschrieben werden kann als das Eingehen von Festlegungen und das Beherrschen von Inferenzen: *In diesem Prozess sind wir aktiv Handelnde.*

Für die Konstruktion von Lernkontexten ergeben sich daraus eine Reihe von Fragen: Wie haltbar ist die Forderung nach adäquater Vermittlung begrifflicher Gehalte im Lichte eines inferentialistischen Verständnisses bzw. inwiefern muss ein Verständnis der Vermittlung begrifflicher Gehalte in inferentialistischer Perspektive reformuliert werden? Welche Konsequenzen ergeben sich vor dem Hintergrund einer inferentialistischen Begriffsauffassung für die Konstruktion von

Lernkontexten? Es wird in diesem Abschnitt argumentiert, das Bild von der Vermittlung begrifflicher Gehalte vor dem Hintergrund des epistemologischen Rahmens dahingehend zu reformulieren, dass Lernkontexte einen Raum schaffen sollten, der es Schülerinnen und Schülern ermöglicht, mathematisch tragfähige Festlegungen einzugehen. Die Ergebnisse des empirischen Teils dieser Arbeit werden dann an der Frage gemessen, ob sich die Realisierung dieser Forderung für den zugrunde liegenden Lernkontext grundsätzlich als produktiv und förderlich für die individuelle Begriffsbildung der Schülerinnen und Schüler erweisen kann. Darüber hinaus wird in Kapitel 2 deutlich, dass der theoretische Rahmen dieser Arbeit in Verbindung mit dem auswertungspraktischen Analyseschema die Konstruktion und Evaluation von Lernkontexten begrifflich strukturieren zu helfen vermag.

Begriffliche (repräsentationale, objektive) Gehalte

Die Analyse des Eingangsbeispiels und die Rekonstruktion der Festlegungen hat gezeigt, inwiefern Karin Festlegungen eingeht, die auf die Begriffe *Folge, Term* oder *Regel* verweisen. Eine der Fragen, die in diesem Zusammenhang gestellt werden muss und die der Philosophie Brandoms (2000) zugrunde liegt, ist, was es eigentlich für uns Menschen heißt, (begriffliche) Gehalte zu verstehen und damit verstandesfähige Wesen zu sein und nicht bloß empfindungsfähige: „Unser Umgang mit anderen Dingen und miteinander *bedeutet* etwas für uns in einem besonderen und charakteristischen Sinne, er hat für uns jeweils einen *begrifflichen Inhalt*, wir *verstehen* ihn in einer bestimmten Weise. Genau diese Abgrenzungsstrategie bildet die Grundlage dafür, daß wir klassischerweise als *vernünftige* Wesen identifiziert werden. (…) Wir sind diejenigen, für die Gründe bindend sind, die der eigentümlichen Kraft des besseren Grundes unterliegen. Diese Kraft ist eine *normative*, ein rationales ‚Sollen'" (Brandom 2000, S. 37). *Verstehen* wird in dieser Arbeit zurückgeführt auf das Angeben von Gründen und Konsequenzen. Wir können davon sprechen, dass Karin *versteht*, wie man die Anzahl der Punkte des 10. Folgenglied berechnet, weil sie nicht nur angibt, *dass* 42 Punkte noch addiert werden, sondern weil sie einen *Grund* angibt: *An der 10. Stelle der Bildmusterfolge sind 56 Punkte, weil noch 7 mal jeweils 6 Punkte addiert werden.* Sie macht hier ihre Festlegungen und Inferenzen explizit. Dieser Auffassung von Verstandesfähigkeit liegt eine Auffassung von uns Menschen als Urteilende und Handelnde zugrunde, „als Verwender von Begriffen, die mit der Fähigkeit zum theoretischen wie praktischen Denken und Begründen ausgestattet sind" (Brandom 2000, S. 40). Vor dem Hintergrund dieser Abgrenzung des Menschen als ein mit Begriffen hantierendes Wesen muss allerdings noch geklärt werden, was die *Objektivität* der „Richtigkeit und Unrichtigkeit der Anwendung von Begriffen (und damit der Aufstellung von Behauptungen)" (Brandom 2000, S. 736) eigentlich ausmacht, d.h. man fragt hier nach den *begrifflichen Normen*. In diesem Abschnitt wird also die Frage zu diskutieren sein, was es eigentlich heißt, Karin in dieser Szene einen *richtigen* Umgang mit Punktmusterfolgen zuzuschreiben.

Mit der Frage nach der Objektivität begrifflicher Normen ist im Folgenden somit auch zu diskutieren, was es heißt, Begriffe *richtig* zu verwenden. An diese Diskussion schließen sich zwei Fragen an, die die Bedeutung dieser Perspektive für die Beschreibung mathematischer individueller Begriffsbildungsprozesse hervorheben: einerseits, was sich aus dem spezifisch inferentialistischen Objektivitätsbegriff für das Verständnis des *Lehrens und Lernens von Begriffen* ergibt. Zum anderen ergeben sich aus der Diskussion der Frage, was es heißt, Begriffe richtig oder angemessen zu verwenden, Anknüpfungspunkte für die Konstruktion von mathematischen Lernkontexten.

Mit Bezug auf das Eingangsbeispiel der Einleitung dieser Arbeit muss also gefragt werden, was es heißt, dass Robert den Begriff des *Dreiecks*, auf den seine Argumentation verweist, hier *richtig* verwendet. Die repräsentationalistische Perspektive würde Adäquatheitsbedingungen angeben, also Bedingungen, unter denen die Verwendung des Begriffs des *Dreiecks* richtig wäre. In einem zweiten Schritt würde geprüft, ob Robert über angemessene Repräsentationen des Begriffs des *Dreiecks* verfügt. Dabei könnte folgendes Analyseergebnis erzielt werden:

- Beispiel einer Adäquatheitsbedingung für den Begriff des *Dreiecks*: *Ein Dreieck wird durch drei Punkte definiert, die nicht auf einer Geraden liegen.*
- Repräsentationsbeschreibung: *Robert glaubt <u>von</u> dem Dreieck, dass es durch drei Punkte definiert wird, die nicht auf einer Geraden liegen.*

Hier wird deutlich, dass Robert entlang der Angabe von Adäquatheitsbedingung offenbar in dieser Szene über eine angemessene Repräsentation des Regelbegriffs verfügt. Die Analyse bzw. die Repräsentationsbeschreibung stellt den Bezug zum Begriff des *Dreiecks* her (sichtbar wird das an dem relationalen Grundbegriff *von*). Nicht erklärt werden kann hier jedoch, was es für Robert heißt, den Dreiecksbegriff in angemessener Weise zu *repräsentieren*. Die Schwierigkeit dieses (repräsentationalistischen) Erklärungsansatzes besteht darin, eine Erklärung zu geben, was es für Robert heißt, dass der Begriff des Dreiecks eine objektive Wirklichkeit hat und dass sie ihn damit *repräsentieren* kann, ohne dabei gleichsam auf repräsentationalistisches Vokabular zurückgreifen zu müssen. Immerhin ist der Begriff des Dreiecks ein typisch mathematischer Begriff, der sich einer ontologischen Realität entzieht. Die Diskussion in Kapitel 1.2 hat gezeigt, dass mathematische Begriffe selbst theoretischer Natur sind (Sfard 1991, Steinbring 1999). Was Repräsentation *ist*, was es für den Dreiecksbegriff bedeutet, repräsentierbar zu sein, könnte z.b. beschrieben werden mit Hilfe von Deutungen oder Vorstellungen. Allerdings lassen sich mathematische Objekte aufgrund ihrer theoretischen Natur nicht als Deutung von realen Objekten auffassen. Brandom hebt die perspektivische Herangehensweise im Vergleich zu einer korrespondenztheoretischen Herangehensweise hervor: „Etwas als eine Repräsentation aufzufassen muß anders als ein Deuten verstanden werden können (in Begriffen von etwas anderem, das als eine Repräsentation aufgefasst wird), nämlich so, dass es in der Praxis *als* eine Repräsentation betrachtet, behandelt oder gebraucht wird" (Brandom 2000, S. 131). Das Wesen von Repräsentationen von Begriffen und damit die Frage, was es bedeutet, Begriffe *richtig* zu verwenden, kann also in repräsentationalistischer Perspektive ohne den Verzicht auf repräsentationalistisches Vokabular nicht geklärt werden. In diesem Abschnitt wird also einer Kernfrage mathematikdidaktischen Tuns nachgegangen: Was ist das Wesen von Repräsentationen von Schülerinnen und Schülern? Wie können Repräsentationen – und damit Richtigkeiten der Verwendung von Begriffen – erklärt werden, ohne die Begriffe von Vorstellung oder mentaler Repräsentation als fundamental anzusehen?

Es ist eines der Hauptziele, die Brandom mit seinem inferentialistischen Ansatz in *Making it explicit* (1994) verfolgt, eine Erklärung objektiver begrifflicher Normen (das sind die Normen, vor deren Hintergrund wir Begriffe objektiv richtig bzw. nicht richtig anwenden) zu geben, die *nicht* auf repräsentationalistisches Vokabular zurückgreift. Die Herausforderung für die inferentialistische Erklärungsstrategie besteht – vereinfacht ausgedrückt – darin, zu klären, was es für uns Menschen heißt, dass Dinge eine objektive Wirklichkeit haben und dass damit Begriffe *richtig* verwendet werden können (was es also letzthin für uns Menschen heißt, dass etwas *repräsentationalen Gehalt* hat). Der Inferentialismus liefert eine solche Erklärung der repräsentationalen Dimension semantischen Gehalts.

Der Argumentationsstrang gliedert sich dabei auf folgende Weise: Es ist zunächst zu klären, was es für uns Menschen heißt, verstandesfähig zu sein. Verstandesfähigkeit ist an die (normative) Kraft von Gründen für und Konsequenzen aus Behauptungen und Handlungen gebunden, letzthin also an die Normen unserer Begriffsverwendung. Insofern muss die *Objektivität begrifflicher Normen* erklärt werden, d.h. was es bedeutet, einen Begriff objektiv richtig anzuwenden. Wenn man nun die Frage untersucht, was es heißt, Begriffe richtig anzuwenden, so geht man damit gleichzeitig der Frage nach, wie die „Dinge, auf die sie sich beziehen, tatsächlich sind, und nicht, wie man sie sich *vorstellt*" (Brandom 2000,

S. 831). Insofern *ist* die Diskussion der objektiv richtigen Anwendung von Begriffen eine Diskussion der *repräsentationalen Dimension* semantischen Gehalts.

Das Ergebnis dieser Argumentation, die repräsentationale Dimension begrifflicher Gehalte „in Begriffen der sozialen Praktiken des deontischen Kontoführens" (Brandom 2000, S. 736; vgl. auch Brandom 2000, S. 841) zu erklären, lässt sich vorab so beschreiben: Brandom erklärt die repräsentationale Dimension begrifflicher Gehalte (Objektivität) in Begriffen des Zuweisens und Eingehens von Festlegungen und Berechtigungen und damit in *nicht-repräsentationalistischen* (weil perspektivischen) Grundbegriffen (nämlich Berechtigungen und Festlegungen). Für das vorliegende Beispiel bedeutet das, dass die Tatsache, *dass* der Regelbegriff für Karin einen repräsentationalen Gehalt hat und *dass* er damit im Zweifel objektiv richtig verwendet werden kann, vollständig erklärt werden kann unter Rückgriff auf das Eingehen und Zuweisen von Festlegungen und Berechtigungen. Die Kontoführungspraxis zeichnet dabei aus, dass „sprachliche Akteure (…) ihren eigenen Festlegungen und Berechtigungen und denen der anderen auf den Fersen (bleiben, F. S.): sie sind (wir sind) ,*deontische Kontoführer*'" (Brandom 2000, S. 220). Brandom zeigt, dass es möglich ist, einen Objektivitätsbegriff zu fundieren, bei dem es keine Vogelperspektive gibt und der stattdessen durch die sozialen Praktiken des Zuweisens und Anerkennens von Festlegungen und Berechtigungen instituiert wird.

Das ist einer der entscheidenden Punkte des Inferentialismus: Es ist möglich, repräsentationale Gehalte (und was es für uns Menschen heißt, Repräsentierende zu sein) unter vollständigem Rückgriff auf das Zuweisen und Eingehen von Festlegungen und Berechtigungen zu erklären (d.h. ohne dabei auf repräsentationalistisches Vokabular zurückgreifen zu müssen).

Für den mathematischen Gegenstandsbereich, in den die vorliegende empirische Erhebung eingebettet ist, bedeutet das konkret, dass z.B. der Gehalt der Variable vollständig zurückgeführt wird auf Festlegungen und Berechtigungen. In diesem Zusammenhang wird in der vorliegenden Arbeit unterschieden zwischen konventionalen und individuellen Festlegungen und Berechtigungen. Konventionale Festlegungen und Berechtigungen stecken dabei die überindividuell konsolidierte Dimension mathematischer Gegenstände bzw. Begriffe ab, während die individuellen Festlegungen und Berechtigungen auf die individuelle Dimension verweist. Repräsentationalistische Ansätze zur Beschreibung des Verständnisses von mathematischen Gegenständen und Begriffen hingegen leiten ihre Beschreibungskategorien (wie z.B. die verschiedenen Grundvorstellungen der Variable) aus den mathematischen Gegenständen (hier: die Variable) direkt ab. Insofern verweisen die Grundvorstellungen direkt auf die konkreten mathematischen Gegenstände. Hier wird deutlich, dass diese normativ entwickelten Kategorien sich an den gesellschaftlich konsolidierten Begriffen orientieren. Von daher bestehen die Schnittpunkte zwischen der Theorie der Grundvorstellungen (Hofe 1995) und der hier vorliegenden Perspektive auf individuelle Begriffsbildung genau hinsichtlich dieses Aspektes: Sowohl die normativ und unter Rückgriff auf die mathematischen Gegenstände entwickelten Kategorien der Grundvorstellungen als auch die rekonstruierten konventionalen Festlegungen beschreiben die konsolidierten Aspekte bzw. Verwendungsweisen mathematischer Begriffe.

Für die Konstruktion von Lernkontexten hat dieses Verständnis bedeutsame Auswirkungen: Merkmale für die Konstruktion werden aus dieser epistemologischen Perspektive in ein neues Licht gerückt. Repräsentationale (begriffliche) Gehalte können erklärt werden unter vollständigem Rückgriff auf Festlegungen, Berechtigungen und Inferenzen. Das Verständnis vom Begreifen der Begriffe, also zu wissen, dass etwas so und so *ist* (und damit der Objektivitätsbegriff an sich), bekommt ein sozialperspektivisches Fundament. Vor dem Hintergrund der inferentialistischen Perspektive kann das Ziel, Schülerinnen und Schülern adäquate und mathematisch tragfähige Begriffe in geeigneten Lernkontexten zu vermitteln auf neue Weise formuliert werden:

Festlegung 10:
Mathematische Lernkontexte sollten einen Raum anbieten, der es Schülerinnen und Schülern ermöglicht, mathematische Argumentationen durchzuführen, die Gründe und Konsequenzen für ihr Handeln explizit zu machen und so mathematisch tragfähige Festlegungen zunehmend einzugehen.

Brandoms Argumentationsschritt wird im Folgenden näher erläutert. Vor dem Hintergrund dieser Diskussion wird es möglich, aus festlegungsbasierter Perspektive zu verstehen, was es heißt, dass Robert den Dreiecksbegriff in der vorliegenden Szene *richtig* verwendet und dass etwas so oder so *ist* und nicht nur, dass der Analysierende darauf *festgelegt* ist, dass Robert den Begriff richtig verwendet. Das Ergebnis lässt sich vorab festhalten mit der folgenden These, die darauf verweist, dass objektive Gehalte über die praktische Fähigkeit erklärt werden können, Festlegungen zuzuschreiben und anzuerkennen: „Unser praktisches Erfassen der objektiven Dimension von begrifflichen Normen – von normativen Beurteilungen der objektiven Wahrheit von Behauptungen und der objektiven Richtigkeit der Anwendung von Begriffen – besteht in der Fähigkeit, in unserer Kontoführung die Signifikanz, die etwas Gesagtes aus der Perspektive desjenigen besitzt, dem die damit ausgedrückte Festlegung zugewiesen wird, und die Signifikanz, die es aus der Perspektive des Zuweisenden hat, zu koordinieren" (Brandom 2000, S. 830). Objektive begriffliche Normen – mithin die Möglichkeit, einschätzen zu können, ob Robert den Dreiecksbegriff *richtig* verwendet – werden also dadurch instituiert, dass der Analysierende unterscheiden kann zwischen der individuellen Festlegung, die Robert eingeht, und derjenigen Festlegung, die er selbst eingeht, mithin der konventionalen Festlegung.

Ziel ist also, die objektive Dimension begrifflicher Normen zu erklären, also „die Dimension der Richtigkeit der Anwendung begrifflicher Gehalte, die danach beurteilt wird, wie die Dinge, auf die sie sich beziehen, tatsächlich sind, und nicht, wie man sie sich *vorstellt*" (Brandom 2000, S. 831). Für die Beurteilung des begrifflichen Potentials von Lernkontexten hat dieser Aspekt sowohl weitgehende epistemologische als auch konstruktive Konsequenzen. Zum einen wird dabei auf die Frage eingegangen, was es heißt, Begriffsaufbau im Rahmen von Lernkontexten zu initiieren. Zum anderen ist es möglich, Fragen nach dem bewussten und expliziten Umgang mit Festlegungen im Rahmen von Lernkontexten als ausgewiesene inhaltliche und methodische Elemente zu diskutieren.

Die klassischen Semantiken nähern sich dem Objektivitätsbegriff in der Regel über den (repräsentationalistischen) Weg der Gehaltsspezifikation mit Hilfe von Wahrheitsbedingungen. Brandom argumentiert ausführlich, dass sich diese Erklärungsrichtung zwar dem Gehalt nähern kann, dass sie aber Schwierigkeiten hat zu spezifizieren, was denn repräsentationaler Gehalt überhaupt ist (s.o.). Das kann sie insbesondere deshalb nicht erklären, weil sie das repräsentationalistische Vokabular (wie z.B. „bezieht sich auf", „repräsentiert", „von", „über") als fundamental erachtet. Ziel ist, eine andere Erklärungsrichtung einzuschlagen: Diese geht auf Kant zurück und argumentiert inferentialistisch dahingehend, dass die objektive Richtigkeit der Anwendung von Begriffen (allg.: die Objektivität begrifflicher Normen) in Begriffen des Zuweisens und Eingehens von Festlegungen und Berechtigungen untersucht wird. Dieser Erklärungshaltung liegen nichtrepräsentationalistische Begriffe zugrunde.

Tatsächlich begründet Brandom (2000), dass ein Objektivitätsbegriff, der die Eigenschaft hat, über normative Status zu verfügen (nämlich Berechtigungen und Festlegungen), „auf einen Begriff der sozialen Praxis gegründet werden kann" (Brandom 2000, S. 841). Dass wir davon sprechen können, dass Karin einen Begriff richtig verwendet, ist auf unsere Fähigkeit zurückzuführen, unterscheiden zu können zwischen den Festlegungen, die Karin eingeht, und den Festlegungen, die wir selbst eingehen, wenn wir Karins Festlegungen rekonstruieren. Dazu betrachtet man die Inkompatibilitätsrelationen der inferentiellen Gehalte. Genauer betrachtet man die Relationen zwischen gewöhnlichen Behauptungen wie *Die Regel der Punktmusterfolge kann zur Bestimmung weiterer Folgenglieder genutzt werden* und Behauptungen, die angeben, wer darauf festgelegt ist (also z.B. *Karin ist darauf festgelegt, dass die Regel der Punktmusterfolge zur Bestimmung weiterer Folgenglieder genutzt werden kann*). „Es ist *nichts weiter* nötig, als daß die Festlegungen und Berechtigungen, die die Praxisteilnehmer mit gewöhnlichen empirischen Behauptungen (...) in Verbindung bringen, Inkompatibilitäten für diese Behauptungen erzeugen, die sich von denen entsprechend unterscheiden, die mit Behauptungen darüber zu tun haben, wer darauf festgelegt oder dazu berechtigt oder in der Lage ist, irgend etwas zu behaupten. Jeder Gemeinschaft, deren inferentiell gegliederte Praktiken die unterschiedlichen normativen Status der Festlegung und Berechtigung anerkennen, steht es offen, propositionale Gehalte zu erkennen, die in diesem Sinn objektiv sind" (Brandom 2001, S. 263). Insofern kann ein Objektivitätsbegriff bereits konzipiert werden auf der Grundlage einer sozialen Praxis (*nämlich das Zuweisen und Eingehen*), die mit der Eigenschaft ausgestattet ist, Berechtigungen und Festlegungen anzuerkennen.

Die strukturelle Unterscheidung zwischen gewöhnlichen Behauptungen (z.B. 80 ist durch 10 teilbar) und zwischen Behauptungen darüber, wer auf was festgelegt ist (z.B. Karin glaubt von 80, dass sie durch 10 teilbar ist), wird zum definierenden Merkmal von Objektivität im Sinne dieses Ich-Du-Stils: Die Idee „besteht darin, Objektivität als eine Art perspektivische *Form* anstatt als einen nichtperspektivischen oder perspektivübergreifenden *Inhalt* zu rekonstruieren. Das gemeinsame aller diskursiven Perspektiven liegt darin, *daß* es einen Unterschied gibt zwischen dem, was an einer Begriffsanwendung objektiv richtig ist, und dem, was bloß dafür gehalten wird, und nicht, *worin* er besteht – also in der Struktur und nicht im Inhalt" (Brandom 2000, S. 832-833). Insgesamt: Es gibt keine Vogelperspektive mehr (vgl. Brandom 2000, S. 834). Hier wird die definierende notwendige Bedingung für Objektivität angedeutet: Die Inkompatibilitäten der zu empirischen Aussagen in Verbindung gebrachten Festlegungen und Berechtigungen sind nicht äquivalent zu denjenigen Inkompatibilitäten, die erzeugt werden, wenn jemand sich auf etwas festlegt oder etwas behauptet. Als Beispiel kann hier wieder die Ausgangsszene dienen: die Aussage (1) *Ich existiere nicht* ist inkompatibel mit (2) *Die Behauptung, dass die Regel der Punktmusterfolge für die Berechnung weiterer Stellen genutzt werden kann, ist durch mich angemessen behauptbar.* Denn die Festlegung auf (1) schießt die Berechtigung für (2) aus. Allerdings ist (1) nicht inkompatibel mit (3) *Die Regel der Punktmusterfolge kann für die Berechnung weiterer Stellen genutzt werden* (vgl. hierzu auch Brandom 2001, S. 256). Das zeigt, dass sich über diese Inkompatibilitätsbetrachtung eine Unterscheidung durchführen lässt zwischen Behauptungen wie (3), die wahr sein könnten unabhängig davon, ob jemand darauf festgelegt ist, und Behauptungen wie (2), die eben solche Festlegungen explizit machen.

Dies ist eines der wesentlichen Ergebnisse des Inferentialismus: „Betrachtet man den propositionalen Gehalt durch die Brille der Inkompatibilitäten, die ihrerseits in Begriffen der fundamentalen normativen Status der Festlegung und Berechtigung definiert sind, so bekommt man die expressiven Ressourcen an die Hand" (Brandom 2001, S. 262), um zu unterscheiden zwischen dem, was wahr sein könnte, selbst wenn es niemals rationale Wesen gegeben hätte (z.B. *die Re-*

gel einer Zahlenfolge kann zur Anzahlbestimmung weiterer Folgenglieder genutzt werden) und dem, was darüber behauptet werden könnte bzw. wer auf was festgelegt ist. „Die zusätzlichen, normativ-expressiven Ressourcen, die dadurch erschlossen werden, daß der Status, behauptend *festgelegt* zu sein, von dem Status unterschieden wird, zu einer solchen Festlegung *berechtigt* zu sein, genügen, um die Gehalte gewöhnlicher Behauptungen und die Gehalte von Behauptungen darüber, was behauptbar ist, auseinander zu halten" (Brandom 2001, S. 258). Sobald es also möglich ist, zwischen Inkompatibilitäten von gewöhnlichen Behauptungen und von Behauptungen darüber, wer auf was festgelegt ist bzw. zu etwas berechtigt ist - allgemein: Behauptungen darüber, wer etwas behauptet - zu unterscheiden, ist es auch möglich, „propositionale Gehalte zu erkennen, die in diesem Sinn objektiv sind" (Brandom 2001, S. 263).

Ergebnis: Dass wir unterscheiden können zwischen denjenigen Gehalten, auf die Karin sich festlegt und denjenigen Gehalten, die wahr sein könnten, selbst wenn Karin gar nicht existierte, versetzt uns in die Lage, Gehalte als *repräsentierbare* und *objektive* Gehalte aufzufassen, d.h. mithin davon zu sprechen, dass Begriffe z.B. richtig verwendet werden. Wir können sagen, dass Robert den Begriff des Dreiecks *richtig* verwendet, weil wir in der Lage sind, zwischen Roberts *individuellen Festlegungen* und den Festlegungen der Analysierenden, die im Rahmen der vorliegenden Arbeit als *konventionale Festlegungen bezeichnet werden,* zu unterscheiden. Es reicht für die Beschreibung des repräsentationalen Vokabulars der Rückgriff auf die soziale Praxis des Gebens und Verlangens von Gründen in Begriffen von Berechtigungen und Festlegungen, aus. „Diese Analyse des Wesens objektiver repräsentationaler Normen für die Verwendung von Begriffen läßt erkennen, warum nur das, was eine passende Rolle in wesentlich sozialen, und zwar sprachlichen, diskursiven deontischen Kontoführungspraktiken spielt, als begrifflich gehaltvoll im grundlegenden Sinne gelten sollte" (Brandom 2000, S. 843).

Das Ziel dieses Abschnitts war zu klären, was es für uns Menschen heißt, dass Dinge eine objektive Wirklichkeit haben und dass damit Begriffe *richtig* verwendet werden können (was es also letzthin für uns Menschen heißt, dass etwas *repräsentationalen Gehalt* hat). Als fundamentale Erkenntnis kann festgehalten werden, dass wir deswegen in der Lage sind, Begriffe richtig zu verwenden (bzw. dass deswegen Dinge eine objektive Wirklichkeit haben), *weil* wir Festlegungen und Berechtigungen zuweisen und anerkennen können.

Vor dem Hintergrund der Ergebnisse dieses Abschnitts kann die Abgrenzung verstandesfähiger, mit Begriffen hantierender Wesen gegenüber empfindungsfähigen Wesen insofern im Lichte der „normativen Feinstruktur der Rationalität" (Brandom 2001, S. 263) erklärt werden: Die Objektivität unseres Denkens entspringt dem praktischen Vermögen, Festlegungen und Berechtigungen im Spiel des Gebens und Verlangens von Gründen zuzuschreiben und anzuerkennen.

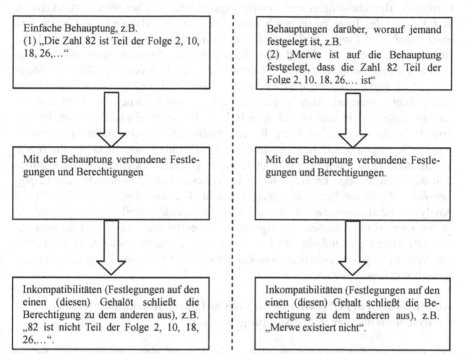

> „Jeder Gemeinschaft, deren inferentiell gegliederte Praktiken die unterschiedlichen normativen Status der Festlegung und Berechtigung anerkennen, steht es offen, propositionale Gehalte zu erkennen, die in diesem Sinn objektiv sind" (Brandom 2001, S. 263). Voraussetzung dafür ist, dass Inkompatibilitäten von Aussagen über Behauptungen und Festlegungen und von Aussagen darüber, was wahr sein könnte unabhängig davon, ob jemals jemand existiert hätte, der Gründe für diese Aussage geben könnte, existieren, die nicht äquivalent sind. Im Beispiel von oben: „Merwe existiert nicht" ist inkompatibel mit Aussage (2), aber nicht mit Aussage (1). „Der springende Punkt von all dem besteht darin, daß die *Objektivität des propositionalen Gehalts* (...) ein Merkmal ist, das wir als eine Struktur der Festlegungen und Berechtigungen verständlich machen können, die den Gebrauch von Sätzen gliedern: als eine Struktur von weitgefaßten Normen, denen die Behauptungspraxis, das Spiel des Gebens und Verlangens von Gründen, unterworfen ist" (Brandom 2001, S. 263).

Zu Beginn dieses Abschnitts wurde die Frage nach dem Wesen von Repräsentationen gestellt und behauptet, dass die Richtigkeiten der Verwendung von Begriffen erklärt werden können, ohne die Begriffe von Vorstellung oder menta-

ler Repräsentation als fundamental anzusehen. Dass etwas einen repräsentationalen Gehalt für uns hat, lässt sich – wie oben beschrieben - erklären über unsere
Fähigkeit, Berechtigungen und Festlegungen zuzuschreiben und anzuerkennen.
Wir sind in der Lage zu unterscheiden zwischen der Behauptung *Ein Dreieck
wird durch drei Punkte definiert, die nicht auf einer Geraden liegen* und der
Behauptung *Robert ist darauf festgelegt, dass ein Dreieck durch drei Punkte
definiert wird, die nicht auf einer Geraden liegen.* Wir verfügen über die Möglichkeit zu repräsentieren, *weil* wir in der Lage sind, Festlegungen zuzuweisen
und anzuerkennen und damit unterscheiden können zwischen Gehalten, auf die
jemand festgelegt ist und zwischen Gehalten, die wahr sein könnten unabhängig
von der Existenz des Einzelnen. Repräsentationen werden erklärt in Begriffen
von Festlegungen und Berechtigungen. Es wird dadurch aber nicht nur die repräsentationale Dimension begrifflicher Gehalte erklärt, sondern auch die Richtigkeit der Verwendung von Begriffen. Die Aussage *Robert verwendet den Begriff
der Regel in dieser Situation richtig* kann im Rahmen dieser Arbeit durch die
Analysierenden angemessener Weise behauptet werden, weil die Analysierenden
in der Lage sind, zwischen den eigenen (konventionalen) Festlegungen und denen von Robert (den individuellen Festlegungen) zu unterscheiden. Richtigkeiten
der Verwendung von Begriffen werden also erklärt über das Eingehen und Zuweisen von Festlegungen.

Auswirkungen des Objektivitätsbegriffs auf das mathematikdidaktische Analyse individueller Begriffsbildungsprozesse

Die Fähigkeit, Festlegungen einzugehen und zuzuweisen, erweist sich als die
zentrale Eigenschaft, die die Objektivität begrifflicher Normen instituiert. Ein
solcher Objektivitätsbegriff wirkt sich zum einen grundlegend auf das lerntheoretische Verständnis mathematischer Inhalte und zum anderen auf die strukturelle
Planung von Lernumgebungen aus. Beide Ebenen sollen im Folgenden diskutiert
werden.

In Kapitel 1.1 konnte gezeigt werden, inwiefern die inferentialistischen
Grundbegriffe auf die drei fundamentalen Dimensionen von Lernen verweisen:
Lernen ist ein aktiver konstruktiver Prozess, der sozialen Prozessen unterworfen
ist und der sich zwischen den beiden Polen individueller und konventionaler
Festlegungen bzw. Singuläres und Reguläres (vgl. Gallin / Ruf 1998) stattfindet.
Weil nämlich begriffliche Gehalte inferentiell gegliedert sind, besteht das Erfas-
sen begrifflicher Gehalte im Beherrschen ihrer inferentiellen Relationen, d.h. man
weiß, worauf man sich mit der Verwendung des Begriffs noch festlegt und was
einen zur Verwendung des Begriffs berechtigt. Mit der Sprache der deontischen
Kontoführungspraxis beschreibt Brandom eine Art der doppelten Kontoführung:

Zum einen ist es notwendig, die eigenen Festlegungen und Berechtigungen (also die inferentiellen Relationen) im Blick zu halten, zum anderen ist es notwendig, die Spielzüge – das heißt die Berechtigungen und Festlegungen – des Gegenübers zu beachten. Bei jedem neuen Zug des Gegenübers ändert sich u.U. das eigene Punktekonto hinsichtlich der eingegangenen Festlegungen. Diese soziale Praxis ist wesentlich perspektivisch angelegt: „Die unterschiedliche inferentielle Signifikanz von Worten im Munde verschiedener Personen, die den unterschiedlichen kollateralen Festlegungen geschuldet ist, sollte nicht so aufgefaßt werden, als könnten die Gesprächspartner einander nicht wirklich verstehen; vielmehr muß der Gehalt, den sie beide erfassen (...), von verschiedenen Standpunkten aus verschieden spezifiziert werden. Begriffliche Gehalte sind *wesentlich expressiv perspektivisch*; sie lassen sich immer nur von einem Standpunkt aus explizit angeben, vor dem Hintergrund eines bestimmten Repertoires diskursiver Festlegungen, und die Korrektheit ihrer Spezifikation variiert dabei von einem diskursiven Standpunkt zum anderen" (Brandom 2000, S. 818).

Die Perspektivität begrifflicher Gehalte tangiert insbesondere die Metaebene der Analyse individueller Begriffsbildungsprozesse, in dem sich die aus mathematikdidaktischer Perspektive Analysierenden gleichsam selbst eine Perspektive im Spiel zuweisen bzw. diese (implizit oder explizit) anerkennen: Insofern beansprucht diese Arbeit keine privilegierte Perspektive, sondern ist sich bewusst darüber, dass diese Perspektive „bestenfalls *lokal* privilegiert" ist (Brandom 2000, S. 832). Insofern liegt mit der inferentialistischen Perspektive auf Begriffsbildung eine theoretische Perspektive vor, die sich der Indexikalität (vgl. Bohnsack et al. 2007, S. 150), d.h. der Kontextabhängigkeit bzw. der Perspektivität von Bedeutung bzw. von Äußerungen und Handlungen nicht nur bewusst ist, sondern deren analytisches Vokabular darüber hinaus zugleich selbst in einer solchen perspektivischen Tradition verwurzelt ist.

Brandom fundiert einen Objektivitätsbegriff in den sozialen Praktiken des Zuweisens und Anerkennens von Festlegungen und Berechtigungen. Es gibt keine Vogelperspektive. Insofern wäre das Bild falsch, dass Begriffe einen (epistemologischen) Zugang zur Objektivität liefern: sie sind keine *epistemologischen Vermittlungsinstanzen*. Vielmehr sind Begriffe zu verstehen hinsichtlich ihrer inferentiellen Rollen – also welche Festlegung ich mit ihrer Anwendung noch eingehe und was mich zu ihrer Anwendung berechtigt –, die sie im Spiel des Gebens und Verlangens von Gründen in Form von Behauptungen spielen. Objektivität definiert sich als eine Art perspektivische Form und unserem Erfassen *objektiver* Gehalte liegt die praktische Fähigkeit zugrunde (das Wissen-*wie*), Festlegungen und Berechtigungen zuzuweisen und anzuerkennen. Das Verständnis von Begriffen hängt also wesentlich mit dem Objektivitätsbegriff zusammen: Begriffe werden hier nicht verstanden als relationale Objekte, die zwischen einer (externen) Mathematik und den individuellen Repräsentationen vermitteln. Vielmehr nutzen wir Begriffe in den Gründen, die wir für unsere Behauptungen und unser Handeln geben. Begriffe begreifen meint somit nicht die Erschließung externer Realitäten, sondern das zunehmende Beherrschen von Inferenzen: Das Erfassen begrifflicher Gehalte wird hier konzipiert als das Beherrschen der inferentiellen Relationen.

Damit knüpft die Arbeit an eine sozialkonstruktivistische Erklärungshaltung an, nach der „Begriffsbildung ein Akt des Denkens und Fühlens im Spannungsfeld von Perturbation, Konstruktion und Abstraktion ist und die Begriffe im Zentrum des Mathematikunterrichts stehen, aber nicht an seinem Ausgangspunkt, sondern als Werkzeug zur Bearbeitung von relevanten Problemen" (Hußmann 2006, S. 28). Diese Auffassung von Begriffsbildung knüpft an den von Brandom fundierten Objektivitätsbegriff an: Das Bild einer externen Realität (der Mathematik), die es nur zu entdecken gilt, die nur angemessen repräsentiert sein muss, ist sowohl auf der Grundlage eines konstruktivistischen Bildes von Lernen als auch vor dem Hintergrund einer inferentialistischen Perspektive auf Begriffsbildungsprozesse nicht haltbar. Lernen wird hier verstanden als aktiver Konstruktionsprozess, als begriffliches Tun im Spiel des Gebens und Verlangens von Gründen. Mit der Theorie des Inferentialismus (Brandom 2001) ist es möglich, die in KLIP (Hußmann 2006) formulierten allgemeinen Prinzipien konstruktivistischer Begriffsbildung dahingehend weiterzuentwickeln, dass Begriffsbildung auf der Ebene individueller Festlegungen sichtbar wird ohne dabei auf Kohärenz in der theoretischen Anlage zu verzichten.

Festlegung 11:
Für die Konstruktion und Evaluation von Lernkontexten stellt sich die Frage nach der „richtigen" Verwendung von Begriffen vor dem Hintergrund eines Objektivitätsbegriffs, der durch das Eingehen und Zuweisen von Festlegungen erklärt wird. Begriffsbildung wird verstanden als das zunehmende Eingehen mathematisch tragfähiger Festlegungen, nicht als die Entdeckung einer externen Realität.

Fazit und Forschungsfrage zur Konstruktion und Evaluation von Lernumgebungen

In diesem Abschnitt wurden wichtige Grundlagen hin zu einer inferentialistischen Theorie zur Analyse individueller Begriffsbildungsprozesse gelegt: sowohl in epistemologischer als auch in konstruktiver Hinsicht. Dazu wurden nicht nur die Grundbegriffe der Festlegung und Berechtigung weiter ausgeschärft, sondern das Fundament begründet, auf dem die hier zu entwickelnde mathematikdidaktische

Theorie steht. Für die Analyse individueller Begriffsbildungsprozesse muss geklärt werden, was genau unter solchen Prozessen zu verstehen ist. Dabei können zwei Ansätze unterschieden werden. Ein Ansatz besteht darin, Begriffsbildungsprozesse als die zunehmend korrekte Repräsentation von Begriffen aufzufassen. Problematisch an dieser Sichtweise ist, dass sie letztlich nicht erklären kann, was unter Repräsentationen zu verstehen ist – was es also für uns bedeutet, Gehalte als repräsentierbare Gehalte zu begreifen. Mit dem hier vorliegenden Ansatz können nicht nur die epistemologischen Grundbegriffe explizit gemacht werden und damit die Erklärungsstrategien repräsentationaler Gehalte auf Festlegungen und Berechtigungen *zurückgeführt* werden, es ist darüber hinaus auch möglich, die objektiven Normen der begrifflichen Gehalte zu erklären, was es also für uns heißt, Begriffe *richtig* zu verwenden. In konstruktiver Hinsicht können aus dieser epistemologischen Fundierung Anforderungen an die Entwicklung und Gestaltung von Lernkontexten abgeleitet werden: ein solcher sollte einen Festlegungsraum anbieten und damit prinzipiell die Möglichkeit für die Schülerinnen und Schüler bereithalten, zunehmend mathematisch tragfähige Festlegungen einzugehen. In Kapitel 4 wird ausführlich diskutiert, inwiefern der der empirischen Erhebung zugrunde liegende Lernkontext über Merkmale und Charakteristika solcher Festlegungsräume verfügt (wie z.B. die Beurteilung von Festlegungen der Charaktere im Schulbuch oder von Mitschülerinnen und Mitschülern).

In diesem Abschnitt wurden repräsentationale Gehalte, mithin *dass* zum Beispiel die Regel einer Punktmusterfolge genutzt werden *kann*, um die Anzahl der Punkte in weiteren Folgegliedern zu bestimmen, vollständig auf die Begriffe einer sozialen Kontoführungspraxis (das Zuweisen und Anerkennen von Festlegungen und Berechtigungen) zurückgeführt. Hierbei wird ein Objektivitätsbegriff fundiert, bei dem es keine Vogelperspektive gibt und damit grundsätzlich auch keine privilegierten Festlegungen. Die Repräsentationen, das Lernen von Begriffen und deren richtige Verwendung, kann somit vollständig in der Sprache des Zuweisens und Anerkennens von Festlegungen und Berechtigungen gefasst werden. Damit werden vielfältige Anknüpfungspunkte des inferentialistischen Programms an das sozialkonstruktivistische Lernverständnis explizit, das dieser Arbeit zugrunde liegt. Demnach wird Lernen gefasst als situierter Prozess der aktiven Konstruktion von Wissen. Für die Konstruktion von Lernkontexten besteht vor dem Hintergrund dieser epistemologischen Erwägungen die Herausforderung darin, einen Raum zu schaffen, der es den Schülerinnen und Schülern erlaubt, zunehmend mathematisch tragfähige Festlegungen einzugehen. In Kapitel 2 wird gezeigt, inwiefern die hier vorliegende Theorie für die Konstruktion von Lernkontexten genutzt werden kann. Für die vorliegende Arbeit wird ein solcher Konstruktionsprozess eines neuen Lernkontextes nicht durchgeführt, sondern ein bestehender Lernkontext evaluiert. Insofern bezieht sich der inhaltliche Fokus der Forschungsfrage auf evaluative Aspekte eines umfassenderen konstruktiven Erkenntnisinteresses. Für den dieser Arbeit zugrunde liegenden Lernkontext zu Zahlen- und Bildmustern ergibt sich damit folgende dritte Forschungsfrage:

Forschungsfrage 3 zum konstruktiven Erkenntnisinteresse:
Inwiefern eignet sich der zugrunde liegende Lernkontext zum Aufbau individueller Festlegungsstrukturen hinsichtlich eines adäquaten Variablenbegriffs, eines adäquaten Umgangs mit Zahlenfolgen und Bildmustern sowie deren Darstellungs- und Zählformen?

1.4 Mathematikdidaktische Fundierung
Vergleichende Analyse des Theorierahmens im Lichte einer pragmatistischen Erklärungshaltung

In diesem Abschnitt wird die Frage gestellt, inwiefern der zugrunde liegende festlegungsbasierte Theorierahmen Einsichten in und Perspektiven auf mathematische individuelle Begriffsbildungsprozesse zulässt. Ausgangspunkt ist dabei die Frage, wie die Bedeutung von Begriffen erklärt werden kann, d.h. wie zum Beispiel die Bedeutung des Begriffs *6-Ding* aus dem Eingangsbeispiel geklärt werden kann. In Kapitel 1.1 wurden dazu die epistemologischen Grundlagen gelegt. Hier wurde Begründet, inwiefern sich individuelle Begriffsbildungsprozesse mit Hilfe von Festlegungen, Berechtigungen und Inferenzen explizit machen lassen. Kapitel 1.2 hat diese Erkenntnis für die Spezifität mathematischer Objekte konkretisiert und in Kapitel 1.3 konnte gezeigt werden, dass diese lerntheoretische Betrachtung zwar durch und durch perspektivisch angelegt ist, dass es also keine privilegierten Standpunkte gibt. Aber gerade weil wir in der Lage sind, Festlegungen nicht nur selbst einzugehen, sondern diese auch zuzuweisen, ist es möglich zwischen Gehalten zu unterscheiden, die jemand für wahr hält und denjenigen, die wahr sein könnten, selbst wenn dieser jemand nicht existierte. Für die Beschreibung individueller Begriffsbildungsprozesse zieht das zum einen die wichtige Konsequenz nach sich, dass mit Begriffen der Festlegungen und Berechtigungen erklärt werden kann, was es heißt, Begriffe *richtig* zu gebrauchen. Zum anderen hat dieses Objektivitätsverständnis wichtige Auswirkungen auf das Selbstverständnis bzw. auf die Konstruktion von Lernkontexten, die die Möglichkeit bereithalten sollten, mathematisch tragfähige Festlegungen einzugehen. In diesem Kapitel 1.4 werden die Aspekte ergänzt um

- die hintergrundtheoretischen Annahmen der inferentialistischen Perspektive auf individuelle Begriffsbildung (Betonung der Handlung) sowie um
- eine lokaltheoretische Perspektive, die die bisher entwickelte Beobachtungsperspektive noch erweitert. Auf der Mikroebene ist nämlich bei der Analyse individueller Begriffsbildungen nicht nur die Frage zu stellen, welche Festlegungen das Individuum eingeht, sondern insbesondere auch die Frage, welche Kategorien handlungsleitend sind, d.h. zu welchen Festlegungen sich das Individuum in einer gewissen Situation berechtigt sieht. Dieser Aspekt wird insofern stark hervorgehoben, als das Eingehen von Festlegungen stark von den situationalen Gegebenheiten abhängig ist. Mit der Theorie der Conceptual Fields nach G. Vergnaud ist es möglich, gerade solche Prozesse genauer zu untersuchen. Darüber hinaus lässt sich diese theoretische Perspektive in den bestehenden Gesamtrahmen integrieren. Die Integration wird in diesem Kapitel vorgenommen (für eine genauere Diskussion der Unterscheidung von hintergrundtheoretischen Verknüpfungen und den eingesetzten theoretischne Konstrukten vgl. z.B. Prediger 2010).

Auf diese Weise entsteht eine mathematikdidaktische Theorie zur Beschreibung von Lernprozessen, die die individuellen Prozesse, die sozialen Normen und Rahmenbedingungen, denen diese unterworfen sind sowie die Polarität von Singulärem und Regulärem bzw. Individuellem und Konventionalem sowohl in Mikro- als auch in Makroperspektive auf Festlegungen, Berechtigungen und Inferenzen zurückführt.

Der Zweischritt dieses Kapitels gliedert sich wie folgt:

Zunächst werden die hintergrundtheoretischen Annahmen, die der inferentialistischen Perspektive auf individuelle Begriffsbildung zugrunde liegen, näher erläutert, um dadurch die Anschlussfähigkeit an die mathematikdidaktische Forschung zu gewährleisten, die z.T. stark von einer pragmatischen Auffassung der Verwendung von Begriffen geprägt ist. Hußmann schreibt: „Mathematik ist ein Denken in und ein Handeln mit Begriffen" (Hußmann 2009, S. 62). Diese pragmatistische Erweiterung der Wittenberg'schen Version „Mathematik ist Denken in Begriffen" [Wittenberg 1963, zit. nach Hußmann 2006, S. viii] bildet eine wesentliche Festlegung dieser Arbeit. Dahinter steckt die Grundauffassung, dass Begriffe zum Wesenskern des Mathematiktreibens gehören: „Die Menschen, die diese Begriffe hervorbringen, kann man Mathematikerinnen nennen" (Hußmann 2006, S. viii). Im Rahmen dieser Arbeit bilden Begriffe und die ihnen zugrunde liegenden Festlegungen den Ausgangspunkt allen Tuns. Wichtig für einen passenden erkenntnistheoretischen Rahmen ist daher, dass das Denken in und das Handeln mit Festlegungen und Begriffen im Zentrum steht. Der *Inferentialismus* als eine Theorie über das Wesen der Sprache stellt hierfür einen passenden Gesamtrahmen bereit (vgl. 1.1-1.3). Die Auffassung von Inferenzen als etwas, was getan werden kann, zieht für das Begreifen eines Begriffs wichtige Aspekte nach sich: „Eine Geschichte, die mit dem Folgern als einer Art praktischen *Tuns* beginnt und zu einer Analyse des Verfügens über spezifisch *propositionalen* Gehalt von Sprechakten und intentionalen Zuständen übergeht, stellt eine Analyse des propositional *expliziten* Sagens, Urteilens oder Wissens-*daß* in Begriffen praktisch-*impliziter* Fähigkeiten oder des Wissens-*wie* in Aussicht" (Brandom 2000, S. 211). Insofern besteht das Begreifen eines Begriffs im Beherrschen seines inferentiellen Gebrauchs, der Begriff des Know-how ist dem des Know-that somit systematisch vorgelagert. Da, wo der Repräsentationalismus den Begriff der Repräsentation in den Mittelpunkt rückt und begriffliches Verständnis ausgehend von angemessenen Repräsentationen erklärt, rückt der Inferentialismus die Inferenzen in den Mittelpunkt einer Argumentation, die begrifflich strukturiertes Tun als das Beherrschen eines praktischen Know-hows ansieht. In diesem Zusammenhang spielt die Diskussion der Rolle von Pragmatik und Semantik eine wichtige Rolle. Die Pragmatik als ein theoretischer Ansatz, der Rolle der Handlung (Pragmatik, griechisch = Handeln, Tun, Tätigkeit) betont, ist eine theoretische Perspektive, die Brandom (2000) dem Inferentialistmus zur Seite stellt, denn das Eingehen und Zuweisen von Festlegungen und Berechtigungen können als spezifisch festlegungsbasierte Handlungen aufgefasst werden. Insofern werden im Folgenden einige Argumente wiederholt, die bereits in den vorherigen Abschnitten diskutiert wurden. Um Redundanzen zu vermeiden, wird an geeigneten Stellen auf andere Abschnitte verwiesen. An anderen Stellen finden sich bekannte Argumente jedoch in neuem Licht, das das Erkenntnisspektrum dieser Arbeit erweitern kann.

In einem zweiten Schritt wird dann die inferentialistische Perspektive auf individuelle Begriffsbildung, deren theoretische Elemente in den Abschnitten 1.1-1.4 dargelegt werden, um eine mathematikdidaktische epistemologische Perspektive erweitert: um die Theorie der Conceptual Fields nach Gérard Vergnaud. Die Theorie der Conceptual Fields bietet mit theorems- und concepts-in-action die Möglichkeit der weiteren Ausdifferenzierung des analytischen Instrumentariums hinsichtlich der epistemischen Handlungen in mathematischen Lernsituationen. In Kapitel 3 wird dann der entwickelte theoretische Ansatz zur Beschreibung individueller Begriffsbildungsprozesse mit bestehenden ausgewählten theoretischen Ansätzen zur Beschreibung und Analyse von Begriffsbildungsprozessen verglichen, um auf diese Weise Merkmale, Implikationen und Analyseschwerpunkte der inferentialistischen Perspektive auf individuelle Begriffsbildung genauer herauszuschärfen.

Pragmatik und Semantik

In den Kapiteln 1.1-1.3 wurde einerseits ein Objektivitätsbegriff fundiert, der auf die Möglichkeit zurückgeführt wird, zwischen Festlegungen zu unterscheiden, die jemand eingeht und solchen, die wahr sein könnten, selbst wenn dieser Jemand nicht existierte. Andererseits wurde gezeigt, inwiefern das Auffassen begrifflicher (repräsentationaler) Gehalte rekonstruiert durch einen inferentiellen Zugang erklärt wird, indem Gründe und Konsequenzen aus Behauptungen und Handlungen explizit gemacht werden. *Repräsentation durch Inferenz* meint im Zusammenhang der vorliegenden Arbeit Lernprozesse über die Explizierung von Festlegungen, Berechtigungen und Inferenzen zu rekonstruieren. (Objektive) begriffliche Gehalte zu erkennen, wird dabei auf die Fähigkeit zurückgeführt, Festlegungen und Berechtigungen einzugehen und anderen zuzuweisen. Dahinter steht eine ganz grundlegende Auffassung: (Semantische) Gehalte werden erklärt über eine spezifische Form *praktischen Tuns*: das *Eingehen* und *Zuweisen* von Berechtigungen und Festlegungen. Gehalt und Bedeutung ergeben sich aus dem Gebrauch von Sprache. Diese typisch pragmatistische Sichtweise auf mathematisches Lernen ergibt sich fast zwingend unter der Berücksichtigung der Spezifität mathematischer Objekte. Weil diese theoretischer Natur sind, kann sich die Bedeutung von verwendeten Begriffen gar nicht daraus ergeben, wie die Objekte bzw. Begriffe *in Wirklichkeit* sind, sondern vielmehr daraus, wie die Verwender sie gebrauchen, welche Konsequenzen und Gründe er aus bzw. für den Begriffsgebrauch angibt. Übertragen auf die Mathematik bedeutet das für die Begriffsverwender, explizit zu machen, auf welche Definitionen und Sätze sie sich berufen. Bezogen auf die Mathematik bzw. auf mathematisches Handeln können Definitionen mit Festlegungen identifiziert werden, daraus abgeleitete Sätze mit weiteren Festlegungen und Berechtigungen, die sich aus den Definitionen ableiten lassen, und Beweise mit der Explizierung der inferentiellen Relationen zwischen den einzelnen Festlegungen und Berechtigungen.

Traditionell stehen sich die Pragmatik – als Theorie des Gebrauchs sprachlicher Zeichen (*z.B. Wittgenstein, Dewey, Peirce*) – und die Semantik (*z.B. Tarski*) – als Theorie der Bedeutung sprachlicher Zeichen – als zwei ganz unterschiedliche Zweige linguistischer und philosophischer Betrachtungsweisen von Sprache gegenüber. Allerdings lassen sich bei der Frage, was es heißt, einen Begriff zu begreifen, weder die Bedeutung von Begriffen noch deren Gebrauch vernachlässigen. Die zwei Erklärungsrichtungen für begriffliche Gehalte – Semantik und Pragmatik – lassen sich als begrifflicher „*Platonismus* oder *Pragmatismus*" bezeichnen: „Eine Analyse des Begrifflichen kann den *Gebrauch* von Begriffen mittels eines vorgängigen Verständnisses des begrifflichen *Gehalts* erklären. Sie kann aber auch eine komplementäre Strategie verfolgen, die bei einer Geschichte der Praxis oder Tätigkeit des Anwendens von Begriffen ansetzt und auf dieser Grundlage ein Verständnis des begrifflichen Gehalts ausarbeitet. Das erste Verfahren läßt sich als eine *platonistische* Strategie bezeichnen, das zweite kann eine *pragmatistische* Strategie genannt werden" (Brandom 2001, S. 12).

Die klassische Semantik nähert sich dabei der Bedeutung von Sätzen mit Hilfe von Wahrheitsbedingungen, das heißt, die Bedeutung von Sätzen wird angegeben, indem alle Bedingungen angegeben werden, unter denen der Satz wahr wäre (vgl. Detel 2007, S. 83). Die pragmatistische Erklärungsrichtung betrachtet hingegen den funktionalen Gebrauch sprachlicher Zeichen, die diesen ihrerseits begrifflichen Gehalt verleiht (vgl. Brandom 2001, S. 13). Die Diskussion des Eingangsbeispiels zeigt hingegen auf sehr anschauliche Weise, dass die Bedeutung vom Gebrauch des Regelbegriffs nicht zu trennen ist. Der semantische Gehalt wird hier erklärt über das Eingehen von Festlegungen und über den <u>Gebrauch</u> der Begriffe wie *mal, plus* oder *6-Ding*. Brandom betont die intime Verbindung von Pragmatik und Semantik: „In einem solchen Kontext kann man einzelne sprachliche Phänomene nicht mehr zuverlässig als entweder „pragmatisch" oder „semantisch" voneinander unterscheiden" (Brandom 2000, S. 821).

Bei der Frage nach dem Verhältnis von Pragmatik und Semantik betont die pragmatistische Erklärungsrichtung den Vorrang des Wissens-*wie* vor dem Wissen-*dass*: Eine nicht-repräsentationalistische sondern gleichsam inferentielle Erklärungsrichtung begrifflichen Gehalts im Sinne Kants „erweist sich (…) als besonders kongenialer Partner einer pragmatistischen Reihenfolge semantischer Erklärung, wie sie in der Formulierung der Relation zwischen dem Impliziten und dem Expliziten anhand der Unterscheidung zwischen Wissen-wie und Wissen-daß angedeutet wird" (Brandom 2001, S. 20).

Die pragmatische Erklärungshaltung wirkt sich auf das Verständnis dessen aus, was es heißt, einen Begriff zu begreifen. Inwiefern Karin den Begriff der *Wachstumsregel* beherrscht, wird nicht in Begriffen angemessener Repräsentationen erklärt, sondern in Begriffen des *praktischen Tuns,* des Eingehens und Zuweisens von Festlegungen und Berechtigungen: „Verstehen ist so nicht mehr das Anknipsen eines cartesischen Lichts, sondern wird als praktische Beherrschung einer bestimmten Art inferentiell gegliederten *Tuns* verstanden. (…) Nach dieser inferentialistischen Betrachtungsweise ist klares Denken eine Sache des Wissens, worauf man sich mit jeder seiner Behauptungen festgelegt hat und was zu dieser Festlegung berechtigen würde" (Brandom 2000, S. 193).

Festlegung 12:
Begrifflich strukturierte Prozesse sind normative Prozesse, in denen wir uns festlegen und damit praktisch handeln und für die wir somit in hohem Maße Verantwortung tragen.

Unter Rückgriff auf Wittgensteins Sprachspielbegriff nutzt Brandom den Begriff des Spiels des Gebens und Verlangens von Gründen. Auf der Metaebene bleiben die Analysierenden Karins (individuellen) Festlegungen genauso auf der Spur wie ihren eigenen (konventionalen) Festlegungen. Auch im Diskurs und im Zwiegespräch bleibt jeder Akteur den eigenen Festlegungen und denen der anderen auf den Fersen. Jeder Diskursteilnehmer ist ein Mitspieler. Jeder Mitspieler führt ein Punktekonto. Mit jeder Behauptung, die unser Sprachpartner im Diskurs aufstellt, mit jedem Zug also, den er im Sprachspiel mit den jeweiligen Sprechakten tätigt, ändert sich sein Kontostand insofern, als dass er sich damit auf neue Behauptungen festlegt. Mit jeder Äußerung bzw. jedem Sprechakt des Gegenübers ändert sich auch ggf. unser eigener Kontostand – sind ja wiederum neue Behauptungen im Spiel, die wir ihm zuschreiben oder auch selbst anerkennen. Brandom spricht hier von einer doppelten Kontoführung. Er nutzt in diesem Zusammenhang den Begriff des deontischen Punktekontos. Deontische Status sind dabei „Geschöpfe der praktischen Einstellungen der Mitglieder einer Sprachgemeinschaft: sie werden durch Praktiken etabliert, die das Betrachten und Behandeln von Individuen *als* festgelegte leiten. (…) Kompetente sprachliche Akteure bleiben den eigenen Festlegungen und Berechtigungen und denen der anderen auf den Fersen: sie sind (wir sind) *„deontische Kontoführer"*. Sprechakte, insbesondere Behauptungen, verändern den deontischen Kontostand" (Brandom 2000, S. 220).

Karin geht Festlegungen ein und ist damit aktiv Handelnde im Spiel des Gebens und Verlangens von Gründen. Die Bedeutung der Begriffe ergibt sich aus der Rolle, die sie in Festlegungen spielen. Insofern wird eine inferentielle Gliederung begrifflicher Gehalte (z.B. des *Regelbegriffs*) – letzthin eine inferentielle Semantik – gefasst und gegründet in Begriffen einer Pragmatik, die die Praktiken des Zuweisens und Anerkennens von Berechtigungen und Festlegungen als basal ansieht. Weil festgelegt und berechtigt sein normative Status sind, spricht man auch von einer normativen Pragmatik. Insgesamt also wird hier das Bild einer inferentiellen Semantik in Begriffen einer normativen Pragmatik nachgezeichnet.

Festlegung 13:
Individuelle Bildungsprozesse begrifflicher Repräsentationen werden erklärt in Begriffen sozialer Praktiken, nämlich dem Eingehen und Zuweisen von Festlegungen und Berechtigungen.

Es ist das Ziel des Inferentialismus, die repräsentationale Dimension begrifflichen Gehalts in Konzepten einer inferentiellen Semantik auf der Grundlage einer normativen Pragmatik zu elaborieren. „Das Begreifen des *Begriffs* (…) besteht im Beherrschen seines *inferentiellen* Gebrauchs: im Wissen (in dem praktischen Sinne, daß man unterscheiden kann, und das ist ein Wissen-*wie*), worauf man sich sonst noch festlegen würde, wenn man den Begriff anwendet, was einen dazu berechtigen würde und wodurch eine solche Berechtigung ausgeschlossen wäre" (Brandom 2001, S. 22-23). Gleichwohl meint diese Auffassung vom Erfassen der Begriffe, verstanden als ein praktisches Know-how der inferentiellen Rollen, in die er eingebunden ist, nicht, „daß ein Individuum disponiert sein müßte, all die einschlägigen, richtigen Inferenzen in der Praxis zu tätigen, oder sie anderweitig billigen müßte, um als jemand zu gelten, der einen bestimmten Begriff erfaßt. Um im Spiel zu sein, muß man genug richtige Züge machen – doch wie viel genug ist, ist ganz offen" (Brandom 2000, S. 881).

Festlegung 14:
Einen Begriff begreifen heißt genügend Inferenzen beherrschen, doch wie viel genug ist, ist offen.

Ziel dieses Abschnitts war eine Diskussion des Spannungsfeldes Pragmatik-Semantik aus inferentialistischer Perspektive. Dabei wird deutlich, dass die Pragmatik der Semantik systematisch vorgelagert ist: Semantische Gehalte werden erklärt aus pragmatischer Perspektive, d.h. aus einer Perspektive des aktiven Tuns: des *Eingehens* und *Zuweisens* von Festlegungen.

Die konsequent pragmatische Erklärungshaltung wird für diese Arbeit in zwei Richtungen fruchtbar. Einerseits sichert sie die Anschlussfähigkeit an mathematikdidaktische Haltungen zum Lernen, die zu großen Teilen in einer handlungstheoretischen Tradition stehen (vgl. dazu Wittmann (1998), Sfard (2008), Hußmann (2006) uvm.). Zum anderen liegt mit der pragmatistischen Erklärungshaltung ein methodologisches Prinzip vor (die Bedeutung durch den Gebrauch anzugeben), das die wesentlichen Anknüpfungspunkte für die lokale Integration der Theorie der Conceptual Fields nach Gérard Vergnaud bereitstellt.

Die mathematikdidaktische epistemologische Perspektive: Theorie der Conceptual Fields

Im Eingangsbeispiel wird Karin nach der Anzahl der Punkte im 10. Muster gefragt. Karin nutzt die Regel, die dem Punktmuster zugrunde liegt, um die Anzahl direkt anzugeben: *Hier kommen ja noch 7 mal von diesen 6-Dingern dazu. 7·6 sind 42. 42 und dann plus die!* Karins Vorgehen zeichnet sich in dieser Situation dadurch aus, dass sie die Anzahl der Punkte direkt angeben kann. Möglich wäre auch ein rekursives Vorgehen gewesen. Dazu hätte Karin zunächst die Anzahl der Punkte im 4. Muster, dann im 5. Muster, dann im 6. Muster etc. bis zum 10. Muster bestimmen können. Karin wählt demnach in dieser Situation einen bestimmten Zugang, geht – bewusst oder unbewusst - *eine* spezifische Festlegung unter vielen möglichen ein, um die Aufgabe zu bearbeiten. Mit der Theorie der Conceptual Fields von Gérard Vergnaud ist es möglich, die epistemischen Handlungen weiter auszudifferenzieren: Sein Vokabular der concepts-in-action ermöglicht es, genauere Einblicke zu erhalten, welche Begriffe in einer gewissen Situation genutzt werden und welche nicht. Die Theorie der Conceptual Fields wird im folgenden Abschnitt in den epistemologischen Gesamtrahmen integriert. Eine Integration findet insofern statt, als weiterhin die Festlegungen, Berechtigungen und Inferenzen die zentralen Analysewerkzeuge darstellen. Zwar erlauben die concepts-in-action eine Ausdifferenzierung zur Beschreibung der epistemischen Handlungen, allerdings sind es die diesen Handlungen zugrunde liegenden Festlegungen, auf die die Analyse auch weiterhin fokussiert. Hierbei kann gezeigt werden, dass die theorems-in-action (Theorie der Conceptual Fields) mit individuellen Festlegungen identifiziert werden können.

> **Epistemische Handlung:** Mit epistemischen Handlungen werden hier solche erkenntnisgewinnenden Handlungen (bzw. Sprechhandlungen) bezeichnet, in denen das Subjekt – bewusst oder unbewusst - gewisse situationsabhängige Kategorien wählt, um Informationen auszuwählen, die als Gründe oder Konsequenzen für die weiteren Handlungen (bzw. Sprechhandlungen) dienen können (vgl. hierzu die Definition der concepts-in-action nach Vergnaud 1996, S. 225).

Das methodische Prinzip dieses Abschnitts folgt der Strategie der lokalen Integration verschiedener Theorien bzw. theoretischer Elemente: „Whereas the strategies of combining and coordinating aim at a deeper insight into an empirical phenomenon, the strategies of synthesizing and integrating locally are focused on the development of theories by putting together a small number of theoretical approaches into a new framework" (Prediger et al. 2008, S. 173). Ziel ist dabei nicht die Vereinheitlichung theoretischer Ansätze im Sinne eines globalen theoretischen Ansatzes, sondern die zielgerichtete – d.h. hier mit der Absicht, individuelle Begriffsbildungsprozesse zu beschreiben – Verknüpfung theoretischer Konzepte unter Berücksichtigung der jeweiligen theoretischen Verortung der einzelnen Perspektiven. In diesem Sinne steht die vorliegende Arbeit explizit hinter der Erklärungshaltung der Vernetzung von Theorien (vgl. Prediger et al. 2008 für eine detaillierte Ausarbeitung zum Umgang mit Theorien (*networking theories*) für die vorliegende Arbeit).

Die Verknüpfung geschieht dabei auf zwei verschiedenen Ebenen, die konsequent miteinander verbunden werden. Einerseits werden die epistemologischen Erklärungshaltungen hinsichtlich des Repräsentationsbegriffs miteinander vergli-

chen und in entscheidenden Punkten die Gemeinsamkeiten der jeweiligen Erklärungshaltungen herausgearbeitet. Anderseits lässt sich das analytische Instrumentarium der beiden Ansätze auf kohärente Weise verknüpfen: die Festlegungen und
Berechtigungen (Inferentialismus) und die theorems- und concepts-in-action
(Conceptual Fields).

Mit der Theorie der Conceptual Fields von Vergnaud liegt eine Theorie vor,
die mit einer pragmatischen Erklärungshaltung auf konsistente Weise vereinbart
werden kann. Zum einen bezieht sich Vergnaud mit seiner Theorie wesentlich auf
Piaget (vgl. z.b. Vergnaud 1990), der sich seinerseits wesentlich (z.b. mit seinem
Begriff des Schemas) auf Kant bezieht. Vergnaud (1990) betont den pragmatischen Aspekt einer sozialpsychologischen Erklärungshaltung mit Verweis auf den
Begriff der Handlung (*action*): „Knowledge can be traced to the individual's way
of acting with objects and dealing with situations and not only to his or her declarations. Action is the main factor in the knowing process" (Vergnaud 1990, S.
18). Mit seinen Begriffen der theorems- und concepts-in-action bietet Vergnaud
ein überzeugendes Vokabular, das sich vor dem Hintergrund der hier vertretenen
Auffassung von Lernen in wesentlichen Punkten mit den Begriffen des Inferentialismus (wie z.B. den zentralen Elementen der Festlegungen und Berechtigungen) deckt.

Die Lernprozesse, die als empirische Grundlage dieser Arbeit genauer betrachtet werden, vollziehen sich dabei in gewissen Situationen, die durch vielerlei
Faktoren beeinflusst werden, nicht zuletzt durch das Verhalten der Lehrperson,
durch affektive und kognitive Zustände sowie natürlich auch durch die Anwesen-
heit von Beobachtern im Feld. Wesentlich beeinflusst werden die Lernprozesse
aber durch die Unterrichtsreihe an sich, die Lernsituationen anbietet, die von den
Schülerinnen und Schülern bewältigt werden. Wissen und Begriffe entwickeln
sich in je spezifischen Situationen. Lernen wird hier verstanden als situativer
Prozess im Rahmen authentischer Probleme (vgl. Reinmann-Rothmeyer/Mandl
2001, S. 626f).

Brandoms Konzept des Punktekontos impliziert diesen Aspekt: Abhängig
davon, welchen Festlegungen wir uns ausgesetzt sehen, beeinflusst das wiederum
unseren individuellen Kontostand. Karin nutzt den *Regelbegriff* im Eingangsbeispiel, weil es aus ihrer Sicht die Situation erforderlich macht. Festlegungen werden eingegangen in Abhängigkeit von der Situation und den damit verbundenen
diskursiven Festlegungen, die im Raum des Gebens und Verlangens von Gründen
stehen: diese können von der Lehrerin, durch andere Schüler der Klasse, durch
die Interviewer oder durch das Schulbuch wesentlich beeinflusst werden. Begriffsbildungsprozesse, also diejenigen Prozesse, in denen wir Begriffe gebrauchen und in denen sich damit einhergehend auch unsere individuellen Festlegungsstrukturen ändern, werden hier als wesentlich situierte Prozesse verstanden.

Dieser Aspekt der *Situiertheit* ist seinerseits ein definierendes Element der Theorie der Conceptual Fields: „A conceptual field is a set of situations, and progressive mastery calls for a variety of interconnected concepts, schemes and symbolic representations" (Vergnaud 1992, S. 289). Insofern wird die Auffassung von Lernen als situierter Prozess, der in der Konzeption der sozialen deontischen Kontoführung angelegt ist, von Vergnaud in Begriffen eines sozialpsychologischen Begriffsapparates als definierendes Merkmal seiner Theorie genutzt, die gleichsam *Begriffe* und *Situationen* in ihren Mittelpunkt rückt.

In Kapitel 1.3 konnte gezeigt werden, inwiefern die inferentialistische Perspektive auf individuelle Begriffsbildungsprozese den Repräsentationsbegriff vollständig in Begriffen einer sozialen-deontischen Kontoführungspraxis erklärt, nämlich in Begriffen des Eingehens und Zuweisens von Festlegungen und Berechtigungen. Im Folgenden wird die Strategie der inferentialistischen Erklärung repräsentationalistischen Vokabulars verknüpft mit einer Theorie der Repräsentation nach Vergnaud (1999).

Die Rolle der Repräsentation bei Vergnaud

In seiner 1999 erschienenen „Comprehensive Theory of Representation for Mathematics Education" setzt sich Vergnaud mit dem traditionell nicht ganz unproblematischen Begriff der „Repräsentation" kritisch auseinander. Bereits Dörffler (1994) hat sich kritisch mit einem dogmatischen repräsentationalistischen Forschungsparadigma auseinander gesetzt, das sich – inspiriert von einem informationstheoretisch fundierten Wissenschaftsbegriff – die Ergründung mentaler Modelle zur Aufgabe macht. Vergnaud (1999) hält gleichsam am Repräsentationsbegriff fest, aus zwei wesentlichen Gründen: Zum einen besteht Vergnaud auf der wissenschaftlichen Auseinandersetzung mit Repräsentation, „(because, F.S.) we all experience representation as a stream of internal images, gestures and words" (Vergnaud 1999, S. 167). Andererseits besteht keine direkte Beziehung zwischen Zeichen bzw. Worten und Realität, sondern allenfalls zwischen den Zeichen und den „represented entities: objects, properties, relationships, processes, actions, and constructs, about which there is no automatic agreement between two persons" (Vergnaud 1999, S. 167). Die Diskussion des Repräsentationsbegriffs, mit dem sich Vergnaud auseinandersetzt, wird zeigen, dass viele Berührungspunkte von Vergnaud's (handlungstheoretisch fundiertem) Repräsentationsbegriff und der vorliegenden inferentialistischen Perspektive auf individuelle Begriffsbildung bestehen. Insofern mag es auf den ersten Blick paradox wirken, dass hier mit der Theorie der Conceptual Fields nach G. Vergnaud (1999) eine Bezugstheorie genutzt wird, die den Repräsentationsbegriff explizit nutzt, während doch die inferentialistische Perspektive auf individuelle Begriffsbildung sich gerade dadurch auszeichnet, repräsentationale Gehalte gerade mit *nicht-repräsentationalistischem* Vokabular explizit zu machen. Die Diskussion der hintergrundtheoretischen Annahmen, auf die sich Vergnaud allerdings bezieht, macht deutlich, dass eine solche Kombination dieser zwei theoretischen Perspektiven durchaus fruchtbar für die Analyse einerseits und andererseits in kohärenter Weise vereinbar sein kann.

Vor diesem Hintergrund präsentiert Vergnaud eine „Theory of Representation", deren Repräsentationsbegriff denkbar weit gefasst ist und der sich nicht in die Tradition eines repräsentationalistischen Forschungsparadigmas stellt, sondern der vielmehr in konsistenter Weise – nämlich angeregt durch die deutliche Betonung der Handlung - zur inferentialistischen Erklärungsstrategie passt: „representation is not a static thing but a dynamic process, which borrows a lot from the way action is organized" (Vergnaud 1999, S. 167). Hier werden Parallelen zur inferentialistischen Erklärungshaltung insofern deutlich (vgl. 1.1-1.3), als die Handlung bzw. das Verhalten (action) von entscheidender Bedeutung im Erkenntnisprozess ist. Vergnaud bringt diesen fundamentalen Zusammenhang auf eine kurze Formel: „Knowledge is action and adaption" und „mathematics is a system of knowledge, not a language" (Vergnaud 1999, S. 175). Hier nutzt Vergnaud den Begriff des Schemas (*scheme*), der entscheidend von Piaget geprägt wurde: „A scheme is the invariant organization of behavior for a certain class of situations" (Vergnaud 1999, S. 168). Zentraler Bestandteil von schemes sind die sog. operationalen Invarianten: theorems-in-action und concepts-in-action. „There is a dialectic relationship between concepts-in-action and theorems-in-action, as concepts are ingredients of theorems, and theorems are properties that give concepts their contents" (Vergnaud 1999, S. 174). In der Regel liegen diese operationalen Invarianten allenfalls implizit vor, jedoch lassen sie sich explizit machen: „it is one of the aims of mathematical education to build up explicit and general concepts and theorems from such local intuitions" (Vergnaud 1999, S. 171).

Eine epistemologische Theorie in diesem Sinne muss also die starke Beziehung zwischen Situation und Wissen betonen, d.h. zwischen Schemata, Konzepten und Symbolen (vgl. Vergnaud 1990, S. 23). Vergnaud listet die Kriterien einer in diesem Sinne verstandenen Epistemologie auf:

„A valid body of knowledge on the psychology of mathematics education requires very systematic work, both theoretical and empirical:

- Analyze and classify the variety of situations in each conceptual field;
- Describe precisely the variety of behavior, procedures, and reasoning that students exhibit in dealing with each class of situations;
- Analyze mathematical competencies as organized schemes and identify clearly the invariant properties of situations on which the invariant properties of schemes rely (concepts-in-action and theorems-in-action);

- Analyze how language and other symbolic activities take place in such schemes, how they help students, and also how teachers use such symbolic intermediaries;
- Trace the transformation of implicit invariants, as ways to understand and act, into well-identified mathematical objects, which become progressively as real as physical reality and
- Trace the way by which students become conscious that procedures have a relationship of necessity both to the goals to be reached and to the initial conditions, and subsequently that theorems can be proved."
(Vergnaud 1990, S. 23/24)

Für eine epistemologische Theorie ist der Repräsentationsbegriff – nach Vergnaud – ein zentraler Begriff. Gleichzeitig ist es ein wesentliches Argument Brandoms, dass die Erklärungslast repräsentationalistischer Erklärungsstrategien darin liegt, „anzugeben, was es heißt, (…) daß Redende und Denkende diesen Gehalt erfassen und verwenden" (Brandom 2000, S. 19). Hier setzt seine inferentialistische Theorie in Begriffen einer normativen Pragmatik an: Im Mittelpunkt steht die Frage nach den Berechtigungen und Festlegungen, die jeder Teilnehmer am Diskurs (implizit oder explizit) eingeht bzw. zuerkennt. Der Repräsentationsbegriff wird insofern in gewisser Weise „entmystifiziert" (vgl. 1.1-1.3). In ganz ähnlichem Sinne entwickelt Vergnaud 1999 eine Theorie der Repräsentation, die in ihrem Vokabular zwar nicht gänzlich auf den Repräsentationsbegriff verzichtet (vgl. Abb. 1-4), die sich aber explizit in eine auf Kant und Piaget zurückgehende pragmatische Tradition stellt, in der der Begriff des Schemas (*scheme*), der operationalen Invarianten und damit der Handlungsbegriff („action") deutlich betont wird (vgl. auch unten): „Knowledge can be traced to the individual's way of acting with objects and dealing with situations and not only to his or her declarations. *Action is the main factor in the knowing process*" (Vergnaud 1990, S. 18, Hervorhebung F.S.).

Im Sinne dieser Betonung von Handlung (*action*) für den Erkenntnisprozess argumentiert Vergnaud für eine alternative Darstellung zum traditionellen „aristotelischen Dreieck", das den Erkenntnisprozess im Spannungsfeld von Zeichen/Symbol, Bezeichnetem und Repräsentierendem verortet (vgl. Abb. 1-3). Diese Erklärungsstrategie steht ihrerseits in der Tradition eines repräsentationalistischen (korrespondenztheoretischen) Paradigmas, von dem sich Vergnaud durch die Betonung des Handlungsbegriffs deutlich abwendet.

Durch Fokussierung auf die Handlung (action) argumentiert Vergnaud für einen weitgefassten Repräsentationsbegriff, der sich in den Rahmen der explanatorischen Strategie des Inferentialismus – das Wissen-dass durch ein Wissen-wie zu erklären – integrieren lässt. Die unten abgebildete Abbildung 1-4 ist von Vergnaud (1999) übernommen und bringt das detaillierte Beziehungsgefüge einer „Theory of Representation" zum Ausdruck. Als zentrale Erweiterungen gegenüber traditionellen (aristotelischen) Darstellungsweisen (vgl. Abb. 1-3) sind hier die operationalen Invarianten zu sehen: „The problem of making explicit the operational invariants involved in schemes is one of the main problems of mathematical education" (Vergnaud 1992, S. 306).

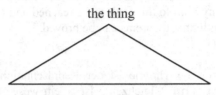

Abbildung 1-3 Aristotelische Auffassung von Repräsentation, aus Vergnaud 1999, S. 168.

Zwei Aspekte des erweiterten Beziehungsgefüges nach Vergnaud (Abb. 1-4) sind dabei gegenüber traditionellen Repräsentationstheorien (prototypisch dargestellt in Abb. 1-3) besonders hervorzuheben: Zum einen unterscheidet Vergnaud zwischen Situation und Objekt als Bestandteile des Referenzkontextes. Nach Vergnaud ist gerade die Beziehung von Situation und Schema (also die theorems-in-action und die concepts-in-action) von herausragender Bedeutung für Repräsentation, weil kognitive Entwicklung nichts anderes als der Aufbau tragfähiger Vorstellungen ist („cognitive development is conceptualization", Vergnaud (1996, S. 118)). Insofern steht Vergnauds Verständnis einer Theorie der Repräsentation aus erkenntnistheoretischer Sicht in einer pragmatischen – die Handlung betonende - Erklärungstradition. Brandom beschreibt das für die Pragmatik wesentliche Merkmal des Erklärungsvorrangs des Wissens-wie vor dem Wissen-dass so: „Danach können explizit theoretische Überzeugungen nur vor dem Hintergrund impliziter praktischer Fähigkeiten verständlich gemacht werden" (Brandom 2000a, S. 39/40). Diese die Handlung („action") betonende Sichtweise teilt auch Vergnaud mit Blick auf die operationalen Invarianten, insbesondere mit Blick auf die theorems-in-action in Übereinstimmung mit deren Definition: „A theorem-in-action is a proposition which is held to be true" (Vergnaud 1999, S. 168). Der Begriff „theorem-in-action" ist an das Konzept der Schemata (Piaget) geknüpft, was eine „invariant organization of behavior for a certain class of situations" (Vergnaud 1999, S. 167 mit Blick auf Piaget) meint.

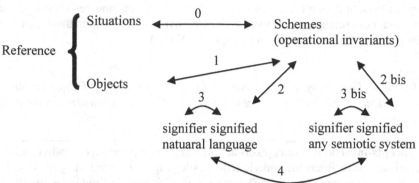

Arrow 0: the relationship between situations and schemes is the first source of representation, and therefore conceptualization.

Arrow 1: thr formation of concepts implies the identification of objects, with their properties, relationships, and transformations. This is the main function of operational invariants, which are essential components of schemes.

Arrow 3 and 3bis: a language is a system of signifier/signified; a semiotic system also. The relationship beween signifier and sibnified is not usually a one-to one correspondence.

Arrow 2 and 2bis: the relationship between operational invariants and the signified side of a particular linguistic or semiotic instance is not a one-to one correspondence either.

Arrow 4: natural language is a metalanguage for all semiotic systems. Again there is no one-to-one correspondence.

Abbildung 1-4 Die von Vergnaud vorgeschlagene Alternative zur Aristotelischen Auffassung von Vergnaud, aus Vergnaud 1999, S. 177.

Ein theorem-in-action stellt also als wesentlicher Bestandteil einer invarianten Verhaltensweise in gewissen Situationen die Propositionen dar, die das Individuum für wahr hält. *Diese Propositionen sind die individuell eingegangen Festlegungen und Berechtigungen.* Sie geben gleichsam an, wozu man sich verpflichtet bzw. für was man Verantwortung übernimmt – d.h. die Gründe und Konsequenzen – , wenn man Behauptungen aufstellt. Genau dieser Aspekt bringt wieder die große Nähe Vergnauds zum Inferentialismus, der wesentliche philosophische Anleihen bei Kant nimmt, zum Ausdruck: „Eine der grundlegendsten Ideen Kants besagt, daß das, was unsere Urteile und Handlungen von den Reaktionen bloß natürlicher Lebewesen unterscheidet, darin liegt, daß wir für sie in ganz besonderer Weise *verantwortlich* sind – sie setzen voraus, daß wir *Verpflichtungen* eingehen. Urteilen und Handeln sind nach Kant wesentlich *diskursive* Tätigkeiten, das heißt, sie bestehen in der Anwendung von *Begriffen.* Und Begriffe faßt er als *Regeln* auf, und zwar als Regeln, die angeben, wozu man sich verpflichtet – wofür man verantwortlich ist –, wenn man urteilt oder handelt" (Brandom 2000a, S. 43). Das Für-wahr-halten einer Proposition (in der Sprache von

Vergnauds Definition eines „theorem-in-action") ist nichts anderes als das Eingehen einer Festlegung (in der Sprache Brandoms) bzw. die Übernahme von Verantwortung für unsere Urteile (in der Sprache Kants).

Festlegung 15:
Individuelle Festlegungen und theorems-in-action werden im Folgenden miteinander identifiziert. Für letztere gilt daher ebenfalls die Charakterisierung der Festlegungen.

Concepts-in-action: Concepts-in-action sind Spezifizierungen individueller Begriffe, denen ihrerseits individuelle Festlegungen zugrunde liegen. Individuelle Festlegungen verweisen (latent) auf eine Vielzahl individueller Begriffe. Concepts-in-action sind diejenigen individuellen Begriffe, die in gewissen Situationen handlungsleitend sind und die uns helfen, adäquate Informationen auszuwählen.

Concepts-in-action haben für die Aussagekraft der Ergebnisse dieser Arbeit eine besondere Bedeutung. Sie erweitern das Spektrum der Beschreibung individueller Begriffsbildungsprozesse hinsichtlich der beiden folgenden Aspekte: Einerseits erlauben sie differenzierte Einblicke in die epistemischen Handlungen von Schülerinnen und Schülern, indem mit Hilfe der concepts-in-action die Kategorien explizit gemacht werden, die das Individuum nutzt, um Informationen auszuwählen. Hierbei kann gezielt untersucht werden, mit Hilfe welcher Kategorien und Begriffe sie in den jeweiligen Situationen Informationen auswählen und entsprechend handeln (vgl. auch Vergnaud 1996a). Andererseits kann eine systematsiche Analyse von concepts-in-action ausgewählter Schülerinnen und Schüler gewisse Muster deutlich machen. So ist z.B. denkbar, dass manche Schülerinnen und Schüler verstärkt geometrische concepts-in-action nutzen, indem sie z.B. geometrische Muster in Bildmusterfolgen identifizieren und arithmetische Strukturen nicht explizit machen bzw. nicht nutzen. Eine systematische Analyse von concepts-in-action ausgewählter Schülerinnen und Schüler kann somit Hinweise auf eine Typisierung geben, inwiefern hier Festlegungen aktiviert werden, die maßgeblich auf bestimmte favorisierte Begriffe (z.B. arithmetischer oder geometrischer Natur) verweisen.

Mit Blick auf die erkenntnistheoretischen Festlegungen, die Vergnaud in diesem vorliegenden Abschnitt zugeschrieben werden, gliedert sich die deutliche Fokussierung auf Handlung (action) in konsistenter Weise ein in eine Theorie der normativen Pragmatik (Brandom) und der inferentiellen Semantik, insbesondere weil auch Vergnaud hervorhebt, dass traditionelle repräsentationalistische Theorieansätze „not offer any insight for the representation of relationships" (Vergnaud 1999, S. 167). Auch Vygotsky hebt diesen Aspekt hervor und fordert ein Denken und Reden über Begriffe in nicht-repräsentationalistischen Begriffen ein: „According to our hypothesis, we must seek the psychological equivalent of the concept not in general representations, (…) we must seek it in a system of judgements in which the concept is disclosed." (Vygotsky 1998, S. 55 zit. nach Derry 2008, S. 57.) Vor dem Hintergrund der inferentiellen Semantik sieht Brandom die Herausforderung repräsentationalistischer Erklärungsstrategien darin „anzugeben, was es heißt, daß etwas repräsentationalen Gehalt hat, und wie die Tatsache beschrieben werden kann, daß Redende und Denkende diesen Gehalt erfassen und verwenden. An dieser Stelle setzt das inferentialistische Programm an und rekonstruiert die als semantisch basal verstandenen „Richtigkeiten (…) der Inferenz im Rahmen einer Pragmatik, die behauptet, daß diese in den Praktiken des Gebens und Verlangens von Gründen implizit enthalten sind" (Brandom 2000, S. 19/20). Hier wird die Nähe zu Vergnaud sehr deutlich, da auch dieser die Handlung, das Verwenden, die Festlegungen bzw. die (zumeist impliziten) concepts- und theorems-in-action als zentralen Aspekt des Begriffsbildungs- und Erkenntnisprozesses auffasst. Diese impliziten theorems-in-action explizit zu machen, ist für Vergnaud eine der zentralen Aufgaben mathematikdidaktischer Forschung. Hierfür hält er traditionelle (repräsentationalistische) Erklärungsstrategien für zu statisch und nicht hinreichend. Es ist genau dieser Aspekt, den auch Brandom meint, wenn er als die Erklärungslast des repräsentationalistischen Erklärungsparadigmas die Beschreibung des Erfassens und Verwendens von Gehalten ansieht. Das inferentialistische Paradigma fragt systematisch nach den impliziten Festlegungen und Berechtigungen, die von den jeweiligen Akteuren zugeschrieben bzw. anerkannt werden. Festlegungen und Berechtigungen der am Sprachspiel beteiligten explizit zu machen meint also in der Sprache Vergnauds, die meist implizit vorliegenden theorems- bzw. concepts-in-action (als die basalen Elemente des Begriffsbildungsprozesses) explizit zu machen und damit die Verwendungsweise von Begriffen genauer zu verstehen. Brandom formuliert mit Blick auf Kant: „Die Urteile sind deswegen grundlegend, weil sie die kleinste Einheit darstellen, für die man auf der kognitiven Seite *Verantwortung* übernehmen kann, ebenso wie Handlungen die entsprechende Einheit der Verantwortung auf der praktischen Seite bilden. (…) Das Verwenden eines Begriffs ist anhand des Vorbringens einer Behauptung oder des Ausdrucks einer Überzeugung zu verstehen. Der Begriff *Begriff* ist unabhängig von der Möglichkeit einer solchen Verwendung beim *Urteilen* nicht verstehbar" (Brandom 2001, S. 208/209).

Hier wird deutlich, dass sich die Theorien der Conceptual Fields und des Inferentialismus nicht nur hinsichtlich zentraler analytischer Einheiten und Konzepte in kohärenter Weise zusammenführen lassen, sondern auch hinsichtlich der epistemologischen Grundhaltung, die Repräsentation erklärt über das Eingehen und Zuweisen von Festlegungen. So stellt die Kombination des epistemologischen Rahmens dieser Arbeit (Inferentialismus) und des lokalen mathematikdidaktischen Rahmens (Conceptual Fields) nicht nur einen kohärenten Gesamtrahmen dar, sondern stellt zudem ein differenziertes analytisches Instrumentarium für die Analyse individueller Begriffsbildungsprozesse bereit, mit dessen Hilfe (über concepts-in-action) epistemische Handlungen von Schülerinnen und Schülern genauer beschrieben werden können.

In Kapitel 3 wird der hier entwickelte theoretische Ansatz gemeinsam mit dem im nächsten Kapitel 2 entwickelten forschungspraktischen Auswertungsschema ausgewählten Theorien der Mathematikdidaktik zur Beschreibung und Analyse von Begriffsbildungsprozessen gegenübergestellt. Diesem Vorgehen liegt die Überzeugung zugrunde, dass einerseits durch den wechselseitigen Vergleich die Anschlussfähigkeit, die Beziehungen und Gemeinsamkeiten zu bestehenden Theorien deutlich wird und dass andererseits die Stärken des hier beschriebenen theoretischen Rahmens noch weiter ausgeschärft werden: „By contrasting, the specificity of theories and their possible connections can be made more visible: strong similarities are points for linking and strong differences can make the individual strengths of the theories visible" (Prediger et al. 2008, S. 171). Dazu werden im nächsten Abschnitt Charakteristika der hier vorgestellten inferentialistischen Perspektive auf individuelle Begriffsbildung herausgearbeitet und in die jeweilige mathematikdidaktische Diskussion eingeordnet.

Merkmale des inferentialistischen Ansatzes zur Untersuchung individueller Begriffsbildungsprozesse

In diesem Abschnitt werden zentrale Merkmale der inferentialistischen Perspektive auf individuelle Begriffsbildungsprozesse herausgearbeitet. Dieser Abschnitt ergänzt das bisher gezeichnete Bild: Dort wurde die Verknüpfung des Inferentialismus mit der Theorie der Conceptual Fields über die Gemeinsamkeiten des epistemologischen Grundverständnisses (Repräsentation, pragmatistische Erklärungshaltung etc.) sowie die strukturellen Ähnlichkeiten der analytischen Grundeinheiten (Festlegungen und theorems-in-action) begründet. Die Merkmale, die in diesem Abschnitt genauer herausgearbeitet werden, orientieren sich an den folgenden Gegenstandsbereichen der mathematikdidaktischen Forschung:

- Konzeptualisierung von *Begriff*
- Individuum und soziale Normen

Konzeptualisierung von Begriff

In den obigen Abschnitten wurden zwei Perspektiven auf Begriffe vorgestellt und miteinander verknüpft. Im Inferentialismus sind Begriffe und deren Bedeutungen zu verstehen hinsichtlich der Rollen, die die Begriffe in inferentiellen Relationen spielen. Die Bedeutung von Begriffen wird hier maßgeblich durch ihren Gebrauch bestimmt, durch das Verfügen über ein praktisches Know-how: das Eingehen und Zuweisen von Festlegungen und Berechtigungen. Nach Vergnaud sind Begriffe zu verstehen hinsichtlich relevanter Situationen, operationaler Invarianten sowie symbolischer Repräsentationen. Es wurde gezeigt, inwiefern sich die Konzepte von Situiertheit (Lernbegriff), Invarianten (Festlegungen und concepts- bzw. theorems-in-action) und Repräsentation (aus einer pragmatistischen Erklärungshaltung heraus) miteinander in kohärenter Weise verknüpfen lassen. Verknüpfen lassen sich die beiden theoretischen Perspektiven insbesondere auch hinsichtlich des Begriffsbegriffs an sich (für eine allgemeine Darstellung der Diskussion um Begriffe sei verwiesen auf Seiler 1985, 2001 und für eine genauere Analyse der Zusammenhänge von individuellen und konventionalen Festlegungen und Begriffen auf Kapitel 2)). In diesem Zusammenhang wurde in Kapitel 1.2 herausgestellt, inwiefern mathematische Objekte vor dem Hintergrund ihrer theoretischen Natur zugleich mit Bezug auf ihren Werkzeugcharakter als auch mit Bezug auf ihren strukturellen Charakter aufgefasst werden können (vgl. in diesem Zusammenhang z.B. Vergnaud 1992, Sfard 1991). Auch Brandom hebt diesen Aspekt der Doppelnatur von Sprache hervor (vgl. hierzu Kap. 1.2). Insofern kann die Theorie der Conceptual Fields insbesondere mit Blick auf das zugrunde liegende Begriffsverständnis in den Gesamtrahmen der inferentialistischen Perspektive auf individuelle Begriffsbildung integriert werden.

Das Spannungsfeld Individuum und soziale Normen

Um Begriffsbildungs- bzw. Lernprozesse im Mathematikunterricht zu untersuchen und diese – im Sinne eines Developmental Reseach Programs „to investigate ways of proactively supporting elementary school students' mathematical development in classroom" (Cobb/Yackel 1996, S. 176) – zu unterstützen, wählten Cobb/Yackel (1996) einen entwicklungspsychologischen theoretischen Rahmen: „we initially viewed learning in almost exclusively psychological constructivist terms (...). In the case of the constructivist teaching experiment, the goal was to account for the child's development of increasingly powerful‧ mathematical ways of knowing by analyzing the cognitive restructurings he or she made while interacting with the researcher. (...) We assumed that conflicts in individual students' mathematical interpretations might give rise to internal cognitive conflicts, and we assumed that these would precipitate mathematical learning" (Cobb/Yackel 1996, S. 177).

Im Rahmen ihrer Untersuchung fielen Cobb/Yackel (1996) auf, dass soziale Normen innerhalb der Klasse eine wesentliche Rolle für den Lernprozess spielten, z.b. dahingehend, dass viele Schülerinnen und Schüler eher traditionellen Unterricht gewohnt waren und ein innovatives Unterrichtsdesign zunächst irritierend wirkte: „The students (…) seemed to take it for granted that they were to infer the responses the teacher had in mind rather than to articulate their own understandings" (Cobb/Yackel 1996, S. 178). In diesem Sinne schienen soziale Normen eine entscheidende Rolle bei den individuellen Begriffsbildungsprozessen zu spielen und mussten entsprechend bei der Analyse und Rekonstruktion mit berücksichtigt werden. Im Rahmen des entwicklungspsychologischen Forschungsparadigmas stellte das allerdings ein Problem dar: „social norms are not psychological processes or entities that can be attributed to any particular individual. Instead, they characterize regularities in communal or collective classroom activity and are considered to be jointly established by the teacher and students as members of the classroom community" (Cobb/Yackel 1996, S. 178).

Für Cobb/Yackel (1996) war diese Erklärungslast Anlass, eine duale Perspektive einzunehmen und im Rahmen einer interaktionistischen Analyse die sozialen Normen mit zu berücksichtigen. Die theoretische Anlage für die Untersuchung stellte sich nunmehr multiperspektivisch dar: „In conducting a social analysis from the interactionist perspective, we document the evolution of social norms by taking an analytical position as observers who are located outside the classroom community. In contrast, when we conduct a psychological constructivist analysis, we focus on individual students' activity as they participate in communal processes and document their reorganization of their beliefs" (Cobb/Yackel 1996, S. 178).

An dieser Stelle werden zwei Aspekte deutlich: Einerseits stellen die beiden theoretischen Ansätze – der sozialpsychologische und der interaktionistische Ansatz – jeweils spezifische Begriffe bereit, um verschiedene Aspekte, die bei Begriffsbildungsprozessen eine Rolle spielen, zu berücksichtigen. Insofern haben beide Ansätze ihren jeweils spezifischen erkenntnistheoretischen Zweck. Gleichzeitig wird der Umgang mit den verschiedenen Theorieansätzen deutlich: Im Sinne der von Cobb (2007) vorgeschlagenen Formel „Theorizing as bricolage" werden hier die unterschiedlichen theoretischen Ansätze miteinander verglichen und gegeneinander abgegrenzt („compare and contrast"). Das entspricht der pragmatischen Forderung Cobbs (2007), bei der Verwendung unterschiedlicher theoretischer Ansätze die impliziten normativen Festlegungen explizit zu machen, insbesondere z.B. mit Blick auf die spezifische Konzeption des Individuums und den jeweiligen Nutzen der theoretischen Ansätze für die Mathematikdidaktik als Design Science (vgl. Cobb 2007).

Vor dem Hintergrund dieser Richtungsentscheidung hin zur stärkeren Betonung sozialer Normen bei der Analyse von mathematischen Lernprozessen ändert sich auch das Verständnis von Lernen: „The characterization of learning as an individual constructive activity is, therefore, relativized because these constructions are seen to occur as students participate in and contribute to the practices of the local community. (...) However, we do question the assumption that such (psychological, F.S.) analyses can, in principle, capture individual students' conceptual understandings independently of situation and purpose" (Cobb/Yackel 1996. S. 185). Hier wird sehr deutlich, inwiefern Cobb/Yackel ihr zunächst rein entwicklungspsychologisches (konstruktivistisches) Verständnis von Lernprozessen in dem Sinne erweiterten, als der spezifischen Situation, also der Situiertheit des Lernprozesses einerseits, und der Interaktion in eben der jeweils spezifischen Situation, also dem Geben und Nehmen von Gründen andererseits, Rechnung getragen werden muss. Dies geschieht bei Cobb/Yackel durch die multiperspektivische Anlage des theoretischen Forschungsrahmens, der sowohl interaktionistische als auch entwicklungspsychologische Elemente aufgreift.

Dieses Vorgehen im Sinne von „Theorizing as bricolage" (Cobb 2007) für die aufgezeigte Verknüpfung von interaktionistischen und entwicklungspsychologischen Theorieelementen ist dabei keineswegs unumstritten. In ihrem sehr programmatischen Text, den Jungwirth/Krummheuer dem „Blick nach innen: Aspekte der alltäglichen Lebenswelt Mathematikunterricht" (2006) voranstellen, zeigen sie die Vielfalt der sog. „interpretativen Forschung" in der deutschsprachigen Mathematikdidaktik auf. Mit „interpretativer Forschung" wird hierbei eine soziologisch – das meint hier im Rahmen der Erforschung des sozialen Ereignisses „Mathematikunterricht" genauer: interaktionistisch – orientierte Perspektive identifiziert (vgl. Jungwirth/Krummheuer 2006, S. 8). Mathematikunterricht ist in dieser Perspektive „Alltag", der unter Zuhilfenahme ethnomethodologischer Elemente, genauer erforscht wird. „Das zeigt auch, dass von dieser Warte die in der Mathematikdidaktik gegebenen stoffdidaktisch und/oder kognitionspsychologisch fokussierten Ansätze prinzipiell das „Phänomen" Mathematikunterricht nur partiell konzeptualisieren" (Jungwirth/Krummheuer 2006, S. 10). Dieser Ausschnitt zeigt beispielhaft, dass sich aus mancher interaktionistischer Sicht psychologische und interaktionistische Theorienansätze als wenig vereinbar gegenüberstehen. Die Gründe hierfür sind vielfältig und reichen von unterschiedlichen epistemologischen Grundannahmen – z.B. Interaktion als analytische Grundeinheit vs. „den Menschen mit ihren Eigenheiten" als letzte Instanz (Jungwirth/Krummheuer 2008, S. 153) – bis hin zu unterschiedlichen Einschätzungen über das konstruktive Potential der jeweiligen theoretischen Grundannahmen für die Mathematikdidaktik: „Es kommt (…) auch nicht von ungefähr, dass die interpretative mathematikdidaktische Forschung keine Präferenz für die Analyse unterrichtlicher Neuerungen hat" (Jungwirth/Krummheuer 2006, S. 12).

Gleichzeitig kann angemerkt werden, dass die unterschiedlichen Grundannahmen in vielfältigen Forschungszusammenhängen sehr produktiv genutzt werden. Ein Beispiel hierfür ist die Ausarbeitung von Hausendorf/Quasthoff (2005), die zeigen, inwiefern die ethnomethodologische Konversationsanalyse im Sinne eines sozialwissenschaftlichen Forschungsparadigmas für entwicklungspsychologische Forschungszusammenhänge nutzbar gemacht werden kann, z.B. für die Untersuchung von Sprachentwicklung. In der Mathematikdidaktik greifen Cobb/Yackel (1996) diese sehr unterschiedlichen Standpunkte im Sinne einer vergleichenden und gegenüberstellenden Analyse in sehr produktiver Weise auf und nutzen die divergierenden Standpunkte, um der Komplexität mathematischer Begriffsbildung gerecht zu werden (vgl. oben).

Mit der inferentialistischen Perspektive auf individuelle Begriffsbildung liegt ein epistemologisches Programm vor, das sowohl eine entwicklungspsychologische Betrachtung von Begriffsbildungsprozessen im Mathematikunterricht zulässt als auch die sozialen Normen, die nach Cobb/Yackel (1996) eine fundamentale Rolle bei eben diesen Prozessen spielen, mitberücksichtigt. Genauer kann die Theorie helfen, beide Aspekte nicht im Sinne konträrer und einander gegenüberstehender Forschungsansätze zu betrachten, sondern diese beiden vielmehr mithilfe einer epistemologischen Kernidee zu erfassen. Es wurde bereits herausgearbeitet, inwiefern der Verknüpfung des Inferentialismus mit der Theorie der Conceptual Fields ein psychologisch orientiertes konstruktivistisches Grundverständnis von Lernen zugrunde liegt.

Gleichzeitig berücksichtigen diese Ansätze die sozialen Normen, die bei Begriffsbildungsprozessen eine Rolle spielen, in fundamentaler Weise. Denn die Verwendungsweise von Begriffen kommt im Sinne Brandoms dem Zug in einem Spiel gleich, „in dem – implizit oder nicht – Gründe gegeben und gefordert werden. Die Verwendung eines Begriffs und das mit ihm einhergehende Geben und Fordern von Gründen ist ein Spielzug in einem Sprachspiel" (Brandom 2001a, S. 3). Die Rede vom Geben und Verlangen von Gründen verdeutlicht einerseits die inferentialistische Grundhaltung, legt aber andererseits auch die normative Dimension dieser Idee frei: „All die Gehalte sprachlicher Äußerungen, denen eine normative Kraft (sei es in Gestalt eines Urteils oder Anspruchs, einer Feststellung et cetera) innewohnt, alle propositionalen Gehalte also, zeichnen sich dadurch aus, dass sie bei unseren Schlüssen (*internes*) die Rolle von Prämissen und Konklusionen spielen. Und Schlüsse wiederum sind Spielzüge in einer sozialen und institutionalisierten, regelhaften und normativen Umgebung; sie fungieren als Verpflichtungen und formulieren Ansprüche. Propositionale Gehalte bedeuten insofern eine Verpflichtung, als sie Gründe liefern und der Begründung bedürfen" (Brandom 2001a, S. 4).

Da es sich bei Berechtigungen und Festlegungen um normative Status handelt, ist eine inferentialistische Betrachtung von Begriffsbildungsprozessen mithin auch eine zutiefst normative Betrachtung solcher Prozesse. Individuelle Festlegungen und die individuellen Inferenzen betrachten, heißt gleichsam die sozialen Regeln, die Normen und die Eigenheiten der Interaktion selbst mitzubetrachten, da durch sie erst das deontische Kontoführen – das Eingehen und Zuweisen von Berechtigungen und Festlegungen – instituiert wird. Der Forderung von Cobb/Yackel (1996), sowohl der Situiertheit von Lernprozessen als auch der Interaktion in eben diesen Situationen gerecht zu werden, mithin also sowohl die individualpsychologische Perspektive als auch die sozialen Normen innerhalb der Gemeinschaft (hier z.B.: der Klasse) mit zu berücksichtigen, wird eine inferentialistische Betrachtung von Begriffsbildungsprozessen gerecht: Der Diskurs wird bei Brandom konzipiert als das Geben und Verlangen von Gründen und soziale Normen sind in dieser Perspektive nichts anderes als – implizite oder explizite – Gründe für das Eingehen oder Zuweisen gewisser Festlegungen. In diesem Sinne können individuelle Begriffsbildungsprozesse modelliert werden als situierte Entwicklungen individueller Festlegungsstrukturen, wobei sich die Entwicklung maßgeblich im Diskurs vollzieht und dadurch die spezifischen diskursiven Normen den Begriffsbildungsprozess stark prägen. Die sozialen Normen innerhalb einer Klasse sind hierbei nichts anderes als implizite Festlegungen oder Zuschreibungen, die in der Analyse und bei der Erforschung von Begriffsbildungsprozessen identifiziert werden müssen. Cobb/Yackel z.B. berichten, „(that the, F.S.) students (...) seemed to take it for granted that they were to infer the responses the teacher had in mind rather than to articulate their own understandings" (vgl. oben und Cobb/Yackel 1996, S. 178). Dies ist (mit inferentialistischem Vokabular gesprochen) Ausdruck dafür, dass die Schülerinnen und Schüler der Lehrperson gewisse Folgerungen (also Inferenzen bzw. weitere Berechtigungen) zugeschrieben haben. Gleichzeitig sind die Schülerinnen und Schüler damit selbst Festlegungen auf eben diese dem Lehrer zugeschriebenen Berechtigungen eingegangen. An diesem Beispiel wird deutlich, dass die (zumeist impliziten) sozialen Normen integraler Bestandteil der inferentialistischen Analyse sind: „Indem wir das, was in unseren alltäglichen Gesprächen implizit bleibt, in eine explizite, also ausdrückliche und diskutierbare Form bringen, begeben wir uns nicht nur auf eine höhere Ebene (...). Dieser Vorgang ist auch ein entscheidender Teil der alltäglichen Praxis. Wie bereits angedeutet, sollten wir darüber nachdenken, was uns als „geistige" Wesen auszeichnet. Dabei gilt es zweierlei zu berücksichtigen: Zum einen artikuliert sich die pragmatische Dimension – was wir tun, indem wir etwas sagen – in der normativ wirksamen Annahme und Zuschreibung des sozialen Status; zum anderen artikuliert sich die semantische Dimension – der Gehalt dessen, was (...) gedacht oder gesagt wird – in inferentialistischen Relationen" (Brandom 2001a, S. 5). Die impliziten sozialen Normen, also die Festlegungen, Berechtigungen und mithin die Gründe für die Verwendung gewisser Begriffe explizit zu machen, ist die zentrale Grundidee des hier vorliegenden Ansatzes.

Insofern berücksichtigt die Untersuchung von Begriffsbildungsprozessen aus inferentialistischer Sicht sowohl die entwicklungspsychologisch konstruktivistischen Aspekte des Begriffsbildungsprozesses als auch die in der Interaktion vorhandenen impliziten sozialen Normen in *einer* Perspektive.

Fazit und Forschungsfrage zur mathematikdidaktischen Fundierung

Ziel dieses Abschnitts ist Formulierung der Forschungsfrage in mathematikdidaktischer Perspektive, die eine mathematikdidaktische Fundierung ermöglicht. Dazu wurde zunächst die Betonung des Handlungsbegriffs bzw. die pragmatistische Erklärungshaltung der inferentialistischen Perspektive herausgestellt. Es wird deutlich, dass der vorgestellte epistemologische Gesamtrahmen in der Tradition von Erklärungshaltungen in der Mathematikdidaktik steht, die auf Kant zurückgehen. In einem zweiten Schritt wurde dann ein lokaler mathematikdidaktischer Theorierahmen integriert: Die Theorie der Conceptual Fields von Gérard Vergnaud bietet eine Differenzierung des Analysevokabulars auf der Ebene der epistemischen Handlungen. Es konnte nun in einem nächsten Schritt auf Charakteristika des so geschaffenen Forschungsrahmens eingegangen werden: auf die Konzeptualisierung von *Begriff* sowie auf das Spannungsverhältnis von entwicklungspsychologischer und interaktionstheoretischer Perspektive. Hier wird das Potential des Theorierahmens in mathematikdidaktischer Hinsicht deutlich: Die Konzeptualisierung von *Begriff* ist einerseits hinreichend offen, um der Doppelnatur speziell mathematischer Begriffe (als Werkzeuge und theoretische Objekte) gerecht zu werden und andererseits über die Rolle der Festlegungen hinreichend stark präzisiert, um ein analytisches Instrumentarium zu haben, das für die Analyse der empirischen Daten eine aussagekräftige Basis liefert (vgl. auch Kapitel 2). Weiterhin zeigt die Analyse, dass der vorliegende theoretische Rahmen zur Beschreibung individueller Begriffsbildungsprozesse eine entwicklungspsychologische Perspektive auf solche Prozesse einnimmt und gleichzeitig soziale Normen in fundamentaler Weise mit berücksichtigt und zu beschreiben vermag.

Auf diese Weise wird ein theoretischer Rahmen für die Analyse individueller Begriffsbildungsprozesse geschaffen, dessen kleinste Einheiten des Denkens und Handelns individuelle Festlegungen sind und der in epistemologischer Hinsicht konsistent ist. Insofern stellt sich die folgende

Forschungsfrage 4 zum mathematikdidaktischen Erkenntnisinteresse:
Inwiefern lässt der zugrunde liegende festlegungsbasierte Theorierahmen vor dem Hintergrund des hier skizzierten Forschungsstandes neue Einsichten in und Perspektiven auf mathematische individuelle Begriffsbildungsprozesse zu?

1.5 Fazit und Forschungsfragen

In Kapitel 1 wurden die Grundzüge einer inferentialistischen Perspektive auf individuelle Begriffsbildungsprozesse dargelegt. Zunächst wurde das Erkenntnisinteresse dieser Arbeit auf vier verschiedenen Ebenen charakterisiert. Hieraus leiten sich unterschiedliche theoretische Konsequenzen ab, die die Grundlage für die Formulierung der Forschungsfragen bilden. Dabei konnte gezeigt werden, inwiefern der Analyse individueller Begriffsbildungsprozesse in inferentialistischer Perspektive fundamentale Annahmen zum Lernen zugrunde liegen: Lernen ist ein aktiver Konstruktionsprozess (vgl. z.B. Bruner et al. 1971), der durch das soziale Umfeld und den sozialen Austausch hochgradig beeinflusst wird (vgl. z.B. Krummheuer 1984) und der sich aus einem ständigen Dialog zwischen Singulärem und Regulärem (vgl. Gallin / Ruf 1998) bewegt. Die zentrale Idee der inferentialistischen Perspektive ist dabei, Gründe und Konsequenzen, die sich aus individuellen Handlungen und Behauptungen ergeben, zu rekonstruieren, und auf diese Weise individuelle Begriffsbildung explizit zu machen.

Die Forschungsfragen werden hier entlang der vier Ebenen des Erkenntnisinteresses noch einmal aufgeführt:

Forschungsfrage1 zum epistemologischen Erkenntnisinteresse:
Inwiefern lassen sich Begriffsbildungsprozesse als die Entwicklung von Festlegungen erklären, strukturieren und verstehen?

Forschungsfrage 2 zum empirischen Erkenntnisinteresse:
Wie entwickeln sich Merkmale, Muster und Strukturen individueller Festlegungen im Verlauf von Begriffsbildungsprozessen bei Schülerinnen und Schülern?

Forschungsfrage 3 zum konstruktiven Erkenntnisinteresse:
Inwiefern eignet sich die zugrunde liegende Lernumgebung zum Aufbau individueller Festlegungsstrukturen hinsichtlich eines adäquaten Variablenbegriffs sowie eines adäquaten Umgangs mit Zahlenfolgen und Bildmustern sowie deren Darstellungs- und Zählformen?

Forschungsfrage 4 zum mathematikdidaktischen Erkenntnisinteresse:
Inwiefern lässt der zugrunde liegende festlegungsbasierte Theorierahmen vor
dem Hintergrund des hier skizzierten Forschungsstandes neue Einsichten in und
Perspektiven auf mathematische individuelle Begriffsbildungsprozesse zu?

In Kapitel 2 wird vor dem Hintergrund der theoretischen Analysen ein forschungspraktisches Auswertungsschema entwickelt, das sich in kohärenter Weise aus dem Theorierahmen ableitet und mit dem individuelle Begriffsbildungsprozesse beschrieben werden können. In Kapitel 3 wird in einer vergleichenden Analyse das Potential von Theorierahmen und Auswertungsschema für die Analyse individueller Begriffsbildungsprozesse herausgearbeitet und ausgewählten mathematikdidaktischen Ansätzen zur Beschreibung solcher Prozesse gegenübergestellt.

2 Festlegungsbasiertes auswertungspraktisches Analyseschema

Im Rahmen der vorliegenden Ausarbeitung wird vor dem Hintergrund des theoretischen Rahmens der Arbeit (Brandom, Vergnaud) ein Analyseinstrument entwickelt, mit dessen Hilfe sich individuelle Begriffsbildungsprozesse aus festlegungsorientierter Perspektive explizit machen lassen. Dabei ist der „Prozess der Begriffsbildung (...) gekennzeichnet durch ein Streben nach Präzisierung, Eindeutigkeit und Verallgemeinerung" (Hußmann 2006, S. 23). In diesem Abschnitt wird ein begrifflicher und auswertungspraktischer Rahmen entwickelt, der es im Sinne der in Kapitel 1 beschriebenen Dimensionen des hier zugrunde liegenden Lernverständnisses und vor dem Hintergrund des theoretischen Gesamtrahmens (insbesondere unter Berücksichtigung der Theorie der Conceptual Fields) ermöglicht, diesen Prozess genauer zu beschreiben.

In Kapitel 1 wurden dazu Festlegungen, Berechtigungen und Inferenzen als die zentralen Analysewerkzeuge herausgearbeitet. Sie sind die kleinsten Einheiten unseres Denkens und Handelns und sie liegen damit unserer Verwendung von Begriffen zugrunde. Die Auffassung von Festlegungen als kleinste Einheit impliziert eine ebenfalls festlegungsbasierte Auffassung von Begriffen: Begriffe werden nur verständlich über ihre Rolle, die sie beim Eingehen und Zuweisen von Festlegungen spielen.

Konventionale und individuelle Festlegungen

Individuelle und konventionale Begriffe: Gängige Begriffsauffassungen unterscheiden zwei Ebenen von Begriff (zur Diskussion verschiedener Begriffskonzeptualisierungen vgl. Seiler 2001): zum einen ein Begriff als etwas, „mit dem primär verbalisierte konventionale Inhalte gemeint sind" (Seiler 2008, S. 7) und damit Inhalte, die entlang geltender Konventionen bzw. Normen überindividuell geteilt sind. Zum anderen werden Begriffe aufgefasst als „Erkenntnis- und Wissenseinheiten (...), die auf idiosynkratischen Theorien gründen, mit denen das erkenntnisfähige Subjekt eine durch Kultur, soziale Umwelt geprägte und durch Emotion gefärbte Erfahrung reflektiert und rekonstruiert" (Seiler 2008, S. 6). Im Folgenden wird für die Unterscheidung dieser beiden Ebenen von konventionalen und individuellen Begriffen gesprochen.

Fasst man nun Festlegungen als kleinste Einheiten des Denkens und Handelns auf, so lassen sich wichtige Gemeinsamkeiten mit einer solchen Unterscheidung zwischen konventionalen und individuellen Begriffen identifizieren. Zum einen lässt sich das Konzept der „idiosynkratischen Theorien" präzisieren. Idiosynkratische Theorien sind nach Seiler (2001) aus strukturgenetischer Perspektive *„nicht einfach Listen aus Eigenschaften oder Gegenstände, sie enthalten implizite und explizite Annahmen über Gegenstände und Ereignisse, ihre Bedingungen und Ursachen, ihre Merkmale und vor allem auch ihre Beziehungen und Funktionen"* (Seiler 2001, S. 212). Dem Verständnis von Festlegungen als Propositionen, für die wir Gründe angeben können (vgl. Kapitel 1, Charakterisierungen F1-F6), liegt zwar eine andere Erklärungshaltung zugrunde, weil nach strukturgenetischer Auffassung *Begriffe* – und nicht *Festlegungen* - die kleinsten Einheiten bilden: „Begriffe sind danach als Einheiten des Erkennens, Denkens und Wissens zu verstehen" (Seiler 2001, S. 210). Allerdings lässt sich eine Unterscheidung zwischen konventionalen und individuellen Begriffen auch in festlegungsbasierter Perspektive in konsistenter Weise fortführen.

Individuelle und konventionale Festlegungen: Individuelle Festlegungen verweisen auf individuelle Begriffe (vgl. Charakterisierungen F1-F6), d.h. im Zusammenhang dieser Arbeit, dass individuelle Begriffe nur verständlich werden über die Rollen, die sie in individuellen Festlegungen spielen. Mit **konventionalen Festlegungen** sollen im Folgenden solche Festlegungen bezeichnet werden, die intersubjektiv geteilt werden. Diese liegen **konventionalen Begriffen** zugrunde. Auch hier gilt in inferentialistischer Perspektive, dass konventionale Begriffe nur verständlich werden über die Rollen, die sie in konventionalen Festlegungen spielen.

Die sprachliche Wendung, dass Festlegungen auf Begriffe verweisen, soll betonen, dass gewisse Begriffe in Festlegungen aktiviert bzw. genutzt werden. Insofern Festlegungen auf bestimmte Begriffe verweisen, liegen diese Festlegungen den entsprechenden Begriffen gleichsam zugrunde.

In Kapitel 4.1 werden in einer stoffdidaktischen Analyse wichtige konventionale Festlegungen rekonstruiert, die dem Gegenstandsbereich der elementaren Algebra in der frühen Sekundarstufe zugrunde liegen. Die so rekonstruierten konventionalen Festlegungen umreißen dann in etwa die *Leitideen* des Gegenstandsbereiches aus einer festlegungsbasierten Perspektive. Mit dem Konzept der Leitideen werden Produkte einer bereichsspezifischen stoffdidaktischen Analyse bezeichnet: „Ausgangspunkt ist die Frage, welche Begriffe, Sätze oder auch Ideen dieses Bereiches wichtig, zentral und charakteristisch sind" (Tietze et al. 2000, S. 41).

Es wird an dieser Stelle allerdings betont, dass die Rede von konventionalen und individuellen Festlegungen sowie konventionalen und individuellen Begriffen in konsistenter Weise die Perspektivität des in dieser Arbeit eingeführten Objektivitätsbegriffs (vgl. Kap. 1 und Brandom 2000) fortführt: Auch konventionale Festlegungen sind Festlegungen, die das Subjekt eingeht mit der Berechtigung, dass die konventionale Festlegung als (zumindest in Teilen) sozial geteilt anerkannt wird. Eine Unterscheidung zwischen konventionalen und individuellen Begriffen ist aus *epistemologischer* Perspektive somit gar nicht nötig. Der Inferentialismus nach Brandom (2000) sieht eine solche Unterscheidung ebenfalls nicht vor. Gleichwohl ist aus *forschungspragmatischer* Sicht eine solche Unterscheidung für diese Arbeit notwendig: Immerhin ist die Analyse individueller Begriffsbildungsprozesse klar zu trennen von stoffdidaktischen Analysen von Unterrichtssituationen, in denen z.B. Eigenschaften gewisser Begriffe entdeckt werden können. Zwar liegen auch der stoffdidaktischen Analyse von Lernkontexten letzthin individuelle Festlegungen der Analysierenden zugrunde, diese sind allerdings in der Regel mit hinreichend viel Berechtigung begründet.

Die festlegungsbasierte Perspektive dieser Arbeit nimmt damit nicht nur eine andere Erklärungshaltung ein als die Strukturgenese (Seiler 2001) (sie betrachtet Festlegungen als die kleinste Einheit der Erkenntnis und nicht Begriffe), sie kommt auch zu einer klaren Einschätzung hinsichtlich des Verhältnisses von konventionalen und individuellen Begriffsauffassungen: Festlegungen bilden in epistemologischer Perspektive die kleinsten Einheiten des Denkens und Handelns und in forschungspragmatischer Perspektive bilden konventionale und individuelle Festlegungen zwei komplementäre Einheiten für die Untersuchung individueller Begriffsbildungsprozesse. Für die vorliegende theoretische Betrachtung wird daher die folgende Festlegung eingegangen:

Festlegung 16:
Während die Unterscheidung zwischen einer konventionalen und einer individuellen (Analyse-)Ebene in epistemologischer Hinsicht für den vorliegenden Theorierahmen nicht nötig ist, so eröffnet sie in forschungspragmatischer Hinsicht die Möglichkeit der präzisen und einfachen sprachlichen Unterscheidungen zwischen Festlegungen, die ein Subjekt eingeht, das Gegenstand der Analyse individueller Begriffsbildungsprozesse ist (individuelle Ebene), und Festlegungen, die aus mathematikdidaktischer Perspektive einem gewissen Gegenstandsbereich, Stoffgebiet oder Lernkontext zugewiesen werden.

Im Folgenden wird ein forschungspraktisches Auswertungsschema entwickelt, das zwischen den folgenden beiden Ebenen trennt: konventionale Festlegungen liegen konventionalen Begriffen zugrunde und individuelle Festlegungen liegen den individuellen Begriffen zugrunde. Für beide Ebenen gilt, dass der Begriff nur verständlich wird über die Rolle, die er in den jeweiligen zugrunde liegenden Festlegungen spielt. Bedeutsam für die Analyse individueller Begriffsbildungsprozesse sind bestimmte individuelle Begriffe, nämlich diejenigen Begriffe bzw. Kategorien, die handlungsleitend sind, die das Subjekt adäquate Informationen auswählen lassen: die concepts-in-action. Im Folgenden wird diese Differenzierung weiter ausgeführt.

Es zeigt sich, dass sich sowohl das Konzept der Festlegung als kleinste Einheit des Denkens und Handelns als auch das Konzept der inferentiellen Gliederung als fruchtbar und tragfähig erweisen sowohl für die stoffdidaktische Analyse von Lernumgebungen und mathematischen Gegenstandsbereichen (konventionale Analyse) als auch für die Analyse individueller Begriffsbildungsprozesse bei Schülerinnen und Schülern (individuelle Analyse). Spezifisch für das vorliegende Auswertungsschema ist daher nicht nur, dass ein begrifflicher Apparat zur Beschreibung individueller Begriffsbildungsprozesse (auf der individuellen Ebene) zur Verfügung steht, sondern auch dass mit dem gleichen begrifflichen Apparat eine systematische Darstellung von Konstruktionen, dem Aufbau und der Stufung von Lernkontexten (auf der konventionalen Ebene) gegeben werden kann.

2.1 Theoriegeleitete und beispielgebundene Entwicklung des Auswertungsschemas

In der ersten Stunde einer Unterrichtsreihe zum Thema „Wie geht es weiter? Zahlen- und Bildmuster erforschen" bekommen die Schülerinnen und Schüler einer fünften Klasse einer Hauptschule ein Punktmuster vorgelegt (vgl. das Punktmuster Abb. 2-1). Die Aufgabe dazu lautet: *Bestimme die Anzahl der Punkte.* Zwischen Orhan (O) und seiner Mitschülerin Ariane (A) entwickelt sich daraufhin folgendes Gespräch, das durch eine teilnehmende Beobachterin (B) beobachtet wird (vgl. Abb. 2-1).

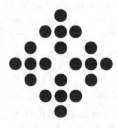

T	P	Inhalt
		Stunde 1 vom 11.05.09 in Hagen
1	O	In Ninas Bild sollen wir jetzt die Anzahl ent- eh bestimmen.
2	A	5 , 20 *(A zeigt auf das Punktmuster)*
3		*(O fängt an die Punkte zu zählen)*
4	A	*(A zu O)* da musst du doch nicht zählen…
5	B	Wie bist du denn da drauf gekommen auf die 20?
6	A	Also weil eh hier so sagenwirmal Muster ist 5 , 4 Musters *(A zeigt auf die Punkte)* so; 4 mal 5 ist 20
7	O	Eh das stimmt wirklich!
8	A	Logik!

Abbildung und Tabelle 2-1 Bestimmung der Anzahl in einem statischen Punktmuster – Transkriptausschnitt und das entsprechende Punktmuster

In dieser Szene zählt Orhan die Punkte im Muster zunächst einzeln ab und wird nach wenigen Sekunden von Ariane mit der Bemerkung unterbrochen, dass er nicht zählen brauche. Auf die Nachfrage der Beobachterin gibt Ariane an, dass die 20 Punkte im Muster durch die Multiplikation 4·5 bestimmen könne: „4 mal 5 ist 20". Daraufhin schreibt Orhan in sein Heft: „In Ninas Bild sind 20 Punkte. Oben sind 4 punkt und unten 5 punkte und die beide nehme ich mal." Im Rahmen eines klinischen Interviews am nächsten Tag gibt Orhan die Anzahl der Punkte in dem gleichen Muster mit 20 an. Er zeichnet daraufhin das Produkt 4·5 in das Muster ein (vgl. Abb. 2-2). Später in einem klinischen Interview zählt Orhan zunächst die 21 im Muster (vgl. Abb. 2-2). Daraufhin gibt er einen Term an, den er im Muster veranschaulicht: 3·7.

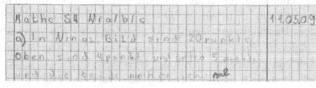

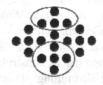

Z	Hefteintrag vom 11.05.2009
6	Mathe S. 4 Nr. a / b / c 11.05.09
7	a) In Ninas Bild sind 20 Punkte.
8	Oben sind 4 punkt und unten 5 punkte
9	und die beide nehme ich mal

Abbildung 2-2 Hefteintrag mit transkribierter Abschrift und Orhans Veranschaulichung von 4·5 und 3·7 im Muster

Anhand dieser drei Stationen (Unterrichtsszene, Hefteintrag, Interviewausschnitt) zu Beginn von Orhans Lernprozess im Rahmen des neuen Lernkontextes lassen sich vielfältige Phänomene im Zusammenhang mit dem analytischen Potential von Festlegungen verdeutlichen.

Die Rekonstruktion der individuellen Festlegungen im Transkriptausschnitt erfolgt über eine turn-by-turn Analyse. Nachdem Orhan die Aufgabenstellung vorgelesen hat, zählt er die Punkte im Muster ab. Die Rekonstruktion seiner (individuellen) Festlegung ergibt hier: *Die Anzahl der Punkte in einem statischen Punktmuster bestimme ich durch Abzählen.* Nachdem Ariane ihn während des Abzählvorgangs unterbricht und daraufhin erklärt, sie habe 4·5 gerechnet, reagiert Orhan so: „Eh, das stimmt wirklich." Die Rekonstruktion seiner Festlegung in dieser Szene ergibt: *Ariane kann ein Produkt finden, das es erlaubt, das Bild mit einem Muster zu strukturieren.* Die Diskussion dieser Szene in Kapitel 6.1 zeigt, dass sich hier noch weitere individuelle Festlegungen rekonstruieren lassen, die hier aus Gründen der Darstellung und Zielsetzung dieses Kapitels (Entwicklung des Auswertungsschemas) nicht allesamt aufgeführt sind.

Der Hefteintrag, der anschließend entsteht, ist hinsichtlich der Rekonstruktion der individuellen Festlegungen aufgrund der sprachlichen Unschärfe nicht eindeutig. Hier stehen verschiedene Festlegungen zur Diskussion, z.B. (i) *Das Muster lässt sich in jeweils 4 Bündel zu je 5 Punkten einteilen* oder (ii) *Die zwei Faktoren des Produkts 4·5 stellen 2 disjunkte Punktmengen im Muster dar.* Erst die Analyse der klinischen Interviewsituation ermöglicht eine Rekonstruktion der individuellen Festlegung. Hier geht Orhan zunächst die folgende Festlegung ein: *Die Faktoren des Produktes kann ich in einem Punktmuster finden und abtragen.* Außerdem geht er in dem Interview Festlegung (ii) ein (*Die zwei Faktoren des Produkts 4·5 stellen 2 disjunkte Punktmengen im Muster dar*). Vor dem Hintergrund der Rekonstruktion von Festlegung (ii) in der Interviewsituation erscheint die Vermutung plausibel, dass auch der Verwendung des Begriffs „mal" in Orhans Hefteintrag die Festlegung (ii) zugrunde liegt – wenn das auch nicht eindeutig festgemacht werden kann.

Diese kurze beispielhafte Analyse zeigt, dass die Rekonstruktionen von Festlegungen, die Orhan in diesen Szenen eingeht, den Charakterisierungen F1-F6, die in Kapitel 1 für Festlegungen als kleinste Einheiten des Denkens und Handelns herausgestellt werden, entsprechen. Besonders ist darauf hinzuweisen, dass individuelle Festlegungen implizit oder explizit sein können (vgl. F4). Orhans Festlegung, dass Ariane ein Produkt finden kann, das es erlaubt, ein statisches Punktmuster zu strukturieren, liegt in dem Transkriptausschnitt in impliziter Form vor. Orhan sagt: „Eh, das stimmt wirklich." In der Analyse dann werden die individuellen Festlegungen rekonstruiert (vgl. zum genaueren methodischen Vorgehen Kap. 5).

Auffällig ist auch, dass individuell eingegangene Festlegungen nicht mathematisch tragfähig sein müssen. Im Zusammenhang der vorliegenden Arbeit werden mathematisch tragfähige Festlegungen durch die *konventionalen* Festlegungen angezeigt. Sie werden (von den meisten) Mathematikern als wahr betrachtet und erweisen sich im mathematischen Handeln als tragfähig. *Nicht mathematisch tragfähige Festlegungen* sind also im Zusammenhang der vorliegenden Arbeit solche Festlegungen, die inkompatibel mit konventionalen Festlegungen sind. Orhans Festlegung, dass die beiden Faktoren 4 und 5 jeweils disjunkte Punktmengen im Muster darstellen, ist mathematisch nicht tragfähig. Sehr wohl ist diese Festlegung für Orhan viabel. Es ist nicht so, dass die Festlegung wahr *ist*, sondern sie wird *für wahr gehalten* (vgl. Charakterisierung F5).

Die Analyse der Szene zeigt jedoch nicht nur die Kohärenz der rekonstruierten individuellen Festlegungen mit den theoretischen Erwägungen aus Kapitel 1. Vor dem Hintergrund der Analyse wird ein Aspekt des Potentials von Festlegungen als Analysewerkzeug deutlich: Mithilfe individueller Festlegungen kann die Entstehung neuer individueller Festlegungen explizit gemacht werden. Ausschlaggebend hierfür ist maßgeblich eine der fundamentalen epistemologischen Annahmen des Inferentialismus: Festlegungen sind inferentiell gegliedert. Im Kontext dieser Arbeit sind damit keine Inferenzen im Sinne einer klassischen Logik gemeint. Relationen zwischen zwei Festlegungen müssen nicht richtig bzw. falsch sein, sondern sie werden vom Individuum für richtig oder falsch gehalten (vgl. Festlegung 5).

Orhans Festlegung, dass sich die Faktoren eines dem statischen Punktmuster zugeordneten Produktes im Muster selbst finden lassen und dass diese zwei disjunkte Punktmengen darin darstellen, entsteht im Verlauf der drei Situationen. Merkmal des vorliegenden Theorierahmens, bei dem individuelle Festlegungen kleinste Einheiten des Denkens und Handelns sind, ist, dass es mit Hilfe der Festlegungen nicht nur möglich ist zu rekonstruieren, *dass* eine solche neue individuelle Festlegung entsteht, sondern auch *wie* sie entsteht. Nachdem Ariane Orhans Zählvorgang unterbricht und daraufhin erklärt, dass man die Anzahl der Punkte mit Hilfe des Produktes $4 \cdot 5$ bestimmen könne (während sie dabei auf das Punktmuster zeigt), geht Orhan die folgende Festlegungen ein: (i) *Ariane kann ein Produkt finden, das es erlaubt, das Muster zu strukturieren* sowie (ii) *Die Faktoren des Produktes lassen sich in der Zeichnung finden.* Beide Festlegungen geben ihm Berechtigung zu einer weiteren Festlegung von ganz neuer Qualität: *Die zwei Faktoren des Produkts $4 \cdot 5$ stellen 2 disjunkte Punktmengen im Muster dar.* An dieser Stelle ist deutlich hervorzuheben, dass die beiden zuvor beschriebenen Festlegungen die neue Festlegung nicht notwendigerweise implizieren (als zwingende Konsequenz), sondern dass sie zu der Festlegung berechtigen (als guter Grund aus Orhans Sicht). Auch wenn diese Festlegung sich nicht formallogisch aus den beiden ersteren zwingend ableitet, so ist die neue Festlegung doch mit ihr viabel. Insofern ist Orhan zu dieser neuen Festlegung berechtigt. Weitere Beispiele in der Interviewsituation im Auswertungsteil verdeutlichen die Evidenz der neuen Festlegung.

Diese Szene zeigt ein weiteres Merkmal der Analyse individueller Festlegungen: Mit ihnen sind nicht nur individuelle Festlegungsentwicklungen, sondern auch der Kommunikation zugrunde liegende Interaktionsmuster beschreibbar. Nach Arianes Erklärung geht Orhan die folgende Festlegung ein (s.o.): *Ariane kann ein Produkt finden, das es erlaubt, das Bild mit einem Muster zu strukturieren.* Orhan geht diese Festlegung allerdings nicht nur ein, er weist sie Ariane gleichsam zu. Diesen Vorgang bezeichnet Brandom (2000) als doppelte Kontoführung: „Im Sinne der Praktiken des doppelten Kontoführens werden die vorgelegten Propositionen wechselseitig perspektivisch bewertet" (Vogd 2005a, S. 159). Orhan schreibt Ariane in dieser Szene eine Festlegung zu, die seinen eigenen Festlegungskontostand ändert. Vor dem Hintergrund dieses in der und durch die Interaktion geänderten Kontostandes leitet Orhan eine neue Festlegung ab bzw. sieht sich zu einer neuen Festlegung berechtigt, die für ihn hier viabel ist. Das gegenseitige Zuweisen und Eingehen von Festlegungen und Berechtigungen ermöglicht vor diesem Hintergrund eine Rekonstruktion von Interaktionsmustern, die als Struktur der Interaktion u.a. auszeichnet, dass

- „mit der Struktur eine spezifische soziale, themenzentrierte Regelmäßigkeit der Interaktion rekonstruiert wird,
- die Struktur sich auf die Handlungen, Interpretationen, wechselseitigen Wahrnehmungen (…) bezieht (…)
- die beteiligten Subjekte die Regelmäßigkeit nicht bewußt strategisch erzeugen und sie nicht reflektieren, sondern routinemäßig vollziehen" (Voigt 1984a, S. 47, im Original kursiv)

Mit Festlegungen und Berechtigungen steht ein Analyseinstrument bereit, dass es ermöglicht, die Regelmäßigkeiten und Strukturen von Interaktion nicht allein entlang des Verhaltens und der Äußerungen der beteiligten Personen zu rekonstruieren, sondern auch entlang dessen, was sonst implizit bliebe: die eingegangenen und zugewiesenen Festlegungen und Berechtigungen sowie die inferentiellen Relationen. Solche Interaktionsmuster und Routinen sind soziale Normen, die den Unterrichtsalltag in hohem Maße strukturieren und daher bei der Rekonstruktion individueller Begriffsbildungsprozesse mitberücksichtigt werden müssen.

Hier zeigt sich konkret, was in Kapitel 1.4 (*Das Spannungsfeld Individuum und soziale Normen*) vor dem Hintergrund der theoretischen Zusammenführung auf theoretischer Ebene diskutiert wurde: Aus einer inferentialistischen Perspektive auf Begriffsbildung mit der Idee der Festlegung als kleinste Einheit des Denkens und Handelns lassen sich nicht nur individuelle Begriffsbildungsprozesse beschreiben und rekonstruieren, sondern auch soziale Normen. Die Analyse des Eingehens und Zuweisens von Festlegungen in der hier betrachteten Szene hat aus forschungstheoretischer Sicht zwei komplementäre Ergebnisebenen: Individuelle Begriffsbildung und soziale Interaktion lassen sich nicht nur nicht trennen (vgl. Cobb / Yackel 1996), sie lassen sich vielmehr aus der hier eingeschlagenen Perspektive beide mithilfe *eines einzigen* Analysewerkzeugs rekonstruieren. Das Ergebnis ist dabei nicht nur eine kohärente Betrachtung individueller Entwicklungsprozesse und sozialer Normen, sondern vielmehr eine multiperspektivische Analyse, die die Verzahnung der beiden Ebenen deutlich macht. In dieser Szene ist Orhans implizite Zuschreibung einer Festlegung (an Ariane) Auslöser für die Entstehung einer neuen Festlegung. Dabei ist zu beachten, dass Ariane die von Orhan (implizit) zugeschriebene Festlegung gar nicht notwendigerweise eingehen muss. Bemerkenswert ist dabei, dass die Rekonstruktion des Zuweisens und Eingehens von in dieser Situation gänzlich impliziten Festlegungen sowohl eine Perspektive auf individuelle Begriffsbildungen als auch auf die der Interaktion zugrundeliegenden Normen zulässt.

Festlegung – Begriff – Situation

Die oben analysierte Szene gibt beispielhaften Einblick in Orhans Begriffsgebrauch und es sind die Festlegungen, die diesen steuern. Die Rekonstruktion der individuellen Festlegungen im Hefteintrag sowie in dem anschließenden Interview zeigt, dass Orhans Multiplikationsbegriff in diesen Situationen die Festlegung zugrunde liegt, dass Faktoren eines Produktes zwei disjunkte Punktmengen in einem statischen Punktmuster darstellen können. Das Verhältnis von *Festlegung* und *Begriff* wird an dieser Szene deutlich: Die Bedeutung, die Orhans Verwendung des Begriffs der Multiplikation in dieser Situation zugrunde liegt, ergibt sich aus der Rolle, die dieser Begriff beim Eingehen und Zuweisen von Festlegungen spielt. Deutlich wird hierbei aber auch, dass die Fokussierung im Rahmen der Analyse auf den Multiplikationsbegriff für die Analyse der Szene nicht hinreichend ist, weil die rekonstruierten Festlegungen ihrerseits auf andere Begriffe verweisen, z.B. dem Musterbegriff, der räumlichen Strukturierung oder Optimierung von Zählstrategien (vgl. dazu Kapitel 6).

Dabei ist zu beachten, dass Lernen als situierter Prozess aufgefasst wird, der mit dem Bild eines statischen Begriffsverständnisses nicht vereinbar ist: Begriffe, die wir aktivieren und damit die Festlegungen, die diesen zugrunde liegen, sind in hohem Maße von der Situation abhängig, in der wir uns bewegen. Möglicherweise hätten Orhans Multiplikationsbegriff in einem anderen Lernzusammenhang andere Festlegungen zugrunde gelegen. Orhan nimmt die Lernsituation daher in sehr spezifischer Weise wahr. Eine solche perspektivische Beschreibung von Lernkontexten wird im Folgenden mit dem Begriff der *individuellen Situation* genauer gefasst. Individuelle Situationen sind perspektivische Beschreibungen von Lernkontexten, d.h. in diesem Falle, dass Orhan hier Festlegungen aktiviert, die auf den Multiplikationsbegriff verweisen. Für andere Schülerinnen und Schüler liegen bei derselben Aufgabenbearbeitung durchaus andere individuelle Situationen vor, z.B. dann, wenn sie Festlegungen aktivieren, die auf den Additionsbegriff verweisen oder wenn sie die Muster zuächst rein geometrisch strukturieren.

Es wird deutlich, dass auch die Situationsbeschreibung für die Analyse individueller Begriffsbildungsprozesse von großer Bedeutung ist, dass die Beschreibung allerdings ihrerseits perspektivisch angelegt sein muss. Eine genauere Analyse der Szene in Kapitel 6 wird zeigen, dass Orhan in dieser und ähnlichen anderen Situationen gleiche Festlegungsmuster aktiviert, die Rückschlüsse auf eine Beschreibung der **individuellen Situation** zulassen. Demgegenüber grenzen sich konventionale Situationen ab. Konventionale Situationen sind Beschreibungen des Lernkontextes vor dem besonderen Hintergrund der konventionalen Festlegungen und damit auch vor dem Hintergrund der Lernziele und der damit verbundenen angestrebten Begriffsbildung.

Individuelle und konventionale Situationen. Mit **individuellen Situationen** sind im Folgenden Beschreibungen mathematischer Lernkontexte und Gegenstandsbereiche gemeint, denen spezifische individuelle Festlegungen zugeordnet werden. Individuelle Situationen sind also Beschreibungen von Situationen aus der Perspektive des handelnden Subjektes, individuelle Situationsbeschreibungen sind perspektivisch angelegt. **Konventionale Situationen** grenzen sich von **individuellen Situationen** insofern ab, als deren Beschreibung der Perspektivität und damit den individuellen Festlegungen des in der jeweiligen Situation handelnden Subjektes gerecht wird. Beschreibungen **konventionaler Situationen** hingegen entsprechen stoffdidaktischen Analysen und nehmen Beschreibungen von Lernkontexten und Gegenstandsbereichen vor dem Hintergrund fachlich-konsolidierter Normen und damit der konventionalen Festlegungen vor.

Die Verwendung des Konzeptes der Situation in dieser Arbeit geht zurück auf die deutliche Betonung der Lernsituationen für den Begriffsbildungsprozess. Um solche Prozesse zu verstehen, ist es notwendig, (to consider, F.S.) the set of situations that make the concept useful and meaningful" (Vergnaud 1997, S. 6). Mit individuellen Situationen ist es möglich, perspektivische Situationsbeschreibungen in dem Sinne vorzunehmen, dass sie die individuellen Festlegungen des handelnden Subjektes mit berücksichtigen. Steinbring nutzt in seinen epistemologischen Analysen ein der *individuellen Situation* ähnliches Konzept, den *Referenzkontext*, vor dessen Hintergrund das Individuum einem Zeichen Bedeutung zuschreibt: „these signs do not have a meaning of their own, this has to be produced by the learner by means of establishing a mediation to suitable *reference contexts*." (Steinbring 2006, S. 135)

Insofern werden für die Beschreibung individueller Begriffsbildungsprozesse drei verschiedene Beschreibungsebenen rekonstruiert: die individuellen Festlegungen, die individuellen Begriffe, denen die individuellen Festlegungen zugrunde liegen sowie die individuellen Situationen, in denen die individuellen Festlegungen eingegangen werden. Die obige Diskussion zeigt aber auch, dass diese drei Ebenen unterschiedlich gewichtet sind: Individuelle Festlegungen sind die elementaren Bausteine des Denkens und Handelns. Sie sind die zentrale Analyse- und Auswertungseinheit. Sie liegen unseren individuellen Begriffen zugrunde. Die Aktivierung und Nutzung der individuellen Begriffe sowie der damit verbundenen individuellen Festlegungen sind abhängig von der individuellen Situation.

Rekonstruktionen. *Rekonstruiert werden also individuellen Begriffen zugrunde liegende individuelle **Festlegungen** in spezifischen individuellen Situationen.*

In Kapitel 2.1 wurde eine beispielgebundene und theoriegeleitete Einführung in das Analyseinstrument gegeben. Dabei wurde gezeigt, dass die Rekonstruktion individueller Begriffsbildungsprozesse auf drei verschiedenen – hierarchisch angeordneten – Analyseebenen vollzogen wird. Die folgenden beiden Abschnitte gehen den hier gelegten Spuren in individueller Richtung (2.2) und in konventionaler Richtung (2.3) nach. Dazu wird auf der Ebene der Analyse individueller Begriffsbildungsprozesse (2.2) der Zusammenhang von individueller Festlegung, individuellem Begriff und individueller Situation näher erläutert, um dann im nächsten Schritt (2.3) eine solche Klärung für die konventionale Ebene vorzunehmen. Es zeigt sich dabei, dass die Unterscheidung zwischen konventionaler und individueller Ebene nicht nur in forschungspragmatischer Hinsicht notwendig ist, um zwischen der Beschreibung individueller Begriffsbildungsprozesse und der Beschreibung des Lernkontextes zu unterscheiden. Es zeigt sich vielmehr, dass für die Rekonstruktion individueller Begriffsbildungsprozesse beide Ebenen auf das Engste miteinander verschränkt sind: Die konventionale Analyse des Gegenstandsbereiches bzw. des Lernkontextes bildet den Hintergrund, vor dem die individuellen Begriffsbildungsprozesse rekonstruiert werden. In Abschnitt 2.4 werden daher die Ergebnisse der forschungspraktischen Entwicklung des Auswertungsschemas noch einmal zusammengefasst. Dabei zeigt sich das Potential dieses Schemas auf drei Ebenen: Zum einen können mittels Festlegungen sowohl die Rekonstruktionen der individuellen Begriffsbildungsprozesse als auch die Analysen des Gegenstandsbereiches vorgenommen und miteinander in Beziehung gesetzt werden. Weiterhin kann eine *idealtypische* Systematik für den Verlauf individueller Begriffsbildungsprozesse angegeben werden. Zum anderen können mit Hilfe der theoretischen Erwägungen in Kapitel 1 und des forschungspraktischen Auswertungsschemas (Kapitel 2) praktische Konsequenzen für die Konstruktion von Lernkontexten gezogen werden.

2.2 Forschungspraktische Implikationen für die Rekonstruktion individueller Begriffsbildungsprozesse

Neue Festlegungen als Restrukturierungsprozesse

Im Folgenden wird das Eingangsbeispiel aus Kapitel 2 dazu genutzt, genaueren Einblick in die Entstehung neuer Festlegungen zu geben. Dabei werden zwei Ziele verfolgt: Einerseits wird das Analyseinstrumentarium für die Rekonstruktion individueller Begriffsbildungsprozesse weiter ausdifferenziert. Zum anderen zeigt die Analyse eine *erste* Art, auf welche Weise neue Festlegungen entstehen können. In diesem Abschnitt wird dafür argumentiert, die Entstehung neuer Festlegungen als **Restrukturierungsprozesse** von Festlegungen zu modellieren. Restrukturierungsprozesse von Festlegungen zeichnen sich dadurch aus, dass individuelle Festlegungen auf qualitativ neuartige Weise zueinander in Beziehung gesetzt werden. Solche Restrukturierungen können dabei sehr vielfältig sein: Festlegungen, die ein Schüler unabhängig voneinander eingeht, können z.B. nach einer Restrukturierung in inferentieller Relation stehen oder es entstehen im Verlauf einer Restrukturierung neue inferentielle Relationen zwischen bekannten Festlegungen, die dazu führen, dass wieder weitere Festlegungen als nicht mehr mathematisch tragfähig erkannt werden. Es können dabei unterschiedliche Arten von Restrukturierungen auftreten, je nachdem entlang welcher Ebene restrukturiert wird: entlang der Begriffs- oder der Situationsebene. Restrukturierungsprozesse von Festlegungen entlang der Situationsebene zeichnen sich dadurch aus, dass die Situation eine Restrukturierung der individuellen Festlegungen ermöglicht, notwendig macht bzw. einleitet. Denkbar sind hier Entdeckungen im Rahmen von Aufgabenkontexten, die dazu führen, dass Schülerinnen und Schüler neue Festlegungen eingehen aufgrund einer konkreten Entdeckung. Im Rahmen dieses Kapitels kann dabei die Feinstruktur beispielhaft für eine solche Restrukturierung entlang der Situationen einmal verdeutlicht werden: Weil eine neue Aufgabenstellung unterschiedliche Merkmale von verschiedenen individuellen Situationen aufweist, findet bei Orhan eine Verknüpfung von individuellen Situationen zu einer neuen individuellen Situation statt. Diese Verknüpfung regt das Eingehen einer substanziell neuen Festlegung an.

Bei Restrukturierungen entlang der Begriffsebene sind es Begriffe, die einen Restrukturierungsprozess einleiten. Wird beispielsweise der Variablenbegriff nach vielen propädeutischen Erfahrungen in der Klasse explizit gemacht, so müssen die bisher eingegangenen Festlegungen mit der neuen Bezeichnung der Variable auf eine viable Weise verknüpft werden. Viele neue Festlegungen, die Schülerinnen und Schüler in einer solchen Situation mitunter eingehen, können dabei auf Restrukturierungsprozesse entlang des Variablenbegriffs zurückzuführen.

Im Eingangsbeispiel zur Bestimmung der Anzahl von Punkten in statischen Punktmustern zählt Orhan zunächst die Punkte einzeln ab (vgl. das Eingangsbeispiel in Kapitel 2.1), bevor er von Ariane mit der folgenden Bemerkung unterbrochen wird: „Da musst du doch nicht zählen." Auf Nachfrage erklärt Ariane, wie sie die Anzahl der Punkte im abgebildeten Punktmuster auf geschickte Weise bestimmen könne: „Also weil – eh– hier so, sagen wir mal, Muster ist: 5 – 4 Muster so (*A. zeigt auf die Punkte*); 4 mal 5 ist 20."

Die Rekonstruktion von Orhans Festlegung zu Beginn der Szene ergibt: *Die Anzahl der Punkte in einem statischen Punktmuster bestimme ich durch Abzählen.* Diese Festlegung liegt dem handlungsleitenden concept-in-action der *Anzahlbestimmung* zugrunde. Mit concepts-in-action werden in dieser Arbeit individuelle Begriffe beschrieben, die handlungsleitend sind und die helfen, adäquate Informationen auszuwählen (vgl. Kap. 1.4). Die individuelle Situation lässt sich mittels *Anzahlbestimmung in statischen Punktmustern* beschreiben.

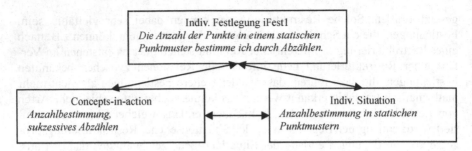

Diagramm 2-1 Festlegungsdreieck 1

Das abgebildete **Festlegungsdreieck** bringt die Beziehung der drei Analyse-ebenen zum Ausdruck. Mit **Festlegungsdreieck** ist im Folgenden die Abbildung der Rekonstruktion der drei Analyseebenen gemeint. Dabei gilt im Sinne des oben entwickelten individuellen Begriffsverständnisses, dass die Bedeutung des Begriffs *Anzahlbestimmung* sich aus der Rolle ergibt, die er beim Eingehen von Festlegungen spielt: Die Rekonstruktion der individuellen Festlegung ist somit prioritär. Gleiches gilt für die hier rekonstruierte individuelle Situation. Damit ist die perspektivische Beschreibung des Lernkontextes gemeint, d.h. die Beschreibung eines Gegenstandsbereiches unter besonderer Berücksichtigung der individuell eingegangenen Festlegungen.

Daraus ergibt sich ein konkretes **Auswertungsschema** für die Rekonstruktion der Festlegungsdreiecke. Der erste Schritt der Auswertung der empirischen Daten besteht darin, die individuellen Festlegungen turn-by-turn zu rekonstruieren. Diese Rekonstruktionen bilden die anschließende Grundlage für die Identifizierung der handlungsleitenden concepts-in-action. Die concepts-in-action ergeben sich also daraus, welche Festlegungen jeweils von den Schülerinnen und Schülern aktiviert werden und welche entsprechenden individuellen Begriffe dabei handlungsleitend sind. In einem dritten Schritt bilden die rekonstruierten individuellen Festlegungen sowie die concepts-in-action die Grundlage für die Beschreibung der individuellen Situation, d.h. der perspektivischen Beschreibung dessen, was die Schülerin bzw. der Schüler von der Situation wahrnimmt bzw. auf welche Aspekte der Aufgabe oder des Kontextes die Schülerin vor dem Hintergrund der rekonstruierten Festlegungen und concepts-in-action fokussiert (für weitere methodische Schwerpunkte und methodologische Erwägungen vgl. Kap. 5). Das Konzept der individuellen Situation wird in diesem Zusammenhang in ähnlicher Weise zur Analyse individueller Begriffsbildungsprozesse eingesetzt, wie das Konstrukt des Referenzkontextes, auf das sich Steinbring (2000) in seinen Analysen im Rahmen der epistemologischen Interaktionsforschung bezieht.

Aus der Rekonstruktion dieser drei Analyseebenen ergibt sich nun das rekonstruierte Festlegungsdreieck. Hierin werden die Ergebnisse der Analyse abgetragen. Dabei bilden – wie oben beschrieben – die Festlegungen die wichtigste Einheit für die Analyse, concepts-in-action und individuelle Situationen sind nur verständlich über die individuellen Festlegungen. Die Anordnung dieser drei Analyseebenen in den Festlegungsdreiecken kann je nach Darstellungszweck unterschiedlich sein (d.h. die drei Analyseebenen im Dreieck können je nach Zweck und Zielrichtung im Rahmen der Analyse in permutierter Weise dargestellt werden), was aber an der inhaltlichen Gewichtung nichts ändert.

Die Beziehungen zwischen den Analyseebenen sind durch Doppelpfeile ($\leftrightarrow$) angedeutet. Die Pfeilbeziehungen zwischen den Ebenen machen den dynamschen Charakter eines solchen Festlegungsdreiecks und die enge Verbindung der drei Analyseebenen deutlich. So sind beispielsweise die concepts-in-action ohne die individuellen Festlegungen im Rahmen der vorliegenden Theorie nicht verstehbar, weil sich ihre Bedeutung aus der Rolle ergibt, die sie in individuellen Festlegungen spielen. Gleichzeitig sind natürlich die Festlegungen selbst in hohem Maße dadurch bestimmt, welche Kategorien handlungsleitend sind. Gleiches gilt für die beiden weiteren Beziehungen zwischen den individuellen Festlegungen und den individuellen Situationen bzw. zwischen den individuellen Situationen und den concepts-in-action.

Ein ähnliches Festlegungsdreieck wie oben lässt sich für die darauf folgende Szene abbilden. Orhan schreibt Ariane eine Festlegung zu, nämlich: *In einem Muster lässt sich ein Produkt finden, das es erlaubt, das Bild mit einem Muster zu strukturieren.* Orhan weist damit aber nicht nur eine Festlegung zu, er geht auch selbst eine ein, nämlich: *Ariane kann ein Produkt finden, das es erlaubt, das Bild mit einem Muster zu strukturieren.* Diese Szene verdeutlicht sehr anschaulich das Prinzip der doppelten Kontoführung (vgl. Kapitel 2): Orhan bleibt nicht nur seinen eigenen Festlegungen auf der Spur, sondern auch den Festlegungen des Gegenübers. Jede neue Festlegung im Sprachspiel kann auch den eigenen Kontostand beeinflussen. Hier ist es eine Festlegung, die Orhan Ariane zuweist, die seinen eigenen *Festlegungskontostand* ändert. Handlungsleitend ist hier daher das concept-in-action *Produkt* und die individuelle Situation lässt sich beschreiben mit *Zuordnung eines Produktes zu einem statischen Punktmuster.* Entsprechend ist die Abbildung des **Festlegungsdreiecks:**

Diagramm 2-2 Festlegungsdreieck 2

Die Betrachtung des Beispiels in Kapitel 2.1 ergab darüber hinaus die Rekonstruktion der folgenden individuellen Festlegung: *Die Faktoren des Produktes kann ich im Muster finden und abtragen.* Diese Festlegung liegt dem concept-in-action der *Veranschaulichung* zugrunde. Die individuelle Situation lässt sich beschreiben durch *Darstellen des Produktes im Muster.* Das zugehörige Festlegungsdreieck lässt sich also wie folgt darstellen:

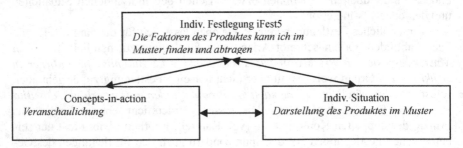

Diagramm 2-3 Festlegungsdreieck 3

Bereits in der Analyse in 2.1 konnte die Entstehung der folgenden neuen individuellen Festlegung gezeigt werden: *Die zwei Faktoren des Produkts 4·5 stellen 2 disjunkte Punktmengen im Muster dar.* Im Folgenden wird nun gezeigt, wie diese Entstehung als Restrukturierung von Festlegungsdreiecken modelliert werden kann. Diese Modellierung fußt auf zwei wesentlichen Aspekten der inferentialistischen Perspektive auf individuelle Begriffsbildung: Zum einen folgt aus der Annahme, dass Festlegungen die kleinsten Einheiten des Denkens und Handelns sind, dass die Restrukturierungen letzthin via Festlegungen bzw. Berechtigungen erfolgen.

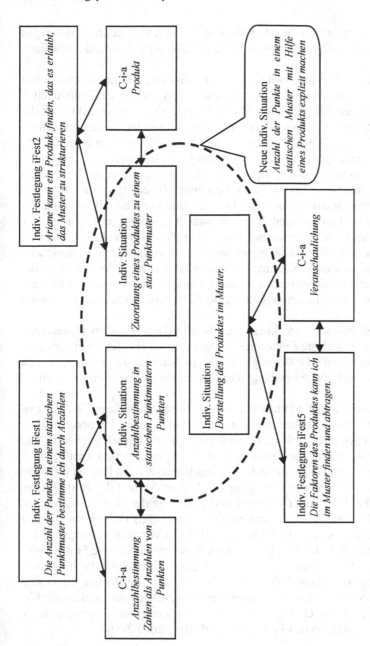

Diagramm 2-4 Restrukturierung von Festlegungen entlang der Situationen

Zum anderen ergibt sich die Modellierung in Form von Restrukturierung in kohärenter Weise aufgrund der inferentiellen Gliederung der individuellen Festlegungen.

Die folgende Diskussion wird nun zeigen, dass in dem hier besprochenen Beispiel nun eine Restrukturierung von Festlegungen entlang der individuellen Situationen stattfindet. Die Situation, die sich für Orhan im Anschluss an die zuletzt diskutierte ergibt, ist verbunden mit der Notwendigkeit des Eingehens einer neuen Festlegung. Die Anforderung nämlich, das Produkt nun auch tatsächlich im Muster abzutragen, erfordert das Eingehen einer weiteren Festlegung. Notwendig ist, dass diese Festlegung viabel ist, d.h. die bisher eingegangenen Festlegungen müssen Orhan zu der neuen Festlegung berechtigen. Für Orhan hat diese (individuelle) Situation eine neue Qualität und vor dem Hintergrund der oben beschriebenen Festlegungen lässt sie sich beschreiben mit: *Anzahl der Punkte in einem statischen Muster mit Hilfe eines Produkts explizit machen.* In dieser Situationsbeschreibung kommt bereits der sich vollziehende Restrukturierungsprozess zum Ausdruck: Die neue Situation lässt sich als Verknüpfung der drei obigen betrachten, sie werden miteinander in Beziehung gesetzt. Auf diese Weise findet eine Restrukturierung entlang der Situationen statt (vgl. Diagramm 2-4).

Eine Restrukturierung von Situationen ist allerdings vor dem Hintergrund von Festlegungen als kleinste Einheiten des Denkens und Handelns nur verständlich über die Rolle, die die Festlegungen dabei spielen. Hier zeigt sich, dass sich die individuellen Festlegungen entlang der individuellen Situationen restrukturieren.

Die neue Festlegung, die Orhan nun eingeht, muss viabel sein. D.h. die bisher eingegangenen Festlegungen müssen als Gründe dienen können. Insofern sind die Festlegungen nicht isoliert, sie sind vielmehr inferentiell gegliedert. Die folgende Abbildung macht die Gliederung der drei involvierten Festlegungen explizit. Die Pfeile geben dabei die individuellen Inferenzen an. Hierbei offenbart sich auch die neue Qualität der Festlegungsstruktur im Verlauf des Restrukturierungsprozesses: Festlegungen, die Orhan in der Abfolge der oben beschriebenen Situationen zunächst unabhängig voneinander eingegangen ist, werden nun vor dem Hintergrund der neuen Anforderung (und damit vor dem Hintergrund der Restrukturierung entlang der Situationen) in Relation gesetzt. Diese Festlegungsstruktur berechtigt Orhan nun, eine neue Festlegung einzugehen, die in der folgenden Abbildung unten kenntlich gemacht ist. Die neue Festlegung ergibt sich dabei nicht zwingend aus den bisher eingegangenen. Gleichwohl stellen die bisherigen Festlegungen gute Gründe dar, die neue Festlegung auch einzugehen, sie berechtigen Orhan zu der neuen Festlegung (vgl. Diagramm 2-5).

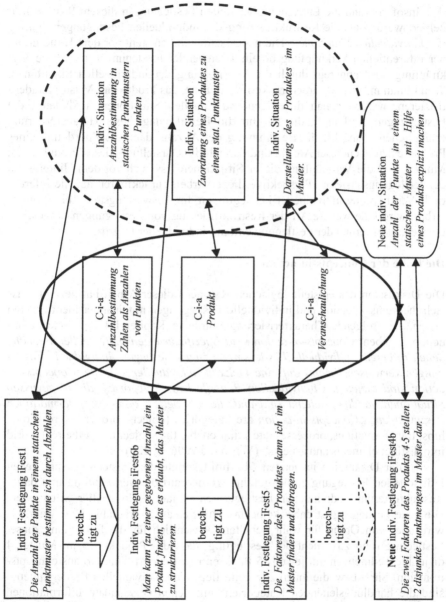

Diagramm 2-5 Entstehung einer neuen Festlegung als Restrukturierung entlang von Situationen

Insofern kann die Entstehung der neuen Festlegung in diesem Prozess modelliert werden als die Restrukturierung der individuellen Festlegungen *entlang der individuellen Situationen*. Die neue Festlegung entsteht vor dem Hintergrund der inferentiellen Verknüpfung bereits bestehender Festlegungen und diese Verknüpfung wird angeregt durch die Verknüpfung der individuellen Situationen. Weil Orhan mit der Anforderung konfrontiert ist, das Produkt im Muster zu identifizieren, werden genau diejenigen individuellen Situationen (und damit die Festlegungen) verknüpft, die für ihn die Bewältigung dieser Herausforderung ermöglichen: Zunächst die Bestimmung der Anzahl, dann die Zuordnung eines Produktes zu ebendieser Anzahl und danach die Darstellung dieses Produktes im Muster. Und die Verknüpfung dieser Situationen lässt sich vor dem Hintergrund der festlegungsbasierten Perspektive dieser Arbeit zurückführen auf die inferentielle Verknüpfung individueller Festlegungen. Im Auswertungsteil (Teil 3) dieser Arbeit wird eine weitere Art der Restrukturierung von Festlegungen vorgestellt: die Restrukturierung der Festlegung entlang individueller Begriffe.

Die Rolle der Concepts-in-action

Die Diskussion des epistemologischen Rahmens dieser Arbeit hat gezeigt, dass sich theorems-in-action und individuelle Festlegungen miteinander identifizieren lassen. Die folgende Charakterisierung wurde in Kapitel 1.4 für Concepts-in-action gegeben: *Concepts-in-action sind Spezifizierungen individueller Begriffe, denen ihrerseits individuelle Festlegungen zugrunde liegen. Individuelle Festlegungen verweisen (latent) auf eine Vielzahl individueller Begriffe. Concepts-in-action sind diejenigen individuellen Begriffe bzw. Kategorien, die in gewissen Situationen handlungsleitend sind und die uns helfen, adäquate Informationen auszuwählen: „Concepts-in-action* are categories (objects, properties, relationships, transformations, processes, etc.) that enable the subject to cut the real world into distinct elements and aspects" (Vergnaud 1996, S. 225).

In der Diskussion im letzten Abschnitt konnte die Entstehung einer neuen individuellen Festlegung zurückgeführt werden auf die Verknüpfung und damit Restrukturierung individueller Festlegungen entlang individueller Situationen. Die neue Festlegung ist dabei keinesfalls mathematisch tragfähig bzw. wahr, sie wird aber von Orhan für wahr gehalten. Wesentlich für die Entstehung dieser Festlegung (und z.B. nicht der Festlegung, dass das Produkt 4·5 im Muster 4 disjunkte Teilmengen mit jeweils 5 Punkten repräsentiert) sind Orhans concepts-in-action. Sie – bzw. die ihnen zugrunde liegenden individuellen Festlegungen – sind die handlungsleitenden Kategorien, mit denen er adäquate Informationen auswählt und sein Wissen neu strukturiert. Die Analyse der concepts-in-action als besondere – nämlich handlungsleitende – individuelle Begriffe ermöglicht eine differenzierte Sicht auf die epistemischen Handlungen: Die Frage, welche Festlegungen aktiviert werden, hängt von den (handlungsleitenden) concepts-in-action ab. Daher werden im Rahmen der Analyse von Äußerungen und Handlungen nicht nur die individuellen Festlegungen rekonstruiert, sondern auch die concepts-in-action.

Handlungsleitend in der oben beschriebenen Situation sind die concepts-in-action Anzahl und Produkt. Die individuellen Festlegungen, die Orhan in den ersten beiden Situationen eingeht, liegen diesen Begriffen zugrunde. Diese concepts-in-action werden für Orhan in der neuen Situation (das Produkt im Muster zu veranschaulichen) handlungsleitend. Insofern werden die Faktoren 4 und 5 als Anzahlen aufgefasst, die es im Muster zu identifizieren gilt. Der Begriff des Musters selbst ist dabei für Orhan kein solches concept-in-action, weil ihm keine handlungsleitenden Festlegungen zugrunde liegen. Das statische Muster selbst ist mit der individuellen Situation verknüpft, die Anzahl der Punkte zu bestimmen. Und dieser Situation liegt wiederum die Festlegung zugrunde, dass sich die Anzahl durch Abzählen der einzelnen Punkte ergibt.

Das Punktmuster selbst ist also hier eingebettet in eine individuelle Situation, der eine Festlegung zugrunde liegt, die ihrerseits auf den Anzahlbegriff und die Bestimmung von Anzahlen verweist. Der Anzahlbegriff – und nicht der Begriff des Musters – wird handlungsleitendes concept-in-action auch in der nächsten Situation: Ein Produkt findet Orhan nicht zu einem gegebenen Muster, sondern zu einer gegebenen *Anzahl*. Und auch bei der Entstehung der neuen Festlegung wird ebendieser Anzahlbegriff handlungsleitend: Die Faktoren des gefundenen Produktes 4·5 werden als zwei disjunkte Punktmengen in das Muster eingezeichnet und stellen damit Anzahlen dar.

Eine detaillierte Analyse der concepts-in-action in Kapitel 6 wird zeigen, dass Orhan im Zusammenhang mit statischen und dynamischen Mustern maßgeblich Festlegungen eingeht, die auf arithmetische concepts-in-action verweisen, weniger auf geometrische. Er schreibt z.B. dynamischen Punktmustern in der Regel allein arithmetische Gesetzmäßigkeiten zu.

Mit concepts-in-action werden somit diejenigen individuellen Begriffe gekennzeichnet, die in spezifischen Situationen handlungsleitend sind. Hierdurch wird für die Analyse der einzelnen Situation eine differenzierte Betrachtung der epistemischen Handlungen möglich. Darüber hinaus offenbart sich das Potential der concepts-in-action aber vor allem in der langfristigen Betrachtung individueller Begriffsbildungsprozesse, weil hierdurch Regelmäßigkeiten bei der Aktivierung gewisser concepts-in-action in spezifischen Situationen explizit gemacht werden können.

In diesem Abschnitt wurden die Grundbegriffe des forschungspraktischen Auswertungsschemas dieser Arbeit vor dem Hintergrund des theoretischen Rahmens aus Kapitel 1 entwickelt. Diese eignen sich bisher allerdings ausschließlich für die Kurzzeitbetrachtung individueller Begriffsbildungsprozesse: für die Rekonstruktion von Festlegungen in spezifischen Situationen. Zwar konnte in diesem Abschnitt schon die Entstehung neuer Festlegungen (und damit ein Ausschnitt eines Entwicklungsprozesses an sich) beleuchtet werden. Dieser Betrachtung lagen jedoch einige Einschränkungen zugrunde. Zum einen waren die Situationen hinsichtlich ihrer konventionalen Beschreibung sehr gleichförmig strukturiert: Es bestand durchweg die Aufgabe, die Anzahl von Punkten in einem Muster auf geschickte Weise zu bestimmen. Zum anderen war die Analyse geleitet von der Fokussierung auf gewisse Festlegungen, die ihrerseits auf gewisse Begriffe wie *Produkt, Anzahl* oder *Veranschaulichung* verwiesen. Eine Begründung dafür, entlang *welcher* Begriffe (bzw. Festlegungen) sich die *Bildungsprozesse* bei Schülerinnen und Schülern vollziehen, steht noch aus. Dazu werden im folgenden Kapitel (2.3) die Grundlagen in konventionaler Perspektive gelegt: Es sind die konventionalen Festlegungen mit den zugehörigen konventionalen Begriffen, auf die sie verweisen, die den Hintergrund bilden, vor dem individuelle Begriffsbildungsprozesse in langfristiger Perspektive beleuchtet werden können. In Kapitel 2.4 werden beide Ebenen zusammengeführt.

2.3 Forschungspraktische Implikationen für die fachinhaltliche und stoffdidaktische Analyse (konventionale Ebene)

Im letzten Abschnitt (Kapitel 2.2) wurden individuelle Festlegungen als das zentrale Analysewerkzeug zur Rekonstruktion individueller Begriffsbildungsprozesse vorgestellt. In diesem Abschnitt wird die Perspektive durch die konventionale Ebene erweitert: Im Fokus stehen hier Beschreibungen von Gegenstandsbereichen und Lernkontexten, deren Charakterisierung vollständig auf konventionale Festlegungen zurückgeführt werden kann. Ziel dieses Abschnittes ist daher, einen solchen begrifflichen Apparat aus der Idee der Festlegung als kleinste Einheit des Denkens und Handelns heraus zu entwickeln. Dieser Apparat umfasst zwei Ebenen: Einerseits die Ebene der chronologischen Analyse von Lernkontexten. Hierbei ist das Ziel, die konventionalen Festlegungsstrukturen, die sich *im Verlauf* eines Lernkontextes innerhalb der Sachstruktur entwickeln, explizit zu machen. Andererseits werden *elementare (konventionale) Festlegungen* in Lernkontexten identifiziert. Solche *elementaren Festlegungen* stecken inhaltliche Kernbereiche von Lernkontexten ab und sie spannen ein reduziertes Festlegungsnetz auf, das dem Lernkontext zugrunde liegt. Diese *elementaren Festlegungen* sind gleichsam der normative Hintergrund, vor dem überhaupt erst individuelle Begriffsbildungsprozesse in festlegungsbasierter Perspektive rekonstruiert werden können. Die Verknüpfung der beiden Ebenen erfolgt in Kapitel 2.4

Festlegungsbasiertes Auswertungstool für die chronologische Analyse von Lernkontexten

Die stoffdidaktische Analyse von Lernkontexten wird hier als eine Rekonstruktion konventionaler Festlegungen konzipiert. Konventionale Festlegungen sind dabei solche Festlegungen, die als intersubjektiv geteilt angesehen werden und die unabhängig von individuellen Festlegungen einem Lernkontext zugrunde liegen können. Konventionale Festlegungen liegen konventionalen Begriffen zugrunde und das heißt im Zusammenhang dieser Arbeit, dass die konventionalen Begriffe nur verständlich sind über die Rollen, die sie in konventionalen Festlegungen spielen. Konventionale Begriffe sind also diejenigen Begriffe, die einen Lernkontext strukturieren und die Lernziele markieren können. In Beschreibungen konventionaler Situationen werden die konventionalen Begriffsnetze und die ihnen zugrunde liegenden konventionalen Festlegungsstrukturen eines Lernkontextes rekonstruiert. Ziel einer solchen Analyse ist die stoffliche Durchdringung des Lernkontextes und die Explizierung der zu erlernenden Begriffe.

Eine Möglichkeit einer solchen fachlichen Klärung besteht beispielsweise in der stoffdidaktischen Analyse des Gegenstandsbereiches. Hierbei lassen sich in der Mathematikdidaktik sowohl globale Aspekte mathematischen Tuns herausarbeiten, als auch bereichsspezifische Leitideen (vgl. Tietze et al. 2000). Bei fundamentalen Ideen beispielsweise „haben wir an allgemeine Schemata zu denken, die im Prozeß der Mathematik eingesetzt werden, die diesen Prozeß in Gang setzen oder weitertreiben ... und deren Universalität nicht nur auf häufiger, sondern auf vielseitiger fruchtbarer Verwendung in unterschiedlichen Teildisziplinen beruht" (Bender / Schreiber 1985, S. 199, zit. nach Tietze et al. 2000, S. 37). Ebenso können in einer stoffdidaktischen Analyse bereichsspezifische Leitideen (vgl. z.B. Tietze et al. 2000, S. 41ff) herausgearbeitet werden. In diesem Abschnitt wird begründet, inwiefern mit Hilfe der konventionalen – insbesondere der elementaren – Festlegungen eine bereichsspezifische fachliche Klärung im Sinne der Herausarbeitung von Leitideen (vgl. Tietze et al. 2000) erfolgen kann.

Die fachliche Klärung des Gegenstandsbereiches beginnt zunächst mit der Rekonstruktion konventionaler Festlegungen, die einem Lernkontext zugrunde liegen können. Die konventionalen Festlegungen werden im Rahmen einer Sachanalyse des Gegenstandsbereiches aufgabenweise rekonstruiert. Wie die individuellen Festlegungen auf der Ebene der Betrachtung individueller Begriffsbildungsprozesse sind die konventionalen Festlegungen die fundamentalen Analysewerkzeuge auf der Ebene der Analyse und Beschreibung des Gegenstandsbereiches. Nach der Rekonstruktion der konventionalen Festlegungen werden in einem zweiten Schritt die jeweiligen konventionalen Begriffe rekonstruiert, auf die die Aufgaben jeweils verweisen. Beides zusammen – die konventionalen Festlegungen und die konventionalen Begriffe – bildet dann die Grundlage für die Rekonstruktion der konventionalen Situation. Im nächsten Absatz sind einige konventionale Festlegungen der Eingangssituation des Lernkontextes exemplarisch aufgelistet. Diese Liste stellt somit Ergebnis eines ersten Analyseschrittes bei der Untersuchung der Sachstruktur des Gegenstandsbereiches dar. Diese Liste wird mit dem Ziel aufgestellt, einerseits nun in einem zweiten und einem dritten Schritt die konventionalen Begriffe und Situationen zu rekonstruieren. Zum anderen stellt die Auflistung auch den normativen Hintergrund dar, vor dem die individuellen Begriffsbildungsprozesse rekonstruiert werden. Die Frage also, ob ein Schüler bzw. eine Schülerin eine gewisse Aufgabe adäquat bearbeitet oder inwiefern sein bzw. ihr Vorgehen von den Zielrichtungen, die in der Sachstruktur des Aufgabenkontextes liegen, abweicht, kann entlang des systematischen Vergleichs bzw. Abgleichs von individuellen mit (evtl. korrespondierenden) konventionalen Festlegungen beantwortet werden.

Eine detaillierte Analyse des Lernkontextes, der der empirischen Untersuchung dieser Arbeit zugrunde liegt, findet sich in Kapitel 4. In Kapitel 2.1 wurde eine Szene vom Beginn des Lernkontextes diskutiert. Aufgabe für die Schülerinnen und Schüler ist hier, die Anzahlen von Punkten in statischen Punktmustern möglichst *auf einen Blick* zu bestimmen. Beispielhaft werden im Folgenden einige konventionale Festlegungen vorgestellt, die diesem Lernkontext zugrunde liegen:

a. Die Anzahl von Punkten in statischen Bildmustern lässt sich durch Abzählen der einzelnen Punkte bestimmen.
b. Die Anzahl von Punkten in statischen Bildmustern lässt sich durch Bündeln bestimmen.
c. Viele Bildmuster weisen Strukturen und Regelmäßigkeiten auf.
d. Mit Mathematik lassen sich Strukturen und Regelmäßigkeiten in Bildmustern explizit machen, beschreiben und verstehen.
e. Muster lassen sich mit unterschiedlichen Variationen strukturieren und beschreiben.
f. Mathematische Strukturierungsprozesse werden in flexibler Weise je nach Ziel und Zweck der Situation durchgeführt.

Eine detaillierte Analyse des Einführungsteils in den Lernkontext findet sich in Kapitel 4. Bei der fachlichen Klärung werden allerdings nicht alle dem Lernkontext zugrunde liegenden konventionalen Festlegungen rekonstruiert. Eine solche Auflistung ist vielmehr gar nicht möglich (vgl. Festlegung 14 in Kapitel 1): *Einen Begriff begreifen heißt genügend Inferenzen beherrschen, doch wieviel genug ist, ist offen.* Hier kommt zum Ausdruck, dass man zum Beherrschen eines Begriffs gar nicht alle möglichen Inferenzen beherrschen (und damit alle konventionalen Festlegungen eingehen) muss bzw. kann. Abhängig von der Situation und von den unterschiedlichen Kontoständen der beteiligten Sprachpartner können Begriffen z.T. ganz unterschiedliche Festlegungen zugrunde liegen. Insofern ist auch die fachliche Klärung des Gegenstandsbereiches nicht darum bemüht, alle möglichen konventionalen Festlegungen zu rekonstruieren, sondern vielmehr nur diejenigen (möglichen), die für den Kontext des zugrundeliegenden Lerngegenstandes aus fachdidaktischer Sicht von Relevanz sind. Kriterien dazu werden in der Fundierung des Gegenstandsbereiches in Kapitel 4.1 herausgearbeitet. Diese Haltung bedarf der Begründung in zwei Richtungen: Zum einen ist der Begriff der Relevanz ein hochgradig normativer Begriff. Das bedeutet, dass mit der Rekonstruktion von konventionalen Festlegungen für einen gewissen Gegenstandsbereich gleichzeitig der normative Rahmen abgesteckt wird, vor dessen Hintergrund individuelle Begriffsbildungsprozesse dann in einem nächsten Schritt beschrieben und rekonstruiert werden. Dieser normative Rahmen steckt daher das konventionale Festlegungs- und Begriffsnetz des Gegenstandsbereiches ab. Der normative Rahmen ist insofern *perspektivfokussierend.* Andererseits ermöglicht die Analyse individueller Begriffsbildungsprozesse vor dem Hintergrund dieses normativen Rahmens eine explorative Beschreibung, die zwar entlang einer normativen Richtschnur betrieben wird, die ihrerseits allerdings nicht bindend für die Struktur der Ergebnisse ist. Das bedeutet, dass beispielsweise eine Festlegung wie die von Orhan (*Die zwei Faktoren des Produktes 4·5 stellen zwei disjunkte Punktmengen im Muster dar*) nicht vorab im Rahmen der fachlichen Klärung als dem Lerngegenstand (mögliche) zugrunde liegende Festlegung identifiziert wurde. Der explorative Charakter der Analyse individueller Festlegungen jedoch ermöglicht die Rekonstruktion auch derjenigen Festlegungen, die nicht im Rahmen einer vorangehenden Analyse als für den Lerngegenstand relevant erkannt werden. Insofern ist die vorangehende fachliche Klärung (in Form von rekonstruierten konventionalen Festlegungen) der Hintergrund für die explorative Rekonstruktion der individuellen Festlegungen. Die explorative Rekonstruktion individueller Festlegungen ist daher *perspektiverweiternd.*

Bedeutsam in diesem Zusammenhang ist zu erwähnen, dass auch die konventionalen Festlegungen inferentiell gegliedert sein können. Die Festlegungen a) und f) beispielsweise könnten als Berechtigung für Festlegung b) dienen: *Wenn sich die Anzahl von Punkten in einem statischen Bildmuster durch Abzählen bestimmen lässt und sich mathematische Zählprozesse optimieren lassen in dem*

Sinne, dass solche Prozesse in flexibler Weise durchgeführt werden, *dann* kann die Anzahl der Punkte in einem statischen Muster auch durch geschicktes Bündeln bestimmt werden.

Zusammenfassend kann also festgehalten werden, dass die der Rekonstruktion individueller Begriffsbildungsprozesse vorangehende fachliche Klärung den normativen Rahmen aufspannt, vor dessen Hintergrund individuelle Festlegungen beschrieben werden können. Insbesondere ermöglicht die festlegungsbasierte Perspektive die Beschreibung individueller Festlegungen, die im Vorfeld der fachlichen Klärung nicht als dem Lernkontext zugrunde liegend erkannt wurden. Die im nächsten Abschnitt vorgestellten *elementaren (konventionalen) Festlegungen* präzisieren diese Idee noch weiter: Mit ihnen wird ein elementares normatives Festlegungsnetz geliefert, entlang dessen individuelle begriffliche Prozesse beobachtet werden können.

Nachdem die konventionalen Festlegungen, die dem Lernkontext zugrunde liegen, identifiziert sind, können in einem zweiten Schritt die konventionalen Begriffe (über die Rolle, die sie beim Eingehen von Festlegungen spielen,) identifiziert werden. Auch hier lassen sich entsprechend der vorangehenden Argumentation keine vollständigen Begriffsnetze aufspannen. Begriffe, auf die die Festlegungen der Einführungssequenz in den Lernkontext, der im Rahmen der empirischen Erhebung dieser Arbeit durchgeführt wurde, verweisen, sind z.B.: *statisches Punktmuster, Anzahl, Veranschaulichung, Term/Produkt*.

In einem dritten Schritt wird nun eine Einteilung in konventionale Situationen vorgenommen. Diese orientiert sich an der zunehmenden Ausdifferenzierung der konventionalen Festlegungsstrukturen und der damit verbundenen konventionalen Begriffsnetze. Die konventionale Situation der Einführungssequenz in den Lernkontext ist im Folgenden dargestellt.

> a. Umgang mit statischen Bildmustern
> i. Anzahl statischer Bildmuster bestimmen

Die Kategorien für die Beschreibung der konventionalen Situationen werden dabei – wie oben diskutiert – vollständig auf die rekonstruierten konventionalen Festlegungen zurückgeführt. In dem hier zugrunde liegenden Lernkontext lassen sich die konventionalen Festlegungen entlang dreier Etappen konventionalen Situationen zuordnen: a) Umgang mit statischen Bildmustern, b) Umgang mit dynamischen Bildmustern und c) Umgang mit Zahlenfolgen. Auf einer zweiten Ebene differenzieren sich diese weiter aus (vgl. Kapitel 4 zur fachlichen Klärung).

Auf diese Weise entsteht das Tripel bestehend aus „konventionaler Festlegung", „konventionalem Begriff" und „konventionaler Situation". Für die Einführungssequenz des hier untersuchten Lernkontextes ergibt sich damit:

- Konventionale Situation 1 ($kSit_1$): Anzahl statischer Bildmuster bestimmen
- Konventionale Festlegungen (kFest): $kFest_a - kFest_f$ (vgl. oben)
- Konventionale Begriffe (kBegr): *statisches Punktmuster, Anzahl, Term/Produkt, lokale Optimierung, Regel, Abzählung, Flexibilität*

Die folgende Tabelle markiert den Zusammenhang dieser drei Ebenen. Dabei ist zu beachten, dass die konventionalen Begriffe den Festlegungen immer nur exemplarisch zugeordnet werden können. Die Anlage des hier zugrunde liegenden Theorierahmens ist so, dass Begriffe nie isoliert voneinander betrachtet werden können. Die Form der Darstellung wird dieser sehr grundlegenden Festlegung daher nur zum Teil gerecht. Insofern ist eine solche tabellarische Zusammenstellung als Zusammenfassung einer vorangehenden differenzierten Analyse zu betrachten. Die wesentlichen Ergebnisse der fachlichen Klärung sind demnach in den verschiedenen Zeilen der Tabelle enthalten: in Form der konventionalen Festlegungen.

Tabelle 2-1 Darstellung der konventionalen Festlegungsstruktur über n Situationen hinweg

Begriff	$kSit_1$	...	$kSit_n$
stat. Punktmuster	$kFest_f$	...	$kFest_{x1}$
Anzahl	$kFest_e$		$kFest_{x2}$
Produkt	$kFest_b$		$kFest_{x3}$
lokale Optimierung	$kFest_f$		$kFest_{x4}$
Regel	$kFest_c$		$kFest_{x5}$
Abzählung	$kFest_a$		$kFest_{x6}$
Term	$kFest_d$		$kFest_{x7}$
$kBegr_8$	X		$kFest_{x8}$
...	X		...
$kBegr_n$	X	...	$kFest_{xn}$

Auf diese Weise wird die Beschreibung des Lernkontextes über konventionale Festlegungen entlang des chronologischen Verlaufs des jeweiligen Kontextes möglich. Dabei wird nicht nur berücksichtigt, dass sich konventionale Festlegungen zu gewissen Begriffen ändern und ausdifferenzieren können (daher ist z.B. die Festlegung in $kSit_n$, die auf den Begriff *statische Punktmuster* verweist, nicht mit f indiziert ($kFest_f$ =Mathematische Strukturierungsprozesse werden in flexibler Weise je nach Ziel und Zweck der Situation durchgeführt), sondern mit x1).

Im Folgenden Abschnitt werden *elementare (konventionale) Festlegungen* diskutiert. Dabei zeigt sich, dass deren Beitrag nicht nur hinsichtlich der deskriptiven Analyse des Lernkontextes von Bedeutung ist, sondern auch hinsichtlich der Analyse und Interpretation der individuellen Festlegungen.

Elementare (konventionale) Festlegungen

Als *elementare Festlegungen* werden im Folgenden diejenigen konventionalen Festlegungen bezeichnet, die für einen Lernkontext ein reduziertes Festlegungsnetz aufspannen. Da Festlegungen begründet werden und ihrerseits als Gründe dienen können, ist eine inferentielle Gliederung der elementaren Festlegungen möglich, wenn auch nicht notwendig. Elementare Festlegungen verweisen somit auf den begrifflichen Kern eines zugrundeliegenden Lernkontextes. Das Konzept der elementaren Festlegungen knüpft aus der festlegungsbasierten Perspektive in diesem Zusammenhang an die Idee der (bereichsspezifischen) *Leitideen* an: „Leitideen sind mathematische Begriffe und Sätze, die innerhalb des Implikationsgefüges einer Theorie eine zentrale Bedeutung haben, indem sie gemeinsame Grundlage zahlreicher Aussagen dieser Theorie sind oder einem hierarchischen Aufbau dienen" (Tietze et al. 2000, S. 41).

Bestimmt werden die elementaren (konventionalen) Festlegungen eines Lernkontextes, nachdem die konventionalen Festlegungen für alle Situationen des Lernkontextes rekonstruiert wurden. Als elementare (konventionale) Festlegungen werden dann diejenigen konventionalen Festlegungen ausgewählt, die den begrifflichen Kern des Lernkontextes abstecken. In diesem Auswahlprozess findet gleichzeitig eine hohe normative Strukturierung statt, die jeweils für den spezifischen Lernkontext mit fachdidaktischen und fachinhaltlichen Argumenten begründet werden muss (vgl. dazu die ausführliche Diskussion des Lernkontextes, der der empirischen Untersuchung der vorliegenden Arbeit zugrunde liegt, in Kapitel 4).

Die elementaren (konventionalen) Festlegungen für den Lernkontext, der im Rahmen dieser Arbeit beforscht wird, sind:

- Viele Bildmuster und Zahlenfolgen weisen Strukturen und Regelmäßigkeiten auf.
- Mit Mathematik lassen sich Strukturen und Regelmäßigkeiten in Bildmuster und Zahlenfolgen explizit machen, beschreiben und verstehen.
- Muster lassen sich mit unterschiedlichen Variationen strukturieren und beschreiben.
- Mathematische Strukturierungsprozesse werden in flexibler Weise je nach Ziel und Zweck der Situation durchgeführt.

Elementare Festlegungen haben verschiedene Eigenschaften. Zum einen markieren sie rote Fäden, die sich durch den jeweiligen Lernkontext ziehen. Die elementare Festlegung *„Mathematische Strukturierungsprozesse werden in flexibler Weise je nach Ziel und Zweck der Situation durchgeführt."* liegt verschiedensten Stationen des hier untersuchten Lernkontextes zugrunde. Dabei geht es zu Beginn des Lernkontextes darum, statische Bildmuster zu strukturieren und die Anzahlbestimmung zu optimieren. Hierzu können unterschiedlichste mathematische Beschreibungsmittel genutzt werden (wie z.B. Terme). In einer späteren Sequenz des Lernkontextes werden Zählprozesse in dynamischen Punktmustern optimiert. Hierbei geht es um die Frage, wie viele Punkte z.B. das 20. Folgenglied bei einer gegebenen dynamischen Punktmusterfolge hat. Auch hier gibt es verschiedene Herangehensweisen (aufzeichnen aller 20 Folgenglieder, rekursive Berechnung, explizite Angabe der Anzahl m.H. einer Regel etc.). Explizites Designprinzip des Lernkontextes ist hierbei, Strategien für die Bestimmung von Anzahlen in flexibler Weise je nach Ziel und Zweck der Situation anzuwenden und zu optimieren, um letzthin einen allgemeinen Term mit Variable (z.B. 4x+3) als Beschreibungsmittel für Zahlen- und Bildfolgen zu kennen und zu nutzen, als Werkzeug für die praktische Berechnung von hohen Stellen der Folge und als theoretisches Objekt, das sowohl zwischen unterschiedlichen Repräsentationsmodi vermitteln kann als auch Grundlage für weitere Entdeckungen mathematischer Strukturen sein kann (z.B. vor dem Hintergrund der Frage im Zusammenhang mit einer gegebenen Punktmusterfolge: Gibt es eine Stelle der Folge mit 439 Punkten?). Deutlich wird hierbei, dass die elementare Festlegung verschiedensten Stationen des Lernkontextes zugrunde liegt, wobei die Festlegungsstrukturen und damit die inferentiellen Relationen zwischen den Festlegungen an Komplexität zunehmen (können). Die elementaren Festlegungen geben daher - implizite oder explizite - Berechtigung für den überwiegenden Teil der konventionalen Festlegungen im Verlauf des Lernkontextes. Anders formuliert: Aufgrund der inferentiellen Gliederung der konventionalen Festlegungen lässt sich ein Großteil der im Verlauf des Lernkontextes aufkommenden konventionalen Festlegungen auf die elementaren Festlegungen zurückführen. Insofern – und das ist eine weitere Eigenschaft der elementaren Festlegungen – stecken diese den begrifflichen Kern des Lernkontextes ab (wobei auch hier wieder diese Liste nicht vollständig ist bzw. sein kann). Für die oben genannten elementaren Festlegungen sind das die folgenden Begriffe entlang der oben abgebildeten elementaren Festlegungen (eine genauere Beschreibung der Begriffe, auf die die elementaren Festlegungen verweisen, wird in Kapitel 4 vorgenommen):

- Muster, Struktur, Strukturierungsmittel, Differenzbildung, Term, Regelmäßigkeit, Sicherheit (bzgl. Regelmäßigkeit)
- Term, Regel, Variable, Darstellungsweisen, Strukturierungselemente
- Variation, lokale Variation, Terme, strukturelle Äquivalenz
- Optimierung, lokale Optimierung, Strukturieren, Hochrechnen, Startzahl, Schrittlänge, Variable, Term, Wachstum, Flexibilität

Die elementaren Festlegungen entfalten ihr Potential allerdings nicht nur hinsichtlich der Beschreibung und Analyse von mathematischen Gegenstandsbereichen und Lernkontexten. Von besonderer Bedeutung sind sie hinsichtlich der Rekonstruktion der individuellen Begriffsbildungs*prozesse*. Die elementaren Festlegungen geben dabei die normative Leitlinie vor, entlang derer individuelle Begriffsbildungsprozesse analysiert werden. Für den hier diskutierten Lernkontext und das in 2.1 vorgestellte empirische Material stellt sich im Zuge der konkreten Analyse zum Beispiel die Frage, entlang welcher (konventionalen) Begriffe genau sich die individuellen Begriffsbildungsprozesse vollziehen mögen. Konkret bedeutet das eine Entscheidung in der Frage, inwiefern sich die Entwicklung von Orhans Festlegungen z.B. entlang des Musterbegriffs oder entlang z.B. entlang des Variablen- oder Optimierungsbegriffs vollziehen. Darüber hinaus könnte im Rahmen der Analyse individueller Begriffsbildungsprozesse auch fokussiert werden auf die sprachliche und fachsprachliche Entwicklung. Eine Fokussierung auf bestimmte Begriffe, entlang derer sich die individuellen Begriffsbildungsprozesse vollziehen, ist daher nicht notwendigerweise a priori gegeben. Die elementaren Festlegungen jedoch geben in dieser Frage Orientierung, weil sie auf den begrifflichen Rahmen des Lernkontextes verweisen und ihn damit abstecken. Für das hier diskutierte Beispiel bedeutet das, dass sich die individuellen Begriffsbildungsprozesse maßgeblich entlang der hier vorgestellten vier elementaren Festlegungen vollziehen (sollten), die z.B. auf die Begriffe *Variable, Flexibilität* oder *Muster* verweisen. Die Erklärungsrichtung beginnt allerdings bei den Festlegungen, nicht bei den Begriffen (für die genauere Beschreibung der Analysemethode vgl. Kap. 5). Das bedeutet, dass es im Rahmen des Lernkontextes nicht darum geht, ein mathematisch tragfähiges Verständnis des Optimierungs-, Muster- und Variablenbegriffs zu erlangen. Vielmehr ist das Ziel, dass die Schülerinnen und Schüler zunehmend die elementaren Festlegungen des hier diskutierten Lernkontextes eingehen und zunehmend mathematisch tragfähige Inferenzen beherrschen. Die hier eingeschlagene Erklärungsrichtung, die von Festlegungen und nicht von Begriffen ausgeht, hat nun den Vorteil, dass über Festlegungen verschiedenste Begriffsaspekte vereint werden, die ohne eine festlegungsbasierte Verknüpfung als isoliert voneinander stehende Teilaspekte gewisser Begriffe erscheinen würden.

Insofern wird im Rahmen dieser Arbeit folgende Festlegung eingegangen:

Festlegung 17:
Konventionale Festlegungen können einen Hintergrund bilden, entlang dessen sich individuelle Begriffsbildungsprozesse vollziehen.

Insofern leisten elementare Festlegungen nicht nur einen wesentlichen Beitrag zur stofflichen Klärung und Analyse des Lerngegenstandes, sie bilden auch begriffliche Leitlinien, entlang derer sich individuelle Begriffsbildungsprozesse vollziehen.

In Kapitel 2.4 werden nun konventionale und individuelle Ebene mit dem Ziel zusammengeführt, die Entwicklung des auswertungspraktischen Analyseschemas abzuschließen. Dabei steht die Diskussion der Beschreibung der Langzeitperspektive auf individuelle Begriffsbildung noch aus. Die leitende Idee ist, dass die Rekonstruktion individueller Begriffsbildungsprozesse in ganzen Unterrichtsreihen vollzogen werden kann vor dem Hintergrund der konventionalen Festlegungen, die den Lernkontext strukturieren. Die elementaren Festlegungen geben dabei sogar die Leitideen vor, entlang derer sich die individuellen Begriffsbildungsprozesse vollziehen können (vgl. Festlegung 17).

2.4 Aussagekraft des forschungspraktischen Auswertungsschemas

In Kapitel 2.2 wurden individuelle Begriffsbildungsprozesse in kurzfristiger Perspektive modelliert als Restrukturierungen individueller Festlegungen. Dabei wurden – zum Teil implizite – Annahmen gemacht, die in Kapitel 2.3 näher begründet wurden: Für die Analyse individueller Begriffsbildungsprozesse ist zunächst gar nicht klar, entlang welcher Begriffe sich im Einzelnen diese Prozesse vollziehen. Der normative Rahmen dafür wurde in 2.3 begründet: Mit der Identifikation konventionaler Festlegungen können Lernkontexte und Gegenstandsbereiche aus festlegungsbasierter Perspektive analysiert und deren begriffliche Substanz rekonstruiert werden. Elementare (konventionale) Festlegungen spannen dabei ein reduziertes Festlegungsnetz auf, das dem gesamten Lernkontext zugrunde liegt. Diese elementaren Festlegungen können als mögliche Gründe für alle dem Lernkontext zugrunde liegenden konventionalen Festlegungen dienen. Im Folgenden wird die langfristige Perspektive auf individuelle Begriffsbildung aus der Verknüpfung der konventionalen mit der individuellen Ebene entwickelt. Auf diese Weise wird das forschungspraktische Auswertungsschema für die Analyse individueller Begriffsbildungsprozesse vervollständigt. In einem zweiten Schritt wird der Versuch einer systematischen Betrachtung von Begriffsbildungsprozessen aus festlegungsbasierter Perspektive diskutiert, um danach das konstruktive Potential des hier entwickelten Theorierahmens mit dem darauf aufbauenden Auswertungsschema näher zu betrachten. Abschließend werden die in Kapitel 1 entwickelten Forschungsfragen noch einmal rückblickend betrachtet und resümiert.

Individuelle Begriffsbildung in langfristiger Perspektive

Für die kurzfristige Perspektive auf individuelle Begriffsbildungsprozesse werden drei Analyseebenen rekonstruiert: die individuellen Festlegungen, die concepts-in-action und die individuellen Situationen.

Kurzfristige und langfristige Perspektiven auf individuelle Begriffsbildung. Kurzfristige Perspektiven sind dabei solche Perspektiven, die individuelle Begriffsbildungen in einer gewissen Situation beschreiben. Langfristige Perspektiven können dahingegen Beschreibungen individueller Begriffsbildungsprozesse über verschiedene Situationen hinweg vornehmen.

Dabei ist zu beachten, dass diese Ebenen hierarchisch gegliedert sind: Rekonstruiert werden (*individuelle bzw. konventionale*) *Festlegungen*, die concepts-in-action in individuellen Situationen zugrunde liegen. In 2.2 konnte gezeigt werden, dass sich individuelle Begriffsbildung in kurzfristiger Perspektive modellieren lässt als Restrukturierung von Festlegungen. Die offene Frage, entlang welcher Begriffe genau die Rekonstruktion dieser Prozesse vorgenommen werden soll, kann nun vor dem Hintergrund der Diskussion der konventionalen Ebene beantwortet werden. Analysiert werden Begriffsbildungsprozesse, die sich entlang der elementaren Festlegungen vollziehen. Sie sind die normative Richtschnur für die Rekonstruktion selbst, weil sie das elementare Festlegungsnetz (und damit das elementare Begriffsnetz) des Gegenstandsbereiches bzw. des zugrunde liegenden Lernkontextes ausmachen. Insofern spielen die elementaren Festlegungen bei der Rekonstruktion langfristiger individueller Begriffsbildungsprozesse (z.B. im Verlauf einer ganzen Unterrichtsreihe) eine herausragende Rolle.

Für die praktische Analyse und Rekonstruktion individueller Begriffsbildungsprozesse werden dabei zunächst die individuellen Festlegungen einiger Schülerinnen und Schüler entlang des Verlaufs des Lernkontextes identifiziert (vgl. Kap. 2.2). Diese Identifikation findet statt vor dem Hintergrund der normativen Betrachtungen des Lernkontextes und seines Gegenstandsbereiches, dessen Kern durch die elementaren Festlegungen abgesteckt wird. Sie bilden die Leitlinie, entlang derer die individuellen Festlegungen rekonstruiert werden. Denn jederzeit geht man viele verschiedene Festlegungen ein, doch nur einige sind für die Rekonstruktion der mathematischen Begriffsbildungsprozesse von Relevanz. Die Entscheidung, welche individuellen Festlegungen für die momentane Analyse von Relevanz ist, orientiert sich an der Maßgabe der elementaren Festlegungen. So ist beispielsweise die latente Festlegung *Mathe macht mir mehr Spaß als Deutsch* oder *Mit Zahlenmauern rechne ich besonders gerne* für die Situation in Kapitel 2.2 nicht von Relevanz, während die Festlegung *Die Faktoren des Produktes kann ich in einem Punktmuster finden und abtragen* für die Rekonstruktion der hier zu untersuchenden Begriffsbildungsprozesse eine hohe Relevanz hat. Grund dafür ist, dass im Rahmen dieser Arbeit und vor dem Hintergrund des hier zugrunde liegenden Lernkontextes Entwicklungen entlang der folgenden elementaren Festlegung (neben anderen) untersucht wird: *Mit Algebra lassen sich Strukturen und Regelmäßigkeiten in Bildmustern und Zahlenfolgen explizit machen, beschreiben und verstehen.* Orhans (individuelle) Festlegung (*Die Faktoren des Produktes kann ich in einem Punktmuster finden und abtragen*) steht in (inferentieller) Relation mit dieser elementaren (konventionalen) Festlegung.

Insofern berechtigt die elementare Festlegung (implizit) als eine von mehreren Festlegungen das Eingehen der individuellen Festlegung (*Die Faktoren des Produktes kann ich in einem Punktmuster finden und abtragen*).

Wichtig bei der empirischen Auswertung ist dabei, den *Festlegungskontostand* jederzeit aktuell zu halten, d.h. die in den vorhergehenden Situationen eingegangenen Festlegungen mit zu beachten. Festlegungen, die in anderen Szenen explizit geäußert werden, können in weiteren Szenen implizite Gründe darstellen. Im Unterschied zu Situationen sind *Szenen* raumzeitlich klar zu identifizieren. Mit Szenen werden z.B. Handlungsverläufe im Unterricht oder in klinischen Interviews beschrieben. Die Festlegung beispielsweise, dass die Faktoren des Produktes 4·5 zwei disjunkte Mengen im Muster darstellen, schreibt Orhan in seinem Hefteintrag nicht explizit, wohl aber in einem anschließenden Interview (vgl. das Einführungsbeispiel in Kap. 2). Insofern ist die Zuschreibung dieser

Festlegung bereits auch für den Hefteintrag in der Stunde plausibel. Für die Rekonstruktion der impliziten Festlegungen ist daher die ständige Aktualisierung des *Gesamtkontostandes der Festlegungen* unerlässlich. An den entsprechenden Stellen ist dieser Gesamtkontostand der Festlegungen mit „∞" gekennzeichnet.

In einem zweiten Schritt können die kurzfristigen Begriffsbildungsprozesse rekonstruiert werden. Exemplarisch wurde eine solche Rekonstruktion in Kapitel 2.2 durchgeführt (vgl. dazu auch Tab. 2-2).

Für die langfristige Perspektive – also die Beschreibung individueller Begriffsbildungen über einzelne konventionale Situationen hinaus – werden in einem dritten Schritt die individuellen Festlegungen, die individuellen Begriffen in individuellen Situationen zugrunde liegen, in einer Tabelle vermerkt. Nachfolgend ist ein Ausschnitt einer solchen Tabelle (Tab. 2-2) für eine konventionale Situation abgebildet.

Dargestellt sind hier die individuellen Festlegungen der Schülerin Karin in einer gewissen konventionalen Situation. Die Rekonstruktion der individuellen Situation in dieser Szene – die sich aus der Rekonstruktion der individuellen Festlegungen ergibt – zeigt, dass individuelle und konventionale Situation übereinstimmen. Weil die Nummerierung der Festlegungen keiner spezifischen Systematik folgt, sondern im Wesentlichen der chronologischen Abfolge der Rekonstruierung, müssen die entsprechenden Indizes nicht gleich sein (d.h. in dem obigen Beispiel entspricht die konventionale (kSit5) Situation der individuellen (iSit1)). Dies ist nicht notwendigerweise der Fall.

Tabelle 2-2 Individuelle Festlegungen in einer Situation

Zeitpunkt im Rahmen des Lernprozesses (konv. und ind. Sit.) →		kSit5: *Anzahlen zu dynamischen Bildmustern expl. machen -B*
↓Begriffe konventional	individuell (concepts-in-action)	iSit1: *Anz. zu dyn. Bm expl. machen*
Regelmäßigkeit	geom. Struktur	iFest1
Optimierung	Optimierung	iFest3
Anzahl	Anzahl	iFest4
		iFest4a
Term	Term	iFest5
Hochrechnen		X
Explizite Berechnung		X
Regel		X
Zuwachs		X
Teilmuster		X
Regel		X
Visualisierung		X

Denkbar sind konventionale Situationen, in denen Schülerinnen und Schüler Festlegungen aktivieren, die nicht auf die entsprechenden konventionalen Situationen verweisen. Würde Orhan beispielsweise in der Eingangsszene (vgl. Kapitel 2.2) das Muster erweitern oder im Sinne eines dynamischen Musters fortsetzen (auch ohne, dass er dazu eine explizite Aufforderung erhalten hätte), wäre zwar die konventionale Situation „Umgang mit statischen Bildmustern", Orhan würde aber die individuelle Situation „Umgang mit dynamischen Bildmustern" vor dem Hintergrund der individuell eingegangenen Festlegungen zugewiesen werden.

In den grau unterlegten Spalten oben finden sich jeweils die Begriffe, auf die die Festlegungen verweisen. In der ganz linken Spalte finden sich dabei die konventionalen Begriffe der entsprechenden konventionalen Situation und in der Spalte rechts daneben die concepts-in-action als die handlungsleitenden Kategorien bzw. individuellen Begriffe. Auch hierbei ist zu sehen, dass konventionale Begriffe und concepts-in-action zum Teil gleich sind, dass aber die individuellen Festlegungen zum Teil noch auf weitere concepts-in-action verweisen, auf deren konventionale Pendants die individuellen Festlegungen u.U. nicht verweisen (z.B. verweist iFest1 in Tabelle 2-2 auf das concept-in-action der Geometrischen Struktur als Spezialfall eines allgemein angelegten Regelmäßigkeitsbegriffs, auf den die entsprechende korrespondierende konventionale Festlegung in diesem Situationszusammenhang verweisen würde). Umgekehrt sind in der linken Tabellenspalte (unten) konventionale Begriffe zu sehen, die in dieser Situation nicht genutzt werden, was wiederum durch ein X markiert ist. In den entsprechenden Zellen finden sich die rekonstruierten individuellen Festlegungen. Mit den Festlegungen in der hier abgebildeten Spalte kann die kurzfristige Analyse der individuellen Begriffsbildungsprozesse in der hier dargestellten konventionalen Situation vorgenommen werden. Hierzu werden Inferenzen und die Entwicklung und Entstehung individueller Festlegungen herausgearbeitet (vgl. Kap. 2.2).

In einem nächsten Schritt kann nun die langfristige Perspektive mit Hilfe einer Tabelle (Tab. 2-3) skizziert werden, die verschiedene konventionale Situationen abbildet. Der Übersichtlichkeit halber werden in der nachstehenden Tabelle die Festlegungen mit Indizes versehen.

In Tabelle 2-3 sind die individuellen Festlegungen in unterschiedlichen konventionalen Situationen dargestellt. Die genaue Analyse von Karins Begriffsbildungsprozessen und der Verweis auf die entsprechenden Festlegungen finden sich in der empirischen Auswertung dieser Arbeit. Hinsichtlich der Struktur der Tabelle zeigt die hier abgebildete eine Komplexitätssteigerung der individuellen Festlegungen. Je nach Begriffsbildungsverlauf ist die Darstellung der individuellen Festlegungen verschieden.

124 Festlegungsbasiertes auswertungspraktisches Analyseschema

Tabelle 2-3 Individuelle Festlegungen in verschiedenen Situationen

Zeitpunkt im Rahmen des Lernprozesses (konv. und ind. Sit.) →		kSit5: *Anzahlen zu dynamischen Bildmustern expl. machen -B*	kSit6: *Regeln zu dyn. Bildmustern explizit machen - B*	kSit13: *Anzahlen von dynamischen Bildmustern bestimmen -C*
↓Begriffe konventional	individuell (cia)	iSit1: *Anz. zu dyn. Bm expl. machen*	iSit2: *Regeln zu dyn. Bm explizit machen*	iSit3: *Anz. zu dyn. Bm bestimmen*
Regelmä- ßigkeit	Geom. Struktur	iFest1	iFest1	iFest1
Optimie- rung	Optimie- rung	iFest3	X	iFest3
Anzahl	Anzahl	iFest4 iFest4a	X	iFest4a
Term	Term	iFest5	X	iFest5a
Hochrech- nen	Hochrech- nen	X	X	iFest10
Explizite Berechnung	Explizite Berechnung	X	X	iFest11
Regel	arith. Regel	X	iFest9	iFest9
Zuwachs	Zuwachs	X	iFest8	iFest8
Teilmuster	Teilmuster	X	iFest7	iFest7
Regel	Geom. Regel	X	iFest2	iFest2
Visualisie- rung	Visualisie- rung	X	iFest6	iFest6

Auf diese Weise entsteht eine sukzessive streng festlegungsbasierte Rekonstruktion individueller Begriffsbildungsprozesse entlang verschiedener konventionaler Situationen. Ausgangspunkt sind die elementaren Festlegungen, die eine Richtschnur darstellen, entlang derer die individuellen Festlegungen rekonstruiert werden. Auf diese Weise werden die individuellen Begriffsbildungsprozesse über individuelle Festlegungen in explorativer Weise rekonstruiert vor dem Hintergrund des begrifflichen Kerns des Lernkontextes und seines Gegenstandsbereiches, der seinerseits mit Hilfe konventionaler Festlegungen dargestellt wird.

In den folgenden beiden Abschnitten wird das Potential des hier vorliegenden Auswertungsschemas hinsichtlich systematischer und konstruktiver Fragestellungen beleuchtet. Beide Abschnitte verlassen den rein deskriptiven Rahmen, in den sich die bisherigen Ausführungen einordnen lassen. Ergebnis für die systematische Betrachtung ist dabei ein Bezugssystem, dessen Aussagekraft sich an den Ergebnissen der empirischen Untersuchung messen lassen wird, wenn auch aufgrund des qualitativen und explorativen Charakters der Untersuchung keine quantitativ abgesicherten Aussagen gemacht werden. Der Nutzen des konstruktiven Potentials, das im daran anschließenden Abschnitt diskutiert wird, wird ebenfalls nicht im Rahmen dieser Arbeit bewertet, sondern er muss sich anhand der Konstruktion von Lernkontexten erweisen.

Systematische Betrachtung individueller Begriffsbildungsprozesse

Die systematische und festlegungsbasierte Betrachtung individueller Begriffsbildungsprozesse nimmt sich zum Ziel, Skizzen von Begriffsbildungsprozessen in systematischer Weise zu erstellen. Dies ermöglicht a priori eine abstrakte Darstellung möglicher Begriffsbildungsverläufe unabhängig von empirisch erhobenen Daten im Rahmen von Unterrichtsversuchen. Im Folgenden wird zunächst die Idee einer systematischen Darstellung in festlegungsbasierter Perspektive begründet, um danach deren Wert entlang zweier Dimensionen zu bemessen: einer deskriptiven und einer präskriptiven. Die Systematik selber wird im Folgenden nicht entwickelt. Vielmehr kann ein solches Vorhaben hier nur angedeutet werden. Die Idee, Begriffsbildungsverläufe aus festlegungsbasierter Perspektive a priori zu skizzieren, knüpft an die Idee der hypothetical learning trajectories (HLT) nach Simon (1995) bzw. Simon / Tzur (2004) an. Simon (1995) stellt solche HLT auf „to refer to the teacher's prediction as to the path by which learning might proceed. It is hypothetical because the actual learning trajectory is not knowable in advance. It characterizes an expected tendency" (Simon 1995, S. 135).

Tabelle 2-4 Konventionale Festlegungsstruktur eines Lernkontextes

Zeitpunkt im Rahmen des Lernprozesses (konv. und ind. Sit.) →		$kSit_1$	...	$kSit_i$	...	$kSit_p$
		$iSit_1$	...	$iSit_i$	...	$iSit_p$
↓Begriffe konventional	individuell (cia)					
$kBegr_1$	$iBegr_1$	$kFest_1$		$kFest_1$		$kFest_1$
...	...	...		...		...
$kBegr_e$	$iBegr_e$	$kFest_e$		$kFest_e$		$kFest_e$
...	...	X		...		...
$kBegr_k$	$iBegr_k$	X		$kFest_k$		$kFest_k$
$kBegr_{k+1}$	$iBegr_{k+1}$	X		X		$kFest_{k+1}$
...	...	X		X		...
$kBegr_n$	$iBegr_n$	X		X		$kFest_n$

Mögliche Begriffsbildungsverläufe für gegebene Lernkontexte können aus festlegungsbasierter Perspektive vorab im Rahmen einer systematischen Betrachtung näher skizziert werden. Tabelle 2-4 zeigt die konventionalen Festlegungen eines Lernkontextes in Verbindung mit den konventionalen Begriffen und Situationen in abstrakter Form.

Dargestellt sind hier die verschiedenen konventionalen Festlegungen ($kFest_j$, $j=1,...,n$) in den p verschiedenen konventionalen Situationen des Lernkontextes. Links sind jeweils die konventionalen Begriffe zugeordnet, auf die die Festlegungen verweisen. Ähnlich wie bei der Entwicklung des Auswertungsschemas im Rahmen der langfristigen Perspektive auf individuelle Begriffsbildung gilt auch hier, dass eine solche Zuordnung von Festlegung und Begriff nur andeutungsweise vorgenommen werden kann. Begriffen liegen verschiedene Festlegungen zugrunde, die ihrerseits wiederum auf verschiedene Begriffe verweisen können. Die (individuelle) Festlegung z.B. *Multiplizieren ist besser als addieren* verweist sowohl auf den Multiplikations- als auch auf den Additionsbegriff als concepts-in-action. Eine zeilenweise Zuordnung kann somit die Begriffe, auf die die Festlegungen verweisen, lediglich andeuten und damit die Ergebnisse einer detaillierten Analyse nur zum Teil abbilden.

Eine weitere Eigenschaft der hier angedeuteten Darstellung ist die sukzessive Komplexitätszunahme. Damit ist das zunehmend dichter werdende Netz an Festlegungen gemeint. Eine solche Komplexitätszunahme ist natürlich keine notwendige Anforderung an jeden Lernkontext. Die konventionalen Festlegungsentwicklungen können sehr vielfältig sein, je nach Anlage des Lernkontextes an sich.

Die konventionalen Festlegungen, die für den Lernkontext rekonstruiert wurden, weisen in der Regel die Eigenschaften auf, die bereits in Kapitel 2.3 herausgearbeitet wurden. Für den Lernkontext lässt sich ein reduzierter konventionaler Festlegungskern herausarbeiten (elementare Festlegungen), die in inferentieller Relation mit allen weiteren konventionalen Festlegungen stehen. Die konventionalen Festlegungen eines Lernkontextes sind insofern inferentiell gegliedert.

Vor dem Hintergrund der inferentiellen Gliederung und der gewissen konventionalen Festlegungsstruktur und –abfolge eines Lernkontextes lassen sich nun potentielle Begriffsbildungsverläufe aus systematischer Perspektive entwickeln. Aus festlegungsbasierter Sicht werden hier folgende Typen von Begriffsbildungsprozessen identifiziert:

1. Erfolgreich verlaufender individueller Begriffsbildungsprozess
2. Begriffsbildungsprozess, bei dem gewisse (konventionale) Festlegungen nicht aktiviert und damit mathematisch tragfähige Inferenzen nicht beherrscht werden.
3. Begriffsbildungsprozess, bei dem mathematisch nicht tragfähige Festlegungen eingegangen werden und damit mathematisch nicht tragfähige Inferenzen.

Diese Auflistung unterschiedlicher Begriffsbildungsverläufe erhebt dabei keineswegs Anspruch auf Vollständigkeit. Im Rahmen der empirischen Untersuchung wird auf einige dieser Typen näher eingegangen. Es bleibt Aufgabe einer größer angelegten Studie, verschiedenste Arten und Differenzierungen unterschiedlicher Begriffsbildungsverläufe zu untersuchen, um so die theoriegeleitete Auflistung von oben weiter zu ergänzen. Dieses Vorhaben würde das Ziel dieser Arbeit sprengen.

Eine solche Betrachtung lässt eine systematische und konsequent festlegungsbasierte Perspektive auf Begriffsbildung zu, sowohl vor dem Hintergrund fachdidaktischer Erwägungen im Zusammenhang mit dem zugrunde liegenden Lernkontext (vorangehende Rekonstruktion der konventionalen Festlegungen des Lernkontextes), als auch im Lichte der Beschreibung individueller Prozesse, deren Wert sich aus dem zunehmenden Eingehen von Festlegungen und Beherrschen von Inferenzen speist (anstatt z.b. aus dem zunehmenden Verfügen über angemessene Repräsentationen).

Der Wert einer solchen systematischen Darstellung wird im Folgenden in zwei Richtungen näher diskutiert: einer deskriptiven und einer präskriptiven. Die systematische Beschreibung von Begriffsbildungsbildungsprozessen im Rahmen eines gegebenen Lernkontextes unabhängig von empirischen Material ermöglicht zum einen in deskriptiver Hinsicht, reale rekonstruierte Begriffsbildungsprozesse hinsichtlich ihres Erfolges in differenzierter Weise zu ordnen. Durch die systematische a priori Darstellung möglicher Begriffsbildungsverläufe wird ein Hintergrund erstellt, vor dem sich die empirischen individuellen Festlegungsentwicklungen beschreiben lassen. Dadurch wird ein Beschreibungsverfahren instituiert, das eine direkte und festlegungsbasierte Diagnose im Unterricht ermöglicht. Der Abgleich von eingegangenen individuellen Festlegungen der Schülerinnen und Schüler mit den konventionalen Festlegungen, die im Erwartungshorizont des zugrunde liegenden Lernkontextes in der entsprechenden konventionalen Situation liegen, ermöglicht eine zielgerichtete Diagnose und eine kontextbezogene Beschreibung der individuellen Begriffsbildungsprozesse.

In präskriptiver Hinsicht ermöglicht die systematische Beschreibung von Begriffsbildungsprozessen nicht nur eine Sensibilisierung für mögliche Begriffsbildungsprozesse im Rahmen eines gegebenen Lernkontextes. Es ist darüber

hinaus auch möglich, Hürden in empirischen individuellen Begriffsbildungsprozessen (vor dem Hintergrund des idealtypischen Begriffsbildungsverlaufes) zu
erkennen und gezielte Fördermaßnahmen zu ergreifen.

Von besonderer Bedeutung ist weiterhin die Möglichkeit einer solchen festlegungsbasierten Darstellung an sich. Mit Hilfe individueller und konventionaler
Festlegungen ist es möglich, nicht nur Beschreibungen von individuellen Begriffsbildungsprozessen *und* von begrifflichen Strukturen von Lernkontexten zu
erstellen, sondern darüber hinaus auch ein normatives Gerüst (und damit eine Art
Diagnoseschema) für die qualitative Einschätzung solcher individueller Begriffsbildungsprozesse vor dem Hintergrund der fachdidaktischen Leitideen des
Lernkontextes zu entwickeln. Dabei bezieht sich die Kraft dieses normativen
Gerüstes aus der inferentiellen Verknüpfung der Festlegungen: Diese sind – sowohl in unseren individuellen Handlungen als auch in der konventionalen Struktur von Lernkontexten – nicht isoliert von einander betrachtbar, sondern auf das
Engste mit einander verbunden.

Konstruktives Potential des auswertungspraktischen Analyseschemas

Die Diskussion des konstruktiven Potentials des auswertungspraktischen Analyseschemas geht der Frage nach, inwiefern das in diesem Kapitel auf der Grundlage des theoretischen Rahmens dieser Arbeit (Kapitel 1) entwickelte Analyseschema zur *Konstruktion* neuer Lernkontexte beitragen kann. In Kapitel 1.3 wurde vor dem Hintergrund eines Verständnisses von Begriffsbildung als das zunehmende Eingehen mathematisch tragfähiger Festlegungen (vgl. Festlegung 10) die
These begründet, dass die Herausforderung für die Konstruktion von Lernkontexten darin besteht, einen *Raum* zu schaffen, der es den Schülerinnen und Schülern
erlaubt, diese mathematisch tragfähigen Festlegungen zunehmend einzugehen
und mathematische Argumentationen durchzuführen. Vor diesem Hintergrund
stellt sich auch die Forschungsfrage, inwiefern sich gegebene Lernkontexte zum
Aufbau mathematisch tragfähiger Festlegungen eignen. Im Rahmen der vorliegenden Arbeit wird ein gegebener Lernkontext im Sinne der Forschungsfrage
untersucht, nicht jedoch ein neuer Kontext entworfen. Insofern werden die aus
dem theoretischen Rahmen und dem Analyseschema abgeleiteten möglichen
Impulse für die Konstruktion neuer Lernkontexte im Rahmen der vorliegenden
Arbeit nicht auf ihre empirische Tragfähigkeit hin überprüft. Allerdings können
die nachfolgenden Darstellungen dieses Abschnitts das konstruktive Potential der
festlegungsbasierten Perspektive auf individuelle Begriffsbildung andeuten.

Für die Konstruktion neuer Lernkontexte ist zunächst die Wahl des Gegenstandsbereiches entscheidend. In einem ersten Schritt werden die elementaren

Festlegungen herausgearbeitet, die aus fachdidaktischer Sicht den reduzierten Festlegungskern, der im Rahmen des Lernkontextes von den Schülerinnen und Schülern erlernt werden soll, darstellen. Dieser Festlegungskern stellt gleichzeitig den Ausgangspunkt aller weiteren Konstruktionsaktivitäten und den fachinhaltlichen Erwartungshorizont dar. Zwischen diesen beiden Polen kann nun eine konventionale Festlegungs- und Inferenzstruktur eines Lernkontextes entwickelt werden. Notwendig dafür sind inferentiell gegliederte (konventionale) Festlegungsketten, die diejenigen Festlegungen enthalten, die den Erwartungshorizont des Lernkontextes abstecken.

Natürlich kann ein solcher festlegungsbasierter Vorschlag zur Konstruktion von Lernkontexten nur Hand in Hand gehen mit den vielfältigen kreativen Konstruktionsprozessen, die mit der Entwicklung des geeigneten *Kontextes* verbunden sind. Gleichwohl kann eine solche Konstruktionsskizze helfen, die Konstruktion von Lernkontexten entlang der Entwicklung von Festlegungsstrukturen zu planen und vorzunehmen.

Der Wert einer solchen Konstruktionsbeschreibung liegt in diesem Sinne auch zum großen Teil darin, dass ein weiterer Aspekt von Festlegungen als kleinste Einheit des Denkens und Handelns hier offenbar wird. Es ist möglich, mit Hilfe von Festlegungen Konstruktionsprozesse zu elementarisieren und damit zu strukturieren, indem zunächst die Festlegungsstruktur und danach oder damit einhergehend die Struktur des Lernkontextes selbst konstruiert wird. Die elementaren Festlegungen bilden dabei eine ständige Keimzelle und damit den Ausgangspunkt der konstruktiven Überlegungen. Gleichzeitig bilden sie die Zielmarke für die Entwicklung der Festlegungs- und Inferenzstrukturen.

Damit unterscheidet sich das vorliegende forschungspraktische Auswertungsschema z. B. von der Funktionalen Argumentationsanalyse nach Toulmin (1969). Dieses Schema hat sich in unterschiedlichen Kontexten vor allem aufgrund des hohen Grades an Formalisierbarkeit für die Analyse von Argumentationsprozessen bewährt (vgl. z.B. Krummheuer 2008). Das vorliegende festlegungsbasierte Auswertungsschema zielt hingegen nicht auf einen solchen Grad an Formalisierbarkeit ab. Herausforderung stellt gerade das Explizitmachen von individuellen Begriffsbildungsprozessen als längerfristige Entwicklungsprozesse im Spannungsfeld individueller Festlegungen, Begriffe und Situationen dar.

Damit unterscheidet es sich allerdings nicht nur hinsichtlich des Grades an Formalisierbarkeit, sondern vor allem hinsichtlich der begrifflichen Analyseeinheiten. Das Toulminschema selbst stellt nämlich zunächst nichts anderes als ein Analyseschema bereit, das seinerseits für die konkrete Analyse in den theoretischen Rahmen eingebettet werden muss (für das Beispiel eines interaktionstheoretischen Rahmens vgl. Krummheuer 2008).

Insofern liegt die Stärke gerade darin, das komplexe Gefüge aus Festlegung, Begriff und Situation in differenzierter Weise rekonsturieren und interpretieren zu können: nicht nur für die Analyse individueller Begriffsbildungsprozesse, sondern auch für die Analyse gegebener Lernkontexte. Desweiteren unterscheiden sich die beiden Auswertungsschemata hinsichtlich ihres konstruktiven Potentials bei der Planung und Entwicklung von Lernkontexten.

Fazit: Rückbezug zu den Forschungsfragen

Mit der theoriegeleiteten und beispielgebundenen Entwicklung des forschungspraktischen Auswertungsschemas in diesem Kapitel wurden verschiedene Ziele auf zwei unterschiedlichen Ebenen verfolgt: der Entwicklungs- und der Beschreibungsebene.

Auf der Entwicklungsebene wurde durch die beispielgebundene Konstruktion des Auswertungsschemas auf der Basis der hier gewählten theoretischen Perspektive (Kapitel 1) auf Begriffsbildung zunächst der Beleg dafür erbracht, dass eine Analyse individueller Begriffsbildungsprozesse in kurz- und langfristiger Perspektive aus konsequent festlegungsbasierter Sicht möglich ist. Dafür wurden die verschiedenen analytischen Werkzeuge der Festlegungen, Begriffe bzw. concepts-in-action und Situationen auf jeweils der konventionalen und individuellen Ebene vorgestellt und deren Rolle und Potential für die Rekonstruktion individueller Begriffsbildungsprozesse diskutiert. Im Hinblick auf Forschungsfrage 1 (...zum epistemologischen Erkenntnisinteresse: *Inwiefern lassen sich Begriffsbildungsprozesse als die Entwicklung von Festlegungen erklären, strukturieren und verstehen?*) ist somit vor dem Hintergrund der Entwicklungsarbeit in diesem Kapitel bereits an dieser Stelle festzuhalten, dass die Frage, ob individuelle Begriffsbildungsprozesse sich als die Entwicklung von Festlegungen erklären, strukturieren und verstehen lassen, positiv beantwortet werden kann. Der Nachweis wurde mithilfe des konstruktiven Entwicklungsverfahrens erbracht. Für den empirischen Teil dieser Arbeit besteht daher der sich aus der Forschungsfrage ableitende Auftrag nunmehr darin, die Beschreibungen individueller Begriffsbildungsprozesse aus festlegungsbasierter Perspektive zu systematisieren. In diesem Kapitel konnte individuelle Begriffsbildung in kurzfristiger Perspektive beschrieben werden als die Restrukturierung individueller Festlegungen entlang individueller Situationen. Im Rahmen der explorativen empirischen Untersuchung wird zum einen der Frage nachzugehen sein, inwiefern auch andere Formen der Restrukturierung individueller Festlegungen zu beobachten sind und zum anderen wird diskutiert werden, welche Auswirkungen diese kurzfristigen Restrukturierungen auf langfristige Begriffsbildungsprozesse und deren festlegungsbasierte Struktur haben können.

Auf der Beschreibungsebene wurde mit der Entwicklung des Auswertungsschemas ein Analysetool für die Beschreibung individueller Begriffsbildungsprozesse entwickelt, das sich auf konsistente Weise aus dem epistemologischen festlegungsbasierten Theorierahmen dieser Arbeit ableitet. Dieses Analysetool ist in
dem Sinne forschungspraktisch angelegt, dass eine direkte und festlegungsbezo-
gene Beschreibung der individuellen Begriffsbildungsprozesse möglich ist. Insofern ist mit dem Auswertungsschema die deskriptive Basis für die zweite Forschungsfrage (*Wie entwickeln sich Merkmale, Muster und Strukturen individueller Festlegungen im Verlauf von Begriffsbildungsprozessen bei Schülerinnen und
Schülern?*) gelegt. Für den Fokus im Rahmen der empirischen Untersuchung
ergeben sich damit im Sinne der Forschungsfrage verschiedene Aspekte. Die
Rekonstruktion individueller Begriffsbildungsprozesse aus konsequent festlegungsbasierter Perspektive ermöglicht beispielsweise die Identifikation besonders
auffälliger individueller Festlegungen, wie z.B. solcher Festlegungen, die mathematisch nicht tragfähig sind aber individuell hochgradig viabel. Hiermit können zum Beispiel Festlegungen gemeint sein, die Hürden im Begriffsbildungsprozess auslösen können. Gleichzeitig ist die Identifikation der concepts-in-
action an den entscheidenden Gelenkstellen des Lernkontextes bedeutsam, weil
die ihnen zugrunde liegenden Festlegungen handlungsleitend für die mathematischen Aktivitäten sind. Hiermit sind ggf. weitere Aussagen für die Evaluation des
Lernkontextes möglich. Schwerpunkt der Analyse liegt darüber hinaus auf der
Frage nach dem Eingehen elementarer Festlegungen. Diese bilden gleichsam
mathematischen Kern und stoffliches Ziel des Lernkontextes. Im Rahmen der
empirischen Auswertung spielt dabei nicht nur eine Rolle, *ob* die Schülerinnen
und Schüler die elementaren Festlegungen eingehen, sondern vielmehr die Frage,
inwiefern sie die inferentiellen Relationen der individuellen Festlegungen mit den
elementaren Festlegungen (die sie in diesem Fall auch selbst eingehen) beherrschen. Denn im Sinne von Festlegung 14 gilt: *Einen Begriff begreifen heißt genügend Inferenzen beherrschen, doch wie viel genug ist, ist offen.* Weil die elementaren Festlegungen den begrifflich reduzierten Kern des Lernkontextes abstecken, sind sie es, die die Basis für den normativen Hintergrund bilden, vor dem
die individuellen Begriffsbildungsprozesse beschrieben und beurteilt werden
können.

Weiterhin ist auf der Beschreibungsebene der latent perspektiverweiternde
Charakter des Theorierahmens zusammen mit dem Auswertungsschema von
großer Bedeutung. Die elementaren Festlegungen spannen einen begrifflichen
Rahmen auf, vor dessen Hintergrund die individuellen Festlegungen rekonstruiert
werden. Die elementaren Festlegungen geben Orientierung bei der Frage, welche
Begriffsbildungen eigentlich im Fokus der Analyse stehen sollten. Sie bilden
insofern eine normative Karte, die vor dem Hintergrund der fachdidaktischen

Analyse des Lernkontextes und der daraus abgeleiteten Lernziele Orientierung bei der Rekonstruktion individueller Festlegungen gibt. Die spezielle festlegungsbasierte Anlage des Theorierahmens allerdings gibt bis auf den reduzierten Festlegungskern in Form der elementaren Festlegungen keinen beschränkten bzw. *einschränkenden* Festlegungspool vor, aus dem die individuell rekonstruierten Festlegungen stammen *müssten*. Individuelle Festlegungen werden entlang der elementaren Festlegungen (also im Sinne der Zielperspektive des Lernkontextes) rekonstruiert und nicht durch die *Identifikation* beispielsweise mit a priori vor dem Hintergrund einer stoffdidaktischen Analyse aufgestellten konventionalen Festlegungen. Darin unterscheidet sich das hier eingeschlagene Vorgehen beispielsweise vom klassischen Ansatz der Grundvorstellungsdidaktik (vgl. z.B. vom Hofe 1995), bei der individuelle Grundvorstellungen rekonstruiert bzw. identifiziert werden mit Elementen einer Menge aus vorab aus stoffdidaktischen Erwägungen bestimmten Aspekten mathematischer Objekte. Insofern ist der vorliegende Ansatz hinsichtlich der Rekonstruktion individueller Festlegungen und - weil diesen zugrunde liegend - damit individuell aktivierter Begriffsaspekte latent perspektiverweiternd. Die Erklärungsrichtung, die ihren Ausgangspunkt bei Festlegungen und nicht bei Begriffen hat, wird ihren Wert somit auch daran messen lassen, inwiefern es gelingt, das stoffdidaktische Verständnis von mathematischen Objekten (in dieser Arbeit: von Variablenaspekten) zu erweitern bzw. weiter zu differenzieren. Mit diesem Auftrag für die empirische Untersuchung deutet sich die Richtung bereits an, in der Forschungsfrage 4 (... zum mathematikdidaktischen Erkenntnisinteresse: *Inwiefern lässt der zugrunde liegende festlegungsbasierte Theorierahmen vor dem Hintergrund des hier skizzierten Forschungsstandes neue Einsichten in und Perspektiven auf mathematische individuelle Begriffsbildungsprozesse zu?*) möglicherweise beantwortet werden kann.

Für das konstruktive Erkenntnisinteresse dieser Arbeit (verbunden mit der folgenden Forschungsfrage: *Inwiefern eignet sich die zugrunde liegende Lernumgebung zum Aufbau individueller Festlegungsstrukturen hinsichtlich eines adäquaten Variablenbegriffs sowie eines adäquaten Umgangs mit Zahlenfolgen und Bildmustern sowie deren Darstellungs- und Zählformen?*) ergibt sich eine Einschätzung vor dem Hintergrund der Antworten, die auf die oben angeführten Forschungsfragen gegeben werden können. In diesem Zusammenhang wurde in diesem Kapitel eine Systematik für die Beschreibung individueller Begriffsbildungsprozesse vorgestellt. Sie kann Grundlage für die differenzierte begriffliche Einschätzung und Beurteilung realer Begriffsbildungsprozesse sein.

Im Rahmen dieser Arbeit wird ein bereits existierender Lernkontext mit Blick auf sein begriffliches Potential hin untersucht. Für die Konstruktion von neuen Lernkontexten wurden im Rahmen dieses Kapitels Impulse gegeben, die den Konstruktions- und Entwicklungsprozess im Sinne einer festlegungsbasierten

Perspektive auf die intendierten Begriffsbildungsprozesse weiter strukturieren könnten.

Sichtbar wird an dieser Stelle der Wert der Entwicklung des Auswertungsschemas für die Untersuchung individueller Begriffsbildungsprozesse an sich: Die vor dem Hintergrund der theoretischen Perspektive in Kapitel 1 formulierten Forschungsfragen nehmen im Lichte des Auswertungsschemas eine methodisch konzeptualisierbare Gestalt an, die sowohl in forschungstheoretischer als auch in forschungspraktischer Hinsicht konsistent erscheint und deren Konturen in Kapitel 5 weiter ausgeschärft werden. Im folgenden Kapitel 3 wird nunmehr der hier entwickelte Gesamtrahmen (die theoretische Perspektive und das daraus abgeleitete forschungspraktische Analyseschema) ausgewählten theoretischen Ansätzen der Mathematikdidaktik zur Beschreibung von Begriffsbildungsprozessen gegenüber gestellt. Ziel ist hierbei, die Anschlussfähigkeit des Gesamtrahmens an die mathematikdidaktische Forschung sichtbar zu machen und die in Kapitel 1 und 2 herausgearbeiteten spezifischen Charakteristika des Gesamtrahmens mit denen anderer theoretischer Ansätze zu vergleichen. Auf diese Weise soll sich der Frage angenähert werden, inwiefern die mathematikdidaktische Begriffsbildungsforschung durch den hier gewählten festlegungsbasierten Ansatz bereichert werden kann.

3 Theoretische Einbettung
Zur Analyse von Begriffsbildung in der Mathematikdidaktik

In diesem Abschnitt wird das in Kapitel 1 entwickelte Theoriegerüst und das in Kapitel 2 entwickelte forschungspraktische Auswertungsschema ausgewählten mathematikdidaktischen Ansätzen, die auf epistemologische Fragestellungen fokussieren, gegenübergestellt. Auf diese Weise soll die entwickelte Perspektive auf individuelle Begriffsbildung theoretisch eingebettet und abgegrenzt werden. Ziel ist dabei zum einen, die Integration und Anschlussfähigkeit des hier entwickelten Gesamtrahmens sicherzustellen, zum anderen aber auch, durch Abgrenzung und Vergleich mit anderen theoretischen Rahmen das Potential des hier entwickelten Rahmens hervorzuheben. Das hier gewählte Vorgehen erhebt dabei nicht den Anspruch auf eine systematische Einbettung in die mathematikdidaktische Forschungslandschaft. Vielmehr sollen durch den Vergleich von ausgewählten Aspekten des vorliegenden Theorierahmens mit anderen mathematikdidaktischen Theorien die Konturen des eigenen Ansatzes weiter ausgeschärft werden.

Weil im Rahmen der vorliegenden Arbeit eine theoretische Perspektive auf individuelle Begriffsbildung entwickelt wird, steht die Abgrenzung gegenüber anderen Ansätzen, die ebenfalls auf epistemologische Fragestellungen fokussieren, vor allem im Lichte der Fragen, welche Unterschiede und Gemeinsamkeiten sich hinsichtlich des Verständnisses von Begriffsbildung an sich bzw. welche Unterschiede und Gemeinsamkeiten sich sowohl hinsichtlich hintergrundtheoretischen Annahmen als auch hinsichtlich der unterschiedlichen Referenzrahmen bzw. Analysewerkzeuge zeigen.

Die methodischen Herausforderungen einer solchen vergleichenden Analyse bestehen zum einen darin, das mathematikdidaktische Forschungsfeld entlang der unterschiedlichen epistemologischen Perspektiven in zielgerichteter Weise zu strukturieren, um vor diesem Hintergrund *vergleichbare* Theorien heranzuziehen. Zum anderen bestehen die Herausforderungen darin, Vergleichs- und Abgrenzungskriterien zu definieren, die geeignet scheinen, das Potential des vorliegenden Theorierahmens unter besonderer Berücksichtigung der Forschungsfragen herauszuschärfen.

Hinsichtlich der Strukturierung orientiert sich die vorliegende Arbeit an dem Beitrag von Sierpinska und Lerman (1996) zu „Epistemologies of Mathematics and of Mathematics Education". Hierbei bilden die unterschiedlichen epistemologischen Hintergrundannahmen die Abgrenzungskriterien, entlang derer sich die

Frage orientiert, welchen Beitrag die vorliegende Persopektive auf individuelle Begriffsbildung im Rahmen mathematikdidaktischer Forschung zu leisten vermag. Für die vorliegende Arbeit werden nicht alle epistemologischen mathematikdidaktischen Perspektiven, die Sierpinska und Lerman (1996) einbringen, für den Vergleich herangezogen, sondern nur einige ausgewählte, die hinsichtlich der Anschlussfähigkeit und der Abgrenzung des hier vorliegenden Rahmens mit anderen Theorien von Bedeutung sind. Zugleich wird die Strukturierung von Sierpinska und Lerman (1996) um eine spezifisch stoffdidaktisch orientierte Perspektive erweitert.

Hinsichtlich der Kriterien, entlang derer der vorliegende Gesamtrahmen zur Analyse individueller Begriffsbildungsprozesse verglichen wird, orientiert sich diese Arbeit an dem Prinzip der networking theories (vgl. Prediger et al. 2008 und für eine detaillierte Beschreibung zum leitenden Prinzip des *compare and contrast* Cobb 2007). Die theoretische Einbettung dieses Kapitels kann allerdings keine umfassenden Vergleiche und Kontrastierungen vornehmen, sondern allenfalls einige ausgewählte Aspekte von unterschiedlichen Theorien so miteinander in Beziehung setzen, dass dadurch Annahmen, Vorgehensweisen und epistemologische Zielrichtungen der festlegungstheoretischen Perspektive besser verständlich werden. Einige theoretische Ansätze werden dabei z.B. verglichen hinsichtlich der Rolle des Individuums in der jeweiligen theoretischen Perspektive oder hinsichtlich des Nutzens des jeweiligen theoretischen Ansatzes für die Mathematikdidaktik (z.B. zur Erforschung von Interaktionsmustern, zur Entwicklung von Unterrichtsmaterialien oder zur Evaluation von Curricula). Theorien haben unterschiedliche Nutzen und unterschiedliche Perspektiven auf die Phänomene, die sie beforschen. Der Fokus der vorliegenden Arbeit liegt auf individuellen Begriffsbildungsprozessen. Insofern wird der vorliegende theoretische Ansatz mit anderen Theorien insbesondere auch hinsichtlich des Verständnisses von Begriffsbildung verglichen und abgegrenzt. Weil mit Festlegungen, Berechtigungen und Inferenzen weiterhin innovative Analysewerkzeuge zur Beschreibung individueller Begriffsbildungsprozesse zur Verfügung stehen, werden einige der diskutierten Ansätze auch hinsichtlich der verwendeten Analysewerkzeuge selbst abgegrenzt. Für die vorliegende Arbeit werden also die folgenden 4 Aspekte genauer betrachtet:

- Rolle des Individuums für den jeweiligen theoretischen Ansatz.
- Nutzen des theoretischen Ansatzes für die Mathematikdidaktik.
- Rolle bzw. Status von Begriff und Begriffsbildung für und in der entsprechenden Theorie.
- Analysewerkzeuge der theoretischen Referenzrahmen. Für die vorliegenden Arbeiten sind die Analyseeinheiten des theoretischen Rahmens die Festlegun-

gen, Berechtigungen und Inferenzen, die sich von Analyseeinheiten anderer Referenzrahmen z.B. von Diskursstrukturen, Interaktionsmustern oder Grundvorstellungen abgrenzen.

In der Analyse wird dabei auf ausgewählte Abgrenzungs- und Verknüpfungskriterien fokussiert, sodass nicht jeweils auf alle 4 Aspekte genauer eingegangen wird.

Auf diese Weise werden die unterschiedlichen theoretischen Ansätze mit dem vorliegenden Gesamtrahmen in ausgewählten Aspekten verglichen. Die folgende Tabelle zeigt die verschiedenen in diesem Kapitel diskutierten epistemologischen Grundhaltungen mit ausgewählten Vertretern und theoretischen Konzepten, die in der vergleichenden Analyse in diesem Kapitel von Bedeutung sind. Durch den Vergleich mit den epistemologischen Grundhaltungen, die hinter den Konzepten der Grundvorstellungen (z.B. vom Hofe 1995) oder denen der Rahmungen (z.B. Krummheuer 1984) stehen, kann einerseits weiter ausgeschärft werden, inwiefern sich die Forschungsergebnisse eines repräsentationstheoretischen Ansatzes von denen des vorliegenden inferentialistischen Ansatz unterscheiden. Andererseits werden in dieser Abgrenzung noch einmal die Spezifika der Analysewerkzeuge deutlich (vgl. z.B. Krummheuer 1984 oder Sfard 2008). Im nächsten Abschnitt dann wird anhand exemplarischer Aspekte eine sozialkonstruktivistische Verortung des vorliegenden theoretischen Ansatzes in der Auseinandersetzung mit Piaget und Vygotsky vorgenommen. Mathematikdidaktik als Design-Science (vgl. z.B. Wittmann 1998) braucht nicht nur eine systematische Erforschung von Mathematikunterricht (Analyseebene), sondern gleichsam eine kontinuierliche Weiterentwicklung, auch auf der Designebene. In zahlreichen Arbeiten wurden insbesondere Fragen des Designs von Lernumgebungen für die Initiierung von Begriffsbildungsprozessen ausführlich diskutiert (z.B. Hußmann 2006, vgl. auch Gravemeijer 1994, Wittmann 1998). Die Auseinandersetzung mit einer konstruktivistischen Perspektive auf Mathematiklernen und mit dem Design von Intentionalen Problemen (Hußmann 2006) soll das ideelle Umfeld deutlich machen, in dem diese Arbeit entstanden ist. Hier werden Anknüpfungspunkte deutlich, die zeigen, dass in der vorliegenden Arbeit die Analyseebene zur Beschreibung von individueller Begriffsbildung weiter ausdifferenziert wird. Mit dem RBC+C Modell liegt ein (sozialkonstruktivistischer) theoretischer Rahmen und ein forschungsmethodisches Werkzeug zur Erforschung und Analyse von Wissenskonstruktionen vor. Der Vergleich vieler Gemeinsamkeiten zwischen diesem Modell und der hier vorliegenden Perspektive auf individuelle Begriffsbildung soll helfen, einige typische Erkenntnisinteressen und Vorgehensweisen solcher vergleichbarer Ansätze zu diskutieren. Gleichzeitig kann dadurch weiter ausgeschärft werden, inwiefern sich der Anspruch der vorliegenden Arbeit von den Zielen und den Erwartungen der Arbeit am und mit dem RBC Modell unterscheidet.

Nicht berücksichtigt werden Ansätze, die stark auf methodische Elemente des Begriffslehrens (vgl. z.b. Vollrath 1984) fokussieren, weil diese sich weniger epistemologischen Fragen der Begriffsbildung widmen als vielmehr (unterrichts-) methodischen Fragen.

Tabelle 3-1 Epistemologische Perspektiven auf Begriffsbildung

Epistemologische Perspektive	Ausgewählte Vertreter	Theoretische Konzepte und Rahmen
Stoffdidaktische Perspektive	Malle (1993), vom Hofe (1995)	Grundvorstellungen
Interaktionistische Perspektive	Krummheuer (1984)	Rahmungen
Epistemologie der Bedeutung	Sfard (2008)	Verdinglichung (*reification*)
Soziokulturelle und kognitive Perspektive	Vygotsky (1986), Derry (2008)	Abstrakte Rationalität (*abstract rationalism*)
Konstruktivistische Perspektive (Schwerpunkt Design)	Hußmann (2006)	KLIP (2006)
Konstruktivistische Perspektive (Schwerpunkt Analyse von Wissenskonstruktionen)	Hershkovitz et al. (2001)	RBC+C Modell

Stoffdidaktische Perspektive und methodische Überlegungen

Die Auseinandersetzung mit dem Konzept der Grundvorstellungen (vgl. z.B. vom Hofe 1995) zeigt Unterschiede und Gemeinsamkeiten des vorliegenden festlegungsbasierten Ansatzes mit einigen für die Mathematikdidaktik wichtigen stoffdidaktischen Konzepten auf.

Ausgangspunkt des Grundvorstellungskonzeptes ist zunächst die stoffliche Klärung verschiedener Aspekte, die mit einem gegebenen Konzept assoziiert sind. Zum Variablenbegriff beispielsweise identifiziert Malle (1993, S. 46ff) drei Aspekte des Variablenbegriffs, die zu unterscheiden sind: den Gegenstandsaspekt, den Einsetzungsaspekt und den Kalkülaspekt. „Bei der normativ geprägten *Grundvorstellung* handelt es sich (...) um eine *didaktische Kategorie des Lehrers*, die im Hinblick auf ein didaktisches Ziel aus inhaltlichen Überlegungen hergeleitet wurde und Deutungsmöglichkeiten eines Sachzusammenhangs bzw. dessen mathematischen Kerns beschreibt" (vom Hofe 1995, S. 123). Diese normative Kategorie spannt den begrifflichen Rahmen auf, der von den Schülerinnen und

Schülern im Unterricht erarbeitet werden soll. Ziel des Grundvorstellungskonzeptes ist einerseits die stoffliche Klärung von mathematischen Gegenstandsbereichen und andererseits die zielgerichtete Beschreibung von Vorstellungsprozessen. *Zielgerichtet* ist diese Beschreibung insofern, als sie vor dem Hintergrund eines expliziten normativen Rahmens durchgeführt wird: Das Maß ist die vorab durch den Lehrer bzw. Forscher getroffene fachliche Strukturierung. Ziele sind dabei, die Vorstellungsentwicklungen der Schülerinnen und Schüler zu beschreiben und gleichzeitig diese Prozesse hinsichtlich der vorab gesetzten Normen zu beurteilen, denn das Ziel der Analyse definiert sich über das Ziel der Vermittlung des fachinhaltlichen Kerns: Ziel ist, *„daß sich Grundvorstellungen ausbilden lassen"* (vom Hofe 1995, S. 123). Die Beschreibung von (Grund-) Vorstellungsentwicklungen ist somit bei dieser Kategorie konsequent mit der Frage nach richtigen und falschen Vorstellungen verknüpft. Diese fachsystematischen (und damit an fachlichen Normen orientierten) Kategorien sind nicht nur handlungsleitend für die anschließende empirische Analyse, sondern auch für die Planung von Unterricht, in dem die Schülerinnen und Schüler „über die ‚Bedeutung' von Begriffen und über damit zusammenhängende sinnvolle oder unsinnige ‚Vorstellungen' nachdenken" (vom Hofe 1995, S. 105). Das Konzept der Grundvorstellungen hat sich in der mathematikdidaktischen Forschung zu einer einschlägigen Kategorie entwickelt, mit der sich schulrelevante mathematische Gegenstandsbereiche strukturieren lassen. Obwohl zwar auch hier zwischen Grundvorstellungen (als fachsystematische Kategorie) und individuellen Vorstellungen unterschieden wird, können die eher an fachsystematischen Normen orientierten Grundvorstellungen für die Beschreibung individueller Begriffsbildungsprozesse jedoch nur bedingt helfen, wie im Folgenden weiter ausgeführt wird. Mit der vorliegenden inferentialistischen Perspektive kann eine solche Beschreibung individueller Begriffsbildungsprozesse (insbesondere auch) vor dem Hintergrund fachlicher Normen vorgenommen werden.

   In Kapitel 1 wurde bereits herausgearbeitet, inwiefern sich der vorliegende theoretische Rahmen zur Beschreibung individueller Begriffsbildungsprozesse von einem vorstellungsorientierten repräsentationalistischen Theorierahmen abgrenzt. Grundlegend für die vorliegende Arbeit ist nicht die Herausbildung adäquater Repräsentationen oder Vorstellungen, sondern das zunehmende Verfügen über ein praktisches Know-how: das Eingehen und Zuweisen von Festlegungen und Berechtigungen sowie das Beherrschen von Inferenzen. In Kapitel 1 und 2 konnte darüber hinaus gezeigt werden, inwiefern es mit Hilfe von Festlegungen möglich ist, konsequent zwischen individueller und konventionaler Ebene zu unterscheiden. Individuelle Festlegungen werden dabei für wahr gehalten, sie müssen nicht wahr sein. Im Unterschied zum Konzept der Grundvorstellungen ist es mit Hilfe des festlegungsbasierten Theorierahmens möglich, individuelle Begriffsbildungsprozesse entlang ihrer individuellen Logik nachzuzeichnen und Viabilität mittels individueller Inferenz sichtbar zu machen. Eine Unterscheidung von konventionaler (bzw. stoffdidakitscher) individueller Betrachtung markiert wesentliche Anknüpfungspunkte des vorliegenden Theorierahmens zu einschlägigen (sozialkonstruktivistischen) mathematikdidaktischen Theorien (vgl. z.B. Vergnaud 1996a, Prediger 2008a, Schwarz et al. 2009). Im vorliegenden Ansatz werden zunächst individuelle Festlegungen und damit die Herausarbeitung viabler und überzeugender Begriffsnetze und Festlegungsstrukturen beschrieben. Ein solches deskriptives Vorgehen ist insofern mit dem Konzept der Grundvorstellungen schwer zu realisieren, als dabei jeder Beschreibungsschritt gleichzeitig stark an der Adäquatheit gewisser Vorstellungen - und damit an den fachlichen Normen - ausgerichtet ist. Gemessen werden beispielsweise die Vorstellungsentwicklungen des Variablenbegriffs von Schülerinnen und Schülern konsequent entlang der drei a priori herausgearbeiteten Aspekte (bzw. einer entsprechenden anderen Systematik). Mit Festlegungen, Berechtigungen und Inferenzen steht gleichsam ein analytisches Instrumentarium bereit, das es ermöglicht, sowohl den mathematischen Gegenstandsbereich als auch die individuellen Begriffsbildungsprozesse hinsichtlich ihrer jeweils spezifischen Logik (Sachstruktur und Viabilität) zu beschreiben. In den ersten beiden Kapiteln konnte dazu gezeigt werden, inwiefern mit diesen Analysewerkzeugen sowohl die sozialen Normen, denen individuelle Begriffsbildungsprozesse in hohem Maße unterworfen sind, als auch die individuellen Logiken erklärt werden können. Wesentliches Prinzip der rekonstruierten Schlussweisen ist die Rekonstruktion von *für wahr gehaltenen* Festlegungen und Inferenzen. Gleichzeitig sind über deduktive Schlussweisen die fachlichen Strukturierungen des jeweiligen mathematischen Gegenstandsbereiches möglich. Insofern zeigt sich eine Anbindung an mathematikdidaktische Forschungsansätze insbesondere auch dadurch, dass auch mit der vorliegenden Perspektive auf individuelle Begriffsbildung eine Verknüpfung von individueller und fachsystematischer Perspektive und deren hintergrundtheoretischen Annahmen (z.B. sozialpsychologische vs. stoffdidaktische Erklärungshaltungen) möglich ist.

Mit den concepts-in-action steht darüber hinaus ein theoretisches Konzept und auswertungspraktisches Analysetool zur Seite, das die epistemischen Handlungen in differenzierter Weise und unter besonderer Berücksichtigung der Situiertheit des Lernprozesses zu beschreiben vermag (vgl. Festlegung 15 in Kapitel 1.4). Welche Festlegungen wir eingehen, ist stark situationsspezifisch. Die concepts-in-action sind dabei diejenigen Begriffe bzw. die ihnen zugrunde liegenden Festlegungen, welche in gewissen Situationen im Vergleich zu anderen aktiviert werden. Auf diese Weise werden Festlegungen, Begriffe und Situationen in ein Beziehungsgefüge gesetzt, das spezifisch für den vorliegenden Ansatz ist:

Die Aktivierung gewisser Begriffe bzw. das Eingehen gewisser Festlegungen wird konsequent mit der Charakterisierung der *individuellen Situation* in eine Beziehung gesetzt. Aus stoffdidaktischer Perspektive könnten die individuellen Vorstellungen mit den *konventionalen Situationen*, also mit der Aufgabenstellung und dem zugrundeliegenden Gegenstandsbereich in Beziehung gesetzt werden. *Die Unterscheidung von konventionalen und individuellen Situationen ist im Vergleich zur Theorie der Grundvorstellungen spezifisch für den festlegungsbasierten Theorierahmen.*

Mit der festlegungsbasierten Perspektive steht ein theoretischer Rahmen bereit, der durch seine a priori fachliche Analyse eine in der Beschreibung empirischer Phänomene nicht zu stark *perspektiv-einschränkende* Haltung einnimmt. Im Gegenteil: Der vorliegende theoretische Rahmen ermöglicht es, die individuellen Begriffsbildungsprozesse als Entwicklungen von Festlegungen zu beschreiben, die ihrerseits inferentiell gegliedert sind. Dabei entwickeln die vorab auf der Grundlage fachdidaktischer Erwägungen herausgearbeiteten konventionalen Festlegungen, Begriffe und Situationen die „normativ geprägten *Grundvorstellungen*" (vom Hofe 1995, S. 123) konsequent weiter im Sinne einer Erklärungshaltung, die begrifflich strukturierte Prozesse als normative individuelle Prozesse betrachtet, in denen wir Festlegungen und Berechtigungen eingehen und zuweisen (vgl. Festlegungen 12 und 13 in Kapitel 1.4). Die Perspektive der zu beobachtenden empirischen Phänomene ist damit latent *perspektiv-erweiternd*.

Interaktionstheoretische Perspektive: Rahmungen

Durch den Vergleich des vorliegenden festlegungsbasierten Ansatzes mit interaktionstheoretischen Perspektiven auf Mathematiklernen und Mathematikunterricht wird das Spannungsverhältnis von Individuellem und Sozialem erneut beleuchtet. Zu den oben vorgestellten sozialpsychologischen Perspektiven unterscheidet sich die hier vorgestellte schon in grundlegender Hinsicht mit Blick auf den Forschungsgegenstand selbst: Dieser ist die Interaktion selbst, nicht das Individuum. Bedeutsam ist der Vergleich mit der festlegungsbasierten Perspektive insofern, als der Diskurs – die Interaktion – der maßgebliche Ort ist, an dem Festlegungen und Berechtigungen zugewiesen und eingegangen und an dem Inferenzen explizit gemacht werden.

Konstituierendes Analyse-, Beschreibungs- und Deutungselement interaktionistischer Perspektiven auf Mathematikunterricht und Mathematiklernen ist die Interaktion selbst: Interaktion erst ermöglicht Verstehensprozesse und interaktionale Handlungen konstituieren und durchziehen den Mathematikunterricht. Dabei folgt die Interaktion häufig eingeschliffenen Routinen und Handlungsmustern (vgl. z.B. Voigt 1984a und 1984b). Untersucht wird Mathematikunterricht dabei in der Regel aus ethnomethodologischer Perspektive hinsichtlich des *unterrichtlichen Alltags*: „Der unterrichtliche Alltag wird außer von didaktischen Maximen auch durch Gewohnheiten und Handlungszwänge strukturiert. (...) In dem Projekt „Routinen im Mathematikunterricht" (...) werden verdeckte und stabile Mikroprozesse im regulären Mathematikunterricht untersucht. Diese Prozesse werden mit den Begriffen *„Routine"* und *„Interaktionsmuster"* beschrieben. Ihre Untersuchung richtet sich auf ihren Anteil am scheinbar reibungslos verlaufenden alltäglichen Unterrichtsgespräch und auf ihre realen wie potentiellen Folgen für das Lernverhalten der Schüler" (Voigt 1984b, S. 266). In dieser Perspektive liegt ein Untersuchungsschwerpunkt darin, die sozialen Interaktionsprozesse im Mathematikunterricht dahingehend zu untersuchen, „wie Bedingungen der Möglichkeit des Mathematiklernens in der sozialen Interaktion solcher Begebenheiten (alltäglicher Situationen im Mathematikunterricht, F.S.) hervor gebracht werden" (Krummheuer 2008, S. 7). Die individuelle Dimension mathematischen Lernens erlangt in dieser Perspektive maßgeblich durch das Soziale seine Bedeutung: „Development and interactions are seen as inseparable. It is stressed that the focus of study is not the individual but interactions between individuals within a culture" (Sierpinska/Lerman 1996, S. 850). Ein wesentlicher Untersuchungsschwerpunkt der interaktionistischen Perspektive beschäftigt sich folglich damit, die Kommunikationsprozesse im Mathematikunterricht genauer zu untersuchen und dafür geeignete Beschreibungsmittel zu finden. Hieraus schöpft sich der spezifische Nutzen dieser Perspektive für die Mathematikdidaktik: „Es kommt (...) auch nicht von ungefähr, dass die interpretative mathematikdidaktische Forschung keine Präferenz für die Analyse unterrichtlicher Neuerungen hat" (Jungwirth/Krummheuer 2006, S. 12).

Mit dem Konzept der *Rahmung* liegt ein interaktionstheoretisches „Beschreibungssystem zur Analyse von Kommunikationsprozessen im Mathematikunterricht" (Krummheuer 1984, S. 285) vor (für eine detaillierte Beschreibung des Konzeptes vgl. z.B. Krummheuer 1983 und 1984). *Primärrahmen* sind dabei individuelle Deutungsschemata, die mittels sog. *Modulationen* gewisse *abgeleitete Rahmen* hervorbringen können. Spezifisch mathematische Modulationen können z.B. Veranschaulichungen, Abstraktionen oder Vereinfachungen sein: „Sie alle stellen u.a. Transformationen dar, die bereits (primär-)gerahmte Begriffe oder Operationen gemäß gemeinsam erarbeiteter Verabredungen und Vereinbarungen (Modulationen) in einem neuen Lichte, unter einem neuen Blickwinkel (Rahmung) erscheinen lassen" (Krummheuer 1984, S. 287). Lehrer und Schüler haben dabei in der Regel bezüglich gewisser Begriffe unterschiedliche Primärrahmen: „Dennoch bricht an vielen Stellen der Unterricht deswegen nicht zusammen. Diese Rahmungsdifferenzen können offenbar durch Modulationsprozesse approximativ entschärft werden, wenngleich hierdurch keine Übereinstimmung in den

Rahmungen erzielt wird" (Krummheuer 1984, S. 289). Überbrückt werden können solche Rahmungsdifferenzen durch die *Herstellung eines Arbeitsinterims*: „Bei Herstellung eines Arbeitsinterims in der Unterrichtskommunikation wird also nicht notwendig eine Einigung über vorzunehmende Rahmungen erzielt, sondern zumeist nur eine Einigung auf eine gemeinsame Ausdrucksweise und eine äußere Übereinstimmung von Handlungsschritten" (Krummheuer 1984, S. 289). Die Rolle des Individuums - Krummheuer (1984) spricht von *Ich-Identität* - lässt sich in dieser Perspektive somit vor allem hinsichtlich einer sozialen Dimension verstehen: „Ich-Identität stellt den selbst und auch von den anderen wahrgenommenen je individuellen ‚Stil' der eigenen inneren Verarbeitungsweise (‚synthesizing methods') von sozialen Handlungsprozessen dar" (Krummheuer 1984, S. 288). Auch die Rolle von Begriffen ist hinsichtlich der sozialen Dimension von Mathematikunterricht zu verstehen: Begriffe sind individuell sehr spezifisch gerahmt (vgl. Krummheuer 1984, S. 287) und ihre Bedeutung wird in der Interaktion ausgehandelt.

Der Vergleich der Struktur der Ergebnisse der Analyse macht die Unterschiede der interaktionistischen Perspektive mit der hier vorliegenden festlegungsbasierten Perspektive deutlich. Ob Interaktionsmuster oder Routinen (Voigt 1984a) herausgearbeitet werden, ob Modulationsprozesse mathematischer Primärrahmen (Kummheuer 1983) oder ob *narrative Rationalisierungspraxen* genauer betrachtet werden, deren „Potential (...) in der Vermittlung bzw. Abschwächung (mitigation) von Rahmungsdifferenzen (liegt, F.S.) und damit in der Option, einen anders Rahmenden von der eigenen Sichtweise überzeugen zu können" (Krummheuer 2008, S. 30), gemeinsam haben diese Ergebnisse, dass sie **strukturelle Merkmale** interaktionaler Prozesse im Mathematikunterricht, die aus dieser Perspektive Lernen instituieren, in den Blick nehmen. Fokussiert werden zwar Mathematik (-Unterrichts)-spezifische Alltagssituationen, gleichwohl folgen die Ergebnisse der spezifischen Interaktionslogik, indem sie die mathematische Interaktion selbst – und damit, diesem Verständnis nach, Mathematikunterricht im eigentlichen Sinne – untersuchen. Demgegenüber nimmt die festlegungsbasierte Perspektive zunächst spezifisch **inhaltliche Merkmale** des Diskurses, des Spiels des Gebens und Verlangens von Gründen, in den Blick. Zentrale Analysewerkzeuge sind hierbei die inferentiell gegliederten Festlegungen, die Grundlage und kleinste Einheit des Denkens und Handelns bilden.

Komplementär sind beide theoretischen Ansätze insofern, als die Unterscheidung zwischen inhaltlichen und strukturellen Merkmalen der jeweiligen Perspektive auf die unterschiedliche Fokussierung von Individuellem und Sozialem zurückgeführt werden kann. Die vorliegende Arbeit betrachtet dazu genauer die individuellen Begriffsbildungsprozesse aus spezifisch festlegungsbasierter Sicht. In Kapitel 1 konnte gezeigt werden, inwiefern diese Sicht durchweg perspektivisch insofern angelegt ist, als Festlegungen nicht nur anerkannt, sondern auch zugewiesen werden. Der Diskurs wird konzipiert als das Spiel des Gebens und Verlangens von Gründen. Entlang des Eingangsbeispiels aus Kapitel 2 konnte gezeigt werden, wie bei Orhan neue Festlegungen entstehen. Diese Festlegungsentwicklung ist – in der Szene – maßgeblich zurückzuführen auf das Eingehen und Zuweisen von Festlegungen in der Interaktion mit Ariane. Die Berechtigungen und Inferenzen, die im Rahmen der festlegungsbasierten Perspektive herausgearbeitet werden, sind dabei maßgeblich inhaltlich strukturiert. Es ist der Gehalt und die Viabilität von Arianes Festlegung, die Orhan zu folgendem Ausspruch veranlasst: *Das stimmt ja wirklich!* Individuelle Begriffsbildungen werden im vorliegenden Rahmen entlang individuell eingegangener Festlegungen beobachtet, die in inferentieller Relation stehen, die also inhaltlich strukturiert sind. Entwicklungsprozesse werden insofern maßgeblich entlang konkreter – *inhaltlich bedeutsamer und signifikanter* – Festlegungen untersucht. Darüber hinaus konnte auch gezeigt werden, inwiefern die festlegungsbasierte Perspektive soziale Normen der Interaktion erklären kann (vgl. Kapitel 1).

Im Gegensatz zu interaktionstheoretischen Perspektiven zeichnet die hier vorliegende aber insbesondere die konsequente Verschränkung von konstruktiver und analytischer Ebene aus. Im Rahmen der festlegungsbasierten Perspektive können nicht nur mathematische Gegenstandsbereiche entlang der konventionalen Festlegungen, Begriffe und Situationen strukturiert werden, mit Hilfe elementarer Festlegungen lassen sich auch Entwicklungs- und Gestaltungsprozesse von Lernkontexten strukturieren.

In diesem Sinne bilden stoffdidaktische und interaktionstheoretische Betrachtungen im Rahmen dieser Arbeit keinen Dualismus. Vielmehr bietet die festlegungsbasierte Perspektive einen kohärenten theoretischen Rahmen, sowohl stoffdidaktische Fundierungen mathematischer Gegenstandsbereiche konsequent festlegungsbasiert auszuarbeiten als auch gleichzeitig individuelle Begriffsbildungsprozesse fundamental perspektivisch zu beschreiben. Das Eingehen und Zuweisen von Festlegungen und Berechtigungen ist in diesem spezifischen Sinne deutlich *interaktions-theoretisch* konnotiert, wenngleich sich diese Perspektive deutlich von *interaktionistischen* Perspektiven abgrenzt.

Epistemologie der Bedeutung

Der vorliegende Abschnitt diskutiert einen theoretischen Ansatz, der explizit auf epistemologische Fragen beim Mathematiklernen fokussiert. Anna Sfard stellt mit *Thinking as Communication* (2008) einen umfassenden theoretischen Ansatz vor, der in vielerlei Hinsicht enge thematische Bezüge vor allem mit Blick auf die hintergrundtheoretischen Annahmen zu dem hier vorliegenden festlegungsbasierten Ansatz ermöglicht. Durch eine vergleichende Analyse kann die Anschlussfä-higkeit des hier entwickelten theoretischen Gesamtrahmens herausgearbeitet werden. Auf diese Weise können insbesondere die wichtigen Ergebnisse zu loka-len Gegenstandsbereichen (z.B. zur Algebra vgl. Sfard 1991 oder Sfard & Lin-chevski 1994) für die vorliegende Arbeit genutzt werden. Zugleich wird deutlich, inwiefern sich der vorliegende Ansatz gerade hinsichtlich der Analyseeinheiten unterscheidet.

Sfards Ansatz einer Theorie mathematischen Denkens und Lernens (Sfard 2001, 2008) fußt auf der Erkenntnis, dass gängige psychologisch orientierte Er-klärungsmuster mathematischen Lernens das Phänomen *Lernen* nur unzureichend beschreiben: „Acquisition-based theories ‚distill' cognitive activities from their context and thus tell us only a restricted part of the story of learning" (Sfard 2001, S. 22). Sfard (2001) setzt sich ab von repräsentationstheoretischen Erklärungsmodellen kognitionspsychologischer Forschungshaltungen: „Cogni-tive psychology equated understanding with perfecting mental representations and defined learning-with-understanding as one that effectively relates new knowledge to knowledge already possessed. (...) Once acquired, the knowledge is carried from one situation to another and used whenever appropriate" (vgl. Sfard 2001, S. 21). Sfard (2008) stellt dem einen partizipationstheoretischen Ansatz gegenüber, dessen analytische Kerneinheit der Diskurs darstellt. Denken lässt sich in diesem Zusammenhang nicht von Kommunikation trennen: „thinking is defined as the *individualized version of interpersonal communication*" (Sfard 2008, S. xvii). Diese Perspektive auf Denken und Mathematiklernen ist tief ver-wurzelt in einer auf Vygotsky und Wittgenstein zurückgehenden Denkhaltung (vgl. Sfard 2001, S. 26 oder Sfard 2008, S. xvi). Der Begriff *commognition* bringt die Verschränkung von Denken und Sprechen als Symbiose der beiden Begriffe *cognition* und *communication* auf den Punkt. Mathematiklernen wird in dieser Perspektive zu einer diskurisven Entwicklung: „Learning mathematics may now be defined as an initiation to mathematical discourse, that is, initiation to a special form of communication known as mathematical" (Sfard 2001, S. 28). Um ma-thematische Diskurse zu beherrschen, identifiziert Sfard (2001, S. 28ff) zwei unterschiedliche Faktorentypen: die mathematischen Werkzeuge (*mediating tools*), die für die Sprechhandlungen eingesetzt werden, und die meta-diskursiven Regeln (*meta-discursive rules*) mathematischer Kommunikation (für eine genaue-re Beschreibung der unterschiedlichen Faktoren vgl. Sfard 2001, 2008). Auf diese Weise konstruiert Sfard einen begrifflichen Rahmen zur Analyse epistemo-logischer Phänomene, in dessen begrifflichem Zentrum der Diskursbegriff den Repräsentationsbegriff abgelöst hat: „Above all, thanks to the disappearance of the cognition/communication dichotonmy, the present object of study, that is discursive processes, is much more accessible than the more traditional one – the cognitive processes ‚in the mind‘" (Sfard 2001, S. 31).

An dieser Stelle werden insbesondere die hintergrundtheoretischen Gemeinsamkeiten zur vorliegenden festlegungsbasierten Perspektive auf Mathematiklernen deutlich: Gemeinsam ist beiden die Überwindung repräsentationalistischer Deutungsmuster im Sinne einer pragmatistischen Erklärungsstrategie. Insofern ergibt sich die Verschiebung der Forschungsgegenstände bei Sfard (2008) in konsequenter Weise: im Mittelpunkt steht hier der Diskurs, nicht die individuelle Vorstellung (vgl. Sfard 2008, S. 276ff). An dieser Stelle werden neben den hintergrundtheoretischen Gemeinsamkeiten auch die Unterschiede des vorliegenden festlegungsbasierten theoretischen Ansatzes mit der *kommognitiven Perspektive* (Sfard 2008) deutlich. Die analytischen Einheiten des hier vorliegendenden festlegungsbasierten Ansatzes sind *Festlegungen, Berechtigungen* und *Inferenzen.* Diese auf Brandom (1994) zurückgehenden Konzepte ermöglichen eine feingliedrige und differenzierte Beschreibung des Diskurses, nämlich als *Spiel des Gebens und Verlangens von Gründen in Form von Festlegungen und Berechtigungen.* Im Mittelpunkt des vorliegenden Ansatzes stehen also weniger die diskursiven Regeln an sich (vgl. Sfard 2001), sondern vielmehr die individuellen Festlegungen, die ausgetauscht und explizit gemacht werden. Diese unterschiedliche Schwerpunktsetzung ergibt sich schon aus der Unterschiedlichkeit des Forschungsgegenstandes: Der hier vorliegende festlegungsbasierte Theorierahmen fokussiert dabei im Vergleich zur kommognitiven Perspektive konsequent auf die Rekonstruktionen individueller Begriffsbildungsprozesse. In diesem Sinne verfolgen die beiden Ansätze die Beschreibung komplementärer und aufs Engste miteinander verzahnter Dimensionen mathematischer Begriffsbildung.

Sozialpsychologische und kognitive Verortung

In diesem Abschnitt werden die sozialpsychologischen Hintergrundannahmen, die der vorliegenden festlegungsbasierten Perspektive auf individuelle Begriffsbildungsprozesse zugrunde liegen, explizit gemacht und in einen Begründungszusammenhang gestellt. So lassen sich die Kerngedanken der vorliegenden festlegungstheoretischen Perspektive, die von einer philosophischen Theorie her motiviert sind, ebenfalls in einem Forschungskontext verorten, der sich mit (sozial-)psychologischen Fragestellungen auseinandersetzt. In diesem Abschnitt geht es insofern nicht um eine systematische Einbettung in einen solchen Kontext und damit um eine systematische Abgrenzung, sondern eher darum, einige Konturen des hier vorliegenden Theorierahmens durch exemplarische Vergleiche mit anderen Theorien deutlicher sichtbar zu machen. In den beiden anschließenden Abschnitten werden dann zwei konkrete mathematikdidaktische Forschungsansätze diskutiert, die sich ebenfalls sozialpsychologisch verorten. Das eine Beispiel (Hußmann 2006) betont dabei eher Aspekte des Designs von Lernumgebungen vor dem Hintergrund eines konstruktivistischen Lernverständnisses und das andere Beispiel (Hershkovitz et al. 2001) betont eher die Analyseebene von Wissenskonstruktionen in gegebenen Lernkontexten.

Im Lichte des festlegungsbasierten Theorierahmens kann eine ungewöhnliche Perspektive auf Piaget und Vygotsky (1986, 1998) eingenommen werden, die gewohnte Konturen zwischen den beiden Erklärungshaltungen in den Hintergrund treten lässt und für den vorliegenden Rahmen wichtige hintergrundtheoretische Aspekte zu Tage fördert. Die zentrale Aussage in diesem Zusammenhang ist, dass die hier entwickelte inferentialistische Perspektive auf individuelle Begriffsbildung in einer Tradition steht, die mit den soziokulturellen Grundannahmen Vygotskys hinsichtlich der Problematisierung des Repräsentationsbegriffs in kohärenter Weise vereinbar ist. Bereits Vygotsky (1986) stellt heraus, dass Lernen und insbesondere Begriffsbildung nicht als bloße Repräsentation verstanden werden kann, sondern dass Begriffsbildung ein aktiver konstruktiver Prozess ist, bei dem Urteile die tragende Funktion haben: „Wir haben auch gesehen, wie der Begriff als Ergebnis des Denkens entsteht und seinen natürlichen Platz beim Urteil findet. In dieser Hinsicht hat das Experiment die theoretische These bestätigt, nach der die Begriffe nicht mechanisch entstehen wie eine Typenphotographie konkreter Dinge; das Gehirn arbeitet in diesem Fall nicht wie ein Photoapparat bei der Herstellung von Typenaufnahmen (...). Wie bereits gesagt, entsteht der Begriff im Prozess einer intellektuellen Operation (...); dabei ist *das zentrale Moment dieser ganzen Operation der funktionelle Gebrauch des Wortes als Mittel zur willkürlichen Lenkung der Aufmerksamkeit, der Abstraktion, der Herauslösung der einzelnen Merkmale, ihrer Synthese und Symbolisierung mit Hilfe eines Zeichens"* (Vygotsky 1986, S. 164).

Seiler (2001) kritisiert, dass das soziokulturelle Paradigma Vygotskys, insbesondere die von ihm geprägte sozial-kommunikative Natur der Begriffe, von sozial-konstruktivistischen Theoretikern häufig „als entscheidende Alternative zur Piaget'schen Erklärung der Konstruktion kognitiver Strukturen" (Seiler 2001, S. 202) herangezogen werde. Piaget wird in diesem Zusammenhang unterstellt, dass allein die individualpsychologische bzw. idiosynkratische Entwicklungsperspektive in den Blick genommen wird [„individualistischer Konstruktivismus Piagets", Seiler 2001, S. 204], während Vygotsky als „soziale Alternative" (Seiler 2001, S. 204) betrachtet wird. Nach Seiler (2001) lässt sich allerdings die Behauptung widerlegen, Piaget beziehe die soziale und kulturelle Kommunikation nicht mit in seine Begriffskonzeption ein und erkläre Begriffsentwicklung „einseitig durch eine kognitive Rekonstruktion der erfahrenen Umwelt" (Seiler 2001, S. 210). Gleichwohl gesteht er den Kritikern Piagets zu, dass Piaget „in seinen empirischen Untersuchungen den sozialen Faktoren mehr Aufmerksamkeit hätte schenken können und sollen" (Seiler 2001, S. 210).

Cobb (2007, S. 12) hebt hervor, dass die Konzeption und die Rolle des Individuums sich in verschiedenen Theorieansätzen teilweise in fundamentaler Weise unterscheidet. Die jeweilige Konzeption ist hingegen von entscheidender Bedeutung für die forschungspraktischen Aktivitäten: „these differences are central to the types of questions that adherents to the (...) [different, F.S.] perspectives ask, the nature of the phenomena that they investigate, and the forms of knowledge they produce" (Cobb 2007, S. 12). Cobb (2007, S. 20) stellt heraus, dass sich die Konzeption des Individuums bei Piaget an einem idealisierten Bild eines Lernenden orientiert, den Piaget das epistemische Individuum nennt: „Researchers working in this cognitive tradition account for variations in specific students' reasoning (...) to develop explanatory accounts of each student's mathematical activity. This approach enables the researchers to both compare and contrast the quality of specific students' reasoning and to consider the possibilities for their mathematical development" (Cobb 2007, S 20).

Derry (2008) zeichnet ein etwas anderes Bild bei der Gegenüberstellung von Vygotsky und Piaget, in dem sie Vygotsky durch seine nicht-repräsentationalistische Grundhaltung hervorhebt. Die später von Brandom entwickelte inferentialistische Erklärungshaltung bietet demnach in diesem Aspekt vielfältige Anknüpfungspunkte. Ausgangspunkt ist dabei der Begriff der abstrakten Rationalität (*abstract rationality*). Derry (2008) stellt heraus, dass „abstract rationality" ein von vielen Seiten kritisierter Begriff sei. Dabei wird oft Bezug genommen auf theoretische Konzeptionen, die Regeln, Entwicklungsprozesse und Fertigkeitsentwicklungen getrennt von der Lebenswelt der Schülerinnen und Schüler betrachten. Für Derry (2008) trifft diese Kritik nur bedingt zu, insbesondere weil hier der Begriff der abstrakten Rationalität zu weit gedehnt werde. Das bedeutet, dass Vygotsky – anders als von vielen Kritikern unterstellt - Begriffsbildung keineswegs als zunehmende dekontextualisierte Abstraktion oder Generalisierung versteht, sondern vielmehr als einen situierten Prozess, in dem es darauf ankommt, den Begriffsgebrauch mit seinen Gründen und Konsequenzen zu beherrschen: „The idea of an abstract decontextualised reason based on universal principles is counter-posed to the contingency of context" (Derry 2008, S. 50).

Wesentlich für Vygotskys Werk ist der Einfluss Hegels und das Vygotskys [und ebenso Hegels] Werk prägende nicht-repräsentationalistische Paradigma. Derry zeigt, dass ein Grund für viele Einwände gegen Vygotskys Konzeption der abstrakten Rationalität darin liegt, dass viele Kritiker aus einer repräsentationalistischen Sichtweise heraus argumentieren. „In line with this it could be argued that some of the concerns of those who take issue with abstract rationality are mis-

placed to the extent those concerns arise in the first place from representational-
ism" (Derry 2008, S. 57). Vygotsky spricht sich explizit gegen eine repräsentationalistische Betrachtungsweise von Begriffen aus und greift das Urteil als zentrale
Einheit auf:

„According to our hypothesis, we must seek the psychological equivalent of
the concept not in general representations, not in absolute perceptions and or-
thoscopic diagrams, not even in concrete verbal images that replace the general
representations – we must seek it in a system of judgments in which the concept
is disclosed." (Vygotsky 1998, S. 55)

Derry zeigt weiter, dass für Vygotsky Rationalität nicht einfach eine zunehmende dekontextualisierte Generalisierung und Abstraktion ist, die verschiedene
Stufen durchläuft. Vielmehr argumentiert Vygotsky im Rahmen des nicht-
repräsentationalistischen Paradigmas explizit nicht gegen dekontextualisierte
Rationalität, sondern vielmehr für „an approach that prioritises inference over
reference" (Derry 2008, S. 58):

"A real concept is an image of an objective thing in all its complexity. Only
when we recognise the thing in all its connections and relations, only when this
diversity is synthesised in a word, in an integral image through a multitude of
determinations do we develop a concept. According to the teaching of dialectical
logic, a concept includes not only the general, but also the individual and particular. (…) To think of some object with the help of a concept means to include the
given object in a complex system of mediating connection and relations disclosed
in determinations of the concept" (Vygotsky 1998, S. 53).

Deutlich wird hier, inwiefern Vygotsky das Erfassen (*recognise*) von Begriffen beschreibt über die Beziehungen und Relationen, in die der Begriff eingebunden ist. Vor dem Hintergrund dieses Begriffsverständnisses beschreibt Vygotsky
Begriffsbildung über den Gebrauch von Begriffen: „Sie (die Experimente, F.S.)
zeigen, wie aus synkretischen Bildern und Beziehungen, aus dem komplexen
Denken, aus potentiellen Begriffen durch Verwendung des Wortes als Mittel zur
Begriffsbildung die spezielle signifikante Struktur entsteht, die als *Begriff im
echten Sinne des Wortes* bezeichnet werden kann" (Vygotsky 1986, S. 166).

Sowohl hinsichtlich der gebrauchstheoretischen als auch der nicht-
repräsentationalistischen Grundhaltungen sind sich Brandom und Vygotsky ähnlich. Wie Brandom erklärt Vygotsky die Bedeutung von Begriffen („concepts")
anhand eines Systems von Urteilen (bzw. Inferenzen bei Brandom). In diesem
Sinne schreibt Brandom, dass Begriffe nicht isoliert voneinander zu betrachten
sind: "Einen solchen Begriff zu begreifen oder zu verstehen heißt, die Inferenzen,
in die er verwickelt ist, praktisch zu beherrschen – zu wissen, d.h. praktisch unterscheiden zu können (und das ist ein Wissen-*wie*), was aus der Anwendbarkeit

eines Begriffs folgt und woraus diese Anwendbarkeit ihrerseits folgt" (Brandom 2001, S. 71).

Vor dem Hintergrund seines spezifischen Begriffsverständnisses wird deutlich, inwiefern Vygotsky in einer inferentialistischen Erklärungstradition steht. Derry hebt in diesem Zusammenhang gleichsam „the absence of any consideration of the inferential character of concepts in Piagetian pedagogy." (Derry 2008, S. 60-61) Dies hat bedeutende Auswirkungen auf die Perspektive auf Begriffsbildung. Derry (2008) hebt hervor, dass Begriffsentwicklungsprozesse im Lichte der Theorie Vygotskys anders konzipiert werden. Dabei spielt die oben erwähnte Idee der „social formation of the mind" (Derry 2008, S. 54) bei Vygotsky eine zentrale Rolle: „This social conception of mind is at odds with orthodox Anglo-American approaches where thought is ‚analyzed in terms of an individual's mental states'" (Derry 2008, S. 54). Vor diesem Hintergrund und wegen der fundamentalen Stellung von "tools" in Vygotskys Werk fallen bei ihm Sprache und Denken zusammen. Dies hat bedeutsame Auswirkungen auf den Begriffsbildungsprozess. „Articulation is part and parcel of the process of conceptualisation" (Derry 2008, S. 54). Begriffsbildung wird hier als ein Prozess der ‚Konzept-ualisierung' verstanden, wobei Artikulation ein Teil dieses Prozesses ist. Vor dem Hintergrund von Vygotskys Begriffsverständnis (Denken und Sprechen fällt zusammen) wird der Reiz eines einzigen Wortes im Englischen - nämlich concept - sowohl für *Idee* als auch für *Begriff* verständlich: „Conceptualisation" (englisch) meint im deutlichsten Sinne, einen Gedanken, vielmehr einen Begriff, in Worte zu fassen.

Derry beschreibt den Nutzen eines solchen Verständnisses für pädagogische Fragestellungen zur Begriffsbildung: "The significance for education of the idea that thought or concepts are only completed through their expression implies a rejection of the commonly practised mode of teaching known as 'the transmission mode'" (Derry 2008, S. 54). Tradierte Vorstellungen vom Lernen als Vermittlung von Lernstoffen sind vor diesem theoretischen Hintergrund nicht haltbar.

Mit Blick auf Brandom zeigt Derry, wie sehr beide - sowohl Vygotsky als auch Brandom - einem nicht-repräsentationalistischen Paradigma verpflichtet sind. In diesem Sinne sind die Erkenntnisse für Begriffsbildungsprozesse richtungsweisend für die vorliegende Arbeit: "The prioritisation of inference over reference entails, in terms of pedagogy, that the grasping of a concept (knowing) requires committing to the inferences implicit in its use in a social practice of giving and asking for reasons. Effective teaching involves providing the opportunity for learners to operate with a concept in the space of reasons within which it falls and by which its meaning is constituted. Participation in such a space does not require an immediate and full grasp of the reasons constituting the concept but rather only the ability to inhabit the space in which reasons and the concept operate in the first place." (Derry 2008, S. 59)

Derry folgert, dass aus dieser Perspektive die Inferenzen im Zusammenhang mit Begriffen eine entscheidende Rolle spielen: Für effektive Begriffsbildungsprozesse folgt daraus, dass die Teilnahme an Diskursen oder vielmehr die Fähigkeit „to inhabit the space in which reasons and the concept operate" im Zentrum steht und weniger, dass ein Begriff direkt vollständig bzw. mit all den wichtigen assoziierten Festlegungen direkt erfasst wird.

Weiterhin sieht Derry Implikationen für pädagogische Fragen dahingehend, dass Begriffsbildung nicht als ein dekontextualisierter Abstraktionsprozess verstanden werden kann, der Vygotsky von vielen Kritikern häufig unterstellt wird (Derry 2008, S. 60): „On the contrary, following Brandom, and Hegel, in order to understand, it is necessary to 'make explicit' the connections and determinations which constitute a concept. For Vygotsky, these connections and determinations are not due to 'abstract rationality' (even though they are objective) but to the cultural-historical activity of human beings in the world of which they are part" (Derry 2008, S. 60).

Es wird vor dem Hintergrund der nicht-repräsentationalistischen Grundhaltung von Vygotskys Begriffsbildungsverständnis deutlich, dass das Begriffsbildungsverständnis, das dieser Arbeit zugrunde liegt, in einer solchen soziokulturellen Perspektive verwurzelt ist. Die dieser Arbeit zugrunde liegenden Forschungsfragen greifen diesen Aspekt auf: zum einen hinsichtlich des epistemologischen Erkenntnisinteresses, inwiefern es möglich ist, individuelle Begriffsbildungsprozesse als Entwicklungen individueller Festlegungen zu beschreiben und zum anderen dahingehend, inwiefern sich der zugrunde liegende Lernkontext zum Aufbau mathematisch tragfähiger individueller Festlegungsstrukturen eignet (vgl. Forschungsfrage 3 zum konstruktiven Erkenntnisinteresse). Die hier dargelegten hintergrundtheoretischen Annahmen, insbesondere die inferentialistische Erklärungshaltung, die bereits Vygotskys Argumentation zugrunde liegt, lässt sich dabei in konsistenter Weise mit dem hier vorliegenden Ansatz vereinbaren. Festlegung 10 hebt die von Derry (2008) daraus geforderte Konsequenz hervor: *Mathematische Lernkontexte sollten einen Raum anbieten, der es Schülerinnen und Schülern ermöglicht, mathematische Argumentationen durchzuführen, die Gründe und Konsequenzen explizit zu machen und so mathematisch tragfähige Festlegungen zunehmend einzugehen.*

In den nächsten beiden Abschnitten werden zwei exemplarische Ansätze aus mathematikdidaktischen Forschungsfeldern diskutiert, die einerseits sozialpsychologisch verortet sind und die andererseits in gewisser Weise komplementäre Schwerpunktsetzungen haben: Während Hußmann (2006) der Frage nachgeht, welche Konsequenzen für das Design von Lernumgebungen aus einer konstruktivistischen Perspektive auf Lernen gezogen werden können, haben Hershkovitz et al. (2001) ein Analysemodell zur Beschreibung von Wissenskonstruktionen entwickelt. In ausgewählten Aspekten werden beide Ansätze mit dem hier vorliegenden Ansatz vergleichen.

Sozialkonstruktivistische Designperspektive

Hußmann (2006) hat mit seinen Perspektiven auf *Konstruktivistisches Lernen an Intentionalen Problemen* (KLIP) vielfältige forschungstheoretische und unterrichtspraktische Impulse für die Verankerung und theoretische Fundierung sozialkonstruktivistischer Grundüberzeugungen in der Mathematikdidaktik geliefert. Im Mittelpunkt der Arbeit stehen dabei gleichermaßen die Einbettung lokaler mathematikdidaktischer Theorien in einen sozialkonstruktivistischen Begründungszusammenhang und die daraus in kohärenter Weise abgeleiteten Intentionalen Probleme sowie eine darauf aufbauende empirische Studie. Diese geht der Frage nach dem Wirkungsgrad einer offenen Lernumgebung auf den Lernerfolg der Schülerinnen und Schüler sowohl in kognitiver als auch in affektiver Hinsicht nach. Die konstruktivistische Grundhaltung postuliert, dass Wissen nicht passiv aufgenommen wird, sondern dass Wissenserwerb ein aktiver und konstruktiver Prozess ist, der durch die Erfahrungen des Individuums in spezifischen (Lern-) Kontexten geprägt ist. Lernen und Begriffsbildung sind „immer mit schöpferischem Tätigsein verknüpft und der Begriff wird durch den Übergang von konkreter zu abstrakter Erlebniswelt vom Werkzeug zum situationsunabhängigen Wissen" (Hußmann 2006, S. 22, vgl. auch Vollrath 1984).

Die vorliegende Arbeit differenziert die von Hußmann (2006) entwickelten Grundlagen insofern weiter aus, als mit der inferentialistischen Perspektive auf individuelle Begriffsbildungen neuartige Analysewerkzeuge (Festlegungen, Berechtigungen und Inferenzen) genutzt werden, die das Spektrum der Beschreibungsmöglichkeiten individueller Begriffsbildungsprozesse erweitern, ohne dabei auf die Kohärenz der theoretischen Anlage verzichten zu müssen. Insofern werden im Folgenden die Grundlagen und Ergebnisse von KLIP (Hußmann 2006) knapp skizziert, um dann Aspekte aufzuzeigen, die die Anschlussfähigkeit der hier entwickelten Perspektive verdeutlichen.

Hinsichtlich des Potentials dieser Perspektive auf Mathematiklernen für die Mathematikdidaktik (vgl. Cobb 2007, S. 15) wird deutlich, dass sich diese Arbeit (Hußmann 2006) insbesondere durch den konstruktiven Beitrag, den die Intentionalen Probleme liefern: „In ihrer Funktion als Problembereiche erfüllen alle Intentionalen Probleme die Kriterien der Merkmale (...) konstruktivistischer Lernumgebungen. Hinsichtlich des Grades an Komplexität, Authentizität oder Strukturiertheit unterscheiden sie sich" (Hußmann 2006, S. 59). Handlungsleitend kann diese theoretische Perspektive auf drei Ebenen werden:

- Auf der unterrichtspraktischen Ebene liefert *KLIP* eine epistemologische Fundierung einer konstruktivistischen Perspektive zur Weiterentwicklung, Ausdifferenzierung und Neugestaltung Intentionaler Probleme für mathematische Gegenstandsbereiche.

- Auf der Ebene forschungspraktischer Betrachtungen bietet KLIP reichhaltige Anknüpfungspunkte, die Spezifität Intentionaler Probleme für unterschiedliche Gegenstandsbereiche und Lerngruppen herauszuarbeiten.

- Auf forschungstheoretischer Ebene bietet KLIP eine Fundierung und Begründung eines sozialkonstruktivistisch geprägten Mathematikunterrichts in einer offenen Lernumgebung. Grundlage bildet dabei die Annahme, „dass Mathematik ein Denken in Begriffen ist und diese Begriffe nur aus der Erfahrung im Umgang mit für das Subjekt relevanten Problemen individuell entwickelt werden können" (Hußmann 2006, S. 174). Vor diesem Hintergrund konnte gezeigt werden, dass „Schülerinnen und Schüler bei geeigneter Gestaltung der Lernumgebung in der Lage sind, mathematische Begriffe selbsttätig zu konstruieren bzw. zu erfinden" (Hußmann 2006, S. 174-175). Handlungsleitend können diese Ergebnisse dahingehend sein, dass solche individuellen begrifflichen Konstruktionsprozesse in einer Weise explizit gemacht werden, die einerseits den individuellen Logiken der Schülerinnen und Schüler Rechnung trägt und die andererseits eine analytische Sprache nutzt, die in forschungstheoretischer Hinsicht die sozialkonstruktivistischen Grundannahmen in kohärenter Weise auf individueller Ebene konkretisiert und die in forschungspraktischer Hinsicht als Auswertungstool dienen kann.

Insofern bildet die beispielhaft an KLIP aufgezeigte sozialkonstruktivistische Perspektive einen mathematikdidaktischen Forschungsrahmen, der sowohl Vorlage für konstruktive Fragen nach Designentwicklungen als auch für forschungspraktische und forschungstheoretische Vertiefungen im Zusammenhang mit Intentionalen Problemen sein kann. Im Rahmen der vorliegenden Arbeit wird dieses Potential in vielfältiger Weise genutzt. Zum einen lassen sich Grundgedanken des vorliegenden Lernkontextes auf Ideen zurückführen, die für die Intentionalen Probleme formuliert wurden. Eine genauere Analyse und Abgrenzung findet sich in Kapitel 4 zur stoffdidaktischen Fundierung. Der vorliegende Lernkontext erfüllt von seiner inhaltlichen, strukturellen und methodischen Anlage her gesehen wesentliche Kriterien einer offenen Lernumgebung im Sinne Hußmanns (vgl. Hußmann 2006). Der Lernkontext dient als Vorlage, bereichsspezifische Begriffsbildungsprozesse genauer zu analysieren (vgl. dazu auch Forschungsfragen 2 und 3 zum empirischen und konstruktiven Erkenntnisinteresse). Insbesondere jedoch verortet sich der vorliegende Theorierahmen in einer sozialkonstruktivistischen Perspektive auf Mathematiklernen. Diese Perspektive und die von

Hußmann (2006) formulierten Annahmen konstruktivistischer Begriffsbildung bilden für die vorliegende Arbeit einen theoretischen Bezugspunkt, der mit Blick auf die Analyse individueller Begriffsbildungsprozesse aus festlegungsbasierter Perspektive weiterentwickelt wird (vgl. dazu die Forschungsfragen 1 und 4 zum epistemologischen und mathematikdidaktischen Erkenntnisinteresse).

Die Rolle des Individuums wird bei Hußmann (2006) konzipiert im Spannungsfeld von Individuellem und Sozialem. Lernen wird betrachtet als aktiver individueller und situierter Prozess, der durch den sozialen Kontext geprägt ist. Hußmann bringt diesen Zusammenhang in einer seiner Grundthesen für eine konstruktivistische Theorie des Lernens so auf den Punkt: „Die subjektiven Theorien müssen innerhalb der sozialen Realität viabel sein" (Hußmann 2006, S. 6, im Original hervorgehoben). Die in der vorliegenden Arbeit eingeschlagene festlegungsbasierte Erklärungsrichtung entwickelt diesen Begründungszusammenhang weiter: Es sind die individuellen Festlegungen und Berechtigungen, denen wir jederzeit auf der Spur sind – sowohl unseren eigenen als auch denen der anderen Diskursteilnehmer. Die Festlegungen, die wir selbst eingehen, müssen nicht wahr sein, aber sie werden für wahr gehalten. Jede Äußerung unseres Gegenübers kann unseren individuellen Festlegungskontostand ändern. Die subjektiven Theorien (vgl. Hußmann 2006) der Schülerinnen und Schüler werden in dieser Arbeit in Form der individuellen Festlegungen explizit gemacht. Die Rekonstruktion der individuellen Inferenzen konkretisiert den Aspekt der Viabilität für die festlegungsbasierte Perspektive: Für *wahr* werden Festlegungen gehalten im Lichte der Festlegungen und Berechtigungen, die als Gründe dienen. Die Inferenzen konkretisieren den Viabilitätsaspekt auf einer forschungspraktischen Ebene: *Rekonstruierte individuelle Inferenzen ermöglichen auf diese Weise einen qualitativ aussagekräftigen Indikator für Viabilität.* Die hier vorliegende Konzeption und Rolle des Individuums knüpft an die theoretische Fundierung, die Hußmann (2006) in KLIP liefert, insofern an, als auch in der vorliegenden festlegungsbasierten Perspektive auf individuelle Begriffsbildungsprozesse gleichermaßen das Individuelle und das Soziale für die Konzeption der Rolle des Individuums im Lernprozess konstituierend ist. Festlegungen werden eingegangen und zugewiesen. Orhan weist Ariane z.B. die Festlegung zu, ein Produkt zu einer gewissen Anzahl von Punkten finden zu können. Seine spätere Festlegung, die Faktoren eines solchen Produktes lassen sich als zwei disjunkte Mengen im Punktmuster darstellen, lässt sich auch auf die Festlegung zurückführen, die Orhan Ariane zugewiesen hat. Insofern werden die eigenen Festlegungen in der Regel auch verständlich im Lichte der Festlegungen der anderen Personen.

Begriffe bilden dabei den Ausgangspunkt allen mathematischen Tuns: „Mathematik ist ein Denken in und ein Handeln mit Begriffen" (Hußmann 2009, S. 6). Im Mittelpunkt steht dabei die Grundhaltung, dass Schülerinnen und Schüler im Mathematikunterricht Begriffe erfinden. Dazu wird der konstruktivistischen Theorie mathematischen Lernens eine konsequent pragmatistische Erklärungshaltung an die Seite gestellt: Mathematiktreiben ist aktives Handeln mit und nicht nur Denken in Begriffen. Hußmann (2004) hebt diese pragmatistische Erklärungshaltung für die konstruktivistische Sicht auf Mathematiklernen mit Bezug auf Brandom (2001) hervor: „We use concepts for understanding and structuring what is going on around us. (...) In this sense, wisdom is concept-mongering" (Hußmann 2004, S. 64). In diesem Sinne bilden Begriffe Ausgangspunkt und kleinste Einheit mathematischen Denkens und Handelns. Begriffe werden verständlich in ihrer Rolle als Gegenstand individueller und sozialer Aushandlung. Sie sind dadurch Keim- und Kristallisationspunkt mathematischen Tuns.

Für die vorliegende Arbeit wird dieser Aspekt aufgenommen und im Sinne einer inferentialistischen Erklärungshaltung zur Analyse individueller Begriffsbildungsprozesse weiter ausdifferenziert: Ausgangspunkt sind hierbei die individuellen Festlegungen, Berechtigungen und Inferenzen als neuartige Analysewerkzeuge, die unseren Begriffen zugrunde liegen. Begriffsaushandlung (oder concept-mongering, vgl. Hußmann 2004) wird hier modelliert über das gegenseitige Eingehen und Zuweisen von Festlegungen und Berechtigungen. Kristallisations- und Anknüpfungspunkt bilden individuelle Festlegungen, Berechtigungen und Inferenzen (vgl. Kapitel 1): *Individuelle Bildungsprozesse begrifflicher Repräsentationen werden erklärt und explizit gemacht in Begriffen des Zuweisens und Eingehens von Festlegungen und Berechtigungen.* Der Aspekt der Viabilität als Charakteristikum einer konstruktivistischen Perspektive auf Mathematiklernen liegt auch der vorliegenden Arbeit zugrunde (vgl. Charakteristikum F5 aus Kapitel 1): *Individuelle Festlegungen sind für das Subjekt viabel. Sie müssen nicht wahr oder falsch sein, sondern sie werden für wahr oder falsch gehalten.*

Es wird deutlich, dass wesentliche inhaltliche Kernelemente dieser Arbeit die Grundlagen der konstruktivistischen Lerntheorie des Mathematiklernens (Hußmann 2006) aufgreifen und die konstruktivistische Perspektive zusammen mit der pragmatistischen Erklärungsstrategie in konsequent festlegungsbasierter Perspektive weiterentwickeln. Durch den Vergleich hintergrundtheoretischer Annahmen entlang der vier Kriterien (*Rolle des Individuums, Nutzen der Theorie für die Mathematikdidaktik, Konzeption von Begriff* und *Kleinste Einheiten des Denkens und Handelns*) konnten die inhaltlichen Schnittmengen aufgezeigt werden.

Eine Weiterentwicklung des epistemologischen Gesamtrahmens einer konstruktivistischen Lerntheorie, die Hußmann (2006) zum Design offener Lernumgebungen (Intentionale Probleme) vorgelegt hat, findet im Rahmen dieser Arbeit sowohl in epistemologischer als auch in auswertungspraktischer Hinsicht statt: Mit Hilfe von Festlegungen, Berechtigungen und Inferenzen wird es einerseits möglich, den mathematischen Erkenntnisprozess im Spannungsfeld von Individuellem und Sozialem in einer Perspektive zu beschreiben, die für beide Ebenen (individuelles und soziales) eine einzige Analyseeinheit nutzt (Festlegungen). Andererseits wird diese epistemologische Kohärenz genutzt, um daraus ein festlegungsbasiertes forschungspraktisches Auswertungsschema zu entwickeln, dessen Hintergrundannahmen sich ebenfalls in konsistenter Weise mit dem epistemologischen Rahmen vereinbaren lassen (vgl. Kap. 2). Der Nutzen einer Weiterentwicklung theoretischer Ansätze ergibt sich allerdings nicht allein aus epistemologischer Kohärenz, sondern vielmehr aus der Aussagekraft der Ergebnisse der empirischen Untersuchung. Diesem Erkenntnisinteresse geht Forschungsfrage 4 zum mathematikdidaktischen Erkenntnisinteresse nach, die vor dem Hintergrund der empirischen Untersuchung abschließend beleuchtet werden muss: *Inwiefern lässt der zugrunde liegende festlegungsbasierte Theorierahmen vor dem Hintergrund des hier skizzierten Forschungsstandes neue Einsichten in und Perspektiven auf mathematische individuelle Begriffsbildungsprozesse zu?*

Im folgenden Abschnitt werden Anknüpfungspunkte und Gemeinsamkeiten an ein bereits bestehendes Analysemodell zur Erforschung von Wissenskonstruktionen herausgearbeitet (RBC+C Modell). Auf diese Weise wird insbesondere die weitere Anbindung an zu der vorliegenden Perspektive vergleichbare mathematikdidaktische Theorierahmen deutlich.

Mathematikdidaktische Forschung zu individuellen Wissenskonstruktionen

Ziel dieses dritten Kapitels 3 ist, die Konturen des in den Kapiteln 1 und 2 diskutierten Ansatzes zur Untersuchung individueller Begriffsbildungsprozesse dadurch weiter auszuschärfen, dass er in ausgewählten Aspekten mit anderen mathematikdidaktischen Ansäten verglichen wird. In einigen Abschnitten wird der Kontrast dadurch sehr deutlich herausgearbeitet, dass sich z.B. die epistemologischen Hintergrundannahmen deutlich voneinander abgrenzen lassen oder dass die Forschungsgegenstände sich deutlich voneinander unterscheiden. In diesem Abschnitt werden Anknüpfungspunkte der hier vorliegenden festlegungstheoretischen Perspektive zu einer mathematikdidaktischen Forschungsrichtung herausgearbeitet, die sich ebenfalls mit der Erforschung individueller Lernprozesse und mit Fragen der Wissensentstehung beschäftigt. Insofern ist das Ziel dieses Abschnitts weniger, eine möglichst kontrastreiche Gegenüberstellung herauszuarbeiten, sondern eher entlang einiger Gemeinsamkeiten Anknüpfungspunkte und Spezifika von zwei theoretischen Perspektiven mit ähnlichen Erkenntnisinteressen aufzuzeigen.

Die Erforschung von Abstraktionsprozessen hat eine lange Tradition und spielt in diesem Zusammenhang eine besondere Rolle (vgl. hierzu z.B. die Beschreibungen in Schwarz et al. 2009, S. 19ff). Seit gut 10 Jahren beschäftigen sich internationale Forscherteams um Hershkowitz, Schwarz und Dreyfus (2001) mit der Untersuchung mathematischer Wissenskonstruktionen und dabei insbesondere mit Abstraktionsprozessen. Abstraktion selbst wird dabei verstanden als „activity of vertically reorganizing previous mathematical constructs within mathematics and by mathematical means so as to lead to a construct that is new to the learner" (Schwarz et al 2009, S. 24). Mit dem Konzept der *vertikalen* Reorganisation ist gemeint, dass neue Konstrukte oder Begriffe auf bereits erworbenen Begriffen aufbauen: „Vertical reorganization is necessarily based on prior constructs that are to be reorganized and thus serve as bricks in the process of constructing" (Schwarz et al. 2009, S. 17). Mit Konstrukten sind z.B. Begriffe wie das Variablenkonzept gemeint.

Schwarz et al. (2009) heben hervor, dass Abstraktionsprozesse sich grundsätzlich in drei Schritten vollziehen: Zunächst muss ein individuelles Bedürfnis („need") für ein neues Konstrukt bestehen, bevor sich ein neues Konstrukt herausbilden kann („emergence of a new construct"). Die Konsolidierungsphase ist der dritte Schritt im Rahmen eines Abstraktionsprozesses. Konsolidierung „refers to processes that involve a high level of consciousness. It does refer to a long span of time but concerns the conscious reuse of a new construct" (Schwarz et al. 2009, s. 30). Eine der wesentlichen Stärken dieser Abstraktionstheorie ergibt sich aus der sehr genauen Erforschung des zweiten Schrittes: der Entstehung neuer Konstrukte. Hershkovitz et al. (2001) konnten auf der Grundlage von empirischen Daten und vor dem Hintergrund des oben skizzierten Abstraktionsbegriffes epistemische Handlungen (epistemic actions) identifizieren, die eine solche Entstehung neuer Konstrukte strukturieren: Recognizing (R), Building-with (B) und Constructing (C). In dem so entwickelten RBC-Modell gehen jeder neuen Konstruktion (C) eines mathematischen Konstruktes die Schritte Recognizing (R) und Building-with (B) voraus: „*recognizing* takes place when the learner recognizes that a specific previous knowledge construct is relevant to the problem he or she is dealing with. *Building-with* is an action comprising the combination of recognized constructs, in order to achieve a localized goal, such as the actualization of a strategy, a justification or the solution of a problem" (Schwarz et al. 2009). Schwarz et al. (2009) betonen die bedeutsame Rolle der anschließenden dritten Phase in Abstraktionsprozessen: der Konsolidierungsphase (C). Häufig wird der hier beschriebene Ansatz daher als RBC+C Modell bezeichnet, „using the second C in order to point at the important role of consolidation" (Schwarz et al. 2009, S. 25).

Entlang des Eingangsbeispiels aus Kapitel 2 werden die einzelnen Phasen angedeutet. Im Eingangsbeispiel zählt Orhan zunächst die Punkte des statischen Punktmusters einzeln ab. Er erfasst hier die Struktur des Punktmusters so, dass er eine ihm bekannte Abzählstrategie als hilfreich für die Bestimmung der Anzahl ansieht und diese dann entsprechend anwendet (R). Im Gespräch mit Ariane ist es der Begriff des Produktes, der sich offenbar für eine mathematisch angemessenere Lösung des vorliegenden Problems eignet. Orhan ändert seine Strategie und nutzt nun ein Produkt zur Bestimmung der Gesamtzahl. Dabei nutzt er sowohl Elemente seiner ursprünglichen Strategie, als auch Beobachtungen von Arianes Strategie (B). Die Beschreibungen in Kapitel 2 können zeigen, inwiefern Orhan im weiteren Verlauf Festlegungen eingeht, die auf einen mathematisch nicht tragfähigen Begriff des Produktes verweisen (C). Hierbei deutet Orhan die Zahlen im Produkt als Anzahlen und identifiziert in einem Punktmuster mit 20 Punkten zwei disjunkte Punktmengen mit je 4 bzw. 5 Punkten mit den Faktoren des Produktes 4·5. Ein solcher Prozess kann mit den drei Arten epistemischer Handlungen Recognizing (R), Building-with (B) und Constructing (C) beschrieben werden.

Sein Potential schöpft dieser Ansatz zur Beschreibung mathematischer Wissenskonstruktionen aus unterschiedlichen Aspekten: Zum einen ist es Hershkovitz et al. (2001) gelungen, ein methodisch operationalisierbares Analysewerkzeug zu entwickeln, das Entstehungsprozesse von mathematischem Wissen sehr genau und detailliert beschreibbar macht. Mit Hilfe der epistemischen Handlungen RBC konnten Forschungswerkzeuge entwickelt werden, die die Entstehung neuer mathematischer Konstrukte in epistemologisch sehr unterschiedliche Phasen einzuteilen vermögen. Hershkovitz (2009) betont die zahlreichen bereichsspezifischen Anschlussuntersuchungen (z.B. Dreyfus / Kidron 2006, zit. nach Hershkovitz 2009, S. 276) zur Spezifität der Entstehung neuer Konstrukte in speziellen mathematischen Situationen. „The researchers used the RBC model as a methodological tool for the analysis of constructing knowledge"(Hershkovitz 2009, S. 276). Sichtbar werden damit Entwicklungsprozesse, indem mit der Analyse der RBC Handlungen rekonstruiert wird, wie Wissen gebildet, aufgegriffen und dann weiterentwickelt wird. Auf diese Weise wird eine nicht output-, sondern prozessorientierte Beschreibung von individuellen Wissenskonstruktionen möglich.

Das RBC Modell zeichnet sich zum anderen dadurch aus, dass es sowohl als theoretischer Rahmen genutzt werden kann, vor dessen Hintergrund Entstehungsprozesse von mathematischen Konstrukten genauer verstanden werden können, als auch als forschungsmethodisches Werkzeug, mit Hilfe dessen dann ebendiese Prozesse beschrieben werden können, maßgeblich durch die Identifikation der epistemischen Handlungen. Insofern weist dieses Modell hinsichtlich hintergrundtheoretischer und forschungsmethodischer Fragestellungen eine hohe Kontingenz auf: „research made it clear that the RBC+C model is an appropriate tool/theory/methodological tool/methodology to describe abstraction and provide insight into processes of abstraction in a wide range of situations of abstraction and consolidation on a medium-term timescale" (Hershkovitz 2009, S. 276).

Die Beschreibung des RBC Modells macht deutlich, dass sich viele Gemeinsamkeiten und Anknüpfungspunkte zu der hier vorgelegten festlegungstheoretischen Perspektive identifizieren lassen. Zunächst einmal untersuchen beide Ansätze individuelle mathematische Verstehensprozesse. Der Abstraktionsbegriff selbst wird zwar aufgrund seiner sehr repräsentationstheoretischen Konnotationen im vorliegenden festlegungstheoretischen Ansatz vermieden. Jedoch betonen die maßgeblichen Analysewerkzeuge der epistemischen Handlungen RBC des gleichnamigen Modells die Bedeutung der individuellen Handlung und grenzen sich gleichsam deutlich von einem kognitionstheoretischen Verständnis von Abstraktion ab (vgl. z.B. Schwarz et al. 2009, S. 19ff). Deutlich wird weiterhin die enge Verknüpfung von forschungsmethodischen und hintergrundtheoretischen Aspekten: Sowohl in der hier vorgelegten festlegungstheoretischen Perspektive auf individuelle Begriffsbildung als auch beim RBC-Modell wird das forschungspraktische Auswertungsschema in konsistenter Weise aus dem Theorierahmen heraus entwickelt.

Weiterhin sind auch die forschungspraktischen Erkenntniswege des RBC Modells und der festlegungstheoretischen Perspektive auf individuelle Begriffsbildung vergleichbar: Theoretische Erkenntnisse werden gewonnen auf der Grundlage empirischer Daten. Für den vorliegenden Ansatz kann z.B. auf der Grundlage einer empirie-gestützten Argumentation gezeigt werden, inwiefern die Entstehung neuer (individueller) Festlegungen als eine Rekonstruktion von Festlegungen entlang von Situationen modelliert werden kann (siehe dazu Kap. 2 bzw. Kap. 6 für eine ausführliche Diskussion). In ganz ähnlicher Herangehensweise konnten die epistemischen Handlungen R, B und C auf der Grundlage empirischer Daten und theoretischer Validierung gewonnen werden: „The three epistemic actions (...) were hypothesized as the main building blocks of the model, and at the same time were validated as well" (Hershkovitz 2009, S. 276).

In mehr als 10 Jahren intensiver Forschung am und mit dem RBC(+C) Modell konnten so wichtige Erkenntnisse zu individuellen Konstrukten mathematischen Wissens gewonnen werden. Schwarz et al. (2009) heben hervor, dass neuere Erkenntnisse sogar auf die Verknüpfung der Beschreibung individueller und sozialer Wissenskonstruktionen mit Hilfe des RBC Modells hindeuten. Schwarz et al. (2009) bezeichnen solche sozialen Wissenskonstruktionen als *shared knowledge* und beziehen sich mit diesem Ausdruck explizit auf interaktionistische Wurzeln: "The social aspect of the RBC model of abstraction is inherent and ubiquitous. (...) We emphasize the flow of knowledge from one student to the others, until they have a common basis of knowledge. If their common basis of knowledge allows the students in the group to continue constructing knowledge collaboratively and actualizing it in further activities, we identify this as *shared knowledge*" (Schwarz et al. 2009, S. 31f). Die Verknüpfung dieser beiden Ebenen, d.h. die individuellen Wissenskonstruktionen im Lichte interaktionaler Phänomene näher zu untersuchen, macht das Potential des Theorierahmens insofern deutlich, als es möglich erscheint, zwei wichtige Einflussgrößen mathematischen Lernens in einer theoretischen Perspektive zu untersuchen.

In der vorliegenden Untersuchung wird die festlegungstheoretische Perspektive auf mathematische Begriffsbildung zunächst maßgeblich hinsichtlich der individuellen Dimension mathematischer Begriffsbildung fundiert. In den Kapiteln 1 und 2 wird deutlich, inwiefern die festlegungstheoretische Perspektive auch auf die soziale Dimension mathematischen Lernens ausgedehnt werden kann. Eine detaillierte und systematische Untersuchung von Prozessen des *Zuweisens* und *Eingehens* von Festlegungen könnte interaktionale Festlegungsstrukturen sichtbar machen. Hierzu scheinen weitergehende Forschungen vielversprechend. Die vorliegende Arbeit hingegen dient der Fundierung des festlegungstheoretischen Ansatzes zunächst für individuelle Begriffsbildungsprozesse.

Einen Anspruch, den diese Arbeit im Unterschied zum RBC Modell nicht verfolgt, ist die systematische Beschreibung von *Entstehensprozessen* mathematischen Wissens. Stattdessen verfolgt der vorliegende Ansatz eher das Ziel, individuelle Begriffsbildung sowohl in kurzfristiger als auch in langfristiger Perspektive als Strukturen von Festlegungen und Inferenzen in systematischer Weise zu rekonstruieren. Dabei wird sich in den (Auswertungs-)Kapiteln 6 und 7 zeigen, inwiefern die Festlegungen und Inferenzen in individuellen Begriffsbildungsprozessen in hohem Maße strukturiert erscheinen. Insbesondere lassen sich mit Hilfe der so rekonstruierten Struktur Hürden in Begriffsbildungsprozessen auf mathematisch nicht tragfähige Festlegungen in anderen Situationen zurückführen. Individuelle Begriffsbildung wird daher in dem vorliegenden Ansatz gerade in langfristiger Perspektive eher als Verkettung von Festlegungsstrukturen mit ihren Inferenzen rekonstruiert, als als Versuch der Rekonstruktion eines (bestenfalls kontinuierlichen) *Prozesses*. Zwar können solche Entstehungsprozesse mit Hilfe des vorliegenden Ansatzes hypothetisch nachgezeichnet werden (vgl. dazu die Entstehung von neuen Festlegungen in den Kapiteln 2 und 6), aber eine prozessuale Beschreibung von Wissenskonstruktionen gehört nicht zum epistemologischen Erkenntnisinteresse dieser Arbeit.

Insofern stellt der vorliegende Ansatz eine festlegungs- und inferenzorientierte Perspektive auf *individuelle Begriffsbildung* dar. Daraus leitet sich auch der Anspruch der vorliegenden Arbeit ab: Es soll gezeigt werden, inwiefern die Rekonstruktion individueller Begriffsbildungsprozesse mit Hilfe von Festlegungen und Inferenzen möglich ist. Hierin unterscheiden sich die Erkenntnisinteressen von Forschungen zum RBC Modell und zum vorliegenden Ansatz deutlich. Andererseits macht die obige Diskussion auch deutlich, inwiefern die beiden Ansätze z.b. sowohl hinsichtlich ihres forschungsmethodischen und -theoretischen Selbstverständnisses als auch insbesondere hinsichtlich der übergreifenden Zielsetzung, individuelle Begriffsbildung im Mathematikunterricht genauer zu untersuchen, einander ähnlich sind.

Fazit

Die vergleichende Analyse des in Kapitel 1 herausgearbeiteten Theorierahmens und des daraus entwickelten forschungspraktischen Auswertungsschemas mit ausgewählten theoretischen Ansätzen, die auf epistemologische Aspekte mathematischen Denkens und Handelns fokussieren, konnte in differenzierter Weise Anknüpfungspunkte und Trennlinien herausarbeiten.

In Kapitel 1 wurde zunächst der epistemologische Gesamtrahmen (*Inferentialismus*) mit dem lokaltheoretischen Rahmen der *Conceptual Fields* verknüpft, um daraus ein forschungspraktisches Auswertungsschema (Kap. 2) abzuleiten. Beide zusammen – Theorierahmen und Auswertungsschema – sind in diesem Kapitel Gegenstand der vergleichenden Analyse. Anhand exemplarischer Vergleiche sowohl mit theoretischen Ansätzen, deren epistemologische Hintergrundannahmen sich von dem hier vorliegenden Ansatz deutlich unterscheiden, als auch mit solchen, die sich mit sehr ähnlichen Fragestellungen beschäftigen, konnten die Konturen des eigenen Ansatzes weiter ausgeschärft werden. Durch dieses Vorgehen nimmt insbesondere der eigene theoretische Rahmen seine spezifische Gestalt weiter an. Für die vorliegende Arbeit ist damit ein zweiter Schritt in Richtung theoretischer Einbettung insofern getan, als ausgewählte Anknüpfungspunkte die Vernetzung mit anderen theoretischen Ansätzen deutlich machen können. Insofern findet in diesem Kapitel nicht nur eine Verortung des theoretischen Ansatzes statt, sondern es werden darüber hinaus auch Argumente explizit gemacht, die die spezifische Gestalt des theoretischen Rahmens weiter begründen: „comparing and contrasting may offer a *rational base for the choice* of theories" (Prediger et al. 2008, S. 171).

Teil 2

Design der empirischen Erhebung

4 Der Gegenstandsbereich: Elementare Algebra in Zahlen- und Bildmustern

In Teil 1 wird ein theoretischer Rahmen zur Beschreibung und zur Analyse individueller Begriffsbildungsprozesse vorgelegt. Daraus wird ein forschungspraktisches Auswertungsschema entwickelt. Beide zusammen prägen die inferentialistische Perspektive auf individuelle Begriffsbildungsprozesse. Die Perspektive ist dabei keineswegs auf spezifische mathematische Gegenstandsbereiche beschränkt. Im vorliegenden zweiten Teil der Arbeit wird ihr Potential für die Mathematikdidaktik für einen konkreten Gegenstandsbereich fruchtbar gemacht. Ziel des Lernkontextes zu Zahlenfolgen und Bildmustern ist der propädeutische Umgang mit Variablen mit dem Ziel, diese als Beschreibungsmittel für Folgen in Termen auch explizit zu nutzen.

Die stoffliche Fundierung des mathematischen Gegenstandsbereiches erfolgt in diesem Kapitel in zwei Schritten. Zunächst werden vor dem Hintergrund der einschlägigen fachdidaktischen Literatur wesentliche Aspekte zur Elementaren Algebra der frühen Sekundarstufe diskutiert. Im Sinne der in Teil 1 dieser Arbeit (Kap. 1-3) vorgestellten Vorgehensweise werden im Rahmen dieser Diskussion konventionale Festlegungen identifiziert, die diesem Gegenstandsbereich zugrunde liegen (z.B. Muster lassen sich mit Hilfe von Termen beschreiben). In einem begrifflichen Verdichtungsprozess werden elementare (konventionale) Festlegungen identifiziert, die für den Gegenstandsbereich ein reduziertes Festlegungsnetz aufspannen (vgl. Kap. 2.3). Diese elementaren Festlegungen stecken den begrifflichen Kern ab, der aus fachdidaktischer Perspektive wesentlich für die Elementare Algebra der frühen Sekundarstufe ist (Kap. 4.1).

In Kapitel 2 wird beschrieben, inwiefern diese elementaren Festlegungen in einem zweiten Schritt für die Konstruktion von Lernkontexten genutzt werden können. Sie ermöglichen eine Strukturierung eines solchen Konstruktionsprozesses. In der vorliegenden Arbeit jedoch wird kein solcher Lernkontext entwickelt, sondern ein bestehender Lernkontext genutzt (Hußmann et al. 2012), der im Rahmen des Projektes KOSIMA (vgl. Leuders et al. 2011 oder Prediger et al. 2011) entstanden ist. Alle in dieser Arbeit abgedruckten Auszüge des Lernkontextes stammen aus Hußmann et al. 2012.

In einem zweiten Schritt wird demnach gezeigt, wie die in Kap. 4.1 herausgearbeiteten Ideen für den vorliegenden Kontext konkretisiert wurden. Dazu werden die konventionalen Festlegungen des Lernkontextes identifiziert, um danach in einem Verdichtungsprozess die elementaren (konventionalen) Festlegungen *des Lernkontextes* zu bestimmen (Kap. 4.2). Die elementaren Festlegungen des Lernkontextes sind diejenigen konventionalen Festlegungen, die für den Lernkontext ein reduziertes Festlegungsnetz aufspannen. Hierbei zeigt die Analyse, inwiefern die fachdidaktischen und fachinhaltlichen Schwerpunkte der elementaren Algebra für die frühe Sekundarstufe nicht nur in kohärenter und stimmiger Weise im Lernkontext umgesetzt wurden, sondern inwiefern sich auch die Festlegungen und Begriffe des Lernkontextes, sowie die inferentiellen Relationen zwischen den Festlegungen weiter ausdifferenzieren und zunehmend komplexer werden.

Insofern erlaubt die Analyse der konventionalen – und im Besonderen der elementaren (konventionalen) – Festlegungen des Lernkontextes eine Durchdringung der begrifflichen Feinstruktur des Lernkontextes. In diesem Kapitel wird demnach zum einen das stoffliche Fundament im Rahmen der Diskussion des Gegenstandsbereiches vorgestellt und zum anderen herausgearbeitet, inwiefern diese Gedanken für den gegebenen Lernkontext konkretisiert werden. Die Diskussion des Lernkontextes nimmt danach insbesondere die Frage in den Blick, inwiefern die konventionale Festlegungsstruktur, die dem Lernkontext zugrunde liegt, fachdidaktisch relevante Erkundungs- und Entdeckungsprozesse ermöglichen und initiieren kann.

4.1 Elementare Algebra in der frühen Sekundarstufe (Klassen 5 und 6)

Elementar-algebraische Inhaltsbereiche gehören zu den grundlegenden Themengebieten des Mathematikunterrichts der Sekundarstufe. Der Reichtum und die Kraft algebraischer Werkzeuge entfalten sich insbesondere darin, Muster und Strukturen zu beschreiben, zu untersuchen und zu verstehen (vgl. z.B. Hefendehl-Hebeker 2007, Warren / Cooper 2008, Zazkis / Liljedahl 2002a). Viele Autoren heben in diesem Zusammenhang insbesondere die Tätigkeit des Verallgemeinerns als eine der fundamentalen algebraischen Tätigkeiten hervor (z.B. Kieran 2007, Usiskin 1988, Kaput 1995, Lee 1996). Auch Cooper / Warren (2008) betonen, dass die Beschäftigung mit Mustern und arithmetischen Verallgemeinerungen von zentraler Bedeutung ist für elementar-algebraische Konzepte: „It was evident that the basis of these activities is the ability of students to generalise (...). Thus, improving generalisation lies at the foundation of efforts to enhance participation in and learning of algebra" (Cooper / Warren 2008, S. 25). In der mathematikdidaktischen Literatur finden sich zahlreiche Beispiele, wie die Tätigkeit des Verallgemeinerns im frühen Algebraunterricht konkretisiert werden kann (vgl. z.B. Lee 1996, Mason 1996 oder Mason et al. 2005). Kieran (2007) geht auf eine

Untersuchung von Healy und Hoyles ein, die das Potential von Verallgemeinerungen im Zusammenhang mit dynamischen Punktmusterfolgen bzw. Streichholzketten für die Entwicklung des Funktionsbegriffs verdeutlicht hat: „Healy and Hoyles (1999) have pointed out that the visual approaches generated in tasks involving generalization of matchstick patterns can provide strong support for algebraic representation of sequences and the development of a conceptual framework for functions" (Kieran 2007, S. 725).

Wesentlich für Verallgemeinerungsprozesse bei solchen Punktmusterfolgen ist der Akt des Abzählens, wobei es hier nur vordergründig um die Anzahl z.B. von Punkten in einem bestimmten Folgenglied geht, als vielmehr um die Entdeckung struktureller Zusammenhänge und damit um fundamentale algebraische Tätigkeiten: „Arithmetic is often presented as a process of doing calculations in order to get a single number as an answer. The trouble with this is that it obscures rather than illuminates the method used to work out what calculations to do. It also blocks out the creative potential of arithmetic. (...) (Arithmetic, F.S.) is not about memorizing hundreds of arithmetic facts, but about learning methods of doing arithmetic calculations" (Mason et al. 2005, S. 59f).

Insofern sind die Prozesse des Verallgemeinerns von herausgehobener Bedeutung für den Mathematikunterricht und insbesondere für den Algebraunterricht. Über die Beschäftigung z.B. mit Zahlen- oder Bildmusterfolgen ermöglichen Verallgemeinerungsprozesse die konsequente Beschreibung und Auseinandersetzung mit Mustern und Strukturen. Mathematik kann Schülerinnen und Schülern dabei erlebbar werden als Wissenschaft von Mustern und Strukturen (vgl. z.B. Wittmann / Müller 2007). Vor diesem Hintergrund lässt sich für den Gegenstandsbereich der Elementaren Algebra in der frühen Sekundarstufe eine erste elementare (konventionale) Festlegung identifizieren, die die obigen Aspekte aufgreift und eine inhaltliche Verdichtung darstellt.

Elementare Festlegung (des mathematischen Gegenstandsbereiches):
(Viele) Bildmuster und Zahlenfolgen weisen Strukturen und Regelmäßigkeiten auf.

Mit Bildmustern sind im Rahmen dieser Arbeit sowohl statische Formen (z.B. Punktebilder etc.) als auch dynamische Formen (z.B. figurierte Zahlen, dynamische Punktfolgen etc.) gemeint, denen eine mathematische (z.B. geometrische und/ oder arithmetische) Struktur zugrunde liegt. In vielen Aufgaben des Lernkontextes sollen solcherlei mathematische Strukturen durch die Schülerinnen und Schüler erkundet und explizit gemacht werden, um sie danach in flexibler Weise entlang der Ziele und Zwecke des jeweiligen Aufgabenkontextes anzuwenden. Zwar weisen Wittmann / Müller zu Recht darauf hin, dass „sich die

Begriffe *Muster und Struktur* nicht scharf definieren und nicht von einander abgrenzen lassen" (Wittmann / Müller 2007, S. 43). Auch in dieser Arbeit wird keine trennscharfe Abgrenzung dieser beiden Begriffe vorgenommen, wenn sie auch in weiten Teilen nicht synonym verwendet werden. Im Rahmen der vorliegenden Arbeit werden Muster mit Bezug auf Sawyer eher verstanden als *„jegliche Art von Regelmäßigkeit, die der menschliche Geist erkennen kann"* (Sawyer 1955, zit. nach Wittmann / Müller 2007, S. 47). Mit Strukturen werden hier demgegenüber eher die Eigenschaften und Wesensmerkmale eines Musters bezeichnet. Z.B. lässt sich die geometrische Struktur eines rechteckigen Punktmusters als zwei aneinander liegende Dreiecke verdeutlichen und die arithmetische Struktur eines Dreieckmusters (vgl. z.B. die dynamische Dreieckmusterfolge in der Einleitung dieser Arbeit) mit Hilfe des Terms $n \cdot (n+1)/2$, wobei n für die n-*te* Stelle der Dreieckmusterfolge steht. In diesem Sinne ist z.B. auch der mathematische Begriff der Gruppe eine mathematische Struktur, die z.B. der Menge der ganzen Zahlen (inkl. der 0) mit der Addition zugrunde liegt, in der sich wiederum vielfältige Muster entdecken lassen.

Lee (1996) und Mason (1996) plädieren dafür, die Tätigkeit des Verallgemeinerns möglichst früh in den Mathematikunterricht zu integrieren: „pattern generalization is a central activity and (...) the symbolic language of algebra certainly facilitates this task. Generalization is one of the important things we "do" in algebra and therefore something students should be initiated into fairly early on." (Lee 1996, S. 103) Algebraische Denkhandlungen können bereits mit den ersten arithmetischen Erfahrungen angeregt werden: „Young students are not only capable of thinking about the relationship between two data sets but also of expressing this relationship in a very abstract form" (Warren / Cooper 2008, S. 183).

Berlin (2010) kommt im Rahmen einer empirischen Studie bei Schülerinnen und Schülern der frühen Sekundarstufe zu dem Ergebnis, dass die „Einführung des Variablenbegriffs und der formalen algebraischen Sprache (...) in altersgerechter Form schon bei zehnjährigen Kindern möglich" ist (Berlin 2010, S. 210, im Original hervorgehoben). Im Rahmen der durchgeführten klinischen Interviews bearbeiteten die Schülerinnen und Schüler Aufgaben zu dynamischen Figurenfolgen. Neben Anzahlbestimmungen waren die Schülerinnen und Schüler u.a. aufgefordert, die jeweiligen Regeln zu explizieren, sowie hohe Stellen der jeweiligen Figurenfolgen zu bestimmen. Berlin resümiert, dass „Aktivitäten wie Erkennen von Mustern und Beziehungen, strukturelles Beschreiben der Beobachtungen sowie das arithmetisch-strukturelle Argumentieren" als Grundlage des Algebralernens (Berlin 2010, S. 214) bereits in der Grundschule konsequent initiiert werden sollte. „Die ersten Begegnungen mit Variablen können schon in die früheren Schulstufen (z.B. in die Jahrgangsstufe 5) verlagert werden" (Berlin 2010, S. 214).

Fischer (2009) hat Vorformen des Variablenbegriffs bei Schülerinnen und Schülern der Jahrgangsstufe 5 im Rahmen eines Lernkontextes untersucht, in dem der gezielte Darstellungswechsel bei Verallgemeinerungstätigkeiten im Zusammenhang mit dynamischen Figurenfolgen anvisiert ist: „Innerhalb des arithmetischen Kontextes werden mit Hilfe der geometrischen Darstellungen Sichtweisen auf Recenterme und Umgangsformen angeregt, die nach empirischen Untersuchungen zur Praxis des Mathematikunterrichts als ungewöhnlich für das Lernen in arithmetischen Kontexten bezeichnet werden. Es sind zugleich Auffassungen von Termen und Operationen, die für einen verständigen Gebrauch der algebraischen Sprache als notwendig angesehen werden" (Fischer 2009, S. 26).

Ansätze wie diese greifen die starke Betonung des inhaltlichen Denkens im Mathematikunterricht auf. Eine solche Betonung von *Inhalt vor Kalkül* meint u.a., konsequent „im Inhaltlichen (zu, F.S.) verweilen, sodass die Lernenden mit dem neuen Inhalt zunächst Vertrautheit gewinnen können und selbst ein Bedürfnis nach denkentlastenden Abkürzungen empfinden. Dann kann nach dem Prinzip der fortschreitenden Schematisierung ein Kalkül angeboten werden" (Prediger 2009, S. 226). Die Bedeutung des Kalküls für die Elementare Algebra ist fundamental, sie lässt sich dabei nicht auf den Kalkül reduzieren, im Gegenteil: „Diesen Kalkül kann (...) nur verständig einsetzen, wer ihn in Beziehung zu anderen Denkhandlungen erfahren hat. Insofern ist es absolut zentral, das Strukturieren, Verallgemeinern, Darstellen und Deuten im Algebraunterricht expliziter zu thematisieren" (Fischer et al. 2010, S. 7).

Die vorliegende Untersuchung knüpft an diese sehr differenzierten Forschungsergebnisse zur Thematisierung von elementarer Algebra in der frühen Sekundarstufe an. Die Diskussion des Lernkontextes im folgenden Abschnitt (Kap. 4.2) wird zeigen, inwiefern der Lernkontext beispielsweise sowohl das Plädoyer von Berlin (2010) für eine frühe (und altersgerechte) Thematisierung des Variablenbegriffs in Klasse 5 aufgreift als auch der Forderung der Betonung des inhaltlichen Denkens statt einer zu frühen Einführung des Kalküls nachkommt. Im Mittelpunkt der vorliegenden Untersuchung steht dabei die Frage, wie sich individuelle Festlegungen von Schülerinnen und Schülern in einem solchen Lernkontext entwickeln. Das Ziel der vorliegenden empirischen Untersuchung ist nun genauer zu untersuchen, inwiefern sich Festlegungs- und Begründungsstrukturen von Schülerinnen und Schülern im Verlauf des konkreten Lernkontextes ändern bzw. inwiefern sie sich als stabil erweisen.

Spezifisch für algebraische Objekte im Besonderen ist die Dichotomie von operationalen und strukturellen Dimensionen (vgl. Sfard / Linchevski 1994). Ein operationales Verständnis des Terms beispielsweise würde diesen als Objekt betonen, mit dem sich zunächst Folgenglieder in Punktmusterfolgen berechnen lassen. Aus struktureller Sicht lassen sich beispielsweise mit Hilfe von Variablentermen Regeln von Punktmustern und deren Veränderung beschreiben. Sfard / Linchevski (1994) heben hervor, dass das operationale Verständnis dem strukturellen mit Blick auf die Etablierung neuer mathematischer Konzepte systematisch vorgelagert ist: „the operational outlook in algebra is fundamental and the structural approach does not develop immediately. Moreover (…) there is an inherent difficulty in the idea of process-object duality" (Sfard / Linchevski 1994, S. 209).

Im Rahmen des hier zugrunde liegenden Lernkontextes werden Zahlenfolgen und Bildmuster genutzt, um den Umgang mit der Variable zunächst auf propädeutischer, dann auf expliziter Ebene in der frühen Sekundarstufe zum Thema zu machen. Das Spannungsverhältnis von strukturellem und operationalem Zugang zum Variablenkonzept wird dabei bewusst problematisiert. Indem Variable in Termen genutzt werden, um (Wachstums-)Regeln von Punktmustern und Zahlenfolgen zu beschreiben, wird ein konsequent strukturelles Verständnis gefördert, da auf diese Weise z.B. Terme als mathematische Beschreibungsmittel für Strukturen genutzt werden (wie bspw. $2 \cdot 3 + 5$ zur Beschreibung und Strukturierung eines statischen Punktmusters) statt sie ausschließlich hinsichtlich ihres operationalen Aufforderungscharakters zu betrachten (hier zur Berechnung des Ergebnisses $2 \cdot 3 + 5 = 11$). Dabei spielt die Visualisierung der mathematischen Strukturen in Punktmustern und Zahlenfolgen eine wesentliche Rolle. Böttinger / Söbbeke (2009) verweisen in diesem Zusammenhang auf eine weitere Doppelnatur, die spezifisch für mathematische Begriffe ist: „Mathematical visualization and growing patterns – as a special type of mathematical visualization (…) – can mediate between the mathematical structure and the student's thinking because of their special ‚double nature' (they are on the one hand concrete objects, which can be dealt with, which can be pointed at and counted, (…) and at the same time they are symbolic representatives of abstract mathematical ideas" (Böttinger / Söbbeke 2009, S. 151). Variable können auf diese Weise für einen mathematischen Gegenstandsbereich genutzt werden, auf dem konsequent zwischen den vier verschiedenen Darstellungsformen (sprachlich, graphisch, numerisch und symbolisch) gewechselt werden kann (vgl. Hußmann 2008, S. 26). Mit Hilfe von Wachstumsregeln zu Zahlenfolgen und Bildmustern können mathematische Beziehungen und Strukturen in unterschiedlichen Darstellungsformen explizit gemacht werden. Die Variable, mit der diese Regeln in Form von *Termen* explizit gemacht werden können, kann in diesem Zusammenhang selbst Gegenstand von Entdeckungen und Erkundungen werden. Die Gleichwertigkeit der verschiedenen Darstellungen kann beispielsweise zum Anlass genommen werden, den besonderen Charakter der Variable als Beschreibungsinstrument (und damit als theoretisches Objekt zur Beschreibung mathematischer Strukturzusammenhänge) zu diskutieren. Arbeitsaufträge, die problematisieren, ob gewisse Zahlen Teil einer gegebenen Folge sind, können darüber hinaus vielfältige weitere mathematisch substanzielle Handlungen initiieren (wie z.B. implizite oder explizite Termumformungen). Variable sind in diesem Zusammenhang nicht nur Werkzeug zur Beschreibung mathematischer Strukturen, sondern gleichsam Gegenstand vielfältiger Entdeckungen.

Gerade in diesem Aspekt werden die Anknüpfungspunkte und Komplementaritäten von mathematischem Gegenstandsbereich und erkenntnistheoretischem Rahmen der vorliegenden Arbeit deutlich: Gerade weil die inferentialistische Perspektive auf individuelle Begriffsbildungsprozesse mathematische Begriffe nicht nur hinsichtlich ihres Werkzeug- und Operationscharakters rekonstruiert, sondern insbesondere auch hinsichtlich ihrer Eigenschaft als theoretische Objekte, die mathematische Strukturen erlebbar und erfahrbar machen lassen, eignet sich der vorliegende Gegenstandsbereich (und daher der vorliegende Lernkontext) für die Untersuchung des theoretischen Gesamtrahmens dieser Arbeit in sehr guter Weise. Der Gegenstandsbereich hält das Potential bereit, Mathematik nicht nur als nützliches Werkzeug zu erfahren, sondern auch als ein lebendiges Treiben bei der Erkundung von Mustern und Strukturen. Die folgende elementare (konventionale) Festlegung fasst diese Aspekte zusammen.

Elementare Festlegung (des mathematischen Gegenstandsbereiches):
Mit Algebra lassen sich Strukturen und Regelmäßigkeiten in Bildmustern und Zahlenfolgen explizit machen, beschreiben und verstehen.

Malle (1993) hebt drei Aspekte des Variablenbegriffs hervor: den Gegenstandsaspekt, den Einsetzungsaspekt und den Kalkülaspekt. Beschreibt Karin mit dem Term $2+6 \cdot x$ die Regel einer Punktmusterfolge, dann ist die Variable „eine *unbekannte bzw. nicht näher bestimmte Zahl*" (Malle 1993, S. 47), mit der die Struktur des Musters in präziser Weise beschrieben werden kann. Ist nun gefragt, wie viele Punkte das 35. Folgeglied aufweist, so geht der Term $2+6 \cdot x$ über in eine Zahlform, sobald man für x die Zahl 35 einsetzt. Hier wird der Einsetzungsaspekt betont und damit die „*Variable als Platzhalter für Zahlen bzw. Leerstelle, in die man Zahlen (...) einsetzen darf*" (Malle 1993, S. 46). Der Kalkülaspekt betont das Operieren mit Symbolen, „deren eventuelle Bedeutung man während des Arbeitens vergessen kann" (Malle 1993, S. 47). Ist beispielsweise gefragt, ob es ein Folgeglied in der Punktmusterfolge mit 152 Punkten gibt, so lässt sich der folgende Term aufstellen: $2+6 \cdot x = 152$. Bei der anschließenden Termumformung könnte man zunächst 2 subtrahieren und dann durch 6 dividieren, um nach der Variablen x aufzulösen. Die Regeln des Kalküls geben genug Sicherheit, nicht

jeden Schritt der Termumformung auf die Anschauung am Punktmuster zurückzuführen. Darin liegt die besondere Kraft des algebraischen Kalküls. In der fachdidaktischen Diskussion herrscht in diesem Zusammenhang weitgehend Einigkeit
darüber, den Kalkülaspekt gerade zu Beginn der Einführung der Variable nicht zu
stark zu betonen, sondern zunächst die inhaltlichen Vorstellungen zu fördern (vgl.
z.B. Fischer et al. 2010, S. 2, Malle 1993 oder auch Prediger 2009 für die Beschreibung des Prinzips *Inhalt vor Kalkül* am Beispiel von Textaufgaben).

Dass Termumformungen im Zusammenhang mit Erkundungsprozessen von
Punktmusterfolgen großes Potential mit Blick auf inhaltliches Verständnis ber-
gen, heben English / Warren (1998) hervor. Äquivalente Terme wie z.B. $2+6 \cdot x$
und $2+3 \cdot x+3 \cdot x$ beschreiben die Regel der Folge auf unterschiedliche Weise. Auf
diese Weise können Termumformungen einen wichtigen Beitrag zum Lernprozess leisten: „Understanding the notion of equivalence and recognizing equivalence in the generalizations produced were important factors in the students'
success" (English / Warren 1998, S. 168).

Die folgende elementare (konventionale) Festlegung fasst diese Aspekte unter dem Leitgedanken der Variation zusammen. Variationen sind dabei nicht auf
lokaler nur in der Strukturierung und der Beschreibung von Mustern (z.B. mit
Hilfe von Termen) zu finden, sondern auch auf globaler Ebene insofern, als sich
das Repertoire der Beschreibung mathematischer Strukturen im Laufe der Zeit
erweitert (z.B. im Rahmen der Explizierung der Variable) und somit die Variati-
onsmöglichkeiten in der Beschreibung mathematischer Strukturen größer werden
(eine sehr differenzierte Untersuchung zur Strukturierung und zum Umgang mit
Mustern bei Kindern hat Steinweg 2001 vorgelegt).

Elementare Festlegung (des mathematischen Gegenstandsbereiches):
Muster lassen sich mit unterschiedlichen Variationen strukturieren und beschrei-
ben.

Im Zusammenhang mit der algebraischen Symbolsprache hebt Vergnaud einen
Aspekt hervor, der von fundamentaler Bedeutung für algebraisches Denken und
Handeln ist: „The new thing with algebra for students is that it uses symbols and
operations on symbols to calculate certain unknowns, without the need to control
at every moment the meaning of the equations" (Vergnaud 1996, S. 231). Es
gehört zur Kraft der algebraischen Sprache, mit Hilfe der symbolischen Sprache
einen vom Einzelfall unabhängigen Kalkül zu haben, der *auf verlässliche Weise*
zu Ergebnissen gelangt, die ihrerseits auf den Einzelfall zurückgeführt werden
können. Die Herausforderung in der konkreten Situation besteht eher darin, adäquate algebraische Konzepte zu wählen, um die dargestellten Strukturzusammenhänge mit algebraischen Mitteln beschreibbar zu machen: „the

algebraic solution relies on the adequate symbolic representation of the relationships involved and the adequate application of rules to generate new equations and calcualte the values of the unknowns" (Vergnaud 1996, S. 231). Vergnaud (1996, S. 233) hebt hervor, dass das *Conceptual Field der Elementaren Algebra* Probleme bzw. Lernsituationen enthalten muss, die das Potential algebraischer Vorgehensweise (z.b. Nutzen der Variablen zur Explizierung einer Regel) hervortreten lassen. Eine ausführliche Beschreibung solcher Situationen im Rahmen des hier zugrunde liegenden Lernkontexes findet sich in Kapitel 4.2. Andeuten möchte ich an dieser Stelle z.b. solche Situationen, die problematisieren, ob gewisse große Zahlen Glieder einer Zahlenfolge sind oder nicht. In einer solchen Situation kann die Nutzung eines Terms effizient sein, z.B. gegenüber tabellarischen Lösungen.

Vergnaud identifiziert – gemäß der Definition von Conceptual Fields, zu denen neben konkreten Problemsituationen auch konkrete Begriffe und symbolische Repräsentationen gehören – u.a. folgende wichtige Begriffe (Vergnaud 1996, S. 233) des *Conceptual Field der Elementaren Algebra:*
Gleichung, Unbekannte (unknown), Funktion, Variable, Unabhängigkeit

Zazkis und Liljedahl (2002) untersuchten in diesem Zusammenhang in einer Studie den Umgang von angehenden Vorschullehrern mit arithmetischen Folgen. Hier konnten Zazkis und Liljedahl erste theorems-in-action identifizieren, die die Teilnehmerinnen und Teilnehmer der Studie in vielfältigen Situationen mit Zahlenfolgen eingehen. Wichtige Resultate, die auch im Rahmen der vorliegenden empirischen Studie bestätigt werden können, sind z.B., dass die Regeln in Zahlenfolgen häufig durch Differenzbildung ermittelt werden: „The strategy of listing the elements or ‚adding on,' is evidence of students' theorem-in-action, which indicates the additive structure of a common difference between pairs of consecutive elements" (Zazkis / Liljedahl 2002, S. 101). Neben den lokalen Ergebnissen wird im Rahmen dieser Arbeit aber insbesondere die Tatsache genutzt, dass sich die lokaltheoretische Perspektive von Vergnaud sehr gut für die Beschreibung unterschiedlicher Herangehensweisen im Zusammenhang mit Zahlenfolgen nutzen lässt: „Vergnaud's theory of conceptual fields provided a useful language to describe and analyze the students' attempts to deal with arithmetic sequence-related problems. The growth in students' understanding has been outlined as a development of their schemes related to a particular class of situations" (Zazkis / Liljedahl 2002, S. 117).

Algebraische Konzepte zeichnen sich unter anderem dadurch aus, dass sie vom Einzelfall unabhängige Strukturaussagen ermöglichen. Solche vom Einzelfall unabhängigen Strukturaussagen erfordern in den unterschiedlichen Situationen einen jeweils sehr spezifischen Gebrauch und Einsatz der mathematischen Gegenstände. Während in Situationen der Beschreibung von statischen Punktmustern die geometrische Veranschaulichung ein adäquates Mittel sein kann, die jeweilige Struktur explizit zu machen (z.B. in der Form, dass 4 Teilmuster der gleichen Form veranschaulicht werden), so kann bei der Beschreibung eine Punktmusterfolge der Term ein adäquates Mittel sein, ebendiese Folge zu beschreiben. Strukturierungsprozesse werden daher je nach Situation in flexibler Weise durchgeführt.

Elementare Festlegungen (des mathematischen Gegenstandsbereiches):
Mathematische Strukturierungsprozesse können in flexibler Weise je nach Ziel und Zweck der Situation durchgeführt werden.

Fazit

Vor dem Hintergrund relevanter fachdidaktischer Aspekte zur Elementaren Algebra wurden die folgenden vier elementaren Festlegungen herausgearbeitet, die gerade im Zusammenhang mit Erkundungsprozessen von Bildmustern und Zahlenfolgen von Bedeutung sind:

E1. *(Viele) Bildmuster und Zahlenfolgen weisen Strukturen und Regelmäßigkeiten auf.*
E2. *Mit Algebra lassen sich Strukturen und Regelmäßigkeiten in Bildmustern und Zahlenfolgen explizit machen, beschreiben und verstehen.*
E3. *Muster lassen sich mit unterschiedlichen Variationen strukturieren und beschreiben.*
E4. *Mathematische Strukturierungsprozesse werden in flexibler Weise je nach Ziel und Zweck der Situation durchgeführt.*

Diese vier elementaren Festlegungen sind dabei keineswegs isoliert voneinander zu betrachten, sondern sie stehen in einer inferentiellen Relation. Ist man beispielsweise darauf festgelegt, dass die Strukturierung von Mustern auf unterschiedliche Weise erfolgen kann (elementare Festlegung E3), dann ist man automatisch darauf festgelegt, dass sich solche Strukturen überhaupt erst verstehen und beschreiben lassen (vgl. E2).

Die Diskussion des Lernkontextes im folgenden Kapitel 4.2 wird zeigen, inwiefern die hier herausgearbeiteten elementaren Festlegungen des mathematischen Gegenstandsbereiches für den Lernkontext konkretisiert wurden.

Im Folgenden wird zunächst die Struktur des Lernkontextes genauer mit Blick auf die zugrunde liegenden konventionalen Festlegungen und Inferenzen bzw. auf die elementaren Festlegungen beschrieben. In der anschließenden Diskussion wird das fachdidaktische und mathematische Potential des Lernkontextes mit Blick auf die Untersuchung des hier zugrundeliegenden Theorierahmens näher beleuchtet.

4.2 Der Lernkontext: Wie geht es weiter? Zahlen- und Bildmuster erforschen.

Dieses Projekt ist eingebunden in das Forschungs- und Entwicklungsprojekt „Kontexte für sinnstiftenden Mathematikunterricht" (KOSIMA). Im Rahmen dieses Forschungsprojektes ist der hier vorliegende Lernkontext entstanden. Der Erforschung und Entwicklung von Lernkontexten liegt dabei die Grundhaltung von Mathematikdidaktik als Wissenschaft zugrunde, die nicht nur die Erforschung, sondern auch die konsequente Weiterentwicklung des Mathematikunterrichts im Lichte aktueller Forschungsergebnisse im Blick hat (vgl. z.B. Gravemeijer 1994 und Cobb / Yackel 1996, die das Konzept der „Developmental Research" beschreiben sowie Wittmann 1998, der sich auf Mathematikdidaktik als Design Science bezieht). Gravemeijer (1994) beschreibt das an der Erforschung *und* der Entwicklung orientierte Forschungsparadigma von Developmental Research so: „The character of the yield of developmental research makes this yield very adequate as a basis for theory-guided bricolage. In particular, the combination of theoretical and empirical justification gives curriculum developers the freedom to evaluate the prototypical courses by their own standards and to make well-considered adjustments. (…) For the textbook author, this creates the possibility of building on the ideas and theories that are embedded in the prototypes" (Gravemeijer 1994, S. 467).

Als Leitidee eines sinnstiftenden Kontextes formulieren Leuders et al. (2011): „Ein sinnstiftender (inner- oder außermathematischer) *Kontext* stellt einen authentischen Rahmen für die Lernsituation dar. Auf ihn kann während der Erarbeitung immer wieder zurückgegriffen werden. Der Kontext stellt damit einen unmittelbar eingängigen Anker und „roten Faden" für die Lernenden dar" (erscheint in Leuders et al. 2011).

Für die Beschreibung des Lernkontextes *Wie geht es weiter? Zahlen- und Bildmuster erforschen* (Hußmann et al. 2012) werden nun die konventionalen Festlegungen, Begriffe und Situationen des Lernkontextes herausgearbeitet. Auf diese Weise lassen sich die konventionalen Festlegungsstrukturen, die dem Lernkontext zugrunde liegen, explizit machen. Dabei wird insbesondere entlang der elementaren Festlegungen diskutiert, inwiefern die Erkenntnisse der stoffdidaktischen Diskussion aus Kapitel 4.1 für diesen Lernkontext konkretisiert wurden. In einem nächsten Schritt wird dann das mathematische und fachdidaktische Potential des Lernkontextes herausgearbeitet.

Herausgearbeitet werden in diesem Kapitel nicht alle möglichen dem Lernkontext zugrunde liegenden Festlegungen, sondern nur diejenigen, die mit Blick auf die fachdidaktisch relevanten Aspekte (vgl. Kap. 4.1) von Bedeutung sind. Auch können im Rahmen der vorliegenden Analyse nicht alle Aufgaben und Lerngelegenheiten analysiert und diskutiert werden. Die hier getroffene Auswahl fokussiert auf diejenigen konventionalen Situationen des Lernkontextes, die für die verschiedenen Abschnitte des Lernkontextes in prototypischer Weise stehen. Auf diese Weise wird die konventionale Festlegungsstruktur, die dem Lernkontext zugrunde liegt, an ausgewählten Stellen explizit gemacht. Im Anschluss daran können die entsprechenden konventionalen Begriffe und Situationen herausgearbeitet werden. Ziel dieser Analyse ist einerseits die Explizierung der *Entwicklung der konventionalen Festlegungen* und zum anderen die *Identifikation der elementaren Festlegungen* im Lernkontext.

Einführung in den Lernkontext

Die konventionalen Festlegungen, die dem Lernkontext zugrunde liegen, lassen sich entlang dreier Etappen gliedern, die jeweils mit einer Kernfrage überschrieben sind, die einen inhaltlichen Leitfaden für die entsprechende Etappe vorgibt:

Etappe A: Umgang mit statischen Bildmustern.
  Leitfrage: *Wie kann man geschickt zählen?*
Etappe B: Umgang mit dynamischen Bildmustern
  Leitfrage: *Wie kann man geschickt weiterzählen?*
Etappe C: Umgang mit Zahlenfolgen
  Leitfrage: *Wie kann man geschickt weiterrechnen?*

Der inhaltliche und chronologische Ablauf des Lernkontextes orientiert sich dabei in etwa an diesen Etappen. Jede dieser Etappen ist in drei Phasen gegliedert: Erkunden, Ordnen und Vertiefen. In den Erkundungsphasen einer jeden Etappe arbeiten die Schülerinnen und Schüler an offenen Problemstellungen mit dem Ziel der Konstruktion von mathematischen Begriffen, Zusammenhängen und Verfahren (vgl. Prediger et al. 2012). Die anschließende Ordnen-Phase dient der Konsolidierung, der Systematisierung und dem Sichern der Einsichten aus der Erkundungsphase: „Natürlich müssen auch die Konventionen erworben und gesichert werden, aber zentral sind die expliziten Formulierungen, Konkretisierungen und Abgrenzungen, sowie Bedeutungen und Zusammenhänge. Erst auf dieser Basis werden zugehörige Konventionen relevant" (erscheint in Prediger et al. 2011). Die dritte Phase einer jeweiligen Etappe dient dem weiteren Vertiefen. Hier finden sich produktive Übungsaufgaben, die verschiedenste Aspekte der vorangehenden Phasen beleuchten (z.B. Darstellungswechsel, Beschreibung von Folgen mit Hilfe von Termen etc.).

Erkunden A   Wie kann man geschickt zählen?

1 Muster in Bildern

a)   Bestimme die Anzahl der Punkte in Ninas Bild. Erkläre, wie du vorgegangen bist.

Abbildung 4-1 Ausschnitt aus Erkunden A des Lernkontextes

Inhaltliches Kernelement des Lernkontextes sind die *Regeln*, die in unterschiedlichen Facetten entlang der Situationen explizit gemacht werden. Thematisiert wird dabei zunächst in Etappe 1 der flexible Umgang mit statischen Bildmustern, z.B. hinsichtlich der Anzahlbestimmung oder der Strukturierung. Die Kernfrage *„Wie kann man geschickt zählen?"* (vgl. Abb. 4-1) zeigt an, dass nicht nur unterschiedliche Zählstrategien möglich sind, sondern dass diese auch unterschiedlich effektiv sein können. Das Bündeln zu bestimmten Teilmustern kann den Zählvorgang beispielsweise erleichtern. Die Strukturierung eines statischen Punktmusters auf unterschiedlichste Weisen erlaubt die Möglichkeit der Etablierung des Regelbegriffs. In der Diskussion der Eingangssituation aus Kapitel 2 werden einige solcher Regeln vorgestellt. Eine Möglichkeit der Strukturierung des in Abbildung 4.1 abgebildeten Punktmusters wäre z.B. das Bündeln von je 5 Punkten in 4 Teilmustern.

In der zweiten Etappe (Erkunden B) werden unter der Kernfrage *„Wie kann man geschickt weiterzählen?"* Muster und Strukturen dynamischer Zahl- und Bildfolgen erkundet. Im Mittelpunkt steht dabei die Beschreibung der (Wachstums-) Regel der Folge zur Bestimmung der jeweils nächsten Folgeglieder. Dies kann in unterschiedlichen Darstellungsformen geschehen: mit Hilfe von Tabellen, mit Zeichnungen oder mit Hilfe einer verbalen Beschreibung der Regel. Abbildung 4-2 zeigt die Erkundungssituation aus Etappe 2. Die beiden Charaktere Ole (links im Bild) und Merve haben dabei eine jeweils spezifische Perspektive auf die Entwicklung der Punktmusterfolge, eine eher statische Sicht (Ole), die die quadratische Struktur eines jeden Folgengliedes aufgreift und eine eher dynamische Sicht (Merve), die die Veränderungen von Folgenglied zu Folgenglied betont. Die Schülerinnen und Schüler setzen nun im ersten Zugriff das Punktmuster fort und beziehen zu den jeweiligen Erklärungen der beiden Charaktere Stellung.

Erkunden B   Wie kann ich geschickt weiterzählen?

2   Muster in Bilderfolgen

Ich sehe, wie die Bilder Schritt für Schritt wachsen. Mit jedem Schritt kommt ein größerer Haken dazu.

Ich sehe immer ein Quadrat

a)   Wie geht das Muster weiter? Male die nächsten beiden Bilder in dein Heft. Schreibe dazu, welche der beiden Erklärungen dir mehr geholfen hat.

Abbildung 4-2 Ausschnitt aus Erkunden B des Lernkontextes

In der dritten Etappe werden unter der Kernfrage *„Wie kann man geschickt weiterrechnen?"* die Zahl- und Bildfolgen hochgerechnet. Im Mittelpunkt stehen hierbei Fragen nach der Anzahlbestimmung von Punkten bei hohen Folgegliedern oder nach der Zugehörigkeit gewisser Zahlen zu bestimmten Folgen gemäß deren Regeln.

c) Jetzt geht es um die Wette. Aus jeder Gruppe tritt eine Person zum Wettkampf an.
Wer berechnet am schnellsten die 100. Stelle einer Zahlenfolge, die euch euer Lehrer oder eure Lehrerin nennt?

Führt den Wettkampf mehrmals durch.

Abbildung 4-3 Ausschnitt aus Erkunden C des Lernkontextes

Die obige Abbildung 4-3 aus Erkunden C zeigt ein Wettspiel, das die Schülerinnen und Schüler mit Spielern aus jeweils verschiedenen Teams spielen. Jedes Team hat sich zuvor eine eigene Strategie überlegt hohe Stellen von Zahlenfolgen zu berechnen. Erfahrbar wird hier für die Schülerinnen und Schüler einerseits, dass unterschiedliche Strategien zur Bestimmung hoher Stellen in Zahlenfolgen genutzt werden können, und andererseits, dass diese unterschiedlich effektiv sein können. In dieser dritten Etappe werden einerseits Zahlenterme genutzt, um hohe Stellen von Folgen zu berechnen, und andererseits Variablenterme erarbeitet, um die allgemeine Regel der Folge zu beschreiben. Die Variable wird hier als Mittel zur allgemeinen Beschreibung für die Regeln bzw. Strukturen der Folgen entwickelt. Im weiteren Verlauf des Lernkontextes werden unterschiedliche Problemstellungen zum Anlass für vielfältige Entdeckungen im Zusammenhang mit Bild- und Zahlenfolgen genommen.

Der Lernkontext lässt sich entlang der konventionalen Situationen (kurz: kSit) strukturieren (vgl. Kapitel 1 und 2). Die folgende Übersicht zeigt eine komplette Darstellung der 20 konventionalen Situationen des Lernkontextes. Es ist jeweils mit A, B bzw. C angegeben, auf welche Etappe (s.o.) sich die jeweilige konventionale Situation bezieht. In der ersten Etappe können 4 konventionale Situationen identifiziert werden, in den Etappen B und C jeweils 8. Die Etappen B und C weisen jeweils 4 zusätzliche konventionale Situationen auf, weil dort unterschieden wird zwischen Bildmustern und Zahlenfolgen. Bei dieser Auflistung ist zu beachten, dass die Reihenfolge der konventionalen Situationen einer Etappe keineswegs einen chronologischen Ablauf widerspiegelt. Beispielsweise lassen sich Aufgaben aus dem Vertiefen der Etappe A, in der die Schülerinnen und Schüler auf unterschiedliche Weise die Anzahlen von statischen Punktmustern bestimmen sollen, der konventionalen Situation 1 (*Anzahlen zu statischen Bildmustern bestimmen. (A)*) zuordnen. Ebenso lässt sich z.B. auch die oben diskutierte Aufgabe aus Erkunden A dieser konventionalen Situation zuordnen.

Strukturierung des Lernkontextes entlang der inhaltlichen Etappen:

kSit1: Anzahlen von statischen Bildmustern bestimmen. (A)

kSit2: Regeln zu statischen Bildmustern explizit machen (A)

kSit3: Statische Bildmuster entwickeln / konzipieren (A)

kSit4: Aussagen zu statischen Bildmustern beurteilen (A)

kSit 5: Anzahlen von dynamischen Bildmustern bestimmen (B)

kSit 6: Regeln zu dynamischen Bildmustern explizit machen (B)

kSit7: Dynamische Bildmuster entwickeln/konzipieren (B)

kSit8: Aussagen zu dynamischen Bildmustern beurteilen (B)

kSit9: Anzahlen con Zahlenfolgen bestimmen (B)

kSit10: Regeln zu Zahlenfolgen explizit machen (B)

kSit11: Zahlenfolgen entwickeln/konzipieren (B)

kSit12: Aussagen zu Zahlenfolgen beurteilen (B)

kSit 13: Anzahlen von dynamischen Bildmustern bestimmen (C)

kSit 14: Regeln zu dynamischen Bildmustern explizit machen (C)

kSit15: Dynamische Bildmuster entwickeln/konzipieren (C)

kSit16: Aussagen zu dynamischen Bildmustern beurteilen (C)

kSit17: Anzahlen von Zahlenfolgen bestimmen (C)

kSit18: Regeln zu Zahlenfolgen explizit machen (C)

kSit19: Zahlenfolgen entwickeln/konzipieren (C)

kSit20: Aussagen zu Zahlenfolgen beurteilen (C)

In der folgenden Detailanalyse werden die konventionalen Situationen kSit1, kSit12 und kSit20 genauer analysiert. Diese drei Situationen stehen einerseits exemplarisch für die drei Etappen des Lernkontextes. Andererseits stellen sie den inhaltlichen Kern dar, auf das die empirischen Belege des Auswertungsteils verweisen. Diese Auswahl orientiert sich sowohl an dem Anspruch, die Gegenstandsbereiche, auf die sich das empirische Material des dritten Teils dieser Arbeit bezieht, fachlich präzise abzustecken, als auch an dem Ziel, die Festlegungsstruktur des Lernkontextes in seinem chronologischen Verlauf exemplarisch herauszuarbeiten.

Detailanalyse ausgewählter konventionaler Situationen

In diesem Abschnitt wird die Feinstruktur der konventionalen Situationen kSit1, kSit12 und kSit20 genauer beschrieben. Es ist hier nicht das Ziel, alle konventionalen Situationen des Lernkontextes darzulegen, sondern vielmehr diejenigen, die in prototypischer Weise für die einzelnen Abschnitte des Lernkontextes stehen. Bei den Übergängen zwischen den einzelnen Etappen werden die Kernmerkmale der hier nicht genauer analysierten konventionalen Situationen jeweils zusammenfassend erläutert.

Rekonstruiert werden jeweils zunächst die konventionalen Festlegungen sowie die konventionalen Begriffe, auf die sie verweisen. Diese Begriffe können auf unterschiedlichen Ebenen liegen, deren Existenz auf die Erkenntnis zurückgeht, dass Begriffe verstanden werden können „in two fundamentally different ways: *structurally* – as objects, and *operationlly* – as processes" (Sfard 1991, S. 1). Insofern beziehen sich die konventionalen Begriffe, auf die die konventionalen Festlegungen verweisen, einerseits auf Begriffe verstanden als theoretische Objekte und andererseits auf Tätigkeiten. Die konventionale Festlegung „Die Regel einer Zahlenfolge lässt sich mit Hilfe von Differenzbildung bestimmen." beispielsweise verweist auf die Begriffe *Regel, Zahlenfolge* und *Differenzbildung*. Im Gegensatz zu den beiden ersten Begriffen stellt Letzterer explizit eine Tätigkeit bzw. eine Operationsbeschreibung dar. Dies ist typisch für mathematische Begriffe. Sfard (1991) zeigt für viele algebraischer Begriffe auf, dass diese sowohl eine operationale als auch eine strukturelle Dimension haben. Prediger (2008) zeigt z.B. für den Begriff der Gleichheit, inwiefern dieser sowohl auf vielfältige strukturelle als auch auf operationale Dimensionen verweist. Insofern ist eine trennscharfe Unterscheidung zwischen diesen beiden Ebenen in der Analyse nicht durchweg angestrebt. Im Einzelfall wird die Unterscheidung für die vorliegenden konventionalen Begriffe explizit gemacht.

Etappe A. Wie kann man geschickt zählen?
Konventionale Situation 1: Anzahlen zu statischen Bildmustern bestimmen. (A)

Ziel von Erkunden A ist die Anzahlbestimmung in statischen Bildmustern. Inhaltlich bedeutsam ist Merves Formulierung (Charakter rechts in Abb. 4-1 aus Erkunden A), dass man die Anzahl *auf einen Blick* bestimmen könne. Dies kann Anlass für verschiedene Wege der Anzahlbestimmung durch die Schülerinnen und Schüler sein.

Dieser ersten konventionalen Situation aus Erkunden A liegen die folgenden Festlegungen zugrunde, die auf die jeweiligen Begriffe verweisen:

kFest1.   (Viele) statische Bildmuster weisen Strukturen und Regelmäßigkeiten auf.
           Konventionale Begriffe: Muster, Struktur, Regel, Regelmäßigkeit
kFest2.   Die Anzahl von Punkten in statischen Bildmustern lässt sich auf unterschiedliche Weise bestimmen.
           Konventionale Begriffe: Anzahl, Anzahlbestimmung, Muster
kFest2a.   Die Anzahl von Punkten in statischen Bildmustern lässt sich durch geschicktes Bündeln von Teilmustern bestimmen.
           Konventionale Begriffe: Anzahl, Anzahlbestimmung, Muster, Teilmuster, Bündeln
kFest2b.   Die Anzahl von Punkten in statischen Bildmustern lässt sich durch Abzählen der einzelnen Punkte im Muster bestimmen.
           Konventionale Begriffe: Anzahl, Anzahlbestimmung, Muster, abzählen
kFest3.   Die Identifikation von Teilmustern kann die Anzahlbestimmung in statischen Bildmustern erleichtern.
           Konventionale Begriffe: Teilmuster, Anzahlbestimmung, lokale Optimierung
kFest4.   Mit Hilfe von Zahlentermen lassen sich die Strukturen statischer Punktmuster explizit machen.
           Konventionale Begriffe: Term, Struktur, Muster, Explizierung

Diese 6 Festlegungen liegen der ersten konventionalen Situation des Lernkontextes unter anderem zugrunde. Vier Festlegungen stehen dabei in inferentieller Relation:

kFest1 → kFest3 → kFest2a → kFest4

In dieser Kette berechtigt die Festlegung kFest1 zu kFest3, diese wiederum zu kFest2a und diese ihrerseits zu kFest4. Zu beachten ist hier weiterhin, dass die Indizes der konventionalen Festlegungen im Analyseprozess vergeben wurden und somit keine Bedeutung für die Reihenfolge der Festlegungen in den inferenziellen Relationen haben.

Vor dem Hintergrund dieser Analyse ergibt sich folgende tabellarische Darstellung der ersten konventionalen Situation (kSit1) des Lernkontextes entlang der konventionalen Festlegungen. In der linken Spalte sind exemplarische Begriffe notiert, auf die die jeweiligen konventionalen Festlegungen verweisen (vgl. Kap. 2.3 für genauere Beschreibungen zum Aufbau der Tabellen).

Tabelle 4-1 Konventionale Festlegungen in Situation kSit1

Begriff	kSit1
Regelmäßigkeit	kFest1
Unterschiedlichkeit	kFest2
Bündeln	kFest2a
Abzählen	kFest2b
Teilmuster	kFest3
Term	kFest4

Die Festlegungen kFest1, kFest3 und kFest4 verweisen in diesem Zusammenhang auf die elementaren Festlegungen, die dieser Situation zugrunde liegen:

E1.(Viele) Bildmuster und Zahlenfolgen weisen Strukturen und Regelmäßigkeiten auf.

E2.Mit Algebra lassen sich Strukturen und Regelmäßigkeiten in Bildmustern und Zahlenfolgen explizit machen, beschreiben und verstehen

E4.Mathematische Strukturierungsprozesse werden in flexibler Weise je nach Ziel und Zweck der Situation durchgeführt.

Folgende weitere konventionale Festlegungen lassen sich in der Etappe A des Lernkontextes identifizieren:

Konventionale Situation 2: Regeln zu statischen Bildmustern explizit machen (A)
Konventionale Situation 3: Statische Bildmuster entwickeln / konzipieren (A)
Konventionale Situation 4: Aussagen zu statischen Bildmustern beurteilen (A)

Im Vergleich zu der oben sehr ausführlich beschriebenen konventionalen Situation kSit1, beschreiben die Schülerinnen und Schüler in kSit2 unterschiedliche Möglichkeiten, die Anzahlen in statischen Bildmustern zu bestimmen. In kSit3 stehen Aufgaben im Mittelpunkt, bei denen eigene statische Bildmuster zu konzipieren sind – sowohl in Situationen, in denen Punktmuster zu Termaufgaben gezeichnet werden, als auch frei erdachte statische Muster. Die konventionale Situation 4 umfasst Aufgaben, in denen die Schülerinnen und Schüler Aussgen der Schulbuchcharaktere beurteilen. Bezogen auf Abbildung 4-1 könnte eine solche Aufgabe z.B. sein, anzugeben, was Merve meint, wenn sie sagt, sie könne die Punkte im Bild auf einen Blick erkennen. Neben vielen weiteren Festlegungen lassen sich daher insbesondere die folgenden beiden in Etappe A rekonstruieren:

kFest5. Muster lassen sich mit unterschiedlichen Variationen strukturieren und beschreiben.

kFest6. Mathematische Strukturierungsprozesse werden in flexibler Weise je nach Ziel und Zweck der Situation durchgeführt.

Etappe B. Wie kann man geschickt weiterzählen?

Ordnen B   **Wie kann man geschickt weiterzählen?**

2 **Zahlenfolgen fortsetzen**

a)   Setze die Zahlenfolge 10, 14, 18, … fort und erkläre das Muster.

b)   Till, Ole, Pia und Merve haben sich für die Zahlenfolge aus a) unterschiedliche Wege überlegt.

Erkläre die Vorteile und die Nachteile der einzelnen Wege.

c)   Bestimme für die Zahlenfolge 5, 8, 11, 14, … die nächsten beiden Zahlen. Nutze die vier Wege von Till, Ole, Pia und Merve.
Erkläre, welcher Weg für dich am leichtesten war.

d)   Vergleicht eure Ergebnisse aus c) und übertragt sie in den Wissensspeicher.

e)   Bestimme die nächsten beiden Zahlen der Zahlenfolgen:
1) 6, 10, 15, 21, …   c) 1, 4, 9, 16, …   c) 4, 8, 16, 32, …
Welche Wege hast du genutzt? Begründe deine Auswahl.

Abbildung 4-4 Ausschnitt aus Ordnen B

Konventionale Situation 12: Aussagen zu Zahlenfolgen beurteilen (B)

In Ordnen B wird das Fortsetzen von Zahlen- und Bildfolgen gemäß der ihnen zugrunde liegenden Regeln zum Anlass genommen, die Vor- und Nachteile unterschiedlicher Darstellungsweisen explizit zu thematisieren. Entlang der konventionalen Situation kSit12 wird die exemplarische Beschreibung und Analyse des Lernkontextes fortgesetzt. In der obigen Abbildung 4-4 können die Aufgabenteile 2b und 2c dieser Situation zugeordnet werden. Dabei ist der spezifische Systematisierungsgedanke der Ordnen-Phase zu beachten: Im Vergleich zu Erkunden B (vgl. Abb. 4-2) unterscheiden sich die konventionalen Festlegungen (und damit die konventionalen Situationen) nicht. So lassen sich beispielsweise sowohl Auftrag 2a aus Ordnen B (Abb. 4-4) und Auftrag 2a aus Erkunden B (Abb. 4-2) der gleichen konventionalen Situation zuordnen: kSit10 (*Regeln zu Zahlenfolgen explizit machen*). Die nachfolgende Analyse der konventionalen Situation kSit12 liegt also nicht ausschließlich der Phase des Ordnens in Etappe B zugrunde, sondern ebenfalls entsprechenden Aufgaben in der Erkundungs- und Vertiefenphase. Anhand des obigen Beispiels aus Ordnen B lässt sich der relevante Ausschnitt aus Etappe B, der hier genauer herausgearbeitet werden soll, anschaulich beschreiben.

Dieser Situation liegen die folgenden konventionalen Festlegungen zugrunde:

kFest4a. Mit Hilfe von Termen lassen sich die Strukturen von Zahlfolgen explizit machen.
   Konventionale Begriffe: Term, Zahlenfolge, Struktur, Explizierung
kFest7. (Viele) Bild- und Zahlfolgen weisen Strukturen und Regelmäßigkeiten auf.
   Konventionale Begriffe: Zahlfolge, Bildfolge, Struktur, Regelmäßigkeit
kFest8. Die Regelmäßigkeiten können auf unterschiedliche Weise explizit gemacht werden.
   Konventionale Begriffe: Regelmäßigkeit, Explizierung, Unterschiedlichkeit, Tabelle, Visualisierung, (verbale) Regel, Term
kFest9. (Viele) Bild- und Zahlfolgen können gemäß einer Regel fortgesetzt werden.
   Konventionale Begriffe: Bildfolge, Zahlfolge, Regel, Fortsetzbarkeit

Auch diese 4 Festlegungen können entlang berechtigungserhaltender Inferenzen gegliedert werden:
   kFest7 → kFest8 → kFest4a
   kFest7 → kFest9

Hierbei berechtigt kFest7 zu kFest8, die wiederum zu kFest4a berechtigt. Außerdem berechtigt kFest7 zu kFest9. In diesem Zusammenhang verweisen die Festlegungen kFest7 und kFest8 auf die folgenden beiden elementaren Festlegungen:

E1. (Viele) Bildmuster und Zahlenfolgen weisen Strukturen und Regelmäßigkeiten auf.

E2. Mit Algebra lassen sich Strukturen und Regelmäßigkeiten in Bildmustern und Zahlenfolgen explizit machen, beschreiben und verstehen

Vor dem Hintergrund dieser Analyse ergibt sich folgende tabellarische Darstellung dieser konventionalen Situation (kSit12) des Lernkontextes entlang der konventionalen Festlegungen:

Tabelle 4-2 Konventionale Festlegungen in den Situationen kSit1 und kSit12

Begriff	kSit1	...	kSit12
Regelmäßigkeit	kFest1		kFest7
Unterschiedlichkeit	kFest2		kFest8
Bündeln	kFest2a		
Abzählen	kFest2b		
Teilmuster	kFest3		
Term	kFest4		kFest4a
Fortsetzbarkeit			kFest9

Weitere konventionale Situationen der Etappe B sind die folgenden:

kSit 5: Anzahlen von dynamischen Bildmustern bestimmen (B)

kSit 6: Regeln zu dynamischen Bildmustern explizit machen (B)

kSit7: Dynamische Bildmuster entwickeln/konzipieren (B)

kSit8: Aussagen von dynamischen Bildmustern beurteilen (B)

kSit9: Anzahlen von Zahlenfolgen bestimmen (B)

kSit10: Regeln zu Zahlenfolgen explizit machen (B)

kSit11: Zahlenfolgen entwickeln/konzipieren (B)

Im Unterschied zu Etappe A arbeiten die Schülerinnen und Schüler hier mit dynamischen Bildmustern bzw. mit Zahlenfolgen. Anzahlen z.b. werden hier nicht mehr nur in vorgegebenen Punktmustern bestimmt, sondern auch in dynamischen Bildmusterfolgen. Wenn die Schülerinnen und Schüler die Anzahl des nächsten – nicht abgebildeten - Folgengliedes bestimmen sollen, können sie dies nicht durch punktweises Abzählen bestimmen. Dieser Situation liegen daher deutlich andere konventionale Festlegungen zugrunde. Insofern grenzt sich kSit5 von kSit1 aus Etappe A (*Anzahlen von statischen Bildmustern bestimmen*) deutlich ab. Ebenso lassen sich z.b. Regeln von dynamischen Bildmustern nicht einfach durch einen Zahlenterm (z.b. 3+4·5) angeben. Hierzu bedürfte es mindestens einer Regel, dass bspw. zu drei Startpunkten immer 4·5 Punkte von Stelle zu Stelle hinzugefügt werden. Ähnliche Abgrenzungen lassen sich für den Unterschied zwischen Situationen zu Zahlenfolgen und Bildmustern anführen.

Neben den oben rekonstruierten kann die folgende konventionale Festlegung besonders häufig in Situationen der Etappe B rekonstruiert werden:

kFest6. Mathematische Strukturierungsprozesse werden in flexibler Weise je nach Ziel und Zweck der Situation durchgeführt.

Zwischenfazit 1: Festlegungsstrukturentwicklungen kSit1→kSit12

Der Vergleich der Feinstruktur der beiden hier analysierten konventionalen Situationen kSit1 und kSit12 zeigt konventionale Entwicklungsprozesse auf mehreren Ebenen, die entlang der folgenden begrifflichen Kernelemente dieser Arbeit verlaufen: Festlegungen, Berechtigungen sowie elementare Festlegungen und Inferenzen.

Der Vergleich der Festlegungen, die den Situationen zugrunde liegen, offenbart zunächst die Zunahme an begrifflicher Substanz. Festlegung kFest4a aus Situation kSit12 beispielsweise verweist u.a. auf Zahlenfolgen und Terme. Die Festlegungen aus kSit1 verweisen noch nicht auf diese Begriffe (Festlegung kFest4 aus Situation kSit1 verweist bspw. auf statische Punktmuster und Terme). Der Vergleich von kFest1 ((Viele) statische Bildmuster weisen Strukturen und Regelmäßigkeiten auf.) aus Situation kSit1 mit kFest7 aus kSit12 ((Viele) Bild- und Zahlfolgen weisen Strukturen und Regelmäßigkeiten auf.) zeigt darüber hinaus, inwiefern die Festlegungen selbst auf ein komplexeres Begriffsnetz verweisen: Während kFest1 auf statische Punktmuster verweist, verweist die strukturähnliche Festlegung kFest7 aus kSit12 auf Bild- und Zahlfolgen.

Eine Zunahme an begrifflicher Substanz entlang der Situationen ist über Festlegungen für diesen Lernkontext explizierbar. Dieses Ergebnis bestätigt also einerseits, dass es möglich ist, mit Hilfe des Theorierahmens (also über konventionale Festlegungen) konventionale Entwicklungsverläufe in Lernkontexten explizit zu machen. Zum anderen ist für den vorliegenden Kontext festzustellen, dass der Lernkontext im Verlauf der beiden hier (exemplarisch) betrachteten konventionalen Situationen begrifflich komplexer wird.

Eine Entwicklung kann allerdings nicht nur hinsichtlich der Zunahme an begrifflicher Substanz der Festlegungen festgestellt werden, sondern auch hinsichtlich der Inferenzstruktur. Auffällig sind dabei zwei Elemente: zum einen die Strukturähnlichkeiten von berechtigungserhaltenden Inferenzen zwischen den Festlegungen in den verschiedenen Situationen und zum anderen die zunehmende inferentielle Ausdifferenzierung. Der Vergleich der berechtigungserhaltenden Inferenzen aus kSit1 (kFest1 → kFest3 → kFest2a → kFest4) mit denen aus kSit12 (kFest7 → kFest8 → kFest4a) verdeutlicht die strukturelle Ähnlichkeit: Wenn statische Punktmuster Strukturen und Regelmäßigkeiten aufweisen (kFest1), dann kann die Identifikation von Teilmustern die Anzahlbestimmung erleichtern (kFest3) und in diesem Fall lässt sich die Anzahl durch geschicktes Bündeln der Teilmuster *auf einen Blick* (vgl. Aufgabenstellung Etappe A) erkennen (kFest2a). Das Bündeln von Teilmustern wiederum kann Berechtigung geben, die entsprechende Teilmusterstruktur explizit zu machen (kFest4). In kSit12 verläuft die Inferenzstruktur auf ähnliche Weise: Wenn (viele) Bild- und Zahlfolgen Strukturen und Regelmäßigkeiten aufweisen (kFest7), dann können diese auf unterschiedliche Weise explizit gemacht werden (kFest8) und dann können insbesondere Terme die Strukturen von Zahlenfolgen explizit machen (kFest4a). In beiden Inferenzenketten ist Ausgangspunkt die Festlegung, dass die (statischen bzw. dynamischen) Punktmuster bzw. Zahlfolgen gewisse Regelmäßigkeiten aufweisen, die sich dann mit entsprechenden Termen explizit machen lassen.

Die Ergebnisse zeigen auch, inwiefern der Lernkontext einerseits begrifflich und inferentiell kohärent ist und andererseits hinsichtlich der begrifflichen und inferentiellen Struktur komplexer wird. *Obwohl– wie oben gezeigt – die begriffliche Substanz (die Festlegungen und Begriffe sowie die inferentiellen Relationen zwischen den Festlegungen) komplexer wird, ist zu beobachten, wie die Struktur der Inferenzen entlang der Situationen ähnlich bleibt.* Zum anderen fällt die zunehmende inferentielle Ausdifferenzierung und Kompexisierung entlang der Situationen auf. In kSit12 berechtigt Festlegung kFest7 nicht nur zu kFest8, sondern auch zu kFest9: Die Zahlenfolge kann gemäß einer Regel *fortgesetzt* werden, weil die Zahlfolge eine Regelmäßigkeit aufweist. *Zu beobachten ist also eine Zunahme an inferentieller Komplexität entlang der Situationen.*

Ein drittes Analyseergebnis zeigt die fundamentale Bedeutung elementarer Festlegungen. Die elementare Festlegung E1 ((Viele) Bildmuster und Zahlenfolgen weisen Strukturen und Regelmäßigkeiten auf.) liegt der Festlegung kFest1 in kSit1 zugrunde und E1 entspricht der Festlegung kFest7 in kSit12. Beide Festlegungen (kFest1 und kFest7) stellen grundlegende Berechtigungen für die Infe-

renzenketten in den beiden Situationen kSit1 und kSit12 dar. Ein ähnlich fundamentaler Zusammenhang kann in diesem Beispiel gezeigt werden für die elementare Festlegung E2. *Zu beobachten ist daher, dass die elementaren Festlegungen
E1 und E2 den Festlegungsstrukturen sowohl in kSit1 als auch in kSit12 zugrunde liegen.* Es zeichnet elementare Festlegungen aus, dass sie ein reduziertes Festlegungsnetz darstellen, das einer Vielzahl von Situationen eines Lernkontextes
zugrunde liegt. Hier zeigt sich demnach, dass die im Rahmen der stoffdidaktischen Analyse in Kapitel 4.1 herausgearbeiteten konventionalen Festlegungen in
stimmiger Weise für den hier zugrunde liegenden Lernkontext konkretisiert wor-
den sind.

Damit kann bereits an dieser Stelle festgehalten werden, dass sich mit Hilfe
konventionaler Festlegungen, elementare Festlegungen und Inferenzen Feinstruk-
turen in der stofflichen Aufbereitung explizit machen lassen. Diese Analyse ermöglicht nicht nur Einblicke in die begriffliche Entwicklung bzw. Anlage eines
Lernkontextes, sondern darüber hinaus auch in die Inferenzstruktur. Im Rahmen
der Analyse einer weiteren konventionalen Situation der Etappe C des Lernkontextes wird nicht nur das Ziel verfolgt, das stoffliche Potential, die begriffliche
und inferentielle Kohärenz sowie die zunehmende Komplexisierung des Lernkontextes darzustellen, sondern auch anhand der drei analysierten konventionalen
Situationen exemplarisch einen (konventionalen) begrifflichen Entwicklungsprozess im Lernkontext über Festlegungen explizit zu machen.

Konventionale Situation 20: Aussagen zu Zahlenfolgen beurteilen (C)

Im Mittelpunkt dieser konventionalen Situation steht die Aufgabe, Zahlenfolgen
möglichst schnell hochzurechnen (vgl. die Aufgabenteile 5a und b in Abb. 4-5).
Die vier im Lernkontext abgebildeten Charaktere gehen dabei entlang der verschiedenen Darstellungsformen unterschiedliche Wege. Aufgabe für die Schülerinnen und Schüler ist zunächst (vgl. Aufgabenteil a in Abb. 4-3), die unterschiedlichen Wege zu beurteilen und danach das 50. Folgenglied zu berechnen.
Der fundamental neue Gedanke hier ist die Nutzung der Variable bzw. eines Variablenterms (gegenüber einem Zahlenterm) zur allgemeinen Beschreibung der
Regel von Zahlen- und Bildfolgen. Hierbei ist wiederum zu beachten, dass die
konventionale Situation kSit20 exemplarisch entlang dieser Aufgabe aus der
Ordnen-Phase analysiert wird, sie aber genauso gut entlang einer entsprechenden
Erkundungsaufgabe der Situation kSit20 hätte analysiert werden können. Für die
folgenden Darstellungen wird die Ordnen-Phase gewählt, weil hier die Sachstruktur in systematisierender Weise angelegt ist und einige Begriffe, die in der
Erkundenphase aktiv entdeckend erlernt werden können, hier explizit gemacht
werden.

Etappe C. Wie kann man geschickt weiterrechnen?

5   **Folgen schnell berechnen**
b)   Till, Merve, Ole und Pia haben hohe Stellen von Zahlenfolgen um die Wette berechnet.
Sie haben die 35. Stelle der Zahlenfolge 5, 9, 13, 17, … unterschiedlich berechnet.
Erkläre die Vorteile und die Nachteile der einzelnen Wege.

a)   Beurteile die unterschiedlichen Wege von Till, Merve, Ole und Pia.

Berechne auch die 50. Stelle der Zahlenfolge 5, 9, 13, 17, … auf den vier Wegen.

b)   Beschreibe die Vorteile und Nachteile der vier Wege:
Bei Tills Verfahren …
Bei Merves Verfahren …

Welcher Weg gefällt dir am besten? Begründe deine Entscheidung.

c)   Erkläre die Bedeutung der 4 und der 1 in den Rechnungen von Merve, Pia und Ole?
Kommt Till ohne die beiden Zahlen aus?

d)   Till, Merve, Ole und Pia haben um die Wette gerechnet. Meistens haben Merve oder Pia
gewonnen. Erkläre, woran das liegt.

e)   Welcher Weg ist der schnellste? Vergleiche dazu die Wege von Pia und Merve. Pia
verwendet in x in ihrer Regel. Stellt sich auch Merve ein x vor?
Welche besondere Bedeutung hat das x jeweils?

f)   Pia benutzt Terme, um schnell zu rechnen. Schreibe Terme zu den Zahlenfolgen auf und
berechne die Zahl an der 100. Stelle.
(1) 3, 7, 11, 15, …   (2) 1, 4, 9, 16, …   (3) 0, 5, 10, 15, ….

Abbildung 4-5 Ausschnitt aus Ordnen C

Folgende konventionale Festlegungen liegen dieser Situation zugrunde:

kFest4a. Mit Hilfe von Termen lassen sich die Strukturen von Zahlfolgen explizit machen.
Konventionale Begriffe: Term, Zahlenfolge, Struktur, Explizierung

kFest6. Mathematische Strukturierungsprozesse werden in flexibler Weise je nach Ziel und Zweck der Situation durchgeführt. .
Konventionale Begriffe: Flexibilität, Strukturierungselemente, Darstellungsweisen, Variable, Term, symbolische Veranschaulichung, Tabelle, (verbale) Regel, (lokale) Optimierung, Strukturierung, Darstellungsweisen, strukturelle Äquivalenz

kFest7. (Viele) Bild- und Zahlfolgen weisen Strukturen und Regelmäßigkeiten auf.
Konventionale Begriffe: Zahlfolge, Bildfolge, Struktur, Regelmäßigkeit

kFest8. Die Regelmäßigkeiten können auf unterschiedliche Weise explizit gemacht werden.
Konventionale Begriffe: Regelmäßigkeit, Explizierung, Unterschiedlichkeit, Tabelle, Visualisierung, (verbale) Regel, Term

kFest9. (Viele) Bild- und Zahlfolgen können gemäß einer Regel fortgesetzt werden.
Konventionale Begriffe: Bildfolge, Zahlfolge, Regel, Fortsetzbarkeit

kFest11. Mit Variablen in Termen können die Regeln von Bild- und Zahlenfolgen allgemein angegeben werden.
Konventionale Begriffe: Term, Bildfolge, Regel, Zahlenfolge, Variable, Schrittlänge, Startzahl

kFest12. Die Regeln können zur Berechnung großer Stellen der Folge genutzt werden.
Konventionale Begriffe: Regel, Berechnung, Hochrechnen, Folge, Änderung, Differenzbildung, Variable

kFest13. Hohe Stellen einer Zahlenfolge lassen sich mit Hilfe von Variablentermen leicht berechnen. Das x steht für die Stelle.
Konventionale Begriffe: hohe Stellen, leicht berechnen, Variable, Stelle, Schrittlänge, Startzahl, Term

Diese Festlegungen stehen in vielfältigen und reichhaltigen inferentiellen Relationen. Einige sind einerseits von besonderer Bedeutung als Hintergrund, vor dem die empirischen Analysen im dritten Teil der Arbeit stattfinden, und andererseits wichtig für die Veranschaulichung der konkreten Umsetzung der zentralen stoffdidaktischen Aspekte, die für die elementare Algebra in Kapitel 4.1 herausgearbeitet wurden:

kFest7 → kFest8 → kFest4a → kFest11 → kFest13
kFest7 → kFest9 → kFest12 → kFest13
kFest7 → kFest8 → kFest6

Mit Blick auf die elementaren Festlegungen zeigt sich, dass die Festlegung kFest7 der elementaren Festlegung E1 entspricht und dass die elementaren Festlegungen E2 und E4 den Festlegungen kFest8 und kFest6 zugrunde liegen. Insofern können in dieser Situation kSit20 drei der vier elementaren Festlegungen, die in der stoffdidaktischen Analyse in Kapitel 4.1 herausgearbeitet wurden, in der Eigenschaft von elementaren Festlegungen - d.h. für diese Situation grundlegende Festlegungen - identifiziert werden.

In der folgenden Tabelle werden die Festlegungen dieser konventionalen Situation kSit20 in der rechten Spalte veranschaulicht. In der linken Spalte stehen exemplarische Begriffe, auf die sie verweisen:

Tabelle 4-3 Konventionale Festlegungen in den Situationen kSit1, kSit12 und kSit20

Begriff	kSit1	...	kSit12	...	kSit20
Regelmäßigkeit	kFest1		kFest7		kFest7
Unterschiedlichkeit	kFest2		kFest8		kFest8
Bündeln	kFest2a				
Abzählen	kFest2b				
Teilmuster	kFest3				
Term	kFest4		kFest4a		kFest4a
Fortsetzbarkeit			kFest9		kFest9
Variable					kFest11
Hochrechnen					kFest12
Optimierung					kFest6
Stelle					kFest13

Die folgenden weiteren konventionalen Situationen können für die Etappe C des Lernkontextes identifiziert werden:

kSit 13: Anzahlen von dynamischen Bildmustern bestimmen (C)

kSit 14: Regeln zu dynamischen Bildmustern explizit machen (C) kSit15: Dynamische Bildmuster entwickeln/konzipieren (C)

kSit16: Aussagen zu dynamischen Bildmustern beurteilen (C)

kSit17: Anzahlen von Zahlenfolgen bestimmen (C)

kSit18: Regeln zu Zahlenfolgen explizit machen (C)

kSit19: Zahlenfolgen entwickeln/konzipieren (C)

Die konventionalen Festlegungen, die den obigen konventionalen Situationen aus Etappe C zugrunde liegen, unterscheiden sich in entscheidender Weise von den komplementären konventionalen Festlegungen kFest5-kFest12 aus Etappe B hinsichtlich der Tatsache, dass in Etappe C eine neue Sicht auf die Folgen eingenommen wird. Insbesondere betrifft das z.b. den Unterschied von rekursiver und expliziter Berechnung von Folgengliedern (vgl. dazu jeweils kSit13 und kSit17 mit kSit5). Erstere ist für hohe Stellen in Folgen nicht ohne weiteres möglich. Weiterhin betrifft das die Angabe der Regeln für die Folgen. Durch die Einführung der Variable wird den Schülerinnen und Schülern ein Werkzeug an die Hand gegeben, das eine präzise allgemeine Beschreibung der jeweiligen Regel und damit der mathematischen Struktur ermöglicht (vgl. dazu jeweils kSit14 und kSit18 mit kSit6).

Zwischenfazit 2: Festlegungsstrukturentwicklungen kSit1→kSit12→ kSit20

Die Explizierung der Variable in ihren ganz spezifischen Formen als Darstellungsmöglichkeit von Mustern einerseits und als Instrument zur praktischen Berechnung von Stellen in Zahlenfolgen andererseits wird im Rahmen des Lernkontextes konkretisiert als ein Prozess der zunehmenden Ausdifferenzierung von konventionalen Festlegungen. Deutlich hervorgehoben werden muss in diesem Zusammenhang, dass Festlegungen, die explizit auf den Begriff der Variable verweisen (z.b. kFest11) in Inferenzen eingebunden sind, die nicht neu sind: kFest11 kann in diesem Zusammenhang gestützt werden durch die folgende Inferenzenkette aus kSit12 (aus Etappe B, in der die Variable nicht explizit ist): kFest7 → kFest8 → kFest4a (→ kFest11). Mit Hilfe von Festlegungen und Inferenzen können Stufungen in Lernkontexten in ihrer Feinstruktur sichtbar gemacht werden.

Zunächst lässt sich für kSit20 festhalten, dass dieser Situation nicht nur *mehr* Festlegungen zugrunde liegen als den Situationen kSit1 und kSit12, sondern dass diese Festlegungen auch hinsichtlich ihrer begrifflichen und inferentiellen Struktur komplexer sind. Insofern ist die begriffliche Substanz in dieser Situation, auf die die Festlegungen verweisen, gegenüber kSit1 und kSit12 deutlich komplexer. Tabelle 4-3 zeigt deutlich die quantitative Zunahme an Festlegungen über die drei Situationen hinweg.

Es wird darüber hinaus deutlich, dass gewisse Festlegungen über die drei analysierten Situationen hinweg in gleicher bzw. ähnlicher Form dem Kontext zugrunde liegen (kFest1 bzw. kFest7; kFest2 bzw. kFest8; kFest4 bzw. kFest4a; kFest9). Hier zeigt sich, dass die konventionale (stoffliche) Struktur des Festlegungsnetzes zunehmend an Komplexität gewinnt.

Die begriffliche und inferentielle Komplexisierung und der inhaltliche Verlauf von Lernkontexten können auf diese Weise über Festlegungen explizit gemacht werden.

Deutlich betont werden muss der Zusammenhang von Festlegung und Situation. Im Sinne der in Kapitel 2 herausgearbeiteten Maßgaben ergeben sich die konventionalen Situationen vor dem Hintergrund der konventionalen Festlegungen, die einem gewissen (Lern-) Gegenstand zugrunde liegen. Die Festlegungen kFest2a, kFest2a und kFest3 beispielsweise liegen – in den hier analysierten Situationen – *nur* der Situation kSit1 zugrunde. Da sie alle drei auf Besonderheiten der Strukturierung statischer Bildmuster verweisen, liegen sie den Situationen kSit12 und kSit20 in dieser Form nicht zugrunde. Andererseits können nichtgleiche Festlegungen auch Zusammenhänge stiften zwischen strukturell ähnlichen Situationen: Allen drei Situationen liegt die Festlegung zugrunde, dass die Folgen bzw. Muster gewisse Regelmäßigkeiten aufweisen. In kSit1 beziehen sich diese Regelmäßigkeiten auf die Strukturierungen statischer Punktmuster und in kSit12 bzw. kSit20 beziehen sich diese Regelmäßigkeiten auf Strukturierungen von Bild- bzw. Zahlfolgen.

Mit konventionalen Festlegungen lassen sich daher in differenzierter Weise Beschreibungen konventionaler Situationen vornehmen. Gleichzeitig lässt der Vergleich von Festlegungen über die einzelnen Situationen hinweg sowohl Einblicke in die Entwicklungen einzelner konventionaler Festlegungen als auch in den Aufbau, die Stufung und die Konstruktion ganzer Festlegungsstrukturen (und damit Situationen) zu.

Hinsichtlich der konventionalen Inferenzstruktur lässt sich beobachten, dass das inferentielle Geflecht in kSit20 im Vergleich zu den Situationen kSit1 und kSit12 komplexer geworden ist. Hierfür gibt es zwei Merkmale. Einerseits werden Inferenzenketten hinsichtlich der Anzahl der eingebundenen Festlegungen länger (vgl. kFest7 $\rightarrow$ kFest8 $\rightarrow$ kFest4a in kSit12 und kFest7 $\rightarrow$ kFest8 $\rightarrow$ kFest4a $\rightarrow$ kFest11 $\rightarrow$ kFest13 in kSit20). Anderererseits liegen der Situation kSit20 vor dem Hintergrund der Zunahme an Festlegungen neue Inferenzenketten zugrunde (vgl. z.B. kFest7 $\rightarrow$ kFest8 $\rightarrow$ kFest6). Vor allem die Explizierung der Variable und Aspekte der Optimierung von Strategien zum *Hochrechnen von Zahlenfolgen* erweitern die Festlegungsstruktur in kSit20 deutlich, da hier die

Strategien in flexibler Weise entlang der Ziele und Zwecke der jeweiligen Situation genutzt werden.

Sichtbar wird auch die Relevanz der herausgearbeiteten elementaren Festlegungen für die hier dargestellten Situationen. So konnte gezeigt werden, dass die elementaren Festlegungen E1, E2 und E4 den hier analysierten Situationen zugrunde liegen. Eine ebenso gewichtige Rolle spielt die elementare Festlegung E3 für den Lernkontext im Rahmen anderer Situationen.

Inhaltlich verknüpft der Lernkontext damit algebraische Konzepte (z.B. Variable, Terme) mit fundamentalen mathematischen Gegenständen (Muster, Folgen) mit dem Ziel, einerseits Erkundungsprozesse von Bildmustern und Zahlenfolgen in Gang zu setzen und auf der anderen Seite damit das Konzept der Variable zunächst auf propädeutischer, dann auf expliziter Ebene zu thematisieren. Leitende Idee dabei ist, dass die Regeln von Zahlenfolgen und Bildmustern auf unterschiedliche Weise explizit gemacht werden können: mit Hilfe von symbolischen Veranschaulichungen, mit Tabellen, mit verbalen Regeln oder mit Termen.

Elementar für fast alle Situationen kSit1-kSit20 ist dabei, dass (viele) Bildmuster und Zahlfolgen Regelmäßigkeiten aufweisen, die sich explizit machen lassen. Da die Erforschung von Mustern und Strukturen eine wesentliche mathematische Tätigkeit ist, lassen sich solche Regelmäßigkeiten mit mathematischen – insbesondere algebraischen – Beschreibungsmitteln explizit machen. Diese Idee steckt sowohl hinter der Beschreibung statischer Bildmuster in kSit1 als auch hinter der Beurteilung der verschiedenen Berechnungsstrategien des 35. Folgegliedes einer Zahlfolge in Situation kSit20. Insofern kann festgehalten werden, dass die folgenden Festlegungen elementare Festlegungen für den Lernkontext sind:

E1. (Viele) Bildmuster und Zahlenfolgen weisen Strukturen und Regelmäßigkeiten auf.
E2. Mit Algebra lassen sich Strukturen und Regelmäßigkeiten in Bildmustern und Zahlenfolgen explizit machen, beschreiben und verstehen.

Die folgenden Beispiele zeigen, inwiefern dem Variablenkonzept im Lernkontext Festlegungen zugrunde liegen, die auf die Variable zunächst als Mittel für die Beschreibung mathematischer Strukturen (kFest11) und weiter als Gegenstand mathematischer Entdeckungen und Erkundungen verweisen (kFest13):

kFest11. Mit Variablen in Termen können die Regeln von Bild- und Zahlfolgen allgemein angegeben werden.
kFest13. Hohe Stellen einer Zahlenfolge lassen sich mit Hilfe von Variablentermen leicht berechnen. Das x steht für die Stelle.

Die obige Analyse der Feinstruktur des Lernkontextes konnte dabei zeigen, dass beide Festlegungen in inferentieller Relation zu den oben genannten elementaren Festlegungen E1 und E2 stehen. Insofern bauen die Festlegungen zur Variable gegen Ende des Lernkontextes auf Festlegungen auf, die im Lernkontext schon von Beginn an angelegt sind. Das Variablenkonzept wird also auf propädeutischer Ebene bereits vor dessen Explizierung thematisiert.

Den Lernkontext zeichnet in diesem Zusammenhang aus, dass er konsequent die Variabilität der Strukturierungsmöglichkeiten von Mustern thematisiert (sowohl bei statischen als auch bei dynamischen Mustern). Insofern ist das Äquivalenzkonzept (vgl. English / Warren 1998, S. 168) für die Beschreibung von Mustern bereits in einem sehr frühen Stadium des Lernkontextes implizit mit angelegt: Mit der Explizierung der Variable in Termen und Gleichungen steht eine Sprache zur Verfügung, mit der das Äquivalenzkonzept mit Bezug auf die Untersuchung von Bildmustern und Zahlfolgen auch auf symbolischer Ebene zum Gegenstand der inhaltlichen Deutung wird. In diesem Zusammenhang stellen $2+5x$ und $2+2x+3x$ zwei unterschiedliche Möglichkeiten dar, die gleiche Folge zu beschreiben. Das Gleichheitszeichen ($2+5x=2+2x+3x$) ist in diesem Zusammenhang nicht Operator, sondern Relationszeichen (vgl. z.B. Kieran 2007, Prediger 2008, Siebel 2005).

Grundlegend für all diejenigen Situationen, in denen das Äquivalenzkonzept – explizit oder implizit – thematisiert wird, ist die folgende elementare Festlegung:

E3. Muster lassen sich mit unterschiedlichen Variationen strukturieren und beschreiben.

Vergnaud (vgl. z.B. Vergnaud 1996, S. 233) fordert in diesem Zusammenhang, dass der Nutzen der algebraischen Sprache für die Schülerinnen und Schüler erfahrbar werden müsse. Der vorliegende Lernkontext hält Situationen bereit, in denen die systematische Berechnung hoher Folgeglieder sowie die Nutzung der Variable zunächst auf propädeutischer und danach auf expliziter Ebene dazu anregen können, das Potential von Termen für solche Berechnungen zu erkennen. In diesem Zusammenhang werden mathematische Darstellungsweisen entlang der Zielsetzung optimiert, hohe Folgeglieder zu berechnen, sodass die Variable nicht nur als Möglichkeit zur Verfügung steht, mathematische Strukturen zu beschreiben, sondern auch weiterhin die Möglichkeit bereithält, ihren praktischen Nutzen zum Beispiel für die Berechnung hoher Folgeglieder zu erfahren. Insofern können die mathematischen Objekte (hier speziell die Variable) in flexibler Weise verwendet werden.

Grundlegend für den Lernkontext ist daher auch die elementare Festlegung E4. Mathematische Strukturierungsprozesse werden in flexibler Weise je nach Ziel und Zweck der Situation durchgeführt.

Im Folgenden wird der Lernkontext entlang dreier Aspekte diskutiert, die sich im Spannungsfeld von epistemologischen Erkenntnisinteresse und Gegenstandsbereich dieser Arbeit bewegen.

Festlegungen implizit und explizit: Arbeit mit Festlegungen

Die Analyse des Lernkontextes zeigt, dass Festlegungen vor allem in denjenigen Situationen zum expliziten Lerngegenstand werden können, die die Beurteilung von Aussagen erforderlich machen (vgl. z.B. kSit12 und kSit20). Die Schülerinnen und Schüler werden in kSit12 explizit aufgefordert, die Vor- und Nachteile z.B. von Tills Aussage zu erklären: „In der Tabelle kann man die Beziehung zwischen den Zahlen besser erkennen(...)" (vgl. Ordnen B 2b in Abb. 4-2). Bei Tills Aussage handelt es sich um eine Festlegung, die hier im Rahmen der Aufgabenstellung explizit zur Diskussion gestellt wird. Die Schülerinnen und Schüler werden damit dazu aufgefordert, Inferenzen zu entwickeln und z.B. nach Festlegungen zu suchen, die Berechtigung für Tills Festlegung geben. Eine solche Berechtigung könnte mit dem Ziel verbunden sein, das Änderungsverhalten der Zahlenfolge deutlich darstellen zu wollen. Mit einer Tabelle wäre eine solche Darstellung sehr gut möglich. Der explizite Umgang mit Festlegungen im Rahmen von Situationen, in denen Aussagen der Charaktere des Lernkontextes z.B. mit Blick auf die jeweiligen Vor- und Nachteile beurteilt werden müssen, kann daher dazu beitragen, Inferenzen im Unterricht einen expliziten Status zu geben (vgl. Prediger et al. 2011).

Eine solche Strategie für die Konstruktion von Lernkontexten wird dabei in der fachdidaktischen Diskussion gerade zum Variablenbegriff z.T. explizit gefordert. Fischer (2009) resümiert im Zusammenhang einer Studie zu Variablenkonzepten von Schülerinnen und Schülern, die Variablenterme zur Darstellung arithmetischer Abhängigkeiten nutzen, die ihrerseits durch eine geometrische Darstellung gegeben sind: „Es scheint mir wichtig, Gründe für eine bestimmte Variablenverwendung im Unterricht zu thematisieren. Das gilt sowohl für Gründe, die hinter den Konventionen der Algebra stehen, als auch für Gründe, die Schülerinnen und Schüler für ihre Entscheidungen haben, wenn sie die Werte wechseln, für die ihre Variablenzeichen stehen" (Fischer 2009, S. 27). Im Rahmen des vorliegenden Lernkontextes werden die Schülerinnen und Schüler in konsequenter Weise dazu aufgefordert (vgl. z.B. kSit12, kSit20), *Festlegungen in Form von Gründen* explizit zu machen. Methodisch kann diese Explizierung angeregt werden durch ein Aufgabenformat, in dem Festlegungen von Charakteren des Lernkontextes zum Gegenstand der Beurteilung werden: die Schülerinnen und Schüler können in solchen Situationen dazu angeregt werden, Berechtigungen – Gründe – und Inferenzen für die Verwendung der Variablen explizit zu machen. Damit erfüllt der vorliegende Lernkontext die Anforderung aus Kapitel 1.3, einen Festlegungsraum bereitzustellen, der den Schülerinnen und Schülern die Möglichkeit bereithält, am Spiel des Eingehens und Zuweisens von Festlegungen und Berechtigungen teilzunehmen (vgl. Festlegung 10). Im Sinne von Forschungsfrage drei besteht ein spezifisches Erkenntnisinteresse darin, zu untersuchen, inwiefern sich der explizite Umgang mit Festlegungen förderlich auf die individuellen Begriffsbildungsprozesse von Schülerinnen und Schülern auswirken kann.

Spezifität algebraischer Objekte

kFest11. Mit Variablen in Termen können die Regeln von Bild- und Zahlenfolgen allgemein angegeben werden.

kFest13. Hohe Stellen einer Zahlenfolge lassen sich mit Hilfe von Variablentermen leicht berechnen. Das x steht für die Stelle.

Die Analyse der Feinstruktur des vorliegenden Lernkontextes und der exemplarische Vergleich der beiden Festlegungen kFest11 und kFest13 zeigt, dass zwei Ebenen algebraischer Konzepte aufgegriffen werden: kFest13 verweist darauf, dass Variable in Termen genutzt werden können, um Folgeglieder in Zahlenfolgen explizit anzugeben. Der Variablenterm kann in kSit20 beispielsweise als Möglichkeit in Betracht gezogen werden, das 35. Folgenglied zu berechnen. Die Variable wird in diesem Zusammenhang als operationales Konzept genutzt (vgl. in diesem Zusammenhang z.B. auch Sfard / Linchevski 1994, S. 207: „a formula is nothing else than a process waiting to be performed"). Gleichzeitig lassen sich mit Termen die Regeln und Strukturen von Zahlen- und Bildfolgen explizit machen. Hier hat die Variable eine strukturelle Funktion. Diese strukturelle Ebene algebraischer Konzepte wird im Rahmen des Lernkontextes in vielfältiger Weise thematisiert: im Zusammenhang mit dem Äquivalenzkonzept (z.B. 2(x+3)=2x+6 als Möglichkeit der unterschiedlichen Beschreibung ein und derselben Struktur), der expliziten Angabe von Folgegliedern (im Vergleich zur rekursiven Bestimmung der Folgeglieder) oder der Äquivalenz unterschiedlicher Darstellungsweisen von sowie Zugängen zu *Regeln mathematischer Strukturen* (Term, Tabelle, symbolische Veranschaulichung oder verbale Regel). Es ist eine der wesentlichen Eigenschaften des Lernkontextes, die Dichotomie von operationaler und struktureller Dimension (vgl. Sfard / Linchevski 1994) bestimmter algebraischer Konzepte zum expliziten Lerngegenstand zu machen. Sfard / Linchevski (1994) beschreiben den epistemologischen Prozess, mathematische (insbesondere algebraische) Gegenstände nicht mehr nur als operationale Objekte, sondern zunehmend auch als strukturelle Objekte zu verstehen, als Verdinglichung (*reification*). Solche Verdinglichungsprozesse sind in der konventionalen Inhaltsstruktur des Lernkontextes hinsichtlich vielfältiger Begriffe angelegt. Terme und damit verbundene Regeln bspw. von Zahlenfolgen werden nicht nur als mathematische Operatoren verstanden, mit Hilfe derer man Folgeglieder gezielt berechnen kann, sondern vielmehr als theoretische Beschreibungsmittel mathematische Strukturen, speziell z.B. für Folgen.

Im Rahmen des vorliegenden Lernkontextes werden daher Situationen bereitgestellt, die vielfältige Anlässe für einen solchen Verdinglichungsprozess bereithalten können.

Mathematik als Wissenschaft von Mustern

Der Musterbegriff ist fundamentaler Gegenstand mathematischen Denkens und Handelns (vgl. z.B. Wittmann / Müller 2007, Kieran 2007 oder Mason 1996). Wenn wir Mathematik treiben, denken und handeln wir in Mustern, denken und handeln wir mit Mustern: wir verallgemeinern, abstrahieren, setzen fort, stellen Beziehungen her und strukturieren. Gerade algebraische Konzepte zeichnet aus, dass ihnen solche allgemeinen menschlichen Denkhandlungen zugrunde liegen (vgl. z.B. Fischer et al. 2010). Dieser enge Bezug spezifisch algebraischer und allgmeiner menschlicher Denkhandlungen ist Hürde und Chance zugleich. Denn der Umgang mit und das Denken in Mustern ist hoch individualisiert und alles andere als in trivialer und geradliniger Weise erklär- und erlernbar. Mit ganz unterschiedlichen Foki untersuchen z.B. Steinweg (2001) und Söbbeke (2005) den Umgang von Kindern mit Mustern. Söbbeke (2005) hebt im Zusammenhang ihrer Untersuchung zur visuellen Strukturierungsfähigkeit von Grundschulkindern die „*Reichhaltigkeit* und Bandbreite an *Herangehens-* und *Strukturierungsweisen* (von Schülerinnen und Schülern hervor, F.S.), die der im alltäglichen Mathematikunterricht und von den Schulbüchern vielfach unterstellten oder geforderten Eindeutigkeit besagter Medien entgegensteht" (Söbbeke 2005, S. 374). Sie folgert, dass Anschauungsmittel zum expliziten Unterrichtsinhalt gemacht werden müssen, „und zwar in einem zusätzlichen, *neuen* Sinne: in der unterrichtlichen Arbeit mit den Kindern ist eine *explizite* und *bewusste Sicht* auf Strukturen und Beziehungen im Anschauungsmittel notwendig" (Söbbeke 2005, S. 376). Eine Thematisierung der unterschiedlichen Denkwege der Kinder bei der Strukturierung von und der Beschäftigung mit Zahlenmustern mahnt auch Steinweg an (vgl. Steinweg 2001, S. 257). Der vorliegende Lernkontext greift diese Forderung nach der expliziten Auseinandersetzung mit Mustern und Strukturen im Anschauungsmittel auf vielschichtige Weise auf, z.B. bei der Strukturierung statischer Punktmuster in kSit1 oder in Situationen wie eingangs (Kapitel 1) beschriebene Interviewsituation mit Karin zu dynamischen Punktmustern.

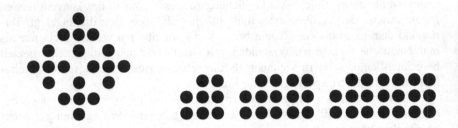

Die unterschiedlichen Möglichkeiten der Strukturierung statischer Punktmuster können für die Vielfalt sensibilisieren, die in einem nächsten Schritt des Lernkontextes für eine elementare mathematische Handlung genutzt werden kann: auch dynamische Punktmuster lassen sich in unterschiedlicher Weise strukturieren (bei dem hier abgebildeten z.B. der Form 2+2·3, 4+2·5 oder der Form 2+1·6, 2+2·6, vgl. zu solchen epistemologischen Umdeutungsprozessen von vertikalen und horizontalen Deutungen des Punktefeldes z.B. Söbbeke 2005, S. 376). Durch die explizite Auseinandersetzung mit und die *„bewusste* Sicht auf Strukturen und Beziehungen im Anschauungsmittel" (Söbbeke 2005, S. 374) können im Lernkontext sowohl das Äquivalenzkonzept, auf das die konventionalen Festlegungen dieser Situationen verweisen können, als auch der Term- und Variablenbegriff thematisiert werden.

Steinweg (2001) hebt in ihrer Untersuchung zur *Entwicklung* des Zahlenmusterverständnisses insbesondere mit Bezug auf das Verhältnis von Zahl- und Bildmustern hervor, dass eine „Korrelation zwischen der Fortsetzung der figurierten Zahlen im Punktmuster und der Fortsetzung der zugehörigen Zahlenfolge (…) nicht festgestellt werden" könne (Steinweg 2001, S. 249), dass aber ein „Verständnis für Muster gezielt unterrichtet werden muss" (Steinweg 2001, S. 257). Mit Blick auf Forschungsfrage 2 ergibt sich für die vorliegende Arbeit die Fragestellung, welche spezifischen Merkmale der Festlegungen, die Schülerinnen und Schüler im Umgang mit Punkt- und Zahlenmustern eingehen, Auswirkungen auf Festlegungen haben, die sie beim Umgang mit Variablen eingehen. Steinweg (2001) stellt z.B. heraus, dass „Zahlenfolgenmuster einfacher erkannt werden, wenn die Differenzen richtig berechnet werden konnten. (…) Eine Rechenkompetenz ist jedoch keine notwendige Bedingung dafür, eine Lösung zu finden" (Steinweg 2001, S. 252/3).

Die vorliegende Untersuchung greift diese Erkenntnisse zum Umgang mit Punkt- und Zahlmustern auf und nutzt sie für eine differenzierte Darstellung der Implikationen solcher spezifischer individueller Festlegungen und Inferenzen auf die Variablenkonzepte von Schülerinnen und Schülern im Rahmen des hier zugrunde liegenden Lernkontextes. Die in diesem Kapitel diskutierten Darstellungen konnten ebenfalls zeigen, dass der der vorliegenden Untersuchung zugrunde liegende Lernkontxt den in Abschnitt 4.1 vorgestllten Zugängen zu Variablen entspricht.

Zur Propädeutik der Algebra

Mit Bezug auf Freudenthal argumentiert Hefendehl-Hebeker (2001), dass propädeutische Erfahrungen mit algebraischen Konzepten zweischrittig angelegt sein sollten:

„1. Geeignete Erfahrungen mit Zahlen erwerben; solche sollten Anlass geben, Muster und Strukturen zu erkennen und darzustellen.
2. Diese Erfahrungen behutsam reflektieren, ordnen, systematisieren, formalisieren und dabei in erforderlichem Maße neue gedankliche Objekte wie Variable konzipieren" (Hefendehl-Hebeker 2001, S. 92).

Dahinter steht die Annahme, dass mathematische Lernprozesse sich „in Stufen vollziehen dergestalt, dass auf jeder neuen Stufe die Erfahrungen der vorherigen Stufe gedanklich geordnet werden" (Hefendehl-Hebeker 2001, S. 92).

In diesem Zusammenhang weisen Berlin et al. (2009) darauf hin, dass solche frühzeitigen propädeutischen Erfahrungen zu algebraischen Konzepten insbesondere dann gemacht werden können, „wenn das Strukturieren, Generalisieren und Formalisieren ausgehend von inhaltlich interessanten Kontexten geübt wird. Die Kontexte dienen als Motiv und als Vorstellungsstütze für erste formale Beschreibungen" (Berlin et al. 2009, S. 273). Die obige Analyse des Lernkontextes konnte zeigen, inwiefern diese Aspekte aufgegriffen werden, um entsprechende Erfahrungen zu ermöglichen und Konzepte wie die Variable bzw. Variablenterme zur allgemeinen Beschreibung mathematischer Strukturen in Zahlen- und Bildmusterfolgen zu nutzen.

Zu der Frage, inwiefern sich eine solche Auseinandersetzung mit algebraischen Konzepten bereits vor der üblichen Einführung der Variable in Klasse 7 als produktiv und förderlich für das inhaltliche Verständnis dieser Konzepte erweisen kann, liegen vielfältige Forschungsergebnisse vor (z.B. Steinweg 2001 für die Strukturierungsfähigkeit von Kindern oder die Erfahrungen von Fischer und Berlin in Berlin 2001). Diese werden in der vorliegenden Arbeit zum Anlass genommen, Begriffsbildungsprozesse genauer entlang der individuellen Festlegungen und Inferenzen der Schülerinnen und Schüler nachzuzeichnen. Dabei wird insbesondere in der empirischen Auswertung deutlich, inwiefern solche Begriffsbildungsprozesse hinsichtlich der individuellen Festlegungen sowie hinsichtlich ihrer inferentiellen Relationen charakteristische Merkmale aufweisen können. Einerseits können z.B. Entstehungsprozesse neuer Festlegungen nachgezeichnet werden. Andererseits können z.b. Hürden im Verlauf von individuellen Begriffsbildungsprozessen auf mathematisch nicht tragfähige, individuelle Festlegungen und Inferenzen zurückgeführt werden, die die Schülerinnen und Schüler bereits vorher eingegangen waren.

Diesen Rekonstruktionen liegt ein festlegungsbasiertes Verständnis von *Propädeutik* zugrunde. In der Sprache des hier vorliegenden Theorierahmens wird ein Begriff auf propädeutischer Ebene daher z.b. immer dann thematisiert, wenn der jeweiligen Situation Festlegungen zugrunde liegen, die auf den Begriff – implizit oder explizit – verweisen und wenn er gleichzeitig aber noch nicht explizit *ist*.

Dies soll anhand eines Beispiels verdeutlicht werden: Die Festlegung kFest12 (Die Regeln können zur Berechnung großer Stellen der Folge genutzt werden.) verweist zwar nicht direkt, so aber doch auf propädeutischer Ebene auf den Variablenbegriff, der zwar bei der Berechnung des 100. Folgegliedes (z.B. bei einer gegebenen Folge 2+100·5=502) nicht explizit sein muss, der aber sehr wohl auf propädeutischer Ebene vorhanden ist. In einer weiteren konventionalen Situation werden die Schülerinnen und Schüler aufgefordert anzugeben, ob es zu einer gegebenen Bildmusterfolge eine Stelle mit 604 Punkten gebe. Auch hier kann der Variablenbegriff auf propädeutischer Ebene von Schülerinnen und Schülern aktiviert werden, wenn diese nämlich die Regel der Folge identifizieren und daraufhin die konkrete Stelle mit 604 Punkten berechnen. Hinweise für eine propädeutische Aktivierung eines Begriffs sind daher, wenn potentielle Festlegungen und Inferenzen rekonstruiert werden können. Am Beispiel oben wäre eine solche potentielle (konventionale) Festlegung (für eine gegebene Bildmusterfolge mit der Regel 2+4x) z.B.: „Es gibt zu der gegebenen Bildmusterfolge eine Stelle mit 604 Punkten, falls die Gleichung 2+4x=604 lösbar ist. Das x gibt dabei die Stelle an." Die Variable wird in dem obigen Beispiel insofern in propädeutischer Form verwendet.

Spezifisch für das festlegungsbasierte Verständnis von Propädeutik ist daher, auch schon in Situationen, in denen Begriffe nicht explizit sind, Festlegungen zu identifizieren, die – implizit oder explizit – auf den Begriff verweisen. Eine Rekonstruktion von Festlegungen, die beispielsweise auf den Variablenbegriff (bzw. Aspekte des Variablenbegriffs) verweisen, kann daher schon vor dessen Explizierung vorgenommen werden. Mit der festlegungsbezogenen Perspektive dieser Arbeit kann die Genese mathematischer Begriffe in detaillierter Art und Weise nachgezeichnet werden. Dabei wird deutlich, welche Bedeutung hinsichtlich mathematisch tragfähiger Festlegungen zum Variablenbegriff z.B. dem Umgang mit statischen Bildmustern zukommt.

Identifiziert werden insofern in dem hier vorliegenden festlegungsbasierten Ansatz – sowohl in individuellen Begriffsbildungsprozessen als auch in Lernkontexten – Festlegungen sowie deren inferentielle Relationen, die auf gewisse Begriffe bzw. gewisse Begriffsaspekte verweisen. Auf diese Weise werden die vielfältigen begrifflichen Bezüge in Festlegungsstrukturen und Inferenzen auf differenzierte Weise sichtbar.

5 Untersuchungsdesign

Die vorliegende Arbeit zeichnet sich durch ihren explorativen Charakter aus. Primäres Erkenntnisinteresse ist dabei, inwiefern sich individuelle Begriffsbildungsprozesse als Entwicklungen individueller Festlegungen, Berechtigungen und Inferenzen beschreiben lassen und wie sich diese bei Schülerinnen und Schülern in einer Unterrichtsreihe zum Umgang mit Bildmuster- und Zahlenfolgen entwickeln (vgl. die Kapitel 1.1 und 1.2 bzw. die Forschungsfragen 1 (...zum epistemologischen Erkenntnisinteresse: *Inwiefern lassen sich Begriffsbildungsprozesse als die Entwicklung von Festlegungen erklären, strukturieren und verstehen?*) und 2 (...zum empirischen Erkenntnisinteresse: *Wie entwickeln sich Merkmale, Muster und Strukturen individueller Festlegungen im Verlauf von Begriffsbildungsprozessen bei Schülerinnen und Schülern?*). Dazu wurden im ersten Teil dieser Arbeit ein forschungstheoretischer Rahmen und ein auswertungspraktisches Analyseschema entwickelt. Im Rahmen der vorliegenden Arbeit wird außerdem die inferentialistische Perspektive auf individuelle Begriffsbildungsprozesse selbst auf ihre Tragfähigkeit für die Beschreibung und das Verständnis ebensolcher Prozesse untersucht (vgl. Kap. 1.4 bzw. Forschungsfrage 4 zum mathematikdidaktischen Erkenntnisinteresse: *Inwiefern lässt der zugrunde liegende festlegungsbasierte Theorierahmen vor dem Hintergrund des hier skizzierten Forschungsstandes neue Einsichten in und Perspektiven auf mathematische individuelle Begriffsbildungsprozesse zu?*). Darüber hinaus ist der zugrunde liegende Lernkontext Gegenstand der Untersuchung mit Blick auf die Frage, inwiefern er sich eignet, dass Schülerinnen und Schüler zunehmend mathematisch tragfähige Festlegungen eingehen (vgl. Kap. 1.3 bzw. Forschungsfrage 3 zum konstruktiven Erkenntnisinteresse: *Inwiefern eignet sich die zugrunde liegende Lernumgebung zum Aufbau individueller Festlegungsstrukturen hinsichtlich eines adäquaten Variablenbegriffs sowie eines adäquaten Umgangs mit Zahlenfolgen und Bildmustern sowie deren Darstellungs- und Zählformen?*).

Vor dem Hintergrund der Forschungsfragen wird ein methodologisches Programm gewählt, das zum Ziel hat, nicht nur individuelle (und soziale) Lernprozesse zu verstehen, sondern auch die Lernumgebung und den Theorierahmen selbst hinsichtlich ihres Potentials zu untersuchen. Diese Wahl wird insbesondere gestützt auf die theoretischen Annahmen, die dem Lernverständnis der vorliegenden Arbeit zugrunde liegen: Lernen ist ein aktiver und konstruktiver Prozess, der sozialen Einflussfaktoren unterliegt und sich konsequent zwischen Singulärem und Regulärem bewegt. Daraus leiten sich nicht nur hinsichtlich der Forschungsfragen Konsequenzen ab (d.h. nicht „nur" individuelle Perspektiven stehen im

Fokus, sondern immer auch der Lernkontext und der Theorierahmen), sondern eben auch hinsichtlich methodologischer Überlegungen (d.h. es werden nicht „nur" individuelle Perspektiven untersucht, sondern eben auch Lernkontext und Theorierahmen). Die hier gewählten Forschungsmethoden sowie das Untersuchungsdesign sind daher so gewählt, dass sich die Forschungsgegenstände im Sinne einer multiperspektivischen Betrachtung adäquat untersuchen lassen (vgl. für eine ausführliche Beschreibung der Analysewerkzeuge die Entwicklung des forschungspraktischen Auswertungsschemas in Kapitel 2).

Der explorative und deskriptive Charakter der Arbeit, die spezifische theoretische Fundierung sowie das Erkenntnisinteresse dieser Arbeit, das sich daraus ableitet, legen ein qualitatives Untersuchungsdesign nahe, das einem interpretativen Forschungsparadigma verpflichtet ist (vgl. Jungwirth 2003).

Die Auswertung der Daten findet dabei in konsequent festlegungsbasierter Perspektive statt. Genutzt wird dafür das in Kapitel 2 entwickelte auswertungspraktische Analyseschema, mit Hilfe dessen die individuellen Festlegungen, Berechtigungen und Inferenzen rekonstruiert werden. Dort findet sich eine detaillierte Beschreibung der angewendeten Auswertungsmethode. Für die Transkripte wird die Auswertung *turn-by-turn* durchgeführt. Individuelle Begriffsbildung wird im Rahmen dieser Arbeit als Entwicklung von Festlegungen, Berechtigungen und Inferenzen beschrieben.

Untersuchungsplan und Untersuchungsverfahren

Durchgeführt wurde der in Kapitel 4 diskutierte Lernkontext in zwei Klassen von den jeweiligen Fachlehrern: einer sechsten Klasse eines Gymnasiums in Oer-Erkenschwick mit 30 Schülerinnen und Schülern (davon 14 m, 16 w; Dauer der Durchführung: 13 Einzelstunden) und einer fünften Klasse einer Hauptschule in Hagen-Aktenlagen mit 24 Schülerinnen und Schülern (davon 10 m, 14 w; Dauer der Durchführung: 17 Einzelstunden). Die Daten wurden wie folgt erhoben (vgl. Jungwirth 2003, S. 190f): Alle Schulstunden wurden videografiert und protokolliert darüber hinaus wurden mit ausgewählten Schülerinnen und Schülern Einzel- bzw. Partnerinterviews durchgeführt. Die Wahl zweier so unterschiedlicher Lernorte wird hier insbesondere mit Blick auf Forschungsfrage 3 begründet: Die Frage, inwiefern sich der gegebene Lernkontext für die Schülerinnen und Schüler eignet, zunehmend mathematisch tragfähige Festlegungen einzugehen, die auf solch fundamentale mathematische Begriffe wie Muster, Variable, Regelmäßigkeit, Struktur etc. verweisen, ist explorativer Natur. Von besonderem Interesse ist dabei die Frage, inwiefern individuelle Begriffsbildungsprozesse ausgewählter Schülerinnen und Schüler Ähnlichkeiten bzw. Unterschiede aufweisen. Hervorgehoben werden muss an dieser Stelle allerdings, dass diese Arbeit vor dem Hintergrund der kleinen Stichprobe keine verallgemeinernden Aussagen hinsichtlich der Tragfähigkeit des Lernkontextes für Schülerinnen und Schüler der jeweiligen Klassenstufen bzw. Schulformen im Allgemeinen wird aufstellen können. Vielmehr steht hier die zu behandelnde Frage im Mittelpunkt, wie sich individuelle Festlegungen, Berechtigungen und Inferenzen ausgewählter Schülerinnen und Schüler entwickeln und inwiefern sich gewisse Merkmale des Lernkontextes auf den individuellen Begriffsbildungsprozess auswirken. Es ist daher Aufgabe von größer angelegten (Anschluss-) Untersuchungen, die Tragfähigkeit solcher Lernkontexte im größeren Maßstab zu messen.

Zielsetzung dieser Arbeit ist, individuelle Begriffsbildungsprozesse nicht nur situativ in kurzfristiger Perspektive, sondern eher als längerfristige Entwicklung individueller Festlegungen, Berechtigungen und Inferenzen zu beschreiben, d.h. über jeweils einen Zeitraum von 17 Stunden Unterricht bzw. 13 Stunden Unterricht hinweg. Vor dem Hintergrund der Forschungsfragen 1 und 2 also ist das Forschungsdesign im Sinne einer Einzelfallstudie angelegt (vgl. z.B. Mayring 2002). Ziel einer solchen Einzelfallbetrachtung ist es, „den Objektbereich (Mensch) in seinem konkreten Kontext und seiner Individualität zu verstehen" (Lamnek 1988, zit. nach Mayring 2002, S. 41) Die Einzelfallanalyse kann in diesem Zusammenhang „bei der Suche nach relevanten Einflussfaktoren und bei der Interpretation von Zusammenhängen" helfen (Mayring 2002, S. 42).

Die Entscheidung für die Einzelfallanalyse ist allerdings insbesondere für das mathematikdidaktische Erkenntnisinteresse von Bedeutung. Theorierahmen sind vor allem dann besonders tragfähig, wenn sich mit ihnen Fälle unterschiedlicher Qualität und Struktur rekonstruieren lassen. Insofern wurde bei der Einzelfallanalyse Wert darauf gelegt, unterschiedliche Begriffsbildungsprozesse zu betrachten. Mit den beiden Fallbeispielen Orhan (Kap. 6) und Karin (Kap. 7) wurden daher zwei sehr kontrastreiche Beispiele ausgewählt. Orhan ist ein Schüler einer fünften Klasse einer Hauptschule und Karin geht in die sechste Klasse eines Gymnasiums. Eine genauere Beschreibung der einzelnen Fallbeispiele wird in den Auswertungskapiteln 6 und 7 vorgenommen. Insgesamt zeigt sich, dass die Schülerinnen und Schüler beider Klassen deutliche Lernfortschritte im Rahmen des Lernkontextes machen konnten.

Ergänzend zu den Unterrichtsbeobachtungen wurden halbstandardisierte klinische Interviews durchgeführt, die sich alle an spezifischen Leitfäden orientieren (vgl. hierzu z.B. Selter / Spiegel 1997; Friebertshäuser 1997; S. 375ff, Beck / Mayer 1993). Diese tragen „sowohl der Unvorhersagbarkeit der Denkwege durch einen nicht im Detail vorherbestimmten Verlauf als auch dem Kriterium der Vergleichbarkeit durch verbindlich festgelegte Leitfragen bzw. Kernaufgaben Rechnung" (Selter / Spiegel 1997, S. 101). Diese Interviews sind im Sinne der Einzelfallbetrachtung bei einigen wenigen Schülern über den Verlauf der Durchführung des gesamten Lernkontextes hinweg entstanden. Dieses Vorgehen ermöglicht vertiefende Einblicke in die individuellen Begriffsbildungsprozesse. Für die zwei in der Auswertung der empirischen Erhebung diskutierten Fallbeispiele zeigt die folgende Tabelle die Zeitpunkte der Durchführung der klinischen Interviews im Rahmen des jeweiligen Erhebungszeitraums an.

Tabelle 5-1 Zeitliche Struktur der Durchführungen der Untersuchung sowie der Interviews mit Orhan (Fallbeispiel 1) und Karin (Fallbeispiel 2)

HS Hagen: Datum	HS Hagen: Stunde	HS Hagen: Interview Orhan	GY Oer-Erkenschw.: Datum	GY Oer-Erkenschw.: Stunde	GY Oer: Interview Karin
11.05.2009	1		27.10.2009	1	
12.05.2009	2	Interview 1 mit Orhan	28.10.2009	2	Interview 1 mit Karin und Janina
13.05.2009	3		30.10.2009	3	
14.05.2009	4+5		04.11.2009	4+5	
18.05.2009	6		06.10.2009	6+7	Interview 2 mit Karin
19.05.2009	7		10.10.2009	8+9	Interview 3 mit Karin
20.05.2009	8	Interview 2 mit Orhan	11.10.2009	10	
26.05.2009	9		13.11.2009	11	
27.05.2009	10		17.11.2009	12+13	Interview 4 mit Karin
28.05.2009	11+12				
04.06.2009	13+14	Interview 3 mit Orhan			
08.06.2009	15				
09.06.2009	16				
10.06.2009	17				
26.06.2009		(Nach-) Interview 4 mit Orhan			

Auswertungsgrundlage stellen demnach die folgenden Dokumente dar, die im Rahmen der empirischen Erhebung entstanden sind:

- Videodokumente aller Mathematikstunden sowie umfangreiche Transkripte
- Videodokumente sowie Transkripte und Dokumente aller durchgeführten und ausgewerteten Interviews
- Umfangreiche Beobachtungsprotokolle aller durchgeführten Mathematik-stunden
- alle Hefte (bzw. Schreibprodukte) der teilnehmenden Schülerinnen und Schüler

Der hier vorliegende Abschnitt dient der Einbettung des in Teil 1 (insbesondere in Kap. 2) entwickelten auswertungspraktischen Analyseschemas. Das so angelegte Untersuchungsdesign ermöglicht damit nicht nur die Beforschung der Schülerinnen und Schüler bzw. der individuellen Begriffsbildungsprozesse, die sich im Rahmen des Lernkontextes bei ihnen vollziehen, sondern eben auch die Beforschung des Theorierahmens selbst sowie des Lernkontextes, in den die Untersuchung eingebettet ist.

Im dritten Teil der Arbeit werden die Ergebnisse der empirischen Erhebung diskutiert. Die zwei Fallbeispiele, die hier vorgestellt werden, sind dabei keineswegs neu. Sie wurden in den Kapiteln 1 und 2 zum Anlass genommen, die theoretischen Elemente dieser Arbeit zu entwickeln.

Teil 3

Auswertung der Ergebnisse der empirischen Erhebung

6 Fallbeispiel 1: Orhan

In diesem Kapitel wird einer von zwei individuellen Begriffsbildungsprozessen, die in dieser Arbeit analysiert werden, genauer beleuchtet. Das analytische Instrumentarium, mit dessen Hilfe die Interpretation vorgenommen wird, wurde in den Kapiteln 1-3 erarbeitet und entwickelt. Kurz gesagt, es werden in diesem Kapitel Orhans individuelle Begriffsbildungsprozesse im Rahmen des vorliegenden Lernkontextes als Entwicklungen seiner Festlegungen, Berechtigungen und Inferenzen beschrieben. Die Analyse erfolgt in zwei Schritten. In einem ersten Schritt werden die individuellen Prozesse als Festlegungsentwicklungen entlang der individuellen Situationen herausgearbeitet (Prozessanalyse). In einem zweiten Schritt werden dann gewisse Phänomene in der Rückschau auf diese Prozesse genauer beleuchtet (Phänomenanalyse).

Orhan, ein Schüler mit (türkischem) Mitgrationshintergrund, ist ein Schüler, der zum Zeitpunkt der empirischen Erhebung die fünfte Klasse einer Hauptschule in Hagen besucht.

Auswertungsgrundlage bilden die Aufzeichnungen der Unterrichtsbeobachtungen, die Abschriften der Schülerhefte sowie die Daten der drei Interviews, die im Verlauf der Durchführung der Untersuchung entstanden sind, und des Interviews, das im Anschluss an die Durchführung der Untersuchung entstanden ist.

Die Auswertung selbst wird durchgeführt mit dem auswertungspraktischen Analyseschema, das in Kapitel 2 entwickelt wurde. Für jede zu analysierende Szene wird dafür zunächst eine knappe Inhaltszusammenfassung gegeben, sodass eine Einordnung in den Kontext des gesamten Begriffsbildungsprozesses möglich ist. Diese Einordnung hat weiterhin zum Ziel, spezifische Funktionen der ausgewählten Szenen deutlich zu machen. Neben der Funktion, Einblicke in die individuellen Begriffsbildungsprozesse zu geben, können die Szenen mitunter vielfältige Funktionen entlang der Erkenntnisinteressen dieser Arbeit haben (z.B. die Diskussion der Entstehung neuer Festlegungen, des Eingehens elementarer Festlegungen oder der besonderen Rolle von handlungsleitenden concepts-in-action). Im Anschluss an die vorangestellte Einordnung und Zusammenfassung der Szene wird das jeweilige Transkript abgedruckt. In den beiden Spalten rechts sind darüber hinaus die in interpretativer Weise rekonstruierten *Festlegungen* sowie der *begriffliche Fokus* dargestellt. Die in dem Transkript dargestellten Festlegungen geben Einblicke in die Ergebnisse der Interpretation. Der dargestellte begriffliche Fokus macht die Perspektive bzw. den normativen Rahmen der Analysierenden im Auswertungsprozess explizit (vgl. dazu auch eine genauere Diskussion in Kapitel 2).

Anschließend werden die Transkripte diskutiert und interpretiert. Auf diese Weise wird der Rekonstruktionsprozess der individuellen Festlegungen explizit gemacht. Aus Gründen der Darstellung wird das Transkript direkt mit den an den jeweiligen Stellen rekonstruierten individuellen Festlegungen abgedruckt und die ausführliche Interpretation des Transkriptes erst anschließend vorgenommen.

Vor dem Hintergrund der interpretierten Festlegungen werden dann die concepts-in-action – also die handlungsleitenden Kategorien – herausgearbeitet, die das Individuum in der jeweiligen Situation nutzt, sowie die individuellen Situationen, die sich aus den individuellen Festlegungen ableiten (vgl. Kapitel 1 und 2). Die drei Analyseeinheiten *Individuelle Festlegung, concepts-in-action* sowie *individuelle Situationen* stellen die Elemente der Festlegungsdreiecke dar, die für die zu analysierenden Szenen herausgearbeitet werden. Diese Festlegungsdreiecke werden in einem weiteren Analyseschritt miteinander in Beziehung gesetzt, z.B. um die Relation zwischen verschiedenen Festlegungen zu diskutieren, um Besonderheiten der Aktivierung spezifischer concepts-in-action aufzuzeigen oder um Inferenzen herauszuarbeiten. Aus Gründen der Darstellung werden die inferentiellen Relationen zwischen individuellen Festlegungen an einigen Stellen der Analyse herausgearbeitet, ohne vorher die Festlegungsdreiecke explizit zu benennen.

Die Rekonstruktion der inferentiellen Beziehungen zwischen individuellen Festlegungen findet an vielen Stellen situationsübergreifend statt. Das bedeutet, dass Festlegungen miteinander in Relation gesetzt werden, deren explizite Rekonstruktion in Szenen vorgenommen wurden, die sich in Zeit und oder Ort unterscheiden. Orhan schreibt Ariane in der ersten Unterrichtsstunde des Lernkontextes die Festlegung zu, das Bild mit einem Produkt zu strukturieren. Diese Festlegung geht Orhan in einer Interviewsituation bei der Bearbeitung der gleichen und ähnlicher weiterer Aufgaben am nächsten Tag selbst ein. Weil Orhan die Festlegung, die er Ariane zuschreibt, für wahr hält, geht er sie später selbst ein und zieht sie als Grund für sein weiteres Vorgehen heran. Es ist eine bewusste Entscheidung, inferentielle Relationen – also Begründungs- und Konsequenzenstrukturen – (auch) zwischen solchen Festlegungen zu identifizieren, deren Rekonstruktion in unterschiedlichen Szenen stattgefunden hat. In Beziehung werden dabei nur Festlegungen aus solchen Situationen (d.h. Aufgabenkontexten) gesetzt, deren konventionale Festlegungsstruktur gleich ist. Wenn also eine äußere Strukturierung einer Situation (z.B. durch den Aufgabenkontext) gleich ist, können individuell rekonstruierte Festlegungen auch situationsübergreifend miteinander in Beziehung gesetzt werden. Dahinter steht die Überzeugung, dass die Konsequenzen aus unseren Festlegungen unser Handeln auch in anderen Situationen beeinflusst (z.B. von Orhans Festlegung im Unterricht, Ariane könne ein Produkt finden, mit dem sie das Bild strukturieren kann) bzw. dass

Gründe für unser Handeln (z.B. Orhans Handeln in der Interviewsituation am nächsten Tag) zum Teil nicht explizit, sondern implizit vorliegen. Natürlich bleibt bei einem solchen interpretativen Vorgehen eine gewisse Unschärfe, auf die an den entsprechenden Stellen hingewiesen wird und der sich diese Arbeit durchaus bewusst ist. Beispielsweise spielt die Frage, welche Bedeutung Orhans Äußerungen im Lichte der Äußerungen seines Gegenübers haben, in einer Interviewsituation eine ganz andere Rolle als im Gespräch mit Ariane. Gleichzeitig werden bei solchen Rekonstruktionen die Lernfortschritte, die beobachtet werden können, mit berücksichtigt und explizit gemacht.

6.1 Zum Umgang mit statischen Bildmustern

Gemäß dem Auswertungsschema, das in Kapitel 2 entwickelt wurde, werden hier die den individuellen Begriffen zugrunde liegenden individuellen **Festlegungen** in individuellen Situationen rekonstruiert.

6.1.1 Prozessanalyse

Der erste Analyseausschritt bezieht sich auf den Umgang mit statischen Punktmustern in der ersten Etappe des Lernkontextes (Erkunden A). Stofflicher Hintergrund sind die konventionalen Situationen 1-4, insbesondere kSit1: *Anzahlen von statischen Punktmustern bestimmen (A)* (vgl. Kapitel 4). Den Schülerinnen und Schülern liegt hierbei ein statisches Punktmuster (*Ninas Bild*) vor, dass zwei Charaktere im Lernkontext kommentieren (vgl. Abb. 6-0). Dazu wird die Aufgabe (a) gestellt, die Anzahl der Punkte in Ninas Bild zu bestimmen und das Vorgehen zu erklären.

Diesen Auftrag bearbeiten die Schülerinnen und Schüler in der ersten Stunde des Lernkontextes. Die Schülerinnen und Schüler können in dieser ersten Etappe des Lernkontextes unterschiedliche Möglichkeiten der Anzahlbestimmung kennenlernen. Idee dieser ersten Etappe ist, dass Muster für die Anzahlbestimmung genutzt werden können, um Anzahlen in statischen Bildmustern schnell zu bestimmen.

Zwischen Orhan (O) und Ariane (A) entsteht im Zuge der Bearbeitung der folgende Dialog (im Transkript (Tabelle 6-1). Mit abgedruckt sind Kommentare der Lehrerin (L) sowie einer teilnehmenden Beobachterin (B)). Die hier diskutierte Szene markiert insofern einerseits den Beginn der Rekonstruktion von Orhans Festlegungsprozess. Andererseits verdeutlicht die Analyse dieser Szene bereits erste forschungstheoretische sowie epistemologische Ergebnisse, z.B. im Zusammenhang mit der Entstehung neuer Festlegungen, sowie im Zusammenhang mit der besonderen Rolle der concepts-in-action für Orhans Begriffsbildungsprozess.

Erkunden A   Wie kann man geschickt zählen?

1   Muster in Bildern

a)   Bestimme die Anzahl der Punkte in Ninas Bild. Erkläre, wie du vorgegangen bist.

Abbildung 6-0 Ausschnitt aus Erkunden A des Lernkontextes

Die folgende Tabelle 6-1 führt neben dem Transkript auch die rekonstruierten individuellen Festlegungen mit auf. Aus Gründen der Darstellung wird auf eine Auflistung der individuellen Begriffe und der individuellen Situationen verzichtet. Gezählt werden in den Transkripten die Turns und in den Schriftdokumenten die Zeilen. Die Nummerierung der Festlegungen wurde aus Gründen der besseren Lesbarkeit vorgenommen. Zum Teil sind inhaltlich ähnliche Festlegungen noch auf zweiter Ebene nummeriert (z.B. iFest2 und iFest2a). In der rechten Spalte wird der begriffliche Fokus dokumentiert. Hier werden jeweils diejenigen Begriffe mit abgedruckt, die aus der Perspektive der Analysierenden die jeweilige individuelle Situation (vor dem Hintergrund der individuellen Festlegungen) charakterisieren. Auf diese Weise wird der begriffliche Fokus der Analysierenden explizit gemacht. Der begriffliche (Analyse-) Fokus stellt insofern das Bindeglied zwischen der individuellen und der konventionalen (Analyse-) Ebene dar, indem es den jeweiligen Analysefokus explizit macht.

Tabelle 6-1 Transkriptausschnitt der ersten Stunde des Lernkontextes

T	P	Inhalt Stunde 1 vom 11.05.09 in Hagen Minute 38:55 (Kamera 1)	Orhans Festlegungen	Begriff- licher Fokus
		∞		
1	O	In Ninas Bild sollen wir jetzt die Anzahl ent- eh bestimmen.		
2	A	5 , 20 (*A zeigt auf das Punktmuster*)		
3		(*O fängt an die Punkte zu zählen*)	**1**: *Die Anzahl der Punkte in einem statischen Punktmuster bestimme ich durch Abzählen.*	Anzahl Punkte abzählen Punkt- muster
4	A	(*A zu O*) da musst du doch nicht zählen…		Optimie- rung abzählen
5	B	Wie bist du denn da drauf gekommen auf die 20?		
6	A	Also weil eh hier so sagenwirmal Muster ist 5 , 4 Musters (*A zeigt auf die Punkte*) so; 4 mal 5 ist 20		Bündel Teilmus- ter
7	O	Eh das stimmt wirklich!	**2**: *Ariane kann ein Produkt finden, das es erlaubt, das Bild mit einem Muster zu struktu- rieren.* **4a**: *Das Muster lässt sich in jeweils 4 Bündel zu je 5 Punkten einteilen*	Produkt Muster Struktur Muster Bündel Teilmus- ter
8	A	Logik!		
9	L	So wer jetzt alles weggeräumt hat, der guckt sich bitte die Seite Erkunden A an, das Bild mit den beiden Mädchen oben und bearbeitet bitte – erst mal alleine – die Aufgabe A		
10	A	Welche Seite ist das 4		

11	O	Seite 4 ... *(alle schreiben, O schreibt: „In Ninas Bild sind 20 punkte")*		
12	L	Ich möchte, dass ihr diese Aufgabe alleine macht! [...] Alleine! [...]		
13	O	*(zu A)* Wie sind wir auf die *(unverständlich – Summe?)* gekommen?		
14	A	Ja weil eh , 4 mal die 5 Punkte da *(zeigt auf die Punkte)*		
15	O	*(O zeigt nacheinander auf die Punkte und sagt dabei:)* Also 1, 2, 3, 4, 5, 6, 7, 8 ... *(zu A)*: Das sind nicht 20!	**3**: *Durch Abzählen kann ich die Anzahl eindeutig bestimmen.*	Anzahl Anzahl-bestim-mung
16	A	Na klar...		
17	O	*(zählt nach)* 1, 2, 3, ... Doch. Oben und unten ist 20.	**2a**: *Ich kann ein Produkt finden, das es erlaubt, das Bild zu strukturieren.*	Produkt Muster Struktur
			∞	

Im Anschluss an diese Szene im Unterricht notiert Orhan die folgenden Zeilen in seinem Arbeitsheft seine Lösung (vgl. Tabelle 6-2). Zu beachten ist hierbei, dass es sich bei den Festlegungen iFest4a und iFest4b um konkurrierende individuelle Festlegungen handelt, da eine eindeutige Rekonstruktion an dieser Stelle nicht möglich ist.

Tabelle 6-2 Ausschnitt aus Orhans Heft (Zeilen 6-9)

Z	Hefteintrag vom 11.05.2009	Orhans Festlegungen	Begrifflicher Fokus
		∞	
6	Mathe S. 4 Nr. a / b / c 11.05.09		
7	a) In Ninas Bild sind 20 Punkte.	**4a**: *Das Muster lässt sich in jeweils 4 Bündel zu je 5 Punkten einteilen*	Muster Bündel Teilmuster
8	Oben sind 4 punkt und unten 5 punkte		
9	und die beide nehme ich mal		
		4b: *Die zwei Faktoren des Produkts 4·5 stellen 2 disjunkte Punktmengen im Muster dar.*	Faktoren disjunkte Mengen Muster
		5: *Die Faktoren des Produktes kann ich in einem Punktmuster finden und abtragen.*	Faktoren Produkt finden abtragen
		∞	

Rekonstruktion der individuellen Festlegungsdreiecke zum Umgang mit statischen Punktmustern

In individuellen Festlegungsdreiecken werden die Ergebnisse der Rekonstruktionen von individuellen Festlegungen, individuellen Begriffen und individuellen Situationen dargestellt (vgl. Kap. 2.2).

In der oben abgebildeten Unterrichtsszene aus der ersten Stunde des Lernkontextes (vgl. Tab. 6-1) liest Orhan die Aufgabenstellung, die Anzahl der Punkte im Bild zu bestimmen, zunächst laut vor. Seine Tischpartnerin Ariane sagt daraufhin sehr schnell: „5 , 20". Orhan beginnt daraufhin, die Punkte im Bild einzeln abzuzählen, schließt diesen Vorgang allerdings nicht ab. Orhans rekonstruierte individuelle Festlegung in dieser Situation ist iFest1: *Die Anzahl der Punkte in einem statischen Punktmuster bestimme ich durch Abzählen.* Es lassen sich hier auch Orhans concepts-in-action rekonstruieren. Concepts-in-action sind diejenigen Kategorien bzw. Begriffe, die uns in Situationen passende viable Informationen auswählen lassen und die für uns damit handlungsleitend sind. Handlungsleitend sind für Orhan in dieser Situation die Begriffe des *sukzessiven Abzählens* und der *Anzahlbestimmung*. Mit sukzessivem Abzählen ist hier gemeint, dass Orhan Punkt für Punkt zählt und auf diese Weise die Anzahl bestimmt. Dieser Begriff ist nicht explizit, auf ihn verweist aber die Festlegung iFest1, die vor dem Hintergrund seiner Äußerungen und Handlungen rekonstruiert werden konnte: *Die Anzahl der Punkte in einem statischen Punktmuster bestimme ich durch (sukzessives) Abzählen.* Die individuelle Situation kann beschrieben werden durch *Anzahlbestimmung in statischen Punktmustern.* Folgendes Festlegungsdreieck wird daher rekonstruiert:

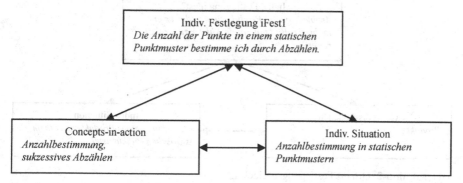

Diagramm 6-1 Orhans Festlegungsdreieck 1

Orhans Abzählvorgang wird von Ariane mit den folgenden Worten unterbrochen: „Da musst du doch nicht zählen!" Für die Frage einer teilnehmenden Beobachterin, wie Ariane auf die Gesamtzahl 20 gekommen sei, nutzt sie den Begriff des Musters: „5 , 4 Musters (A zeigt auf die Punkte) so; 4 mal 5 ist 20." Orhan kommentiert Arianes Argumentation mit den Worten: „Eh, das stimmt wirklich!" (Tab. 6-1, Z. 7) Hierbei muss allerdings betont werden, dass Orhan den Abzählvorgang zwischenzeitlich nicht fortsetzen konnte. Es scheint in dieser Situation daher plausibel anzunehmen, dass Orhan hier insbesondere Arianes Erklärung kommentiert und ihre Argumentation scheint im Sinne der Aufgabenstellung für Orhan schlüssig zu sein. Orhan geht hier eine Festlegung ein, die sich auf Arianes Erklärung bezieht, iFest2: *Ariane kann ein Produkt finden, das es erlaubt, das Bild mit einem Muster zu strukturieren.* Der maßgebliche individuelle Begriff, auf den diese Situation verweist, ist der des *Produktes* und die individuelle Situation kann beschrieben werden mit iSit2: *Zuordnung eines Produktes zu einem statischen Punktmuster.* Orhans Bestätigung, dass Arianes Aussage *wirklich stimme*, lässt noch eine weitere Erklärung zu. Plausibel ist auch die Interpretation, dass Orhan hier die Festlegung iFest4a (*Das Muster lässt sich in jeweils 4 Bündel zu je 5 Punkten einteilen*) eingeht. Die genauere Analyse von Orhans Gründen und Konsequenzen im weiteren Verlauf der Szene sowie in der darauffolgenden Interviewsituation machen deutlich, dass Orhan die Festlegung iFest4a in dieser Eingangsszene vermutlich nicht eingeht. Insofern zeigen die Interpretationen im weiteren Verlauf die Plausibilität dafür auf, ihm die Festlegung iFest4a in Z. 7 nicht zuzuschreiben.

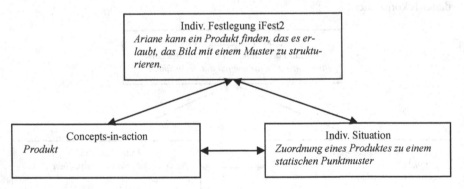

Diagramm 6-2 Orhans Festlegungsdreieck 2

Das Zuweisen und Eingehen von Festlegungen im Diskurs

Die obige Situation gewährt Einblicke in das *Spiel des Zuweisens und Anerkennens von Festlegungen*. Im weiteren Verlauf (vgl. auch Kap. 2) wird gezeigt, inwiefern Orhan Festlegungen eingeht, die neben dem Begriff des *sukzessiven Abzählens* auch auf den des *Produktes* verweisen. In der hier beschriebenen Situation *schreibt* Orhan Ariane eine Festlegung *zu*, nämlich dass sie ein Produkt finden kann, das es erlaubt, das Muster zu strukturieren. Ebendiese Festlegung geht Orhan später selbst ein. Im weiteren Verlauf der Analyse kann daher beobachtet werden, inwiefern die Festlegungen der anderen (Teilnehmer am Sprachspiel) die eigenen Festlegungen mitunter massiv beeinflussen können.

Ab Z. 13 werden weitere Einblicke in die Feinstruktur von Orhans Festlegungen gegeben. Hier ist er aufgefordert zu erklären und in Einzelarbeit im Heft zu notieren, wie er die Anzahl der Punkte im Bild bestimmt hat. Er fragt Ariane: „Wie sind wir auf die (*unverständlich – verm. Summe*) gekommen?" Ariane antwortet: „Ja weil eh , 4 mal die 5 Punkte da!" Orhan zählt dann die Punkte sukzessive einzeln ab und stellt fest: „Das sind nicht 20!" Als Ariane ihm bestätigt, es seien doch 20 Punkte, zählt er erneut die einzelnen Punkte ab und bemerkt: „Doch! Oben und unten ist 20."

Zwei Aspekte sind hier von besonderer Bedeutung. Zum einen bekräftigt diese Szene die Plausibilität der Rekonstruktion von iFest2: *Ariane kann ein Produkt finden, das es erlaubt, das Bild mit einem Muster zu strukturieren.* Orhan bringt in Z. 13 zum Ausdruck, dass er sich nicht sicher ist, wie Ariane die Gesamtzahl bestimmt hat – er spricht hier ausdrücklich im Plural („Wie sind wir..."). Offenbar bezieht er sich damit auf Arianes Erklärung zur Bestimmung der Anzahl, bei der sie auf den Musterbegriff rekurriert. Die folgenden Zeilen zeigen, dass er sich der Stichhaltigkeit dieser Argumentation noch nicht sicher ist: er zählt die Punkte noch einmal einzeln ab, wobei er hierbei im ersten Versuch nicht 20 Punkte zählt. Es wird also deutlich, dass er (sowohl hier, als auch insbesondere in Festlegung iFest2) Ariane zwar die Festlegung zuschreibt, ein Produkt finden zu können, das das Bild mit einem Muster strukturieren kann, dass er diese Festlegung aber hier *noch keinesfalls selbst eingeht*. Stattdessen aktiviert er eine für ihn sichere Festlegung, die auf den das concept-in-action des (*sukzessiven) Abzählens* verweist, iFest3: *Durch Abzählen kann ich die Anzahl eindeutig bestimmen.* Erst als er in einem zweiten (sukzessiven) Abzählvorgang die Anzahl 20 selbst ermittelt, stimmt er Ariane zu: „Doch!" (Z. 17) An dieser Stelle setzt eine Art Transformationsprozess ein. Orhan weist die Festlegung iFest2 nicht mehr nur Ariane zu, er geht sie hier auch unmittelbar selbst ein, iFest2a: *Ich kann ein Produkt finden, das es erlaubt, das Bild zu strukturieren.* Berechtigung gibt ihm dazu die Tatsache, dass er beim sukzessiven Abzählen die gleiche Anzahl

(20) an Punkten im Muster erhalten hat wie Ariane. Handlungsleitend wird nun das concept-in-action *Produkt*. Das nächste Diagramm verdeutlicht den engen Zusammenhang des Eingehens und Zuweisens von Festlegungen:

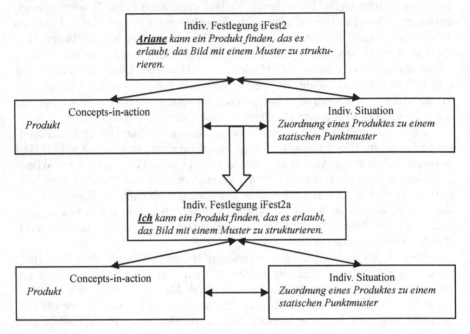

Diagramm 6-3 Orhan weist eine Festlegung (iFest2 in Festlegungsdreieck 2 oben) zunächst zu, die er später eingeht (iFest2a in Festlegungsdreieck 3 unten).

Ursachen der neuen Festlegung

Ein zweiter Aspekt tritt zu Tage, wenn man in dieser Szene die individuellen Inferenzen und die concepts-in-action genauer untersucht. Die Untersuchung dieser beiden Analyseebenen kann neben den Ergebnissen zu der Frage von oben, inwiefern die Momente der Entstehung neuer Festlegungen im sozialen Diskurs beobachtet werden können, auch noch klären, wie es dazu kommt, dass Orhan diese neue Festlegung eingeht. Orhan geht dabei zunächst (in Z. 7) die Festlegung iFest2 ein, Ariane könne ein Produkt finden, das das Bild mit einem Muster zu strukturieren erlaube. Gleichzeitig geht er die Festlegungen iFest1 bzw. iFest3 ein (vgl. Z. 3 und 15), dass die Anzahl der Punkte im Muster durch sukzessives Abzählen bestimmt werden könne. Weiterhin ergibt seine Bestimmung der Anzahl durch sukzessives Abzählen die gleiche Zahl (20) wie diejenige, die Ariane bei der Angabe des Produktes 4·5 erhält. Orhan ist im Rahmen der Aufgabenbearbeitung nun aufgefordert zu benennen, wie er die Anzahl ermittelt hat. Er entscheidet sich in diesem Zusammenhang für die Variante, die Ariane zuvor erklärt hat. Weil Orhans Festlegung iFest2 (*Ariane kann ein Produkt finden...*) auf den Begriff des *Produktes* verweist, wird der Begriff des *Produktes* im Rahmen seiner Bearbeitung der Aufgabe zum handlungsleitenden Begriff, zu Orhans concept-in-action. Insgesamt sind hier die individuellen Inferenzen und die concepts-in-action eng mit einander verwoben. Die folgende Kette von Gründen und Konsequenzen, die für Orhans Perspektive in dieser Situation rekonstruiert werden kann, zeigt auf, inwiefern eine neue Festlegung (iFest2) vor dem Hintergrund der individuellen concepts-in-action und der Festlegungen von Ariane entstehen kann: Wenn die Anzahl der Punkte durch sukzessives Abzählen eindeutig bestimmt werden kann (iFest3), dann sind im Muster 20 Punkte abgebildet. Wenn weiterhin Ariane 20 Punkte identifiziert, indem sie ein Produkt nennt und dabei auf das Muster verweist, ist sie offenbar in der Lage, ein Produkt zu finden, das es erlaubt, das Bild mit einem Muster entsprechend zu strukturieren (iFest2). Das Konzept des Produktes, auf das die Festlegung verweist, die Orhan Ariane zuschreibt (iFest2), wird handlungsleitend vor dem Hintergrund der Tatsache, dass beide Wege offenbar zum selben Ergebnis 20 führen, und weil die oben angedeutete Inferenzenkette Orhan dazu berechtigt, ebendiese Festlegung nun selbst einzugehen (iFest2a). Die folgende Inferenzenkette verdeutlicht die Abfolge:

iFest3 (*Durch Abzählen kann ich die Anzahl eindeutig bestimmen.* (concepts-in-action (kurz: cia): sukzessives abzählen)

↓

iFest3a (*Die Anzahl der Punkte im Muster ist 20.* (cia: Anzahl))
(Anz. der Punkte, die Orhan durch suk. abzählen ermittelt) | 20=4·5
(Arianes Produkt))

↓

iFest2a (*Ariane kann ein Produkt finden, das es erlaubt, das Bild mit einem Muster zu strukturieren.* (cia: Produkt, Muster, Struktur))

↓

iFest2 (*Ich kann ein Produkt finden, das es erlaubt, das Bild zu strukturieren.* (cia: Produkt, Muster, Struktur))

Als ein erstes strukturelles Analyseergebnis der Auswertung der empirischen Daten kann somit festgehalten werden: *Die Analyse von Orhans Festlegungsentwicklung in der analysierten Szene zeigt, inwiefern die Entstehung neuer individueller Festlegungen durch Festlegungen von Mitschülerinnen und Mitschülern angeregt werden kann. Es lassen sich aus festlegungsbasierter Perspektive Mo-*

mente identifizieren, in denen die Entstehung neuer Festlegungen im sozialen Austausch explizit gemacht werden kann. Die Analyse der individuellen Inferenzen und der concepts-in-action kann helfen, die Gründe für die Entstehung neuer Festlegungen zu rekonstruieren.

Im Folgenden wird der Prozess der Entstehung neuer Festlegungen noch etwas weiter im Verlauf dieser Szene sowie einer anschließenden Interviewszene verfolgt. Dabei wird sich zeigen, inwiefern die Entstehung neuer Festlegungen als Ergebnis einer Restrukturierung von Festlegungen entlang der individuellen Situationen modelliert werden kann. Damit ist gemeint, dass neue individuelle Festlegungen entstehen können, wenn eine bestimmte Situation das Eingehen neuer Festlegungen erforderlich macht, z.B. durch ein neues Anforderungsniveau (vgl. Kap. 2.2).

Orhans Hefteintrag (vgl. Tab. 6-2) zeigt, inwiefern sich Orhans Festlegungen weiter ausdifferenzieren. iFest2 (*Ich kann ein Produkt finden, das es erlaubt, das Bild zu strukturieren*) berechtigt ihn nun zu Festlegung iFest5: *Die Faktoren des Produktes kann ich in einem Punktmuster finden und abtragen.* Diese Festlegung ist eine direkte Rekonstruktion seines Hefteintrages: „Oben sind 4 punkt und unten 5 punkte und die beide nehme ich mal" (Tab. 6-2, Z. 8f).

Die Rekonstruktion seiner weiteren Festlegung kann für das Folgende nicht eindeutig geklärt werden. Bei der Frage nämlich, auf welche Weise sich das Produkt im Muster abtragen lässt, sind zwei Möglichkeiten für Festlegungen plausibel, die Orhan an dieser Stelle potentiell eingeht:

iFest4a: *Das Muster lässt sich in jeweils 4 Bündel zu je 5 Punkten einteilen*
iFest4b: *Die zwei Faktoren des Produkts 4·5 stellen 2 disjunkte Punktmengen im Muster dar*

Hierbei ist zu beachten, dass die beiden Festlegungen inkompatibel sind: Die Festlegung auf iFest4a schließt die Berechtigung zu iFest4b aus. Gleichwohl lässt der Hefteintrag die Interpretation beider Festlegungen zu. Die Festlegung iFest4a entspricht in diesem Zusammenhang einer fachlich korrekten Festlegung. Für Ariane beispielsweise kann gezeigt werden, dass sie die Festlegung iFest4a eingeht. Die Festlegung iFest4b ist diejenige Festlegung, die sich in der anschließenden Intviewszene aus Orhans Äußerungen und Handlungen rekonstruieren lässt.

Die Analysen des klinischen Interviews 1

Erst die Analyse der anschließenden Interviewszene wird zeigen, dass die Annahme plausibel ist, dass Orhan auch in diesem Hefteintrag die Festlegung iFest4b eingeht. Ein Ausschnitt des ersten Interviews mit Orhan findet sich in Tab. 6-3 und das dazugehörige Bild in Abbildung 6-1 darunter.

Tabelle 6-3 Transkriptausschnitt vom Interview am 12.05.2009

T	P	Inhalt Interview 1 vom 12.05.09 in Hagen	Orhans Festlegungen	Begriff- licher Fokus
			∞	
1	I	Ok, du hast jetzt hier ehm eine Reihe von Plättchen und ich möchte jetzt einfach mal: Was siehst du auf den ersten Blick?		
2	O	Da sind Punkte		
3	I	Mmh		
4	O	die sind in Reihen verteilt! Also in, so in 5 – eh 4, also 4 mal und 5 mal. 4 mal 5.	**6**: *Zu einem statischen Punktmuster kann ich ein Produkt finden.*	Produkt stat. PM Anzahl
5	I	Und kannst du mir auf Anhieb sagen, wie viele Plättchen das sind? Ohne abzuzählen?		
6	O	20!		
7	I	20! Ja, super. Und die Rechnung dazu wäre: kannst du mir die auch sagen?		
8	O	Ja! Hier die 4er (*umkreist vier Punkte in einer Reihe*). Hier so. Und einmal 5er (*umkreist weitere Punkte*). So.	**4b**: *Die zwei Faktoren des Produkts 4·5 stellen 2 disjunkte Punktmengen im Muster dar.*	Faktor Produkt disjunkte Mengen Muster

[...]

18	I	Wie könntest du das unterteilen, wenn du sagst 4·5?		
19	O	Mmh … Oder ich hätt so gemacht, das ist 5 Stück (*umkreist 5 Punkte*). Und noch 4 (*zeigt auf 4 Punkte*). Mal 4.	**6b**: *Man kann (zu einer gegebenen Anzahl) ein Produkt finden, das es erlaubt, das Bild mit einem Muster zu struktu- rieren..*	Produkt stat. PM Anzahl strukturie- ren
20	I	Nimmst du noch mal die schwarze Farbe und zeichnest noch mal ein? Dann können wir das besser erkennen.		
21	O	Das ist fünf Stück. (*O umkreist erneut 5 Punkte, vgl. Abb. 6-1 links*). 5 mal , dann könnten wir noch 4 (*umkreist 4 weitere, vgl. Abb. 6-1 links*). Und 5 mal 4 ist 20.	**4b**: *Die zwei Faktoren des Produkts 4·5 stellen 2 disjunkte Punktmengen im Muster dar.*	Faktor Produkt disjunkte Mengen Muster

[...]

24	I	Dann zeig ich dir mal noch ein Muster. Wie viele Punkte siehst du da?		
25	O	… 21?!		
26	I	Das haste jetzt aber abgezählt, ne?		
27	O	Ja.	*1: Die Anzahl der Punkte in einem statischen Punktmuster bestimme ich durch Abzählen.*	Anzahl Punkte abzählen Punkt-muster
28	I	Und wie könntest du dieses Muster unterteilen? Dass du nicht zählen brauchst?		
29	O	In 7·3.	*6: Zu einem statischen Punktmuster kann ich ein Produkt finden.*	Produk 21=7·3t stat. PM Anzahl
30	I	Kreis mal ruhig ein, wie du das wieder einteilen würdest. In Päckchen.		
31	O	(*O. kreist zunächst 7 ein, dann 3, vgl. Abb. 6-1 rechts*) (*flüstert*) 4, 7 mal 3	*6b: Man kann (zu einer gegebenen Anzahl) ein Produkt finden, das es erlaubt, das Bild mit einem Muster zu strukturieren..*	Produkt stat. PM Anzahl strukturie-ren
			4b: Die zwei Faktoren des Produkts 7·3 stellen 2 disjunkte Punktmengen im Muster dar.	Faktor Produkt disjunkte Mengen Muster
			∞	

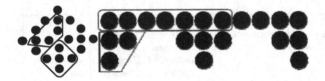

Abbildung 6-1 Orhans Veranschaulichung des Produktes 4·5 im Muster (vgl. Z. 1-21) und seine Veranschaulichung von 7·3 im zweiten Muster (vgl. Z. 24-31)

In dem oben abgebildeten Interview wird Orhan zunächst das Punktmuster aus Abb. 6-1 (links) vorgelegt, welches also mit dem Muster aus der ersten Stunde des Lernkontextes identisch ist. Auf die Frage der Interviewenden, was er auf den ersten Blick sehen könne, sagt Orhan in Z. 4: „Also so in 5, eh 4 – also 4 mal und 5 mal. 4 mal 5." Offenbar ordnet Orhan dem Punktmuster in dieser Situation das Produkt 4·5 zu. Es ist in dieser Situation durchaus möglich, dass Orhan die

Zuordnung vor dem Hintergrund der vorangegangenen ersten Stunde des Lernkontextes vornimmt. Von besonderer Bedeutung ist hier der Zusammenhang von sprachlicher und konzptueller Ebene, denn Orhan sagt: „4 mal und 5 mal. 4 mal 5." Der erste Satz kann als Verknüpfung zweier Mengen (sprachlich markiert durch *und*) gedeutet werden, was Orhans Festlegung auf die Multiplikation als die Verknüpfung zweier disjunkter Punkmengen weiter erhärten würde. Der (zugleich handlungsleitende) Begriff, auf den Orhans Festlegung iFest6 (*Zu einem statischen Punktmuster kann ich ein Produkt finden*) in dieser Situation verweist, ist der des *Produktes*. Hier kann daher das folgende Festlegungsdreieck rekonstruiert werden:

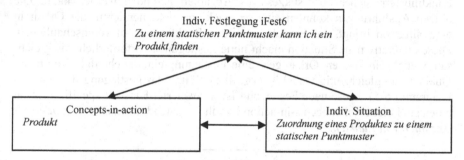

Diagramm 6-3 Orhans Festlegungsdreieck 4

In Zeile 21 dann markiert Orhan im Bild, inwiefern das Produkt die Struktur des Musters repräsentiert: Er umkreist zunächst 4 Punkte und danach 5 weitere Punkte, sodass zwei disjunkte Teilmengen im Muster zu sehen sind (vgl. Abb. 6-1). In der Situation also, das Produkt im Muster darzustellen (handlungsleitender Begriff ist *Veranschaulichung*), geht Orhan zunächst die Festlegung iFest7 ein: *Die Faktoren des Produktes kann ich im Muster finden und abtragen.*

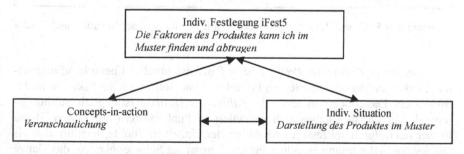

Diagramm 6-4 Orhans Festlegungsdreieck 5

Es wird deutlich, dass Orhan spätestens in Z. 21 die Festlegung iFest4b (*Die zwei Faktoren des Produkts 4·5 stellen 2 disjunkte Punktmengen im Muster dar.*) eingeht. Diese Festlegung ist – verglichen mit den Festlegungen, die er im ersten Kontakt mit statischen Punktmustern in der ersten Stunde des Lernkontextes aktiviert – von neuer Qualität. Bereits in Kapitel 2.2 konnte die Entstehung der neuen Festlegung als Ergebnis einer *Restrukturierung entlang der Situationen* angedeutet werden. Die Festlegung iFest4b kann erklärt werden in Folge einer qualitativ neuen Situation, die Orhan zu bewältigen hat. Zunächst hat Orhan ausschließlich Anzahlen in statischen Punktmustern bestimmt (vgl. Diagramm 6-1). In dieser Situation geht er die Festlegung ein, dass die Anzahl in statischen Punktmustern sicher über sukzessives Abzählen gefunden werden kann. Die obigen Ausführungen konnten eine Entwicklung dokumentieren, die Orhan in eine Situation bringt, ein Produkt in einem Punktmuster zu veranschaulichen. Diese qualitativ neue Situation macht neue Festlegungen erforderlich, die gleichsam viabel sein müssen. Orhan geht eine Festlegung ein, die ebenfalls von neuer Qualität und gleichzeitig viabel ist (vgl. iFest4b und das Festlegungsdreieck 6 in Diagramm 6-5). Diese neue Festlegung ist in zweierlei Hinsicht spezifisch. Zum einen sind hier zwei concepts-in-action handlungsleitend: *Produkt* und *Zahlen als Anzahlen von Punkten.*

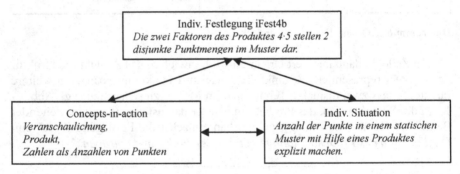

Diagramm 6-5 Orhans Festlegungsdreieck 6 mit qualitativ neuer Situation und Festlegung

Das concept-in-action *Produkt* ist auf offensichtlicher Ebene handlungsleitend. Orhan ordnet dem Muster ein Produkt zu und zeichnet seine Faktoren in das Muster ein. Das concept-in-action der *Zahlen als Anzahlen* ist implizit handlungsleitend. Für Orhan ergeben sich Anzahlen in Punktmustern auf *sichere Weise* immer noch durch sukzessives Abzählen der einzelnen Punkte, letzthin also als sukzessive Verknüpfung einzelner Punkte. Orhan hat Schwierigkeiten, das Ganze – hier also die Anzahl der Punkte im Muster bzw. dessen Struktur – zu erfassen (vgl. für eine entsprechende Veranschaulichung etwa Abb. 6-2 rechts). Orhan fokussiert stattdessen auf das Einzelne – hier also die einzelnen Punkte, die er nacheinander zählt (vgl. für eine Veranschaulichung etwa Abb. 6-2 links). Auch die Strukturierung in einzelne Teilmuster gelingt ihm nicht (vgl. etwa 6-2 Mitte). Für ein Rechteckmuster sind solche Veranschaulichung in Abb. 6-2 dargestellt.

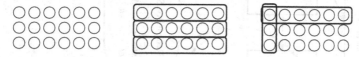

Abbildung 6-2 Veranschaulichung der Summe 1+1+...+1=18 (links), 6+6+6 und des Produktes 3·6 (rechts)

Orhans Festlegung iFest4b verweist auf das concept-in-action der *Zahlen als Anzahlen*. Orhan fokussiert durch das sukzessive Abzählen gleichzeitig die jeweils einzelnen Punkte, nicht die Struktur des Punktmusters bzw. das Ganze. Gleichzeitig nutzt er aber mit dem Produkt 4·5, das er dem Punktmuster zuweist, eine mathematische Operation, für die das Erfassen der geometrischen Struktur des Punktmusters zur Bestimmung der Anzahl der Punkte eigentlich notwendig wäre.

Der Grund für die mangelnde Tragfähigkeit seiner Festlegung iFest4b ist genau darin zu sehen, dass hier in mathematisch nicht tragfähiger Weise zwei Festlegungen miteinander in Relation stehen, die jeweils auf die (handlungsleitenden) concepts-in-action *Zahlen als Anzahlen* und *Produkt* verweisen. Die entsprechenden Festlegungen implizieren die neue Festlegung iFest4b. Die Relationen lassen sich daher darstellen über die Inferenzen.

iFest1 (*Die Anzahl der Punkte in einem stat. Punktmuster bestimme ich durch (sukzessives) Abzählen* (cia: Summe)*)*
↓

iFest6b (*Man kann (zu einer gegebenen Anzahl) ein Produkt finden, das es erlaubt, das Bild mit einem Muster zu strukturieren.* (cia: Produkt)*)*
↓

iFest5 (*Die Faktoren des Produktes kann ich in einem Punktmuster finden und abtragen* (cia: Faktor, Veranschaulichung)*)*
↓ (neue Festlegung)
iFest4b (*Die zwei Faktoren des Produktes 4·5 stellen 2 disjunkte Punktmengen im Muster dar* (cia: Produkt, Summe, Veranschaulichung))

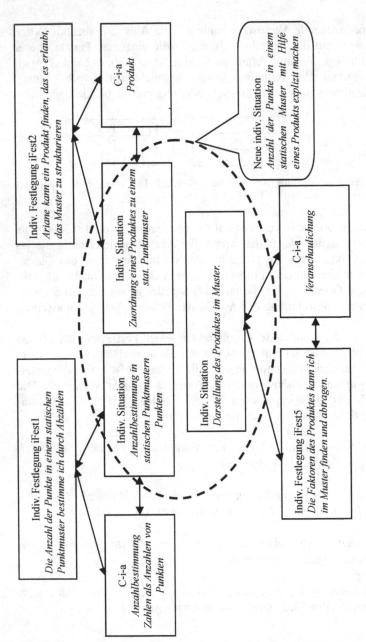

Diagramm 6-6 Die neue individuelle Situation (rechts) im Lichte bekannter Situationen

Es zeigt sich also, dass die neue Festlegung viabel ist: sie wird gestützt durch die Festlegungen, die zuvor in qualitativ *anderen Situationen* eingegangen wurden. Von daher erscheint die neue Situation im Lichte der Situationen, in die die obigen Festlegungen (der Inferenzenkette) eingebunden sind (vgl. Diagramm 6-6). Dieses Analyseergebnis zeigt daher an, dass die Entstehung der neuen Festlegung in diesen Szenen eine Restrukturierung entlang der Situationen genau deshalb ist, weil hier Festlegungen in Inferenzen den Status von Gründen annehmen, die das Eingehen der neuen Festlegung berechtigen. Diese berechtigenden Gründe waren ihrerseits vorher in qualitativ sehr unterschiedlichen individuellen Situationen eingebunden (z.B. in Situationen, denen die Begriffe der Addition bzw. der Multiplikation oder der Veranschaulichung zugrunde lagen).

Insofern wird hier die Entstehung einer neuen Festlegung beschrieben als die Restrukturierung von Festlegungen entlang der Situationen. Die Restrukturierung selbst meint dabei nichts anderes, als dass die Festlegungen aus unterschiedlichen Situationen nun z.T. den Status von Gründen annehmen, die zu weiteren Festlegungen berechtigen (vgl. Diagramm 6-7).

Oben konnte gezeigt werden, inwiefern eine Situation, die qualitativ neue Anforderungen an Orhan stellt, mit weiteren Situationen verknüpft ist (bspw. der Anzahlbestimmung oder der Zuordnung eines Produktes zu einer Anzahl). Die neue Situation, die Anzahl der Punkte mit Hilfe eines Produktes in einem Muster explizit zu machen, kombiniert in gewisser Weise die Anforderungen, die die anderen Situationen zuvor jeweils unabhängig voneinander gestellt haben. Aufschlussreich ist nun die Betrachtung der entsprechenden Festlegungen im Diagramm 6-7. Die Festlegungen, die vorher den (unabhängigen) Situationen zugrunde lagen, sind vor dem Hintergrund der neuen Situation miteinander inferentiell verknüpft: sie stellen Gründe und Konsequenzen aus den Festlegungen dar.

Konsolidierungsphase der neuen Festlegung

Die nun nachfolgende Situation (Z. 24-31 im Interview, Tab. 6-3) zeigt eine **Konsolidierungsphase** der Festlegungsentwicklungen. Die oben gezeigte Restrukturierung wird im weiteren Verlauf des Interviews auf ihre Viabilität hin erneut geprüft (Z. 24-31). Die Inferenzen und die darin eingebundenen Festlegungen erweisen sich für Orhan als tragfähig, d.h. sie sind individuell viabel.

Orhan bekommt in Z. 24 ein statisches Punktmuster mit 21 Punkten vorgelegt. Nach längerer Zeit antwortet er auf die Frage, wie viele Punkte er sehe, mit 21. Die Nachfrage, ob er die Punkte abgezählt habe, bejaht er (Z. 27). Orhan aktiviert hier folglich die Festlegung iFest1 (*Die Anzahl der Punkte in einem statischen Punktmuster bestimme ich durch Abzählen*), die auf den Begriff des *sukzessiven Abzählens* verweist.

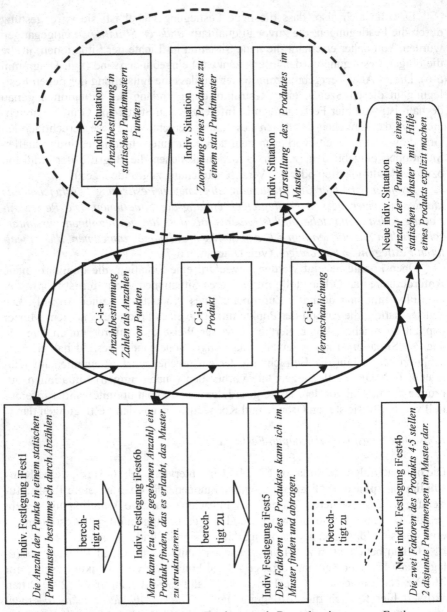

Diagramm 6-7 Entstehung einer neuen Festlegung als Restrukturierung von Festlegungen entlang der Situationen

Die individuelle Situation hier lässt sich folglich beschreiben mit *Anzahlbestimmung in statischen Punktmustern*. Auf die Frage, wie Orhan dieses Muster unterteilen könne, gibt er das Produkt 7·3 an (Z. 29). Die handlungsleitende Festlegung, die er hier eingeht, ist iFest6b (*Man kann (zu einer gegebenen Anzahl) ein Produkt finden, das es erlaubt, das Bild mit einem Muster zu strukturieren.* (cia: Produkt)).

Daraufhin kreist er jeweils 7 und 3 Punkte (in Form von disjunkten Teilmengen) ein und stellt fest: „7·3". Die beiden Festlegungen, die hier aktiviert werden, entsprechen den Festlegungen iFest5 (*Die Faktoren des Produktes kann ich in einem Punktmuster finden und abtragen* (cia: Faktor, Veranschaulichung)) und iFest4b (*Die zwei Faktoren des Produktes 4·5 stellen 2 disjunkte Punktmengen im Muster dar* (cia: Produkt, Summe, Veranschaulichung)). Die inferentielle Verknüpfung der Festlegungen entlang der verschiedenen Situationen im Umgang mit statischen Punktmustern kann demnach für Orhan wie folgt dargestellt werden (vgl. Diagramm 6-8). Die Pfeile zwischen den Berechtigungen geben in diesem Zusammenhang an, welche Festlegungen Orhan als Gründe für seine Äußerungen und sein Handeln heranzieht.

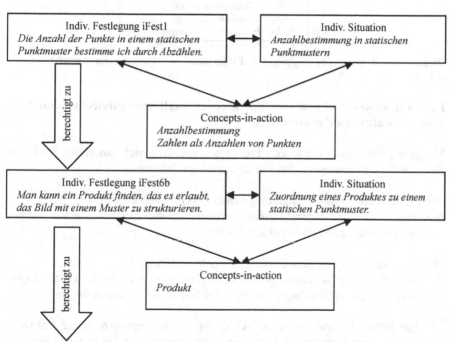

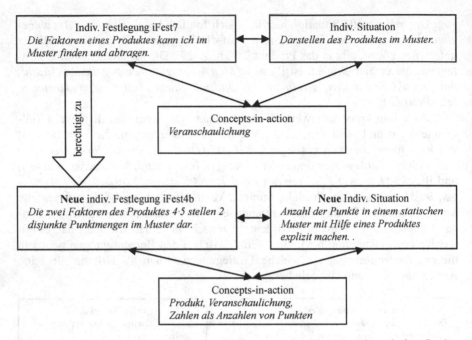

Diagramm 6-8 Orhans Festlegungen und Inferenzen zum Umgang mit statischen Punktmustern

Fazit zur Rekonstruktion der individuellen Festlegungsdreiecke beim Umgang mit statischen Punktmustern

Vor dem Hintergrund der ersten Prozessanalyse lässt sich ein erstes Fazit mit Bezug auf die folgenden beiden Forschungsfragen ziehen:

Forschungsfrage 1 (zum epistemologischen Erkenntnisinteresse):
Inwiefern lassen sich Begriffsbildungsprozesse als die Entwicklung von Festlegungen erklären, strukturieren und verstehen?

Forschungsfrage 2 (zum empirischen Erkenntnisinteresse):
Wie entwickeln sich Merkmale, Muster und Strukturen individueller Festlegungen im Verlauf von Begriffsbildungsprozessen bei Schülerinnen und Schülern?

Für Orhan konnte in diesem Abschnitt ein festlegungsbasierter Entwicklungsverlauf zum Umgang mit statischen Punktmustern explizit gemacht werden. Dabei wurden eine Entstehungs- und eine Konsolidierungsphase neuer Festlegungen identifiziert. Spezifisch für Orhans Entwicklungsprozess im Verlauf der analysierten Szenen ist, dass seine neue Festlegung mathematisch nicht tragfähig ist, da sich Produkte in (statischen) Punktmustern nicht als die Verknüpfung zweier disjunkter Teilmengen darstellen lassen. Gleichwohl ist die neue Festlegung für ihn viabel, er hält sie für wahr. Im Interview erweist sich die Festlegung auch in neuen Situationen als tragfähig, sodass die neuen Inferenzen sich hier konsolidieren.

Hinsichtlich struktureller festlegungstheoretischer Fragestellungen (Forschungsfrage 1) konnte gezeigt werden, dass der Entstehungsprozess einer neuen Festlegung in dieser Szene modelliert werden kann als Restrukturierungsprozess entlang der Situationen. Spezifisch für eine solche Restrukturierung ist zunächst, dass Festlegungen, die nicht notwendigerweise miteinander verknüpft sein müssen, in einer neuen Situation in eine inferentielle Relation gesetzt werden: sie dienen als Grund bzw. als Berechtigung. Dabei konnte beobachtet werden, dass die Festlegungen nicht auf beliebige Weise in Relation gesetzt werden, sondern entlang der Anforderungen, die die neue Situation (nämlich die Anzahl der Punkte in einem stat. Punktmuster explizit zu machen) an Orhan stellt: zunächst die Anzahl bestimmen (vgl. die erste individuelle Situation im Festlegungsdreieck 1 in Diag. 6-1), dann ein Produkt suchen (vgl. eine nächste individuelle Situation in Festlegungsdreieck 3 in Diag. 6-3) und daraufhin die Faktoren des Produktes im Muster finden und abtragen (vgl. die weitere Situation im Festlegungsdreieck 5 in Diag. 6-4). Zu beobachten ist daher (vgl. Diag. 6-6 und 6-7), dass genau diejenigen Festlegungen nun in der qualitativ neuen Situation in Relation gesetzt werden, die den oben genannten Situationen zugrunde liegen und insofern zeichnet sich der Restrukturierungsprozess der Festlegungen dadurch aus, dass er entlang der Situationen verläuft. *Festgehalten werden kann insofern, dass die Entstehung neuer Festlegungen zurückgeführt werden kann auf die Entstehung (und zunehmende Beherrschung) neuer Inferenzen (nämlich dadurch, dass Festlegungen als Gründe für weitere Festlegungen dienen).*

Neben den strukturellen Fragen nach der Entstehung neuer Festlegungen ist die inhaltliche Betrachtung des festlegungsbasierten Entwicklungsverlaufs im Umgang mit statischen Punktmustern (Forschungsfrage 2) in diesem Fall von besonderer Bedeutung. Aufschlussreich für die Analyse sind in diesem Zusammenhang die concepts-in-action, also die in den jeweiligen Situationen handlungsleitenden Kategorien bzw. Begriffe. Orhans neue Festlegung (iFest4b: *Die Faktoren des Produktes stellen 2 disjunkte Punktmengen im Muster dar.*) verweist hinsichtlich der inferentiellen Struktur, in die diese Festlegung eingebunden ist, sowohl auf concept-in-action des *Produktes* als auch auf das concept-in-action von *Zahlen als Anzahlen von Punkten*. Gestützt wird diese Festlegung durch die Berechtigung, dass die Anzahl der Punkte sicher bestimmt werden kann durch sukzessives Abzählen und damit durch die die Tatsache, dass jeder Summand der Summe $1+1+...+1=18$ auf gleiche Weise im Muster wiederzufinden ist im Sinne einer Verknüpfung disjunkter Mengen – das concept-in-action, auf das hier verwiesen wird und das hier handlungsleitend ist, ist *Zahlen als Anzahlen von Punkten*. Gleichzeitig wird seine neue Festlegung iFest4b gestützt durch die Berechtigung, dass sich zu einem Punktmuster ein Produkt finden lässt, dessen Faktoren sich im Muster abtragen lassen – handlungsleitend ist hier das concept-in-action des *Produktes*. Auf diese Weise ergibt sich iFest4b durch eine mathematisch nicht tragfähige, aber individuell sehr wohl viable inferentielle Verknüpfung individueller Festlegungen.

In diesem Zusammenhang konnten insbesondere Entstehungsmomente für neue Festlegungen identifiziert werden. Charakteristisch in diesem Beispiel ist der diskursive Charakter dieser Momente. Für die Identifizierung sowohl der festlegungsbasierten Entwicklungs- und Entstehensprozesse als auch der entsprechenden Situationen erweisen sich die Analysewerkzeuge (individuelle Festlegungen, Berechtigungen und Inferenzen) als tragfähig.

6.1.2 Phänomenanalyse

In diesem Abschnitt werden vor dem Hintergrund der Prozessanalyse aus Kapitel 6.1.1 spezifische Phänomene des Entwicklungsverlaufs genauer betrachtet.

Analyse der concepts-in-action

Hinsichtlich der Entstehung neuer Festlegungen (vgl. z.B. Kapitel 6.1.1) dienen die concepts-in-action als wichtige Analyseinstrumente, weil sie als handlungsleitende Begriffe genaueren Einblick in die epistemischen Handlungen erlauben, die dazu führen können, dass Festlegungen miteinander in Relation gesetzt werden und so neue Inferenzen (als Relationen zwischen den Festlegungen) entstehen und zunehmend beherrscht werden. Concepts-in-action sind die Kategorien oder Konzepte, mit denen das Subjekt adäquate Informationen auswählt. Insofern sind sie direkt handlungsleitend und haben so maßgeblichen Einfluss auf den individuellen Erkenntnisprozess. Insofern kann die Analyse der concepts-in-action tiefergehende Einblicke in die epistemischen Handlungen ermöglichen.

Eine genauere Analyse der concepts-in-action, die für Orhan handlungsleitend sind, offenbart gewisse Regelmäßigkeiten. Auffällig ist hinsichtlich der handlungsleitenden concepts-in-action, dass Orhan in systematischer Weise Festlegungen eingeht, die auf vornehmlich arithmetische Zusammenhänge und Gegenstände (z.T. in weiterem Sinne) verweisen (vgl. dazu z.B. die Festlegungsdreiecke 1-6) sowie auf die Fokussierung auf das Einzelne (hier: einzelne Punkte) statt vielmehr auf die geometrische Struktur der Punktbilder (und damit auf das Ganze). Hierbei sind maßgeblich die concepts-in-action des *Produktes* (vgl. iFest2, iFest5, iFest6, iFest6b, iFest7) bzw. der Verknüpfung disjunkter Mengen in einem Sinne, dass *Zahlen als Anzahlen* aufgefasst werden, im Zusammenhang mit sukzessivem abzählen (vgl. iFest1, iFest3, iFest4b) zu nennen. Orhans Festlegungen im Zusammenhang mit der Bestimmung der Anzahlen in statischen Punktmustern macht deutlich, dass er Schwierigkeiten hat, geometrische Strukturen zu identifizieren und in Punktebildern auf das *Ganze* zu fokussieren. Sein punktweises Abzählverhalten macht vielmehr deutlich, dass Orhan den einzelnen Punkt fokussiert.

Der Vergleich mit Arianes concept-in-action in Stunde 1 des Lernkontextes (vgl. Tabelle 6-1, Z. 2-6) zeigt deutlich, wie unterschiedlich die aktivierten Festlegungen entlang der concepts-in-action sein können. Auf die Frage, wie Ariane die Anzahl der Punkte im Muster bestimmt habe, antwortet sie: „Also weil eh hier so sagen wir mal Muster ist. 5 , 4 Musters so; 4 mal 5 ist 20." Die Festlegungen, die sie hier eingeht, lassen sich in die folgende inferentielle Struktur bringen (Arianes rekonstruierte Festlegungen):

(Viele) statische Punktmuster weisen geometrische Strukturen und Regelmäßigkeiten auf. (cia: geometrische Strukturen und Regelmäßigkeiten)
↓

In (vielen) statischen Punktmustern kann ich Teilmuster identifizieren. (cia: Teilmuster)
↓

Gleichmächtige Teilmuster lassen sich bündeln. (cia: Teilmuster, bündeln)
↓

Zur Bestimmung der Anzahl der Punkte in einem statischen Punktmuster kann ich gleichmächtige Bündel zusammenfassen. (cia: Anzahl, Bündel)
↓

Die Einteilung und Zusammenfassung der Bündel kann ich mit einem Term (hier: Produkt) ausdrücken. (cia: Bündel, Produkt, Term)

Arianes dargestellte Festlegungen in der entsprechenden Situation stehen in einem berechtigungserhaltenden Zusammenhang, d.h. die jeweilige Festlegung berechtigt zum Eingehen der weiteren Festlegung. Auffällig ist, dass Ariane in diesem Zusammenhang maßgeblich geometrische bzw. visuelle concepts-in-action aktiviert und dass ihrem ersten Versuch zur Bestimmung der Anzahl in einem statischen Punktmuster in dieser Szene Festlegungen zugrunde liegen, die auf ebendiese geometrischen bzw. visuellen concepts-in-action verweisen (z.B. geometrische Struktur, Teilmuster, Bündel). Gleichzeitig geht Ariane Festlegungen ein, die sowohl auf arithmetische als auch auf geometrische Begriffe verweisen (z.B. die Festlegung *Die Einteilung und Zusammenfassung der Bündel kann ich mit einem Term (hier: Produkt) ausdrücken.*). Ein wesentlicher Unterschied zu Orhans Festlegungen ist darin zu sehen, dass Arianes Festlegungen maßgeblich auf geometrische concepts-in-action verweisen und auf das *Ganze* (also die geometrische Struktur) fokussieren und Orhans Festlegungen maßgeblich auf arithmetische Begriffe verweisen und auf das *Einzelne* (also: den einzelnen Punkt als Teil der Gesamtzahl der Punkte). Der Vergleich der folgenden beiden Festlegungen macht das deutlich.

Arianes Festlegung zur Bestimmung der Anzahl in einem stat. Punktmuster: *Zur Bestimmung der Anzahl der Punkte in einem statischen Punktmuster kann ich gleichmächtige Bündel zusammenfassen.* (cia: Anzahl, Bündel)

Orhans Festlegung zur Bestimmung der Anzahl in einem stat. Punktmuster (iFest3): *Durch Abzählen kann ich die Anzahl der Punkte in einem statischen Punktmuster eindeutig bestimmen.*

Die Festlegungen stellen für Ariane bzw. Orhan jeweils eine Berechtigung dar, das Produkt 4·5 im Muster zu identifizieren. Ariane aktiviert in diesem Zusammenhang Festlegungen, die die geometrischen Strukturen für die Anzahlbestimmung nutzen und Orhan aktiviert Festlegungen, die nicht auf geometrische Strukturen des Musters eingehen und die stattdessen maßgeblich auf arithmetische Konzepte verweisen. Insofern nutzt er auch die geometrischen (Teil-)Strukturen des Punktmusters nicht für die Anzahlbestimmung. Seine Festlegungen sind so strukturiert, dass er zunächst die Anzahl bestimmt, dann zur gegebenen Anzahl ein Produkt findet und daraufhin die Faktoren des Produktes im Punktmuster identifiziert.

Hinsichtlich der Forschungsfrage 2 zum empirischen Erkenntnisinteresse zeigt die Analyse der concepts-in-action, die handlungsleitend für Orhan in den beschriebenen Situationen sind, dass die von Orhan aktivierten concepts-in-action maßgeblich arithmetischer Natur sind und dass seine Festlegungen nicht auf das *Ganze* und damit auf die geometrischen Strukturen der Punktebilder fokussieren. In einer konventionalen Situation wie dieser (Anzahlbestimmung in statischen Punktmustern), deren konventionale Festlegungen insbesondere auf geometrische Konzepte und auf das strukturelle Erfassen in Punktebildern verweisen (z.B. geschicktes Bündeln), führt die Aktivierung individueller Festlegungen, die nicht auf geometrische Konzepte verweisen, dazu, dass z.T. mathematisch nicht tragfähige Festlegungen entstehen können.

Analyse inferentieller Relationen

Die Analyse inferentieller Relationen spürt gewissen Inferenzen nach, die hinsichtlich der Festlegungen, die Orhan in den analysierten Szenen (in Kapitel 6.1.1) eingeht, herausgearbeitet und rekonstruiert wurden. Das Ziel dieser Analyse lässt sich auf zwei Ebenen beschreiben: zum einen kann gezeigt werden, inwiefern Orhan im Umgang mit statischen Punktmustern (konventionale) elementare Festlegungen eingeht, die dem Lernkontext zugrunde liegen (vgl. Kapitel 4 für eine ausführliche Diskussion der elementaren Festlegungen). Hinsichtlich des weiteren Verlaufs seines Begriffsbildungsprozesses ist die Frage von großer Bedeutung, inwiefern er bereits beim Umgang mit statischen Punktmustern wesentliche dem Lernkontext zugrunde liegende elementare Festlegungen eingeht, weil so ein Vergleich von konventionaler und individueller Festlegungsstruktur vorgenommen werden kann. Von besonderer Bedeutung ist diese Frage in dem vorliegenden Zusammenhang auch deshalb, weil Orhan eine neue Festlegung eingeht, die zwar mathematisch nicht tragfähig ist, die aber für ihn viabel ist und die er also für wahr hält. Insofern kann eine solche Analyse zum anderen helfen, die fachliche Tragfähigkeit seiner Festlegungen und Inferenzen mit Blick auf das Ziel des Lernkontextes hin zu betrachten: die Explizierung der Variable.

Die Analyse der Etappe A des Lernkontextes in Kapitel 4.2 hat ergeben, dass der konventionalen Struktur die folgenden elementaren Festlegungen zugrunde liegen:

E1. (Viele) Bildmuster und Zahlenfolgen weisen Strukturen und Regelmäßigkeiten auf.

E2. Mit Algebra lassen sich Strukturen und Regelmäßigkeiten in Bildmustern und Zahlenfolgen explizit machen, beschreiben und verstehen.

E4. Mathematische Strukturierungsprozesse werden in flexibler Weise je nach Ziel und Zweck der Situation durchgeführt.

Die herausgearbeiteten individuellen Festlegungen lassen dabei vielfältige inferentielle Bezüge zu den elementaren Festlegungen erkennen.

Orhans Festlegungen iFest1 (*Die Anzahl der Punkte in einem statischen Punktmuster bestimme ich durch Abzählen.*) und iFest3 (*Durch Abzählen kann ich die Anzahl eindeutig bestimmen.*) werden dabei beide gestützt bzw. berechtigt durch die folgende Festlegung iFest8: *Mit Anzahlen beschreibe ich eine invariante Größe in statischen Punktmustern.* Diese Festlegung liegt Orhans Handlungen und Äußerungen in den oben beschriebenen Situationen durchweg zugrunde. Mit dem Anzahlkonzept beschreibt man zwar eine der elementarsten arithmetischen Strukturen in statischen Punktmustern, dennoch handelt es sich dabei um eine fundamentale invariante Größe, deren Bestimmung bzw. Berechnung bei Orhan gleichsam durch die folgende Festlegung iFest9 gestützt wird: *Mit dem Anzahlkonzept lassen sich fundamentale arithmetische Strukturen und Regelmäßigkeiten in statischen Punktmustern explizit machen, beschreiben und verstehen.* Diese Festlegung wiederum wird gestützt durch die folgende Berechtigung iFest10: *Statische Punktmuster verfügen über gewisse fundamentale arithmetische Strukturen.*

Insgesamt lassen sich damit folgende inferentielle Relationen für Festlegungen rekonstrieren, die Orhan eingeht:

iFest10 (*Statische Punktmuster verfügen über gewisse fundamentale arithmetische Strukturen.* (cia: arithmetische Struktur))

↓

iFest9 (*Mit dem Anzahlkonzept lassen sich fundamentale arithmetische Strukturen und Regelmäßigkeiten in statischen Punktmustern explizit machen, beschreiben und verstehen.* (cia: Anzahl, arithmetische Struktur))

↓

iFest8 (*Mit Anzahlen beschreibe ich eine invariante Größe in statischen Punktmustern.* (cia: Anzahl))

↓

iFest1 bzw. iFest3

Auffällig dabei ist, dass die Berechtigungen, die Orhans Festlegungen in den obigen Situationen (vgl. Tab. 6-1 bis 6-3) zugrunde liegen, deutliche Bezüge zu den elementaren Festlegungen aufweisen. Die Festlegung iFest10 verweist dabei auf die elementare Festlegung E1 und die Festlegung iFest9 auf die Festlegung E2. Auffällig ist allerdings weiterhin in diesem Zusammenhang, dass die Festlegungen, die Orhan eingeht, im Vergleich zu den elementaren (konventionalen) Festlegungen einseitig konnotiert sind: Die concepts-in-action, auf die Orhans Festlegungen verweisen, sind ausschließlich arithmetischer Natur. Arianes Festlegung beispielsweise liegt die Berechtigung zugrunde, dass sich mit Teilmustern gewisse geometrische und arithmetische Strukturen und Regelmäßigkeiten in statischen Punktmustern explizit machen, beschreiben und verstehen lassen. Die concepts-in-action, auf die ihre Festlegungen verweisen, sind sowohl arithmetischer als auch geometrischer Natur. Wie die Analyse in Kapitel 4.2 zeigte, beziehen sich elementaren Festlegungen sowohl auf die arithmetische als auch auf die geometrische Dimension im Umgang (u.a.) mit statischen Bildmustern.

Eine große Bedeutung mit Blick auf die elementare Festlegung E4 besitzt die Festlegung iFest6b (*Man kann (zu einer gegebenen Anzahl) ein Produkt finden, das es erlaubt, das Bild mit einem Muster zu strukturieren.*). In der Prozessanalyse in Kapitel 6.1.1 konnte Orhans inferentielle Struktur gezeigt werden, in die diese Festlegung eingebunden ist:

iFest1 (*Die Anzahl der Punkte in einem stat. Punktmuster bestimme ich durch (sukzessives) Abzählen.* (cia: Zahlen als Anzahlen von Punkten, Verknüpfung disjunkter (Teil-) Mengen))

↓

iFest6b (*Man kann (zu einer gegebenen Anzahl) ein Produkt finden, das es erlaubt, das Bild mit einem Muster zu strukturieren.* (cia: Produkt))

↓

iFest5 (*Die Faktoren des Produktes kann ich in einem Punktmuster finden und abtragen.* (cia: Faktor, Veranschaulichung))

↓

iFest4b (*Die zwei Faktoren des Produktes 4·5 stellen 2 disjunkte Punktmengen im Muster dar.* (cia: Produkt, Verknüpfung disjunkter Teilmengen, Veranschaulichung))

Es wird deutlich, dass Orhan das Produkt nicht zur Bestimmung der Anzahlen in statischen Punktmustern nutzt, um sich damit ebendiese Bestimmung zu erleichtern oder durch geschicktes Bündeln zu vereinfachen, sondern dass Orhan zunächst die Anzahl durch sukzessives Abzählen bestimmt und zu der gegebenen Anzahl ein Produkt sucht, dessen Faktoren er daraufhin disjunkten Teilmengen im Muster zuordnet. Insofern stellt der Term hier keinesfalls einen Optimierungsschritt hinsichtlich der Anzahlbestimmung im Vergleich zum sukzessiven Abzählen dar. Insofern lassen sich inferentielle Bezüge zur elementaren Festlegung E3 in den hier vorliegenden Situationen zum Umgang mit statischen Punktmustern nicht identifizieren.

Festgehalten werden kann an dieser Stelle also, dass Orhans Festlegungen zwar Berechtigungen zugrunde liegen, die auf die elementaren Festlegungen (E1 und E2) verweisen, dass diese aber hinsichtlich der begrifflichen Substanz allein auf die arithmetische Dimension der elementaren Festlegungen verweisen. Bezüge zur elementaren Festlegung E3 können nicht identifiziert werden.

In Kapitel 4.2 wurde herausgearbeitet, inwiefern die konventionalen Festlegungen in Etappe C des Lernkontextes, die – implizit oder explizit – auf die Variable verweisen, in Inferenzen eingebunden sind, denen vielfältige Berechtigungen zugrunde liegen, die ihrerseits bereits in Inferenzen in vorangegangen Etappen des Lernkontextes eine Rolle spielen. So konnte z.B. gezeigt werden, inwiefern die Festlegung kFest13 (*Hohe Stellen einer Zahlenfolge lassen sich mit Hilfe von Variablentermen leicht berechnen. Das x steht für die Stelle.*) u.a. gestützt bzw. berechtigt wird durch die Festlegungen kFest4a (*Mit Hilfe von Termen lassen sich die Strukturen von Zahlfolgen explizit machen.*) und kFest7 (*(Viele) Bild- und Zahlenfolgen weisen Strukturen und Regelmäßigkeiten auf.*) aus Etappe A des Lernkontextes.

Die Analyse einiger inferentieller Relationen, in die Orhans Festlegungen in den hier analysierten Szenen eingebunden sind, zeigt, dass er bereits Festlegungen eingeht, die auf kFest4a und kFest7 (bzw. E1) verweisen. Mit Blick auf kFest7 wurde weiter oben gezeigt, dass Orhans Festlegungen allein auf die arithmetische Dimension dieser Festlegung verweisen. Mit Bezug auf kFest4a fällt auf, dass Orhan zwar mit Hilfe von Termen mathematische Strukturen explizit macht (er veranschaulicht die Anzahl der Punkte über Faktoren eines entsprechenden Produktes, wobei diese Faktoren disjunkte Teilmengen des Musters darstellen), dass die Festlegungen, die er dabei eingeht, allerdings mathematisch nicht tragfähig sind.

Es lassen sich daher mit der gesonderten Analyse der inferentiellen Relationen in diesem Abschnitt einige wichtige Merkmale von Orhans Begriffsbildungsprozessen herausarbeiten, die vor allem einen Bezug zu der Frage ermöglichen, inwiefern die individuellen Festlegungen fachlich tragfähig sind. Hierzu liefert die Analyse zu der Frage, inwiefern Orhan elementare Festlegungen eingeht, wichtige Hinweise. Zudem lassen sich erste Hinweise darauf finden, dass Orhan häufig Festlegungen aktiviert, die auf arithmetische Zusammenhänge verweisen. Dies liefert wichtige Hinweise für die Diskussion der Forschungsfrage 2, wie im Einzelnen individuelle Begriffsbildungsprozesse von Schülerinnen und Schülern verlaufen können.

Insofern kann in der Vorschau auf Orhans weiteren Begriffsbildungsprozess festgehalten werden, dass seine Festlegungen für einen mathematisch tragfähigen Variablenbegriff im Sinne des Lernkontextes zwar schon auf zentrale konventionale Festlegungen und Inferenzen sowie elementare Festlegungen verweisen, die für den Variablenbegriff notwendig sind. Allerdings ist insbesondere die geometrische Dimension der Begriffe, auf die seine Festlegungen zu Beginn des Lernkontextes verwiesen, noch nicht hinreichend entwickelt.

6.1.3 Fazit zum Umgang mit statischen Punktmustern

Die folgende Tabelle stellt die in diesem Kapitel 6.1 herausgearbeiteten individuellen Situationen dar. In Kapitel 2 wurde herausgestellt, dass individuelle Situationen sich durchaus in Abhängigkeit von den spezifischen individuellen Festlegungen von konventionalen Situationen unterscheiden können. Weil alle in Kapitel 6.1 diskutierten Szenen sich inhaltlich der konventionalen Situation kSit1 zuordnen lassen, schlüsselt die folgende Darstellung die jeweiligen Festlegungen entlang der konventionalen Situation kSit1 (Anzahlen zu statischen Bildmustern bestimmen (A)) auf. Dabei werden insbesondere auch diejenigen relevanten individuellen Festlegungen mit aufgeführt, die – implizit oder explizit – Berechtigung für die jeweiligen Festlegungen der individuellen Situation geben.

Tabelle 6-4 Orhans Festlegungsstruktur in kSit1

Zeitpunkt im Rahmen des Lernprozesses (konv. und ind. Sit.) →		Konventionale Situation 1: *Anzahlen zu statischen Bildmustern bestimmen (A)*			
↓Begriffe konventional	individuell (cia)	iSit1	iSit2	iSit3	iSit4
Regelmä-ßigkeit	Arithm. Struktur	iFest10 iFest9	iFest10 iFest9	iFest10 iFest9	iFest10 iFest9
Unter-schiedlich-keit	X	X	X	X	X
Bündeln	X	X	X	X	X
Abzählen	sukzessives abzählen	iFest1	iFest1	iFest1	iFest1
Teilmuster	X	X	X	X	X
Term	Produkt	X	iFest2	iFest6 iFest2a	iFest6b
	Veranschau-lichung	X	X	iFest7	iFest5
	Disjunkte Punktmen.	X	X	iFest4b	iFest4b
	Anzahl	iFest8 iFest3	iFest8 iFest3	iFest8 iFest3	iFest8 iFest3

Die folgenden individuellen Situationen werden hier aufgeführt:

- iSit1: Anzahlbestimmung in statischen Punktmustern (vgl. Orhans Festlegungsdreieck 1)
- iSit2: Zuordnung eines Produktes zu einem statischen Punktmuster (vgl. Orhans Festlegungsdreiecke 2, 3 und 4)
- iSit3: Darstellung eines Produktes im Muster (vgl. Orhans Festlegungsdreieck 5)
- iSit4: Anzahl der Punkte in einem statischen Muster mit Hilfe eines Produktes explizit machen (vgl. Orhans Festlegungsdreieck 6)

Zum Vergleich mit der entsprechenden konventionalen Festlegungsstruktur, die der Etappe A in dieser konventionalen Situation kSit1 zugrunde liegt, siehe Tabelle 4-1 in Kapitel 4.

Diese Tabelle verdeutlicht die wesentlichen Analyseergebnisse dieses Kapitels 6.1. Neben den Festlegungsentwicklungen ist die Entstehung neuer Festlegungen zu beobachten (Festlegung iFest4b in iSit3) sowie das nicht-Eingehen gewisser Festlegungen, die der konventionalen Festlegungsstruktur des Lernkontextes zugrunde liegen (vgl. auch Tab. 4-1 in Kap. 4).

Das nächste Kapitel 6.2 ist Orhans weiterem Begriffsbildungsprozessverlauf gewidmet, der über seine individuellen Festlegungen und Inferenzen entlang der nächsten konventionalen Situationen rekonstruiert wird.

6.2 Orhans Umgang mit dynamischen Bildmustern und Zahlenfolgen

In Kapitel 6.1 wurden Orhans Festlegungen zum Umgang mit statischen Punktmustern herausgearbeitet. In diesem Kapitel steht der Umgang mit dynamischen Bildmustern und Zahlenfolgen im Mittelpunkt der Analyse. Inhaltlich schließt die Etappe B des Lernkontextes zu dynamischen Bildmustern und Zahlenfolgen an die Etappe A zu statischen Punktmustern an (vgl. Kapitel 4). Diese sieht vor, dass die Schülerinnen und Schüler im Rahmen des Lernkontextes Regelmäßigkeiten im Zahlen- und Bildmustern erkunden. Diese Regelmäßigkeiten können auf unterschiedliche Weisen entlang der verschiedenen Repräsentationsweisen explizit gemacht werden: Mit Hilfe der verbalen Formulierung einer Regel, mit Hilfe von Termen oder Tabellen, oder mit Hilfe von visuellen Darstellungsmitteln. Ziel ist weiterhin, dass die Schülerinnen und Schüler die entsprechenden Zahlen- und Bildmusterfolgen fortsetzen. Dazu können die vielfältigen Erfahrungen im Umgang mit statischen Punktmustern aus dem ersten Teil des Lernkontextes helfen. Insofern wird Orhans Begriffsbildungsprozess nun weiter entlang der fachinhaltlichen Struktur verfolgt.

Dabei werden wie in Kapitel 6.1 unterschiedliche Ebenen dargestellt. Zum einen liegt der Schwerpunkt der Prozessanalyse auf der Explizierung von Orhans Begriffsbildungsprozessen über Festlegungen und Inferenzen (vgl. Forschungsfragen 1 und 2 zum epistemologischen und empirischen Erkenntnisinteresse). Zum Umgang mit dynamischen Bildmustern kann in diesem Kapitel beispielsweise herausgearbeitet werden, inwiefern das fehlende Eingehen konventionaler Festlegungen auf mathematisch nicht-tragfähige Festlegungen zurückgeführt werden kann, die Orhan bereits beim Umgang mit statischen Punktmustern eingegangen ist. Diese Betrachtungen bilden die Grundlage für Einschätzungen zum Potential des Lernkontextes sowie des Theorierahmens an sich (vgl. dazu die Forschungsfragen 3 und 4 zum konstruktiven und zum mathematikdidaktischen Erkenntnisinteresse).

6.2.1 Prozessanalyse

Prozessanalyse zum Umgang mit dynamischen Punktmustern

Das folgende Interview vom 20.05.2009 gibt vielfältige Einblicke in Orhans Umgang mit dynamischen Punktmustern. Entstanden ist dieses zweite klinische Interview 8 Tage nach dem ersten Interview. Die Schülerinnen und Schüler der Klasse haben zu diesem Zeitpunkt bereits weite Teile der Etappe B des Lernkontextes bearbeitet und damit auch schon unterschiedliche konventionale Situationen dieses Themenbereiches (vgl. z.B. die Diskussion der konventionalen Situation kSit12 in Kapitel 4). Im folgenden Interview bekommt Orhan die ersten drei Glieder einer dynamischen Punktfolge vorgelegt (vgl. Abb. 6-3).

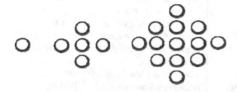

Abbildung 6-3 Erste drei Stellen der dynamischen Bildmusterfolge, die Orhan im Interview vorgelegt wird (vgl. auch Abb. 6-4).

Die Interviewerin fordert Orhan auf, dieses Muster fortzusetzen. Seine einzelnen Bearbeitungsschritte sind im Transkript in Tabelle 6-5 und seine Bearbeitung der Fortführung des dynamischen Musters ist in Abbildung 6-4 abgedruckt. Die fett schwarz gezeichneten Punkte stellen die ersten drei Folgeglieder dar, die Orhan im Interview vorgelegt wurden (vgl. Abb. 6-3). Alle weiteren Bearbeitungen stammen von ihm.

In der folgenden Tabelle 6-5 sind neben dem Transkriptausschnitt in den beiden Spalten links Orhans Festlegungen sowie der begriffliche Fokus abgebildet.

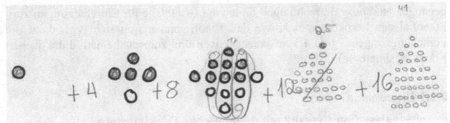

Abbildung 6-4 Orhans Bearbeitung des Auftrages das Punktmuster fortzusetzen.

Tabelle 6-5 Transkriptausschnitt aus einem Interview mit Orhan vom 20.05.2009

T	P	Inhalt (Interview 2 vom 20.05.09) in Hagen	Orhans Festlegungen	Begriffl. Fokus
		∞		
6	O	*(O betrachtet die Punktmusterfolge und flüster)* 1 plus 4 … *(etwas lauter)* 4, .. 8, .. 13 *(schreibt +4 und +8 und +12)* *(flüstert)* 4 … 4 . 8 9, 10, 11, 12, 13 13+12=25 *(zeichnet 25 Punkte als Dreieck und zählt leise dabei mit)* *(flüstert)* 4er Reihe *(schreibt +16)* 25+12 das sind 35 … 40, 41 *(zeichnet 41 Punkte in Dreiecksform und zählt leise dabei mit)*	**1**: *Die Anzahl der Punkte bestimme ich durch (sukzessives) Abzählen.* **11**: *Dem Punktmuster liegen arithmetische Strukturen zugrunde.* **12**: *Zum Fortsetzen eines Musters versuche ich die arithm. Regelmäßigkeit zu bestimmen.* **12a**: *Die arithm. Regelmäßigkeit kann ich mit Differenzbildung bestimmen.* **13**: *Die Regel des Wachstums lautet: Der Zuwachs vergrößert sich pro Folgenglied um 4.* **14**: *Die (arithm.) Regel des Musters nutze ich, um die Anzahl des nächsten Musters zu bestimmen.* **14a**: *Das nächste Punktmuster hat 12+13=25 Punkte.* **15**: *Anzahlen lassen sich in Dreieckmustern darstellen.*	Anzahl abzählen arith. Struktur Muster fortsetzen arith. Regel 4er Reihe Differenz-bildung Regel Anzahl bestimmen arith. Regel Anzahl Dreieck-muster

7	I	Mmh, bist du fertig, ja?		
8	O	Mmh		
9	I	Jetzt möchte ich, dass du mir erklärst, wie du das gemacht hast, wie du darauf gekommen bist.		
10	O	Ach so. Also ich hab 1 (*O zeigt auf die erste Stelle der Folge*) +4 (*O zeigt auf die zweite Stelle der Folge*) ist 8		
11	I	1+4 ist 8?		
12	O	Ach, 1+4 ist 5, tschuldigung. Und dann hab ich gerechnet 5+8=13. Aber dann gibt, dann - Sie haben also – oder wer gemacht hat, hat die 4er Reihe gemacht, 4, 8, 12, dann 13+12 ist 25 Und 25+16 ist 41	**3a**: *Der Erfinder der Aufgabe hat eine gewisse arithm. Struktur visualisiert.* **13**: *Die Regel des Wachstums lautet: Der Zuwachs vergrößert sich pro Folgenglied um 4.*	Zuschreibung 4er Reihe Regel
13	I	Und jetzt hab ich noch ne Frage, warum hast du die Punkte gerade so aufgemalt und nicht anders?		
14	O	Weil eh, die Mauer ist für mich leichter.	**15**: *Anzahlen lassen sich in Dreiecksmustern darstellen.* **16**: *Die Darstellung von Anzahlen in Punktmustern ist variabel.*	Anzahl Dreieckmuster Variable Darstellung
			∞	

In dem oben dargestellten Transkriptausschnitt bestimmt Orhan zunächst die Anzahlen der Punkte in den vorgegebenen drei Mustern durch sukzessives punktweises Abzählen. Orhan bildet daraufhin die Differenzen zwischen den Anzahlen und er notiert diese zwischen den jeweiligen Punktmustern („+4" bzw. „+8" in Abb. 6-4). Danach notiert er „+12" hinter die dritte Stelle der Punktmusterfolge. Orhan bildet die Summe „13+12=25" und zeichnet die Stelle 4 mit 25 Punkten (vgl. Abb. 6-4, Stelle 4 der Folge). Sobald er die Zeichnung angefertigt hat, flüstert er den Begriff „Viererreihe" und schreibt „+16" hinter die gezeichneten 25 Punkte. Er berechnet daraufhin die Anzahl 41 der Punkte im nächsten Folgenglied im Kopf und zeichnet das nächste Muster mit 41 Punkten (vgl. Stelle 5 in Abbildung 6-4).

Dieser erste Bearbeitungsschritt zum Umgang mit dynamischen Bildmustern lässt sich den konventionalen Situationen kSit6 (*Regeln zu dynamischen Bildmustern explizit machen (B)*) bzw. kSit5 (*Anzahlen von dynamischen Bildmustern bestimmen (B)*) zuordnen. Die Bestimmung der Festlegungsdreiecke mitsamt der zugehörigen individuellen Situationen geschieht wie in Kapitel 6.1 vor dem Hintergrund der rekonstruierten individuellen Festlegungen.

Eine der ersten Festlegungen, die sich in der dargestellten Szene rekonstruieren lassen, ist Festlegung iFest1: *Die Anzahl der Punkte in einem statischen Punktmuster bestimme ich durch Abzählen.* Zwar handelt es sich in dem vorliegenden Beispiel um eine Bildmusterfolge, allerdings bestimmt Orhan die Anzahlen der Punkte für jedes (statische) Bildmusterfolgeglied separat. In Diagramm 6-9 ist daher Orhans Festlegungsdreieck 1 abgebildet (vgl. Kap: 6.1).

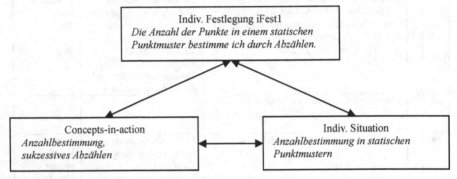

Diagramm 6-9 Orhans Festlegungsdreieck 1 zur Anzahlbestimmung in statischen Punktmustern

Orhan bildet Differenzen von Anzahlen. Dabei geht er zum einen die Festlegung iFest11 ein (*Dem Punktmuster liegen arithmetische Strukturen zugrunde*). Daraus leitet sich die Festlegung ab, ebendiese arithmetische Struktur mit Hilfe der Bildung von Differenzen zu bestimmen. Insofern werden im weiteren Verlauf der Szene die folgenden Festlegungen rekonstruiert:

iFest12: *Zum Fortsetzen eines Musters bestimme ich die arithmetische Regelmäßigkeit.*

iFest12a: *Die arithmetische Regelmäßigkeit kann ich mit Differenzbildung bestimmen.*

iFest13: *Die Regel des Wachstums lautet: Der Zuwachs vergrößert sich pro Folgenglied um 4.*

iFest14: *Die arithmetische Regel des Musters nutze ich, um die Anzahl des nächsten Musters zu bestimmen.*

Das folgende Diagramm zeigt Orhans Festlegungsdreiecke 7 und 8, wobei die beiden Festlegungen iFest12 und iFest12a in inferentieller Relation stehen:

Wenn die arithmetische Struktur des Punktmusters bestimmt werden muss, um das Muster fortzusetzen, dann ist die Differenzbildung ein geeignetes Mittel der Wahl, ebendiese Regelmäßigkeit über die (An-)Zahlenfolgen explizit zu machen. Besonders hervorzuheben ist die Charakterisierung der individuellen Situation. Orhan nutzt hier die Punktmuster als Mittel zur Darstellung von Anzahlen. Er dekodiert diese visuellen Darstellungen zunächst, indem er die Anzahlen durch sukzessives Abzählen ermittelt. Die (arithmetische) Regelmäßigkeit macht er daraufhin mit Hilfe von Differenzbildungen explizit. Insofern wird die individuelle Situation hier nicht durch *Regeln zu dynamischen Bildmustern explizit machen* beschrieben, sondern vielmehr durch iSit6 *Regeln zu Zahlenfolgen explizit machen*.

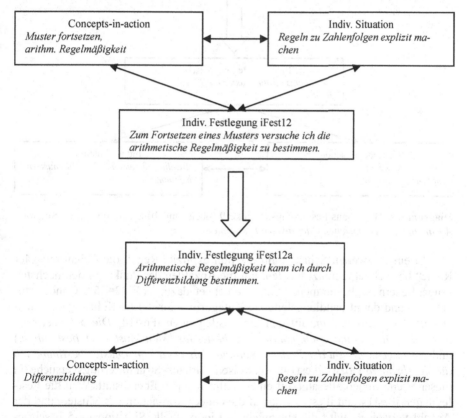

Diagramm 6-10 Orhans Festlegungsdreiecke 7 (oben) und 8 zur individuellen Situation *Regeln zu Zahlenfolgen explizit machen*

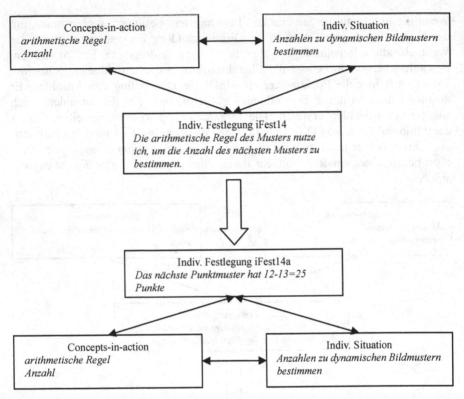

Diagramm 6-11 Orhans Festlegungsdreiecke 9 (oben) und 10 zur individuellen Situation *Anzahlen von dynamischen Bildmustern bestimmen*

In einem zweiten Schritt kann die nun explizite Regel, die Orhan mit „4er Reihe" bezeichnet, genutzt werden, um die Anzahlen der Punkte in den nächsten Folgegliedern zu bestimmen. Orhan berechnet dazu: „13+12=25". Concept-in-action – und damit handlungsleitende Kategorie – für die Fortführung des Musters ist der *Anzahlbegriff*, auf den die Festlegungen iFest14 (*Die arithmetische Regel des Musters nutze ich, um die Anzahl des nächsten Musters zu bestimmen.*) und iFest1 (*Die Anzahl der Punkte in einem statischen Punktmuster bestimme ich durch Abzählen.*) bzw. iFest14a verweisen. Orhans Strukturierungsversuche in dieser Szene finden allesamt auf einer arithmetischen Ebene statt. Weil die Festlegungen iFest14 und iFest1 beide auf die concepts-in-action des Musters und der Anzahl verweisen, wird die entsprechende individuelle Situation iSit5 beschrieben durch *Anzahlen von dynamischen Bildmustern bestimmen*. Das Diagramm 6-11 zeigt die beiden hierdurch rekonstruierten Festlegungsdreiecke 9 und 10. Die

Festlegungen iFest14 und iFest14a stehen dabei wiederum in inferentieller Relation: Wenn die arithmetische Regel des Musters zur Anzahlbestimmung des nächsten Folgengliedes genutzt werden kann (iFest14), dann zählt das nächste Punktmuster 12+13=25 Punkte (iFest14a).

In den Diagrammen 6-10 und 6-11 werden 4 Festlegungsdreiecke dargestellt, deren Festlegungen auf zwei unterschiedliche individuelle Situationen verweisen: Die Festlegungen iFest12 und iFest12a in Diagramm 6-10 verweisen auf die Explizierung von Regelmäßigkeiten in *Zahlenfolgen* und die Festlegungen iFest14 und iFest14a in Diagramm 6-11 verweisen auf die Anzahlbestimmung in *dynamischen Bildmustern*. Die mathematischen Gegenstände und Begriffe, auf die Orhans Festlegungen in dieser einen kurzen Szene verweisen, sind unterschiedlich. Gleichzeitig sind diese beiden Situationen hier auf das Engste miteinander verbunden, denn Orhan bestimmt die (arithmetischen) Regeln in (An-)Zahlenfolgen, *um* die Punktmusterfolge in einem nächsten Schritt fortzusetzen und aufzuzeichnen. Die Festlegung iFest13 auf die arithmetische Regel, die der zur Bildmusterfolge gehörigen (An-)Zahlenfolge zugrunde liegt, verweist handlungsleitend auf das concept-in-action der *Regel*.

Weil die Stellen der Bildmusterfolge für Orhan jeweils Anzahlen kodieren, verweist diese Regel ihrerseits sowohl auf die (An-) Zahlenfolge als auch auf die Bildfolge. Insofern fungiert die Regel selbst als begriffliches Bindeglied zwischen Festlegungen, die auf die sehr unterschiedlichen Situationen iSit5 und iSit6 verweisen (vgl. Diagramm 6-12 oben).

Die inhaltliche Verknüpfung der beiden Situationen, zunächst die (arithmetische) Regel der (An-)Zahlenfolge zu bestimmen und diese dann zur Anzahlbestimmung des nächsten Folgengliedes zu nutzen, gibt Orhan nun in einem dritten Schritt Berechtigung, die gefundene Anzahl für das nächste Punktmuster visuell zu kodieren und die Punkte zu zeichnen. Orhan wählt dazu für die beiden nächsten Folgeglieder eine dreieckige Form – er wählt auf Nachfrage den Begriff der „Mauer" (vgl. T14 in Tabelle 6-5 und Abb. 6-4). Rekonstruiert werden kann die Festlegung iFest15: *Anzahlen lassen sich in Dreieckmustern darstellen.* Das damit rekonstruierte Festlegungsdreieck 11 ist in Diagramm 6-12 (unten) abgebildet.

Die Analyse verdeutlicht, welche Festlegungen Orhan in einer Situation eingeht, in der er eine gegebene Bildmusterfolge fortsetzt. Besonders auffällig in diesem Zusammenhang ist, dass sich in Orhans Bearbeitungsprozess Festlegungsstufen identifizieren lassen, auf denen er Festlegungen aktiviert, die auf sehr unterschiedliche individuelle Situationen verweisen (einmal auf die Strukturuntersuchung von Zahlenfolgen und weiterhin auf die Berechnung von Anzahlen in Bildmustern).

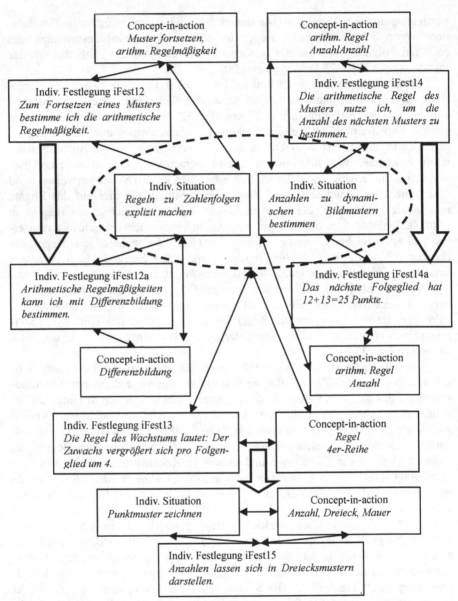

Diagramm 6-12 Bindeglied von Festlegungen, die auf zwei unterschiedliche Situationen verweisen, ist Festlegung iFest 13 (oben im Bild) sowie die damit verbundene Regel, die Berechtigung gibt für die Darstellung des nächsten Folgengliedes als Dreiecksmuster.

Als das zentrale Bindeglied zwischen den unterschiedlichen Festlegungen konnte die Festlegung auf die *Regel* an sich (iFest13) identifiziert werden: Mit Hilfe der arithmetischen *Regel* lassen sich arithmetische Strukturen in Bildmusterfolgen explizit machen und weiterhin lässt sich diese *Regel* nutzen, um die Anzahlen des nächsten Bildmusters zu bestimmen.

Besonders auffällig ist dabei, dass Orhan ausschließlich arithmetische concepts-in-action aktiviert. Handlungsleitend bei der Fortsetzung des (geometrischen) Musters ist ein arithmetisches concept-in-action: die Regel der (An-) Zahlenfolge. Orhan geht weder Festlegungen ein, die auf concepts-in-action wie *geometrisches Wachstum* verweisen (etwa: *Bei der Bildmusterfolge wachsen zwei Dreiecke* oder *Die Bildmusterfolge vergrößert sich jeweils um einen äußeren Rahmen entlang der Außenseiten*), noch nutzt er geometrische Strukturen innerhalb des Musters zur Bestimmung der Anzahlen oder zur Angabe der (geometrischen oder arithmetischen) Regel der Folge. Stattdessen verweisen seine Festlegungen auf die folgenden concepts-in-action, die die arithmetische Dimension im Umgang mit dynamischen Bildmusterfolgen tangieren: sukzessives punktweises Abzählen, Rekursivität (arithm.), Zuwachs (arithm.) und arithmetische Regelmäßigkeit.

Besondere Einblicke in das Spiel des Zuweisens und Eingehens von Festlegungen gewährt Z. 12 in Tabelle 6-5. Orhan sagt: „Und dann hab ich gerechnet 5+8=13. Aber dann gibt, dann – Sie haben also – oder wer gemacht hat, hat die 4er Reihe gemacht: 4, 8, 12." Die hier rekonstruierte Festlegung ist iFest13a: *Der Erfinder der Aufgabe hat eine gewisse arithmetische Struktur visualisiert.* Orhan weist hier den Personen, die die Aufgabe gestellt haben, die Festlegung zu, die „4er Reihe" in Form von Punktmustern visualisiert zu haben. Gleichzeitig geht er selbst ebendiese Festlegung ein. In einer Situation, in der Orhan die Regel des Punktmusters explizit macht, ist es für ihn offenbar eine erfolgreiche Erklärungsstrategie, die selbst eingegangen Festlegungen einem (hier fiktiven) Dritten zuzuschreiben. Orhan macht auf diese Weise nicht nur seine eigene Festlegung explizit, sondern die Möglichkeit des Zuschreibens von Festlegungen an Dritte erlaubt auch, die *Inferenzen* offenzulegen. Indem Orhan nämlich die Zuschreibung benennt, legt er die Gründe frei, die ihm Berechtigung geben, die Anzahl entsprechend zu bestimmen.

Orhans eigene Festlegungen und Inferenzen können sich daher spiegeln in den Festlegungen derjenigen (epistemischen bzw. gedachten) Personen, denen er Festlegungen im Rahmen des Lernkontextes zuweist. Damit werden die Festlegungen nicht nur selbst explizit, sie werden durch das Zuweisen auch selbst zum expliziten Gegenstand der Aushandlung. Hier kann ein Argument dafür gesehen werden, dass der explizite Umgang mit Festlegungen im Lernkontext den Lern-

prozess unterstützen kann, weil so Festlegungen und Inferenzen explizit und zum Gegenstand der Aushandlung gemacht werden können.

Zwischenfazit zum Umgang mit dynamischen Bildmustern

Die Analyse dieser Szene zum Umgang mit dynamischen Bildmustern im weiteren Verlauf des Lernkontextes verdeutlicht wichtige Merkmale von Orhans Begriffsbildungsprozess. Zunächst zeigt die Rekonstruktion der individuellen Festlegungen die Produktivität des Darstellungswechsels für Orhan zum Fortsetzen der Bildmusterfolge. Orhan dekodiert die drei vorgegebenen Bildmuster in eine (An-) Zahlenfolge und bestimmt deren (arithmetische) Regelmäßigkeit. Die mit Hilfe von Differenzbildungen gefundene Regel nutzt Orhan in einem weiteren Schritt, um die Anzahl des nächsten Punktmusters zu bestimmen. Die so gefundene Anzahl kodiert Orhan und stellt sie in der Form eines Dreieckmusters dar. Auf Nachfrage, warum er das Muster in dieser Form dargestellt habe, gibt er an, dass die *Mauer für ihn leichter* sei. Die detaillierte Analyse der dieser Szene zugrunde liegenden Festlegungen konnte zeigen, dass Orhan in der (konventionalen) Situation zur Fortsetzung geometrischer Muster gleichsam individuelle Festlegungen aktiviert, die auf die Untersuchung und anschließende Nutzung der arithmetischen Regelmäßigkeiten verweisen.

Gleichzeitig fällt auf, dass für Orhan zwar variable Darstellungen von Anzahlen zulässig sind (vgl. Festlegung iFest16: *Anzahlen in Punktmustern lassen sich mit unterschiedlichen Variationen darstellen.*), dass er aber keine Festlegungen aktiviert, die ihrerseits auf geometrische (Struktur-)Begriffe verweisen. Orhans Lösung, die berechnete Anzahl in einer *Mauer* zu visualisieren, verdeutlicht erneut die Dominanz der arithmetischen concepts-in-action sowie die mangelnde Fokussierung auf das Ganze, d.h. die geometrische Struktur der gegebenen Punktmuster: Orhan visualisiert in dieser Szene eine Anzahl, die das Ergebnis der Anwendung von arithmetischen Strukturen auf eine gegebene (An-)Zahlenfolge ist, die wiederum ihrerseits aus der Bildfolge dekodiert wurde.

Die Analyse von Orhans Festlegungen in dieser Situation verdeutlicht weiterhin Orhans elaborierte Fähigkeiten zum Aufspüren komplexer arithmetischer Strukturen. Darüber hinaus wird deutlich, inwiefern das Mittel der Zuschreibung von Festlegungen an Dritte und damit der explizite Umgang mit Festlegungen als Gegenstand des Zuweisens und Eingehens von Orhan genutzt wird, um eigene Inferenzen und Festlegungen explizit zu machen.

Das Konzept der *Regel* von Zahlen- bzw. Bildfolgen erweist sich damit einerseits als förderlicher Gegenstand des Explizierens mathematischer Strukturen und andererseits als verbindendes Element zwischen arithmetischen und geometrischen mathematischen Gegenständen. Die Explizierung der Regel kann daher Anlässe für vielfältige mögliche Darstellungswechsel bieten.

Im folgenden Abschnitt wird Orhans Umgang mit dynamischen Bildmustern weiterverfolgt. Ausgangspunkt ist ein Transkriptausschnitt aus dem Nachinterview im Anschluss an die Durchführung der Untersuchung. Während in dem obigen Abschnitt der Fokus der Prozessanalyse darauf lag, die jeweiligen concepts-in-action mit Blick auf die unterschiedlichen arithmetischen und geometrischen Dimensionen im Bearbeitungsprozess über die individuellen Festlegungen zu analysieren, gibt die folgende Analyse Einblicke in die individuelle Inferenzenstruktur im Verlauf von Orhans Entwicklungsprozess: Gewisse Phänomene, die im Verlauf von Orhans individuellem Begriffsbildungsprozess beobachtet werden, können dabei auf Festlegungen in Situationen zu anderen Zeitpunkten seines Lernprozesses zurückgeführt werden.

Fortsetzung der Prozessanalyse zum Umgang mit dynamischen Bildmustern

Die nachfolgende Szene zum Umgang mit dynamischen Bildmustern entstammt einem Interview, welches im Anschluss an die Durchführung der Untersuchung geführt wurde. Die Analyse der individuellen Festlegungen wird zeigen, dass sich ähnliche Festlegungsstrukturen identifizieren lassen, wie in der Szene oben (vgl. Tabelle 6-5). Deutlich wird hier aber auch die inferentielle Struktur der rekonstruierten Festlegungen, wobei die Frage besonders behandelt wird, inwiefern Orhan beim Umgang mit dynamischen Bildmustern elementare Festlegungen eingeht, die der entsprechenden konventionalen Situation zugrunde liegen. Auf diese Weise lässt sich nicht nur die Weiterentwicklung seiner Festlegungen und Inferenzen gegenüber dem Umgang mit statischen Bildmustern beobachten, sondern auch ein Vergleich vornehmen, zwischen den individuell eingegangen Festlegungen und den konventionalen Festlegungen, die auf die entsprechende konventionale Situation verweisen.

Im folgenden Interview wurden Orhan die ersten drei Stellen einer Punktmusterfolge vorgelegt (vgl. Abb. 6-5 oben). Arbeitsauftrag war, dieses Punktmuster fortzusetzen und die nächste Stelle aufzuzeichnen. Orhan bestimmt zunächst die Anzahlen der Punkte in den einzelnen Stellen, bildet daraufhin Differenzen und stellt die arithmetische Regel auf. Diese nutzt er dann, um die Anzahl der Punkte der nächsten Stelle zu bestimmen und diese dann aufzuzeichnen (für den entsprechenden Transkriptausschnitt vgl. Tabelle 6-6). Abb. 6-5 unten zeigt seine Bearbeitung.

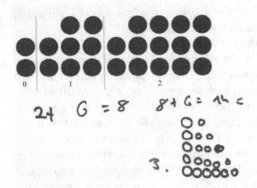

Abbildung 6-5 Oben dargestellt sind die ersten Glieder eine Bildmusterfolge. Unten dargestellt ist das nächste Folgenglied.

Tabelle 6-6 Transkriptausschnitt eines Interviews mit Orhan nach Durchführung der Untersuchung zum Umgang mit dynamischen Bildmustern

T	P	Inhalt (Interview 4 vom 26.06.09) in Hagen	Orhans Festlegungen	Begrifflicher Fokus
			∞	
287	I	Schön wär, wenn du mir die dritte Stelle mal aufzeichnen könntest.		
288	O	Ach so, .. Das ist immer ehm + . Also, das ist 2 (*O zeigt auf die beiden Punkte links, zählt dann die Punkte bei Stelle 1 einzeln, reihenweise von unten nach oben*) 3, 4, 5, 6, 7, 8 – immer +6.	**1**: *Die Anzahl der Punkte bestimme ich durch (sukzessives) Abzählen.* **11**: *Dem Punktmuster liegen arithmetische Strukturen zugrunde.* **12**: *Zum Fortsetzen eines Musters versuche ich die arithm. Regelmäßigkeit zu bestimmen.* **12a**: *Die arithm. Regelmäßigkeit kann ich mit Differenzbildung bestimmen.* **13b**: *Die Regel des Wachstums lautet: es werden immer 6 Punkte addiert.*	Anzahl abzählen arith. Struktur Muster fortsetzen arith. Regel Differenzbildung Regel Wachstum
289	I	Mmh		

290	O	Addier 2 (*O schreibt 2+*) plus – da sind ja zwei, ne? (*O zählt weitere Punkte, wobei er bis 6 zählt und schreibt: 2+6=8*) gleich 8. Dann 8+ eh, ist ja, wenn man die nimmt (*O zählt 8 Punkte an Stelle 2 von links unten ab und dann noch die restlichen 6*) 1,2,3,4,5,6,7,8 .. 1,2,3,4,5,6,7,8 und dann 1,2,3,4,5,6 – immer plus 6	**1**: *Die Anzahl der Punkte bestimme ich durch (sukzessives) Abzählen.* **12a**: *Die arithm. Regelmäßigkeit kann ich mit Differenzbildung bestimmen.* **13b**: *Die Regel des Wachstums lautet: es werden immer 6 Punkte addiert.*	Anzahl abzählen Differenzbildung Regel Wachstum
291	I	Ok		
292	O	Ja, ist nämlich 14 und da kommt, die dritte Stelle ist 21.	**14**: *Die (arithm.) Regel des Musters nutze ich, um die Anzahl des nächsten Musters zu bestimmen.*	Anzahl bestimmen arith. Regel
		[...]		
302	O	Ach so, 20 mein ich, hab mich vertan. (*O beginnt zu zeichnen: 5 Punkte untereinander*) Ist egal, wie ich zeichne?	**14b**: *Das nächste Punktmuster hat 14+6=20 Punkte.*	Anzahl
303	I	Setz einfach das Muster so fort hier.		
304	O	Aha! Also so (*O zeichnet 5 weitere Punkte senkrecht an den unteren Punkt, sodass eine L-Form entsteht. Danach füllt er das L so, dass ein Dreieck entsteht mit 15 Punkten*). Das sind 1, 3, 6, 10, 15.	**15**: *Anzahlen lassen sich in Dreieckmustern darstellen.*	Anzahl Dreieckmuster
305	I	Ja		
306	O	Dann mach ich hier 16, 17, 18, 19, 20 (*O ergänzt weitere Punkte, die Dreieck-Form behält er bei*)	**15**: *Anzahlen lassen sich in Dreieckmustern darstellen.*	Anzahl Dreieckmuster
		∞		

Die Rekonstruktion der individuellen Festlegungen in dieser Szene macht deutlich, dass die Festlegungsstrukturen aus den beiden Situationen in den Tabellen 6-5 und 6-6 einen hohen Grad an Ähnlichkeit aufweisen. Als abweichend zu den Festlegungen in Tabelle 6-5 – und damit in einem Interview, welches über einen Monat eher entstanden ist – können für die gleiche konventionale Situation ausschließlich diejenigen Festlegungen identifiziert werden, die spezifisch für das lineare Wachstum der Folge sind. Das vorliegende Punktmuster wächst nicht quadratisch, sondern linear und entsprechend ist das Änderungsverhalten von Folgenglied zu Folgenglied konstant.

Bevor nun eine genauere Analyse der inferentiellen Relationen der Festlegungen genauere Einblicke in Orhans spezielle Begründungsstruktur geben kann, zeigt eine Untersuchung der Vorgehensweisen beim Abzählen der Punkte im Muster sowie beim Zeichnen des Musters einen weiteren wichtigen Aspekt bei der Verknüpfung von arithmetischer und geometrischer Ebene im Umgang mit Bildfolgen.

Im ersten Schritt bestimmt Orhan in der obigen Szene die Anzahlen der Punkte in den jeweiligen Mustern (vgl. Z. 288 und Z. 290 in Tabelle 6-6). In Abbildung 6-6 ist sein Abzählvorgang skizziert.

Abbildung 6-6 Abgebildet ist hier Orhans Abzählvorgang der einzelnen Punktmuster. Mit Pfeilen dargestellt ist seine Zählrichtung. Die Zahlen geben die Abfolge im Zählvorgang an.

Deutlich wird hier, dass Orhan zeilenweise von unten nach oben und sukzessiv-punktweise die Anzahlen in den jeweiligen Folgegliedern bestimmt. Dabei unterscheiden sich die Abzählvorgänge der beiden strukturell sehr ähnlich gebauten Muster jeweils hinsichtlich der Zählrichtung der einzelnen Zeilen. Orhan bildet zwischen den beiden Abzählvorgängen die Differenzen und stellt eine erste Vermutung der Regel auf („immer +6", vgl. Z. 288), die er nach der zweiten Differenzbildung (in Z. 290) verifiziert. Auffällig ist, dass er zwar sagt, man müsse „immer +6" rechnen, dass er diese Konstanz des Zuwachses bei *jedem* Folgenglied aber nicht mit der geometrischen Struktur des Punktmusters in Verbindung bringt. Eine solche mögliche (konventionale) Festlegung wäre beispielsweise: *Es werden immer 6 Punkte zu dem Muster gefügt* (vgl. Abb. 6-7).

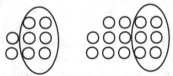

Abbildung 6-7 Dargestellt ist eine mögliche Visualisierung der konventionalen Festlegung *Es werden immer 6 Punkte zu dem Muster gefügt.*

Handlungsleitendes Concept-in-action in dieser Szene ist das der *Anzahl*. Orhan bestimmt hier Anzahlen, um Differenzen bilden zu können und dann mit Hilfe dieser Differenzen die Anzahl der Punkte im nächsten Muster zu bestimmen, das er daraufhin zeichnet.

Legt man die rekonstruierte inferentielle Struktur seiner Festlegungen in dieser Szene frei, so ergibt sich das folgende Bild:

iFest11 (*Dem Punktmuster liegen arithmetische Strukturen zugrunde.* (cia: arithmetische Struktur))

↓

iFest9a (*Mit dem Anzahlkonzept lassen sich fundamentale arithmetische Strukturen und Regelmäßigkeiten in dynamischen Punktmustern explizit machen, beschreiben und verstehen.* (cia: Anzahl, arithmetische Struktur))

↓

iFest8a (*Mit Anzahlen beschreibe ich eine invariante Größe von Folgegliedern in dynamischen Punktmustern.* (cia: Anzahl))

↓

iFest1 (*Die Anzahl der Punkte bestimme ich durch sukzessives Abzählen.* (cia: Anzahl, sukzessives abzählen))

↓

iFest12a (*Die arithm. Regelmäßigkeit kann ich mit Differenzbildung bestimmen.* (cia: Differenzbildung))

↓

iFest13b (*Die Regel des Wachstums lautet: es werden immer 6 Punkte addiert.* (cia: Regel, Wachstum))

↓

iFest14 (*Die (arithm.) Regel des Musters nutze ich, um die Anzahl des nächsten Musters zu bestimmen.* (cia: Anzahlbestimmung, arithm. Regel))

↓

iFest14b (*Das nächste Punktmuster hat 14+6=20 Punkte.* (cia: Anzahl))

Diese Analyse der inferentiellen Struktur der eingegangen Festlegungen liefert Ergebnisse auf drei Ebenen:

1) Zum einen zeigt sich ein deutlicher Zusammenhang der eingegangen Festlegungen und der inferentiellen Relationen zwischen dem Umgang mit statischen und dem Umgang mit dynamischen Bildmustern (vgl. die Analyse der inferentiellen Relationen in Kap. 6.1.2). Es wird in der obigen Darstellung der Inferenzen deutlich, dass Orhans Festlegung iFest12 (*Die arithm. Regelmäßigkeit kann ich mit Differenzbildung bestimmen.*) berechtigt wird durch 4 Festlegungen, die er in fast identischer Weise auch beim Umgang mit statischen Bildmustern eingegangen ist. Einerseits wird daher deutlich, dass sich Orhans individuelle Festlegungsstruktur weiter ausdifferenziert und dass er andererseits für seinen Umgang mit dynamischen Bildmustern Festlegungen aktiviert, die er in ähnlicher bzw. gleicher Form auch schon für den Umgang mit statischen Bildmustern aktiviert hat. Die Analyse des Lernkontextes in Kapitel 4 hat gezeigt, dass sich die

konventionale inferentielle Festlegungsstruktur im Verlauf des Lernkontextes weiter ausdifferenziert und dass den Einheiten B und C des Lernkontexes konventionale Festlegungen zugrunde liegen, die auch schon der Etappe A zugrunde liegen. Dieser strukturelle Vergleich zwischen konventionalen und individuellen Festlegungen zeigt daher begriffliche Weiterentwicklungen in Orhans Lernprozess auf.

2) Die Analyse der Szene zeigt, dass Orhan wesentliche dem Lernkontext zugrunde liegende elementare Festlegungen eingeht. Festlegung iFest11 (*Dem Punktmuster liegen arithmetische Strukturen zugrunde*) verweist dabei auf die elementare Festlegung E1 (*(Viele) Bildmuster und Zahlenfolgen weisen Strukturen und Regelmäßigkeiten auf.*). Die Festlegungen iFest8a, iFest12 oder iFest14 verweisen auf die elementare Festlegung E2 (*Mit Algebra lassen sich Strukturen und Regelmäßigkeiten in Bildmustern und Zahlenfolgen explizit machen, beschreiben und verstehen.*). In diesem Zusammenhang sind es die Konzepte der Anzahl, der Differenzbildung und der Regel, die für Orhan die mathematischen Elemente der Wahl (und damit die concepts-in-action) darstellen, die gegebene Situation zu bewältigen.

3) In diesem Zusammenhang fällt ebenso auf, dass die unter 2) genannten concepts-in-action allesamt die arithmetische Dimension des Umgangs mit dynamischen Bildmustern betreffen. Insofern werden auch die unter 2) genannten elementaren Festlegungen, die Orhans Vorgehen zugrunde liegen, nur hinsichtlich der arithmetischen Dimension eingegangen. Das heißt konkret, dass Orhan nicht die Festlegung E1 eingeht, sondern nur den *arithmetischen Spezialfall*: (Viele) Bildmuster weisen *arithmetische* Strukturen und Regelmäßigkeiten auf. Auch an der oben dargestellten Zählweise wird erkennbar, dass Orhan geometrische Strukturierungselemente kaum für die Bestimmung von Anzahlen nutzt.

Es wird im Rahmen des Zeichenprozess deutlich, dass Orhan zwar geometrische Strukturierungselemente für das Zeichnen von Punktmustern nutzt (hier eine Dreieckform), dass er allerdings die gegebenen geometrischen Strukturierungen der Bildmusterfolge (spaltenweise Anordnung der Punkte in je 3 Zielen) nicht für seinen eigenen Konstruktionsprozess nutzen kann. Die folgende Darstellung verdeutlicht Orhans Konstruktionsprozess des nächsten Folgengliedes.

Zu sehen ist hier, dass Orhan zunächst ein Dreiecksmuster zeichnet (vgl. T 304 in Tab. 6-6), daraufhin die gezeichneten Punkte einzeln abzählt und das Muster um 5 weitere Punkte ergänzt (rechts in Abb. 6-8). Für diese Szene kann die Festlegung iFest15 rekonstruiert werden (*Anzahlen lassen sich in Dreieckmustern darstellen*). Auffällig ist dabei, dass die handlungsleitenden concepts-in-action hier *Anzahl* und *Dreieckmuster* sind. Orhan geht demnach Festlegungen ein, die sowohl auf arithmetische als auch auf geometrische Strukturierungselemente verweisen. Allerdings ist der Charakter der geometrischen Strukturierungsbegriffe, auf die seine Festlegungen verweisen, überwiegend statischer Art (z.B. Dreieckmuster).

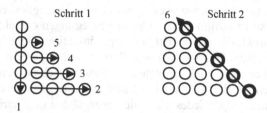

Abbildung 6-8 Abgebildet ist Orhans Zeichenvorgang des nächsten Folgengliedes in 2 Schritten (vgl. Z. 304 und 306 in Tab. 6-6). Die dargestellten Pfeile zeigen die Konstruktionsrichtung an und die Zahlen die Zeichenabfolge.

Orhans Festlegungen verweisen z.B. nicht auf (dynamisch)-geometrische Strukturierungsbegriffe wie *geometrisches Wachstum* oder *geometrische Regelmäßigkeit*. Insofern nutzt Orhan zwar geometrische Strukturierungselemente, um das Muster fortzusetzen, diese orientieren sich aber nicht an den geometrischen Regelmäßigkeiten der Bildmusterfolge, sondern an für Orhan viablen geometrischen Formen (hier: das Dreieck). Besonders auffällig ist auch hier wieder die Parallelität der Darstellung zur ersten Interviewsituation (vgl. Tab. 6-5). Auch hier gibt Orhan auf Nachfrage, warum er das Muster auf die spezifische Art gezeichnet habe, an: „Weil eh, die Mauer ist für mich leichter." (Z. 14 in Tab. 6-5)

Für den Berechnungs- und Konstruktionsprozess können daher die folgenden inferentiellen Relationen identifiziert werden:

iFest13b (*Die Regel des Wachstums lautet: es werden immer 6 Punkte addiert.* (cia: Regel, Zuwachs))

↓

iFest14 (*Die (arithm.) Regel des Musters nutze ich, um die Anzahl des nächsten Musters zu bestimmen.* (cia: Anzahlbestimmung, arithm. Regel))

↓

iFest14b (*Das nächste Punktmuster hat 14+6=20 Punkte.* (cia: Anzahl))

↓

iFest16 (*Anzahlen in Punktmustern lassen sich mit unterschiedlichen Variationen darstellen.* (cia: Variabilität, Darstellung))

↓

iFest15 (*Anzahlen lassen sich in Dreieckmustern darstellen.* (cia: Anzahl, Dreieckmuster))

Fazit zum Umgang mit dynamischen Bildmustern

Betrachtet man die oben dargestellten inferentiellen Relationen der Festlegungen, die Orhan im Rahmen des Konstruktionsprozesses von weiteren Folgegliedern einer Bildmusterfolge eingeht, so ist auffällig, dass Orhan Festlegungen eingeht, die auf einen geometrischen Strukturierungsbegriff (concepts-in-action wie z.b. Dreieckmuster („Mauer")) verweisen. Die Art der Darstellung des nächsten Gliedes der Bildmusterfolge ist daher nicht zufällig, sondern orientiert sich an geometrischen Strukturierungsbegriffen, die für ihn viabel sind. Allerdings nutzt er für die Konstruktion des nächsten Folgegliedes nicht die vorgegebene geometrische Strukturierung der Bildmusterfolge. Insofern verweisen seine Festlegungen in diesem Zusammenhang eher auf statische geometrische Strukturierungsbegriffe, die sich nicht an der relational-dynamischen Struktur der vorgegebenen Bildmusterfolge orientieren. Gleichzeitig wird erkennbar, inwiefern die inferentielle Struktur an die vorher analysierte Struktur anknüpft: Festlegungen iFest13b, iFest14 und iFest14b standen auch dort in gleicher inferentieller Relation. Insofern zeigt sich, dass sich die individuellen Festlegungen entlang des Lernkontextes einerseits weiter ausdifferenzieren, dass andererseits wesentliche Festlegungen, die Orhan bereits beim Umgang mit statischen Punktmustern eingegangen ist, auch hier weiter eingeht.

Oben konnte bereits gezeigt werden, inwiefern wesentliche Festlegungen von Orhan auf die elementaren (konventionalen) Festlegungen E1 und E2 verweisen, allerdings nur hinsichtlich einer arithmetischen Dimension. Die genauere Analyse des Konstruktionsprozesses des nächsten Bildmusterfolgengliedes zeigt, dass Orhans Festlegungen (z.B. die Festlegung iFest16 (*Anzahlen in Punktmustern lassen sich mit unterschiedlichen Variationen darstellen.*)) auf die elementare Festlegung E3 (*Muster lassen sich mit unterschiedlichen Variationen strukturieren und beschreiben.*) verweisen. Die Analyse des Lernkontextes in Kapitel 4 hat gezeigt, dass die elementare Festlegung E3 ihre Kraft dadurch bezieht, dass gerade die variable Strukturierung von Punktmustern bei der Anzahlbestimmung für die Konstruktion von weiteren Folgegliedern bzw. in Etappe C des Lernkontextes für das Hochrechnen von Zahlen- und Bildmusterfolgen genutzt werden kann. Orhan nutzt diese Festlegung in den hier analysierten Situationen in eingeschränkter Weise maßgeblich für die Konstruktion von Punktmustern. Insofern werden erst die Ergebnisse der Untersuchung seines Umgangs mit Variablen und hohen Stellen in Bildmusterfolgen zeigen, inwiefern Orhan die elementare Festlegung E3 im Sinne des vorliegenden Lernkontextes eingeht. In der folgenden Tabelle sind die beiden folgenden hier rekonstruierten individuellen Situationen dargestellt:

iSit5 (*Anzahlen von dynamischen Bildmustern bestimmen.*)
iSit6 (*Regeln zu Zahlenfolgen explizit machen.*)

Hervorzuheben ist in diesem Zusammenhang, dass die beiden analysierten Interviewausschnitte sich in konventionaler Hinsicht den folgenden beiden Situation zuordnen lassen:

kSit5 (*Anzahlen von dynamischen Bildmustern bestimmen (B)*)
kSit6 (*Regeln zu dynamischen Bildmustern explizit machen (B)*)

Tabelle 6-7 Orhans Festlegungsstruktur in kSit6 und kSit6

Zeitpunkt im Rahmen des Lernprozesses (konv. und ind. Sit.) → ↓Begriffe konventional	individuell (cia)	Konventionale Situation 5: *Anzahlen von dynamischen Bildmustern bestimmen (B)* iSit5: *Anzahlen von dynamischen Bildmustern bestimmen*	Konventionale Situation 6: *Regeln zu dynamischen Bildmustern explizit machen.* iSit6: *Regeln zu Zahlenfolgen explizit machen*
Regelmäßigkeit	Arithm. Struktur	iFest11	iFest11
Unterschiedlichkeit	X	X	X
Bündeln	X	X	X
Abzählen	sukzessives abzählen	iFest1	
Teilmuster	X	X	X
Fortsetzbarkeit	Fortsetzbarkeit	X	iFest12
Geometr. Strukturierung	X	X	X
Regel	arith. Regel	iFest13, iFest13a, iFest13b	
Veranschaulichung	Veranschaulichung	iFest16	
	Differenzbildung	X	iFest12a
	Anzahl	iFest14, iFest14a, iFest14b, iFest9a	iFest9a, iFest8a,
	Dreieckmuster	iFest15	

Orhans Festlegungsstruktur in den Situationen kSit5 und kSit6 zeigt mehrere Auffälligkeiten. Einerseits lässt sich damit Orhans Begriffsbildungsprozess weiter explizit machen. Ein Vergleich mit Tabelle 6-4 aus Kapitel 6.1 zeigt die Entwicklung der begrifflichen Prozesse entlang wesentlicher Festlegungen. So zeigt der folgende Auszug aus Tabelle 6-4, dass Orhan in der gesamten ersten konventionalen Situation die Festlegungen iFest9 (*Mit dem Anzahlkonzept lassen sich (fundamentale und invariante) Strukturen und Regelmäßigkeiten in statischen Punktmustern explizit machen, beschreiben und verstehen.*) und iFest10 (*Statische Punktmuster verfügen über gewisse fundamentale arithmetische Strukturen.*) eingegangen ist:

Zeitpunkt im Rahmen des Lernprozesses (konv. und ind. Sit.) →		Konventionale Situation 1: *Anzahlen zu statischen Bildmustern bestimmen (A)*			
		iSit1	iSit2	iSit3	iSit4
↓Begriffe konventional	individuell (cia)				
Regelmä-ßigkeit	Arithm. Struktur	iFest10 iFest9	iFest10 iFest9	iFest10 iFest9	iFest10 iFest9

Tabelle 6-7 zeigt, dass Orhan in den beiden Situationen kSit5 und kSit6 die Festlegungen iFest11 (*Statische Punktmuster verfügen über gewisse fundamentale arithmetische Strukturen.*) und iFest9a (*Mit dem Anzahlkonzept lassen sich fundamentale arithmetische Strukturen und Regelmäßigkeiten in dynamischen Punktmustern explizit machen, beschreiben und verstehen.*) eingeht. Die Festlegungen iFest9a und iFest11 unterscheiden sich von den Festlegungen iFest10 und iFest9 aus kSit1 nur geringfügig – es handelt sich bei iFest9a und iFest11 um eine Verallgemeinerung mit Blick auf die mathematischen Gegenstände. Die Festlegungen iFest9a und iFest11 beziehen sich dabei nicht ausschließlich auf statische Punktmuster.

Insofern kann die begriffliche Entwicklung festgemacht werden an der Entwicklung individueller Festlegungen, in dem konkreten vorliegenden Fall durch Ausweitung auf weitere mathematische Gegenstände.

Weiterhin zeigt die Analyse der Tabelle 6-7 die besondere Gegensätzlichkeit von konventionaler und individueller Situation in kSit6. Während der konventionalen Situation (konventionale) Festlegungen zugrunde liegen, die vor allem auf geometrische Strukturierungsbegriffe verweisen (*geometrisches Wachstum, 6er Punkteblock, Rahmen, Dreieck*), aktiviert Orhan Festlegungen, bei denen vorwiegend arithmetische concepts-in-action handlungsleitend sind (*arithmetische Struktur, Differenzbildung, Anzahl*). Insofern unterscheiden sich hier konventionale und individuelle Situation. Entlang der concepts-in-action – also der handlungsleitenden Begriffe – zeigen sich gewissen *Regelmäßigkeiten*: Offenbar aktiviert Orhan in (konventionalen) Situationen, denen Festlegungen zugrunde liegen, die auf genuin geometrische Begriffe verweisen, zum wiederholten Male Festlegungen, die nicht auf ebendiese, sondern auf arithmetische Begriffe verweisen. Gerade mit Blick auf die folgenden Analysen bleibt es eine bedeutsame Frage, inwiefern sich dieser Umstand auf die Etablierung eines tragfähigen Variablenbegriffs auswirkt.

Weiterhin lassen sich erste Hürden im Bearbeitungsprozess zurückführen auf individuelle Festlegungen, die Orhan bereits in der ersten Situation kSit1 eingegangen ist. So zeigt die Zeichnung des nächsten Folgegliedes in Abbildung 6-5 die Beständigkeit des Dreieckmusters für Orhan. Offenbar ist die Festlegung iFest15 (*Anzahlen lassen sich in Dreieckmustern darstellen.*) für Orhan eine überzeugende Festlegung, die für ihn ein hohes Maß an Viabilität aufweist. Gleichzeitig kann ein weiterer Erklärungsansatz berücksichtigen, dass Orhan bereits in Situation kSit1 Festlegungen *nicht* eingeht, die auf geometrische Strukturbegriffe (wie z.B. *Bündel, Teilmuster*) verweisen. Stattdessen nutzt er auf vielfältige – wenn auch z.t. mathematisch nicht-tragfähige Weise – Festlegungen, die auf arithmetische Strukturbegriffe verweisen (z.B. iFest6: *zu einem statischen Punktmuster kann ich ein Produkt finden.*).

Insgesamt zeigt die Tabelle aber auch, dass Orhans Festlegungsstruktur im Verlauf des Lernkontextes in den analysierten konventionalen Situationen komplexer geworden ist. Das meint, dass Orhan beim Umgang mit dynamischen Bildmustern einerseits bereits aus Situationen zum Umgang mit statischen Bildmustern bekannte Festlegungen aktiviert und andererseits neue situationsspezifische Festlegungen entwickelt.

Im nächsten Abschnitt wird Orhans Umgang mit Zahlenfolgen in konventionalen Situationen, die ihrer inhaltlichen Struktur nach der Etappe B zuzuordnen sind, genauer untersucht. Während im vorliegenden Abschnitt vor allem die Entwicklungsprozesse und Übergänge vom Umgang mit statischen hin zum Umgang mit dynamischen Bildmustern im analytischen Fokus stand, werden im Folgenden die Übergänge von Bildmustern zu Zahlenfolgen genauer herausgearbeitet.

Prozessanalyse zum Umgang mit Zahlenfolgen

Der folgende Transkriptausschnitt stammt aus dem Interview, das im Anschluss an die Durchführung der Untersuchung geführt wurde. Die konventionalen Situationen lassen sich der inhaltlichen Struktur nach einordnen in die Etappe B, weil hier der Umgang mit Zahlenfolgen nicht auf die Berechnung hoher Stellen in Zahlenfolgen sowie auf die Beschreibung der Regel der Folge mit Hilfe von Term und Variable abzielt.

Orhan werden in dieser Szene drei verschiedene Zahlenfolgen vorgelegt. Zwei davon wachsen linear, eine quadratisch. Orhan wird jeweils gebeten, die Zahlenfolge fortzusetzen und die Regel zu benennen. In Abbildung 6-9 sind Orhans Bearbeitungsschritte zu einer der linearen Zahlenfolgen und zur Quadratzahlfolge abgedruckt.

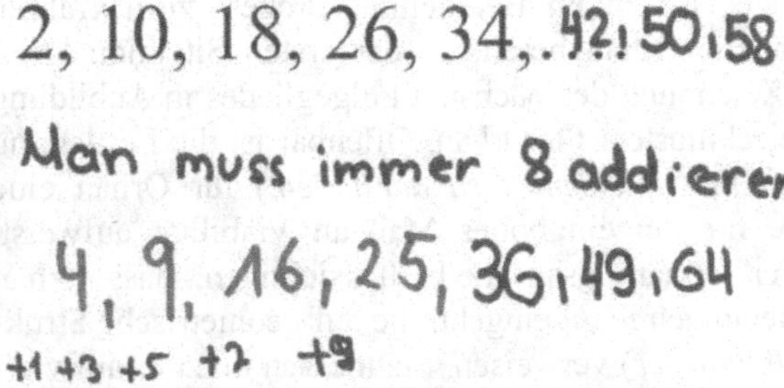

2, 10, 18, 26, 34,.42;50,58

Man muss immer 8 addieren.

4, 9, 16, 25, 36, 49, 64
+1 +3 +5 +7 +9

Abbildung 6-9 Orhans Bearbeitungsschritte beim Fortsetzen der Zahlenfolgen

Im folgenden Interviewausschnitt in Tabelle 6-8 wird Orhan zunächst aufgefordert, die nächsten drei Stellen der ersten Zahlenfolge (2, 10, 18, 26, 34,...) zu finden.

Tabelle 6-8 Transkriptausschnitt eines Interviews mit Orhan

T	P	Inhalt (Interview 4 vom 26.06.09) in Hagen	Orhans Festlegungen	Begriffl. Fokus
		∞		
10	O	(*O schaut kurz auf die Folge*) plus 8 ehm (*O flüstert*) sind 38, 42 (*O schreibt 42 auf*) 50 und 58 (*O schreibt 50, 58*)	**11a**: *Der Zahlenfolge liegen arithmetische Strukturen zugrunde.*	arith. Struktur
			12: *Zum Fortsetzen eines Musters versuche ich die arithm. Regelmäßigkeit zu bestimmen.*	Muster fortsetzen arith. Regel
			12a: *Die arithm. Regelmäßigkeit kann ich mit Differenzbildung bestimmen.*	Differenzbildung
			14: *Die (arithm.) Regel des Musters nutze ich, um die Anzahl des nächsten Musters zu bestimmen.*	Anzahl bestimmen arith. Regel
			14c: *Das nächste Folgeglied ist 34+8=42.*	Folgeglied

11	I	Mh, was ist, was ist die Regel hier, bei der?		
12	O	Man muss also immer 8 addieren. (*Orhan schreibt: Man muss immer 8 addieren*)	**13c**: *Die Regel des Wachstums lautet: es werden immer 8 addiert.*	Regel
		[...]		
15	I	Ok, das ist schon mal, das ist gut. Jetzt hab ich hier noch eine Zahlenfolge: 4, 9, 16, 25 (*I schreibe die Zahlen auf*). Kannst du die Regel hier mir sagen, was die Regel hier ist?		
16	O	Ehm, die Regel?		
17	I	Ja		
18	O	Also hier ist jetzt Unterschied-, hier: da muss man +5, . da muss man +7 und ehm +4, +9. Ach so: 5, 9, 11 und 13 und so weiter	**12a**: *Die Regel kann ich mit Differenzbildung bestimmen.* **13d**: *Die Regel des Wachstums lautet: Der Zuwachs vergrößert sich pro Folgenglied um 2.*	Differenz-bildung Regel
19	I	Mmh, könntest du die auch fortsetzen?		
20	O	Ja, kann ich. Danach kommt +11, sind .. 36. (*schreibt 36*), ne? Dann +13, das sind 49 und +15 sind 60, (*leise*) 61, 62) . 64.	**14**: *Die (arithm.) Regel des Musters nutze ich, um die Anzahl des nächsten Musters zu bestimmen.* **14d**: *Das nächste Folgeglied ist 25+11=36.*	Anzahl bestimmen arith. Regel Folgeglied
			∞	

Die hier rekonstruierten individuellen Festlegungen und die individuellen Begriffe in T. 10-20 verweisen auf 2 individuelle Situationen:

iSit6: Regeln zu Zahlenfolgen explizit machen
iSit7: Anzahlen zu Zahlenfolgen bestimmen.

Diese beiden individuellen Situationen entsprechen den konventionalen Situationen kSit9 (*Anzahlen von Zahlenfolgen bestimmen (B)*) und kSit10 (*Regeln zu Zahlenfolgen explizit machen (B)*).

Hinsichtlich der rekonstruierten Festlegungen fallen deutlich die inhaltlichen Ähnlichkeiten der individuellen Festlegungen zu denen auf, die Orhan beim Umgang mit dynamischen Bildmustern eingeht. Die Festlegungen iFest11 (*Dem Punktmuster liegen arithmetische Strukturen zugrunde*) aus Tabelle 6-6 und iFest11a, die Festlegung iFest14a (*Das nächste Punktmuster hat 14+6=20 Punkte*) aus Tab. 6-6 und die Festlegungen iFest14c bzw. iFest14d sowie die Festlegung iFest13b (*Die Regel des Wachstums lautet: Es werden immer 6 Punkte addiert*) aus Tab. 6-6 und die Festlegungen iFest13c bzw. iFest13d unterscheiden sich jeweils nur hinsichtlich des mathematischen Gegenstandes, auf den sie verweisen. Die ersteren verweisen dabei auf Bildmuster und Punkte und die letzteren auf Zahlenfolgen und Folgeglieder. Hinsichtlich ihrer Struktur und der inferentiellen Signifikanz sind sie gleichwertig. Die folgende Darstellung der inferentiellen Relationen der hier rekonstruierten Festlegungen gibt weitere Hinweise auf die Ähnlichkeit nicht nur der Festlegungen, sondern auch der inferentiellen Relationen zwischen den Festlegungen in den beiden verschiedenen Situationen (einerseits kSit5/kSit6 mit Bezug auf dynamische Punktmuster in Tabelle 6-6 und andererseits kSit9/kSit10 mit Bezug auf Zahlenfolgen in Tabelle 6-8).

> iFest11a (*Der Zahlenfolge liegen arithmetische Strukturen zugrunde.* (cia: arithmetische Struktur))
>
> ↓
>
> iFest12 (*Zum Fortsetzen eines Musters bestimme ich die arithm. Regelmäßigkeit.* (cia: Muster fortsetzen, arithm. Regelmäßigkeit))
>
> ↓
>
> iFest12a (*Die arithm. Regelmäßigkeit kann ich mit Differenzbildung bestimmen.* (cia: Differenzbildung))
>
> ↓
>
> iFest13d (*Die Regel des Wachstums lautet: Der Zuwachs vergrößert sich pro Folgenglied um 2.* (cia: Regel, Zuwachs)) bzw.
>
> iFest13c (*Die Regel des Wachstums lautet: es werden immer 8 addiert.* (cia: Regel, Zuwachs))
>
> ↓
>
> iFest14 (*Die (arithm.) Regel des Musters nutze ich, um die Anzahl des nächsten Musters zu bestimmen.* (cia: Anzahlbestimmung, arithm. Regel))
>
> ↓
>
> iFest14d (*Das nächste Folgeglied ist 25+11=36.* (cia: Folgeglied))
> iFest14c (*Das nächste Folgeglied ist 34+8=42.* (cia: Folgeglied)) bzw.

Die Turn-by-Turn-Analyse des Transkriptes zeigt, dass die ersten beiden rekonstruierbaren Festlegungsdreiecke entlang der Festlegungen iFest12 und iFest12a bereits in Tab. 6-6 rekonstruiert werden konnten. Orhan aktiviert hier demnach Festlegungen mit entsprechenden concepts-in-action, die er bereits in einer Situation zum Umgang mit dynamischen Bildmustern aktiviert hat. Sein spezifischer Umgang mit dynamischen Bildmustern mag diese Ähnlichkeit erklären: Orhan dekodiert die Bildmusterfolge zunächst in eine (An-)Zahlenfolge, die er in einem zweiten Schritt auf ihre arithmetischen Gesetzmäßigkeiten hin untersucht. In dem vorliegenden Fall zum Umgang mit Zahlenfolgen ist ein solcher Dekodierungsschritt nicht notwendig. Es ist für Orhan gar nicht nötig, Festlegungen wie z.b. iFest8 (*Mit Anzahlen beschreibe ich eine invariante Größe in statischen Punktmustern*) einzugehen, da in dieser Szene keine Punktmuster vorliegen. Auffällig hingegen ist, dass seine rekonstruierte inferentielle Festlegungsstruktur (oben) und seine rekonstruierten Festlegungsdreiecke (vgl. v.a. Diag. 6-14) denen der Situation zum Umgang mit dynamischen Bildmustern entsprechen (vgl. Diag. 6-11).

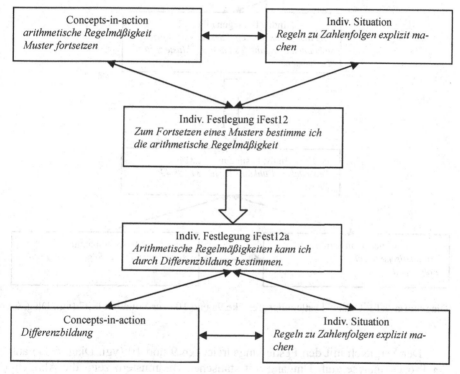

Diagramm 6-13 Orhans Festlegungsdreiecke 7 und 8 zur Situation iSit6

Die nächsten beiden rekonstruierbaren Festlegungsdreiecke beziehen sich auf die Festlegungen iFest14 (*Die (arithm.) Regel des Musters nutze ich, um die Anzahl des nächsten Musters zu bestimmen.* (cia: Anzahl bestimmen, arithmetische Regel)) und iFest14c (*Das nächste Folgeglied ist 34+8=42. (Folgeglied)*). Mit ihren jeweiligen handlungsleitenden Begriffen verweisen sie auf die Situation iSit7 (*Anzahlen zu Zahlenfolgen bestimmen.*). Weil auch die beiden Festlegungen iFest14 und iFest14a in inferentieller Relation stehen, sind auch die jeweiligen Festlegungsdreiecke entsprechend verknüpft.

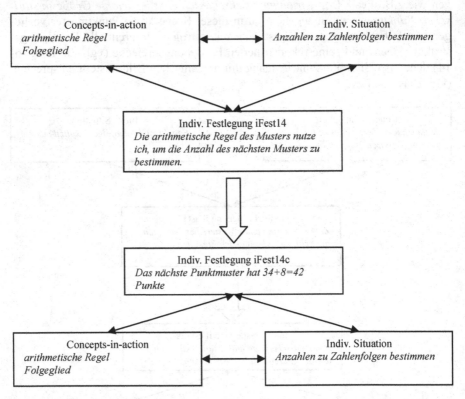

Diagramm 6-14 Orhans Festlegungsdreiecke 9a und 10a zur Situation iSit7 (vgl. Diag. 6-11)

Der Vergleich mit den Festlegungsdreiecken 9 und 10 (vgl. Diag. 6-11) aus der Prozessanalyse zum Umgang mit statischen Bildmustern zeigt die Ähnlichkeit auf. Deutlich wird, dass sich die Festlegungsdreiecke hinsichtlich der individuellen Situationen und speziell mit Blick auf den mathematischen Gegenstand, auf den diese jeweils verweisen (dynamische Bildmuster – Zahlenfolge), unterscheiden.

Die weitere Analyse der rekonstruierten Festlegungen zeigt die Bedeutung der Festlegungen auf die Regel an sich (iFest13, iFest13a-iFest13d) im Zusammenhang mit den beiden Situationen. Auch in der vorliegenden Szene zum Umgang mit Zahlenfolgen fungiert die Festlegung auf die Regel als Bindeglied. Die Regel z.B. in Festlegung iFest13d (*Die Regel des Wachstums lautet: Der Zuwachs vergrößert sich pro Folgeglied um 2.*) wird zunächst explizit gemacht (iSit6) und danach genutzt, um weitere Folgeglieder zu bestimmen (iSit7). Insofern ist sie für beide Situationen eine Art situationsbestimmendes Element. Das entsprechende Festlegungsdreieck mit den assoziierten Festlegungen ist in Diag. 6-15 dargestellt.

Fazit zum Umgang mit Zahlenfolgen

Hervorzuheben sind hier aus festlegungsbasierter Perspektive vor dem Hintergrund der obigen Analyse die deutlichen Ähnlichkeiten der individuellen Festlegungen sowie der inferentiellen Relationen im Umgang mit dynamischen Bildmustern und Zahlenfolgen. Die obige Analyse konnte zeigen, inwiefern sich sowohl die Festlegungs- als auch die Inferenzstrukturen fast ausschließlich hinsichtlich des mathematischen Gegenstandes unterscheiden (dynamische Bildmuster – Zahlenfolgen), nicht aber hinsichtlich ihrer inferentiellen bzw. pragmatischen Signifikanz. Das meint, dass Orhan mit den Festlegungen in beiden Situationen auf ähnliche Weise handelt: er bildet Differenzen, ermittelt auf diese Weise die Regel der (An-) Zahlenfolge und bestimmt so das nächste Folgenglied bzw. dessen Anzahl an Punkten. Dieses Ergebnis ist insofern überraschend, als Orhan zwar beim Umgang mit dynamischen Bildmustern fast ausschließlich Festlegungen eingeht, die auf arithmetische Begriffe verweisen, allerdings unterscheiden sich die beiden Situationen aus konventionaler Perspektive doch deutlich. Während die konventionalen Festlegungen, die der Fortsetzung des dynamischen Bildmusters zugrunde liegen, überwiegend auf geometrische Strukturierungsbegriffe verweisen – und zwar sowohl bei der Bestimmung der Regel als auch bei der Konstruktion des nächsten Punktmusters -, verweisen die konventionalen Festlegungen zum Umgang mit Zahlenfolgen überwiegend auf arithmetische Strukturierungsbegriffe. Es ist daher nicht notwendigerweise zu erwarten, dass Schülerinnen und Schüler in beiden konventionalen Situationen sehr ähnliche und z.T. gleiche Festlegungen aktivieren, die darüber hinaus auch noch in ähnlicher inferentieller Relation stehen. So zeigt die detaillierte Analyse der Festlegungen und Inferenzen nicht nur, dass Orhan in sehr elaborierter Weise mit arithmetischen Strukturen umgehen kann.

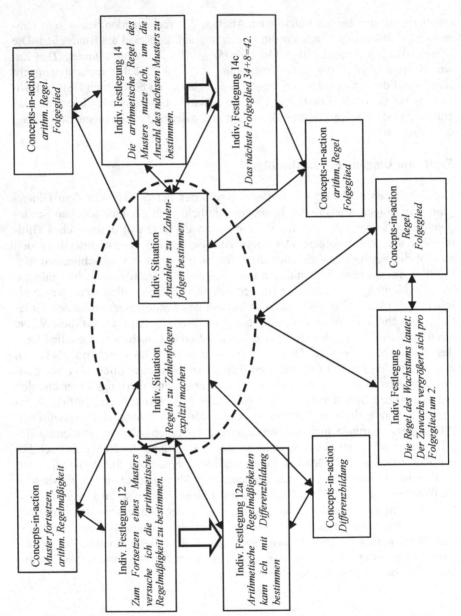

Diagramm 6-15 Orhans Festlegungsdreieck 11a (unten) als Bindeglied zwischen den zwei Situationen iSit6 und iSit7

Die Analyse konnte in diesem Zusammenhang auch zeigen, inwiefern er Festlegungen eingeht, die ihn komplexe arithmetische Strukturzusammenhänge erkennen lassen. Da angenommen werden kann, dass die meisten Schülerinnen und Schüler der Klasse 5 der Hauptschule im Mathematikunterricht bisher wenig Erfahrung mit quadratischen Wachstumsprozessen gemacht haben, ist besonders bemerkenswert, dass Orhan die komplexen Wachstumsprozesse sowohl bei der Formulierung der Regel der Quadratzahlfolge, als auch bei der Regel der Bildfolge mit nicht-linearem Wachstum ohne Schwierigkeiten entdecken kann.

Die Analyse macht Orhans Fertigkeiten im Umgang mit Zahlen- und Bildmusterfolgen verständlich im Lichte des komplexen individuellen Festlegungsgefüges und der inferentiellen Relationen sowie der – überwiegend arithmetischen - handlungsleitenden concepts-in-action.

Darüber hinaus erklärt sich die große Ähnlichkeit der Festlegungsstrukturen in beiden Situationen dadurch, dass Orhan beim Umgang mit dynamischen Bildmustern konsequent einen Darstellungswechsel von der visuellen auf die arithmetische Ebene vollzieht, indem er die Bildmusterfolge für sich in eine (An-)Zahlenfolge dekodiert. Der Darstellungswechsel zurück auf die geometrische Ebene ist insofern aus konventionaler Sicht fehlerhaft, als Orhan die geometrischen Strukturierungen, die durch die ersten Glieder der Bildmusterfolge vorgegeben sind, nicht berücksichtigt. Gleichwohl konnte die Analyse der Festlegungen auch zeigen, dass diese Rückübersetzung vor dem Hintergrund individueller Festlegungen geschieht, die für Orhan offenbar sehr viabel sind (iFest16: *Anzahlen in Punktmustern lassen sich mit unterschiedlichen Variationen darstellen.*). Mit Blick auf Forschungsfrage 3 zum konstruktiven Erkenntnisinteresse kann daher festgehalten werden, dass der Umgang mit Bildmustern und Zahlenfolgen sehr vielfältige individuelle Darstellungswechsel anregen kann.

Die folgende Tabelle 6-9 verdeutlicht Orhans Festlegungsstruktur zum Umgang mit Zahlenfolgen. Auch in dieser kompakten Darstellung wird an den eingeschriebenen Festlegungen die Ähnlichkeit zu den Analyseergebnissen zum Umgang mit Bildmusterfolgen ersichtlich.

Die Prozessanalyse zum Umgang mit dynamischen Bildmustern und Zahlenfolgen erfolgte in zwei getrennten Schritten entlang der jeweils spezifischen mathematischen Gegenstände. In den Analysen konnten so die festlegungsbezogenen Übergänge zwischen Situationen (i) zum Umgang mit statischen und dynamischen Bildmustern sowie (ii) zum Umgang mit dynamischen Bildmustern und Zahlenfolgen herausgearbeitet werden. Die Phänomenanalyse nimmt einen weiteren Aspekt in den Blick, der in diesem Zusammenhang von Bedeutung ist. Untersucht wird hier, inwiefern Orhans Festlegungen und Inferenzen in den analysierten Situationen auf einen propädeutischen Variablenbegriff verweisen.

Tabelle 6-9 Orhans Festlegungsstruktur zum Umgang mit Zahlenfolgen in den Situationen kSit9 und kSit10

Zeitpunkt im Rahmen des Lernprozesses (konv. und ind. Sit.) → ↓Begriffe konventional individuell (cia)		Konventionale Situation 9: *Anzahlen von Zahlenfolgen bestimmen (B)* iSit7: *Anzahlen zu Zahlenfolgen bestimmen*	Konventionale Situation 10: *Regeln zu Zahlenfolgen explizit machen (B)* iSit6: *Regeln zu Zahlenfolgen explizit machen*
Regelmä-ßigkeit	Arithm. Struktur	iFest11a	iFest11a
Unter-schiedlich-keit	X	X	X
Fortsetz-barkeit	Fortsetzbar-keit	X	iFest12
Regel	arith. Regel	iFest13, iFest13c, iFest13d	
Term	X	X	X
Differenz-bildung	Differenz-bildung	X	iFest12a
	Anzahl	iFest14, iFest14c, iFest14d	X

6.2.2 Phänomenanalyse

Zur Propädeutik der Variable

In Kapitel 4.2 konnten konventionale Festlegungen und inferentielle Relationen herausgearbeitet werden, die einen mathematisch tragfähigen Variablenbegriff im Rahmen des Lernkontextes fundieren. In diesem Abschnitt wird herausgearbeitet, inwiefern Orhans Festlegungen und Inferenzen in den oben analysierten Szenen zum Umgang mit Zahlenfolgen und Bildmusterfolgen auf einen propädeutischen Variablenbegriff verweisen.

Unter anderem hat die Analyse die folgenden inferentiellen Relationen zwischen konventionalen Festlegungen, die der Etappe C des Lernkontextes zugrunde liegen, ergeben (vgl. Kapitel 4):

kFest7. (Viele) Bild- und Zahlfolgen weisen Strukturen und Regelmäßigkeiten auf.

↓

kFest9. (Viele) Bild- und Zahlfolgen können gemäß einer Regel fortgesetzt werden.

↓

kFest12. Die Regeln können zur Berechnung großer Stellen der Folge genutzt werden.

↓

kFest13. Hohe Stellen einer Zahlenfolge lassen sich mit Hilfe von Variablentermen leicht berechnen. Das x steht für die Stelle.

Dargestellt sind hier Festlegungen mit den entsprechenden inferentiellen Relationen. Die Festlegung kFest13 verweist dabei auf den Begriff der Variable im Zusammenhang mit der Berechnung hoher Stellen von Zahlenfolgen bzw. mit der Beschreibung von Regeln mit Hilfe von allgemeinen Termen mit Variablen. Berechtigung geben hier die konventionalen Festlegungen kFest7, kFest9 und kFest12.

Ein Vergleich mit Orhans Festlegungen und Inferenzen beim Umgang mit dynamischen Bildmustern (vgl. Tabellen 6-5 und 6-6) zeigt, inwiefern Orhan in diesen Situationen bereits Festlegungen eingeht, die hinsichtlich der begrifflichen Substanz und hinsichtlich der inferentiellen Gliederung den oben dargestellten konventionalen Festlegungen ähnlich sind. Die folgenden (Ausschnitte von) inferentiellen Relationen zwischen Orhans individuellen Festlegungen in der konventionalen Situation kSit20 konnten in Kapitel 6.2.1 rekonstruiert werden:

iFest11 (*Dem Punktmuster liegen arithmetische Strukturen zugrunde* (cia: arithmetische Struktur))

↓

iFest12a (*Die arithm. Regelmäßigkeit kann ich mit Differenzbildung bestimmen.* (cia: Differenzbildung))

↓

iFest14 (*Die (arithm.) Regel des Musters nutze ich, um die Anzahl des nächsten Musters zu bestimmen.* (cia: Anzahlbestimmung, arithm. Regel)

Die Festlegung iFest11 verweist insofern auf Festlegung kFest7, als der mathematische Gegenstand (Punktmuster) sowie die Einschränkung auf arithmetische Strukturen in kFest7 beide auf Begriffe verweisen, auf die sowohl kFest7 als auch iFest11 verweisen. Weil kFest7 darüber hinaus z.B. auf Zahlenfolgen sowie auf geometrische Strukturen verweist, lässt sich iFest11 als Spezialfall von kFest7 bezeichnen. In ähnlicher Weise sind iFest12a und iFest14 Spezialfälle von kFest9 bzw. kFest12. Besonders hervorzuheben mit Blick auf kFest12 ist dabei, dass sich diese Festlegung auf spezifische Situationen der Etappe B des Lernkontextes bezieht: auf Situationen zum Hochrechnen von Zahlen- und Bildmusterfolgen. Auf das Konzept des *Hochrechnens* verweist die Festlegung iFest14 zwar nicht, allerdings verweist sie auf die Anzahlbestimmung nächster Folgeglieder, für deren Bestimmung die arithmetische Regel genutzt werden kann. Der Verweis auf die *arithmetische Regelmäßigkeit* in Festlegung iFest12a, sowie auf die *Regel*, die für die Bestimmung von nächsten Folgegliedern genutzt werden kann (vgl. kFest9), lässt iFest12a als Spezialfall von kFest9 erscheinen. Weil die oben rekonstruierten Festlegungen den konventionalen Situationen kSit5 bzw. kSit6 zugeordnet werden können, die vor dem Hintergrund der ihnen zugrunde liegenden Festlegungen nicht auf den Variablenbegriff verweisen, lässt sich bei Orhan in diesen Situationen kein festlegungsbasierter Spezialfall der Festlegung kFest13 identifizieren.

Besonders auffällig ist in diesem Zusammenhang, dass nicht nur die individuellen Festlegungen als Spezialfälle der konventionalen Festlegungen im Zusammenhang mit der Variable identifiziert werden können, sondern dass darüber hinaus die inferentiellen Relationen zwischen den konventionalen Festlegungen aus kFest20 mit den inferentiellen Relationen der jeweiligen individuellen Spezialfälle übereinstimmen.

Vor dem Hintergrund der inhaltlichen Nähe von konventionalen und individuellen Festlegungen (und mit Bezug auf die begriffliche Substanz, auf die die Festlegungen verweisen), sowie der jeweiligen inferentiellen Relationen lassen sich propädeutische Elemente des Variablenbegriffs bei Orhan in den analysierten Szenen zum Umgang mit dynamischen Bildmustern und Zahlenfolgen identifizieren.

Gleichwohl zeigt ein Vergleich auch, dass Orhan eine Reihe von Festlegungen mit den entsprechenden inferentiellen Relationen noch nicht eingeht (vgl. kFest7 → kFest8 → kFest4a → kFest11 → kFest13 in der Diskussion von kSit20 der Etappe B des Lernkontextes in Kapitel 4.2). In diesem Zusammenhang sind Unterschiede zwischen den konventionalen und individuellen Festlegungen vor allem hinsichtlich der geometrischen *und* arithmetischen Begriffe festzustellen, auf die die konventionalen Festlegungen im Zusammenhang mit einem tragfähigen Variablenbegriff verweisen, nicht aber Orhans Festlegungen.

6.3 Zur Berechnung hoher Stellen und dem Umgang mit Variablen

In den Kapiteln 6.1 und 6.2 konnten individuelle Festlegungen rekonstruiert werden, die Orhans Begriffsbildungsprozess zum Umgang mit statischen Punktmustern im ersten Schritt und zum Umgang mit Bildmuster- und Zahlenfolgen im zweiten Schritt explizierbar machen ließen. Dabei konnten die Analysen der Festlegungs- und Inferenzstrukturen Einblicke in den Übergang von statischen zu dynamischen Bildmustern und von Bildmustern zu Zahlenfolgen liefern. Zudem konnten propädeutische Elemente des Variablenbegriffs identifiziert werden. In diesem Kapitel werden Orhans Festlegungen und Inferenzen entlang der weiteren konventionalen Struktur des Lernkontextes untersucht. Im Mittelpunkt stehen hierbei die Berechnung von hohen Stellen in Zahlen- und Bildmusterfolgen sowie der Umgang mit der Variable (vgl. Kapitel 4 für eine genauere Beschreibung der dritten Etappe des Lernkontextes).

6.3.1 Prozessanalyse

Die Prozessanalyse zur Berechnung hoher Stellen in Zahlen- und Bildmusterfolgen lässt sich gliedern in die folgenden Teilprozessanalysen:
- Berechnung hoher Stellen in Bildmusterfolgen
- Beurteilung von Aussagen zu Zahlenfolgen
- Explizierung des Variablenbegriffs

Prozessanalyse zur Berechnung hoher Stellen in Bildmusterfolgen

Im weiteren Fortgang des Lernkontextes wird den Schülerinnen und Schülern im Rahmen der Etappe C zunächst die Aufgabe gestellt, möglichst schnell das 100. Folgenglied einer Zahlenfolge zu bestimmen. Entlang der 4 Charaktere des Lernkontextes werden danach unterschiedliche Möglichkeiten erarbeitet, solche Bestimmungen hoher Folgeglieder vorzunehmen: mit Hilfe von Visualisierungen über Punktmuster (Ole), rekursiv in Tabellen (Till), rekursiv mit Hilfe von Termen durch Berechnung des jeweils nächsten Folgegliedes (Merve) oder explizit mit Hilfe von allgemeinen Termen mit Variablen (Pia). Für die explizite Berechnung hoher Stellen in linearen Zahlenfolgen werden entlang des Lernkontextes in der Klasse folgendes Vorgehen entwickelt: Zur expliziten Bestimmung einer Stelle p einer gewissen linearen Zahlenfolge bestimmt man zunächst die Startzahl. Formal betrachtet ergibt sich die Startzahl einer gegebenen Zahlenfolge a_1, a_2, a_3,... durch Bestimmung der jeweiligen Regel und anschließende Bestimmung des Folgegliedes a_0. Zur Startzahl wird das Produkt von gesuchter Stelle und der jeweiligen Schrittlänge addiert. Die Schrittlänge ist dabei der Abstand zwischen je zwei Folgegliedern.

In einer Interviewsituation nach Durchführung der Untersuchung wird Orhan ein linear wachsendes Punktmuster vorgelegt (vgl. Abb. 6-13 oben). Hierzu bestimmt Orhan zunächst das nächste Folgeglied und zeichnet es auf (vgl. Kap. 6.2 für eine vertiefende Analyse). Daraufhin bekommt Orhan den Auftrag, die Anzahl der Punkte an der 200. Stelle zu bestimmen. Orhan entscheidet sich –

nach kurzem Zögern – dazu, diesen Auftrag mit einer „Termaufgabe" zu bearbeiten (vgl. Z. 330). Seine Bearbeitung ist in Abb. 6-13 (unten) abgedruckt.

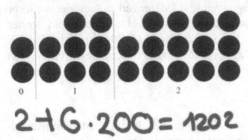

Abbildung 6-10 Die Abbildung zeigt das vorgelegte Punktmuster oben und Orhans Bearbeitung des Auftrages, die Anzahl der Punkte an der 200. Stelle zu bestimmen unten.

Zuordnen lässt sich der folgende Transkriptausschnitt den konventionalen Situationen kSit13 (*Anzahlen von dynamischen Bildmustern bestimmen (C)*) und kSit14 (*Regeln zu dynamischen Bildmustern explizit machen (C)*).

Die aus der folgenden Szene rekonstruierten Festlegungen (Tabelle 6-10) stehen dabei in folgender inferentieller Relation:

iFest18 (*Mit Termen lassen sich hohe Stellen in Folgen berechnen* (cia: Term, Stelle, Folge))

↓

iFest19 (*Um einen Term aufzustellen, bestimme ich Startzahl und Schrittlänge* (cia: Term, Startzahl, Schrittlänge))

↓

iFest13c (*Die Regel des Wachstums lautet: Es werden immer 6 Punkte addiert.* (cia: Regel, Zuwachs))

↓

iFest20 (*Der Term für die 200. Stelle lautet: 2+6·200.* (cia: Term, Stelle))

Die hier rekonstruierte Festlegung iFest18 ist hinsichtlich des mathematischen Gegenstandes explizit nicht auf Bildmusterfolgen beschränkt, weil Orhan insbesondere auch in Situationen kSit17 (*Anzahlen von Zahlenfolgen bestimmen (C)*) diese Festlegung eingeht.

Zwei Aspekte fallen bei der Rekonstruktion der individuellen Festlegungen sowie deren inferentiellen Relationen besonders auf.

Tabelle 6-10 Transkriptausschnitt des Interviews mit Orhan vom 25.06.2009

T	P	Inhalt Interview 4 vom 26.06.09 in Hagen	Orhans Festlegungen	Begriffl. Fokus
			∞	
330	O	Soll ich mit Termaufgabe machen? Ich mach lieber mit Termaufgabe.	**21**: *Mathematische Strukturierungsproz. Werden in flexibler Weise (...) durchgeführt*	Darstellung Term
			17: *Die Regeln können auf unterschiedliche Weise explizit gemacht werden.*	Term hochrech- nen
			18: *Mit Termen lassen sich hohe Stellen in Folgen explizit berech- nen.*	expl. Be- stimmung
331	I	Mach das mit Termaufgabe, wenn du das gut kannst.		
332	O	200. Stelle hast du gesagt, ne?		
333	I	Ja		
334	O	So, ehm, die erste Zahl ist 2 plus ehm wie viel mal – plus 6 mal 200 (*O schreibt* $2+6\cdot200$) sind 1202.	**19**: *Um einen Term aufzustellen, bestimme ich Startzahl und Schritt- länge.*	Term Startzahl Schrittlänge
			13c: *Die Regel des Wachstums lautet: Es werden immer 6 Punkte addiert.*	Regel Zuwachs
			20: *Der Term für die 200. Stelle lautet:* $2+6\cdot200$	Term Stelle
			∞	

Zum einen fällt auf, dass Orhan in der analysierten Szene den Term als Mittel der Wahl zur Bewältigung des Auftrages nutzt (vgl. iFest18). Orhan wird später sagen, dass er von den vier verschiedenen Wegen der Bearbeitung solcher Aufträge, Pias Zugang über die explizite Angabe der Anzahl der Punkte mit Hilfe des Terms favorisiert, denn: „Sie multipliziert und multiplizieren geht schneller als plus rechnen oder mit Punkt oder so Zeichnung!" (T 218 im Interview 4 vom 25.06.2009) Offenbar ist Schnelligkeit und Effizienz bei der Aufgabenbearbeitung für Orhan ein leitendes Kriterium bei der Wahl des Darstellungsmodus und der Zugangsweise. Unabhängig von der Frage allerdings, wieso sich Orhan in dieser Situation für die explizite Angabe der Anzahl der Punkte mit Hilfe eines Terms entscheidet, fällt die veränderte (Qualität der) Festlegung iFest18 (*Mit Termen lassen sich hohe Stellen in Folgen explizit berechnen.*) auf. Handlungsleitende concepts-in-action sind *Term* und *explizite Bestimmung*. Dabei ist zu beachten, dass hier mit einer *veränderten Qualität* auf den Vergleich zu den Analysen aus Kapitel 6.2 rekurriert wird und nicht auf die Entstehung einer neuen Festlegung in der oben beschriebenen Szene. Über den Entstehungsmoment der Festlegung iFest18 wird hier keine Aussage gemacht. Vielmehr werden die einzelnen Lernstände später genutzt, um Regelmäßigkeiten und Besonderheiten von Begründungs- und Festlegungsstrukturen über verschiedene Lernstände hinweg herauszuarbeiten. Orhan geht in der Situation mit der Anforderung, hohe Stellen in Bildmusterfolgen zu berechnen eine Festlegung ein, die auf die explizite Bestimmung von Folgegliedern verweist. Die Analysen zum Umgang mit Zahlenfolgen in Kapitel 6.2 haben gezeigt, dass Orhan in solchen Situationen überwiegend Festlegungen eingeht, die auf rekursive Bestimmungsbegriffe verweisen (z.B. iFest14: *Die (arithm.) Regel des Musters nutze ich, um die Anzahl des nächsten Musters zu bestimmen.*). In der folgenden vergleichenden Analyse zweier Festlegungsstrukturen aus unterschiedlichen Situationen können zum einen Restrukturierungen von Festlegungen entlang von Situationen herausgearbeitet werden. Hierbei geht es nicht darum, tasächlich stattgefundene Lernmomente zu identifizieren (vgl. dazu Kap. 6.1), sondern darum, Entwicklungsprozesse von Festlegungen und Inferenzen über verschiedene Lernstände bzw. Situationen hinweg zu rekonstruieren. Zum anderen kann gezeigt werden, inwiefern sich bei solchen Veränderungen die individuellen Festlegungen mit ihren inferentiellen Relationen als stabil erweisen.

In Diagramm 6-16 sind Orhans Festlegungen zu unterschiedlichen Lernständen zu sehen. Im Diagramm oben sind die Festlegungen mit ihren inferentiellen Relationen abgebildet, die für Orhans rekursiven Umgang mit Zahlenfolgen bei der Bestimmung gewisser Folgeglieder in Zahlenfolgen verdeutlichen (vgl. hierzu die Prozessanalyse zum Umgang mit Zahlenfolgen in Kapitel 6.2). In Diagramm 6-16 unten sind die Festlegungen mit ihren inferentiellen Relationen dargestellt, die aus Tabelle 6-10 rekonstruiert wurden. Der Vergleich der Festlegungsrelationen in Diagramm 6-16 oben und unten macht deutlich, inwiefern Orhan in unterschiedlichen Situationen sehr ähnliche Festlegungen eingeht. In beiden Situationen greift Orhan auf die arithmetische Regel(mäßigkeit) zurück, die er den Zahlenfolgen jeweils zuschreibt. In der Situation, hohe Stellen einer Zahlenfolge zu berechnen (vgl. Diagramm 6-16 unten bzw. Tabelle 6-10), geht Orhan eine Festlegung zur expliziten Berechnung der Folgeglieder. Insofern werden hier Bestimmungsverfahren in flexibler Weise genutzt. Diese Festlegung gibt Orhan Berechtigung, die Regel mit Hilfe des Terms anzugeben (als eine von unterschiedlichen Weisen der Explizierung von Regeln, vgl. iFest17). Die neue Situation (*Hohe Stellen in Zahlenfolgen berechnen*) gibt Orhan nun Berechtigung, vor diesem Hintergrund die viable Festlegung iFest18 einzugehen.

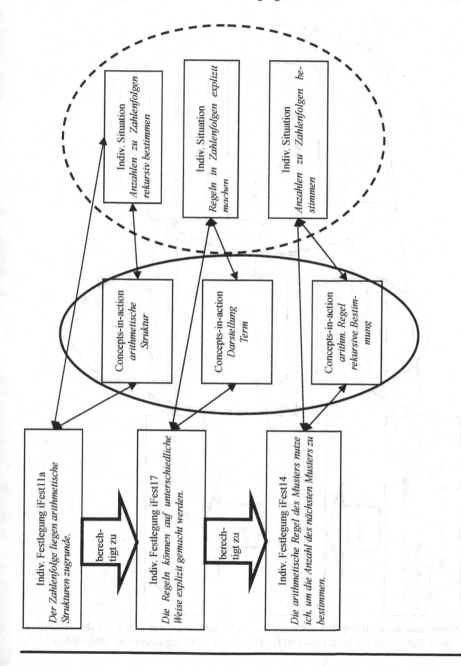

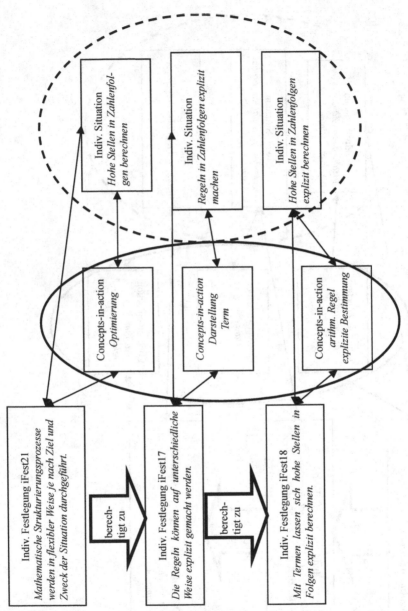

Diagramm 6-16 Inferentielle Relationen individueller Festlegungen bei der rekursiven (oben) und bei der expliziten (unten) Bestimmung von Folgegliedern in Zahlenfolgen.

Darüber hinaus fällt auf, dass die Festlegungen auch inferentiell auf sehr ähnliche Weise gegliedert sind. In einer veränderten Situation (nämlich bei der Berechnung hoher Stellen von Zahlenfolgen) zieht Orhan ähnliche Gründe als Berechtigungen für seine Festlegung iFest18 heran wie in der Situation zur Berechnung von Stellen in Zahlenfolgen auf rekursive Weise. In beiden Situationen schreibt er der Zahlenfolge eine arithmetische Regelmäßigkeit zu, die auf unterschiedliche Weise explizit gemacht werden kann. Diese Interpretation macht aufgrund der Tatsache, dass entscheidende Momente des Lern*prozesses* nicht dargestellt sind, keine Aussage über den Entstehungsprozess einer neuen Festlegung iFest18 bzw. über einen etwaigen Restrukturierungs*prozess*. Gleichwohl wird die Restrukturierung von Festlegungen entlang der Situationen im Vergleich der beiden Szenen (zu unterschiedlichen Lernständen) hier deutlich.

Weiterhin fällt die Stabilität von Inferenzen bzw. inferentiellen Relationen zwischen Festlegungen auf, die auf ähnliche Begriffe verweisen (hier: Anzahlbestimmung in Zahlenfolgen in Diagramm 6-16 oben und unten). Orhan zieht für seine sehr unterschiedlichen Festlegungen iFest14 und iFest18 jeweils gleiche Festlegungen als Berechtigungen heran.

*Ferner zeigt die Analyse, dass die veränderte Qualität der Situation Orhan Festlegungen eingehen lässt, die auf einen mathematischen Optimierungs- und Flexibilitätsbegriff verweisen und damit auf die konventionale elementare Festlegung E4 (*Mathematische Strukturierungsprozesse werden in flexibler Weise je nach Ziel und Zweck der Situation durchgeführt).

Der zweite auffällige Aspekt im Rahmen der Analyse dieser Szene ist die sehr differenzierte Festlegungsstruktur mit Blick auf den propädeutischen Variablenbegriff. Insbesondere fällt hier die Ähnlichkeit von iFest18 (*Mit Termen lassen sich hohe Stellen in Folgen berechnen.*) und kFest13 (*Hohe Stellen einer Zahlenfolge lassen sich mit Hilfe von Variablentermen leicht berechnen. Das x steht für die Stelle.*) auf. *Offenbar regt die (konventionale) Situation, hohe Stellen in Bildmuster- und Zahlenfolgen zu berechnen, bei Orhan das Eingehen von Festlegungen an, die in hohem Maße auf den propädeutischen Variablenbegriff verweisen.*

Prozessanalyse zur Beurteilung von Aussagen zu Zahlenfolgen

Die folgenden beiden Szenen in den Tabellen 6-11 und 6-12 können die Darstellung der begrifflichen Entwicklung sowohl hinsichtlich des propädeutischen Variablenbegriffs, als auch hinsichtlich der Aktivierung von Festlegungen zum expliziten Umgang mit Folgen weiter ausdifferenzieren. Zudem wird deutlich, inwiefern sich der epistemologische Status des Folgenbegriffs im Vergleich zweier Situationen ändert: Orhan geht Festlegungen ein, die auf Zahlenfolgen als theoretische Objekte verweisen, mit denen neue mathematisch bedeutsame Entdeckungen gemacht werden können.

Die beiden Szenen entstammen unterschiedlichen Stationen des Lernprozesses. Zum Zeitpunkt der ersten Interviewszene haben die Schülerinnen und Schüler bereits erste Erfahrungen mit der Berechnung hoher Stellen in Folgen gemacht. Die Variable ist hier allerdings noch nicht explizit. Die zweite Szene ist dem Interview entnommen, das nach Durchführung der Unterrichtsreihe geführt wurde. Hinsichtlich der konventionalen Festlegungsstruktur lassen sich beide Situationen in die Situation kSit20 (*Aussagen zu Zahlenfolgen beurteilen (C)*) einordnen.

In der ersten Szene (Tab. 6-11) liegt Orhan die Zahlenfolge 2, 6, 10, 14, 18,... vor. Hierzu hat Orhan zunächst die Regel („immer 4 addiert") und die nächsten drei Folgeglieder bestimmt (22, 26, 30). Daraufhin wird Orhan gefragt, ob die 59 ein Teil der Zahlenfolge sein könne.

Tabelle 6-11 Transkriptausschnitt eines Interviews mit Orhan vom 04.06.2009

T	P	Inhalt Interview vom 04.06.09 in Hagen	Orhans Festlegungen	Begriffl. Fokus
			∞	
21	I	Wenn du dir das jetzt so anschaust. Jetzt sind wir mal wieder bei a) Meinst du das die 59 ein Teil von dieser Zahlenfolge sein kann?		
		[...]		
30	O	50, 54 .. Nee, kann nicht sein!		
31	I	Nein?		
32	O	Weil es kommt 58!		
33	I	Die 58?		
34	O	Ja.		
35	I	Warum?		
36	O	weil 30+4=34, +4 ist 38, +4 ist 42, +4 ist 46, +4 ist 50, +4 ist 54 und +4 ist 58.	**23a**: *59 ist nicht Teil der Folge, denn wenn ich die 4 zur 30 sieben mal schrittweise addiere, erhalte ich 58.*	schrittw. Addition rekursive Bestimmung
			∞	

In der zweiten Szene liegt Orhan die Zahlenfolge 2, 10, 18, 26, 34, 42, 50, 58 vor. Orhan hat in seinen ersten Bearbeitungsschritten zunächst die Regel bestimmt („Man muss immer 8 addieren") und die vorgegebene Zahlenfolge um die drei Folgeglieder 42, 50 und 58 ergänzt. Im Anschluss daran wird er gefragt, ob die Zahl 90 Teil der Zahlenfolge sei.

Tabelle 6-12 Transkriptausschnitt eines Interviews mit Orhan vom 25.06.2009

T	P	Inhalt Interview 4 vom 26.06.09 in Hagen	Orhans Festlegungen	Begriffl. Fokus
			∞	
95	I	Ok, dann hab ich noch mal ne Frage zu dieser hier, zu dieser Zahlenfolge. 2, 10, 18. Ist hier denn die Zahl 90		
96	O	90		
97	I	eine Zahl dieser Folge?		
98	O	Immer +8 addieren (*O flüstert*) 8, 16, 32 … 56 (*lauter*) ja	**13c**: *Die Regel des Wachstums lautet: es werden immer 8 addiert.* **11a**: *Der Zahlenfolge liegen arithmetische Strukturen zugrunde.* **22**: *Die mathematische Struktur von ZF lässt sich vergleichen.* **22a**: *Die Glieder der Zahlenfolge weichen von den Gliedern der 8er Reihe immer um 2 ab.*	Regel Zuwachs arith. Struktur ZF als theor. Objekt 8er Reihe Zahlenfolge (theor. Obj.)
99	I	Wie hast du das jetzt ausgerechnet?		
100	O	Also, ich hab gerechnet 8er Reihe: 8 (*O zeigt auf die 10*), 16 (*O zeigt auf 18*) minus 2, dann 24 minus 2 (*O zeigt auf 26*), 34-2 ist 32 – und minus 2. Und von der Aufgabe minus zwei weil 8, 16, 24, 32 (*O zeigt auf 34*), 40 (*O zeigt auf 42*), 48 (*O zeigt auf 50*), 56 (*O zeigt auf 58*) und so weiter	**22**: *Die mathematische Struktur von ZF lässt sich vergleichen.* **22a**: *Die Glieder der Zahlenfolge weichen von den Gliedern der 8er Reihe immer um 2 ab.*	ZF als theor. Objekt 8er Reihe Zahlenfolge (theor. Obj.)
101	I	Und wieso ist dann die 90 Teil davon?		
102	O	90 .. ehm, weil die 88 in der 8er Reihe ist		
103	I	Ja (*O nickt*) und die 90?		
104	O	Die 90 nicht, aber die 90 ist in der Reihe. Dann hab ich, weil minus 2 und so abgezogen, dann 88 kommt da raus!	**23**: *90 ist Teil der Folge, weil 88 in der 8er Reihe ist.*	struktur. Vergleich expl. Bestimmung
			∞	

Der Vergleich der Festlegungen iFest23a (*59 ist nicht Teil der Zahlenfolge, denn wenn ich die 4 zur 30 sieben Mal schrittweise addiere, erhalte ich 58.*) in Tab. 6-11 und iFest23 (*90 ist Teil der Folge, weil 88 in der 8er Reihe ist.*) in Tab. 6-12 zeigt deutliche qualitative Unterschiede hinsichtlich der handlungsleitenden Begriffe in gleichen individuellen Situation iSit8. (Der hier genutzte Situationsbegriff meint mit individueller Situation dabei nicht, dass es sich um gleiche Situationen im selben Interview handeln muss, sondern dass die individuellen Festlegungen auch in zeitlich sehr versetzten Situationen auf die gleiche individuelle Situation verweisen.) Das folgende Diagramm 6-17 zeigt den Vergleich zweier Festlegungen in unterschiedlichen Szenen aber in der (gleichen) individuellen Situation. Sichtbar wird in diesem Vergleich eine Restrukturierung der Festlegungen entlang von Begriffen. Hierbei ist zu beachten, dass kein Entwicklungs*prozess* beschrieben wird, weil dazu entscheidende Lernmomente fehlen, sondern dass hier vielmehr die beiden Festlegungen mit den entsprechenden individuellen Begriffen und den individuellen Situationen verglichen werden. Hierbei wird deutlich, dass die Festlegung iFest23a in der ersten Szene auf einen rekursiven Folgenbegriff als concept-in-action verweist, in dem die arithmetische Struktur genutzt wird, um in schrittweiser Addition das nächste Folgeglied zu bestimmen. Die Zahlenfolge selbst hat in dieser Szene insofern einen operationalen Charakter, als sie genutzt wird und Anlass bietet zur Bestimmung des jeweils nächsten Folgengliedes. Die Folge selbst wird dadurch in jedem Schritt erneut zum Hilfsmittel zur Bestimmung des jeweils nächsten Folgegliedes. Die Regel der Folge ist dabei das wesentliche operationale Element. Dies ist in der nächsten Szene insofern anders, als die Folge mit Blick auf ihre strukturellen Eigenschaften genutzt wird, indem nicht mehr nur das jeweils nächste Folgenglied im Sinne einer rekursiven Betrachtung betrachtet wird, sondern eher die Folge als Ganzes mit ihren Eigenschaften.

Die Festlegung iFest23 der zweiten Szene verdeutlicht, inwiefern sich der epistemologische Status des Folgenbegriffs geändert hat. Hier verweist die Festlegung auf einen Folgenbegriff als theoretisches Objekt, das über gewisse Eigenschaften verfügt (z.B. der Zuwachs), die sich ihrerseits mit den Eigenschaften anderer Folgen vergleichen lassen (vgl. iFest22 und iFest22a). Während die Festlegung iFest23a in Diagramm 6-17 auf einen Folgenbegriff verweist, dessen arithmetische Gesetzmäßigkeit in einem operationalen Sinne dazu *genutzt* werden kann, zunächst bestimmte Folgeglieder zu berechnen (hier: 58) und dann zu prüfen, ob die gesuchte Zahl (hier: 59) ein Folgeglied sein könnte, verweist hingegen die Festlegung iFest23 auf einen Folgenbegriff als theoretisches Objekt, das über vielfältige strukturelle Merkmale verfügt. Orhan macht in seiner Begründung (iFest23) den funktionalen Zusammenhang der Tatsache explizit, dass 90 Teil der Folge ist, weil 8 ein Teiler von 88 ist („weil 88 in der 8er Reihe ist"). An dieser Stelle finden sich daher nicht nur Belege für die Bestätigung vieler mathematik-didaktischen Forschungsergebnisse zur Propädeutik der Algebra, die das Potential im Umgang mit Zahlenfolgen und Bildmustern herausstellen (vgl. z.B. Kieran 2007, Mason et al. 2005 bzw. Kap. 4). Die Ergebnisse zeigen auch, inwiefern beim Umgang mit Zahlenfolgen Festlegungen aktiviert werden, die für einen mathematisch tragfähigen Funktionsbegriff (und damit für ein fundmantales algebraisches Konzept) von Bedeutung sind (vgl. hierzu etwa die Studie von Healy / Hoyles 1999, die zu ähnlichen Ergebnissen kommen).

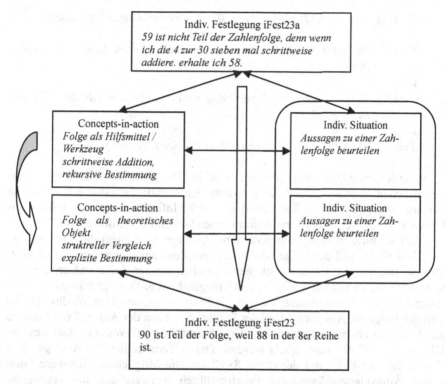

Diagramm 6-17 Wechsel des epistemologischen Status von Folgen als Werkzeuge hin zu Folgen als theoretische Objekte

Es lassen sich daher neue Festlegungen im Lichte von Restrukturierungen (von Festlegungen) entlang der Begriffe rekonstruieren. Auf diese Weise können zum Beispiel Wechsel von epistemologischen Status von Begriffen über Festlegungen explizit gemacht werden. So können im Rahmen des vorliegenden Lernkontextes die Besonderheiten algebraischer Objekte als strukturelle und nicht nur als operationale Objekte erfahrbar werden (vgl. Sfard / Linchevski 1994 und Kap. 4).

Die Analyse von Z. 100ff in Tabelle 6-12 zeigt ein weiteres wichtiges Merkmal hinsichtlich des Äquivalenzkonzeptes, auf das Orhans Festlegungen (und insbesondere iFest23) verweisen. Folgende inferentielle Relationen zwischen den rekonstruierten Festlegungen der Szene in Tab. 6-12 lassen sich erkennen:

iFest11a (*Der Zahlenfolge liegen arithmetische Strukturen zugrunde.*)
↓
iFest22 (*Die mathematische Struktur von Zahlenfolgen lässt sich verglei-chen.*)
↓
iFest22a (*Die Glieder der Zahlenfolge weichen von den Gliedern der 8er Reihe um 2 ab.*)
↓
iFest23 (*90 ist Teil der Folge, weil 88 in der 8er Reihe ist.*)

Die folgende Diskussion zeigt die Reichhaltigkeit der (z.T. propädeutischen) begrifflichen Substanz, die diese inferentiellen Relationen offenlegt. Dabei ist bemerkenswert, dass diese Relationen auf solche Inferenzen verweisen, die – aus konventionaler Sicht – bei Termumformungen beherrscht werden müssen.

Orhan muss in dieser Situation eine Aussage zu Zahlenfolgen überprüfen (nämlich ob 90 Teil der Folge ist). In diesem Zusammenhang bemerkt er in Z. 100 die strukturellen Gemeinsamkeiten zwischen der 8er Reihe und der gegebenen Folge: Beide Folgen wachsen pro Folgeglied um 8. Er vergleicht die strukturellen Eigenschaften und nutzt sie, um die Frage zu beantworten, ob die Zahl 90 Teil der Folge ist. Aus konventionaler Perspektive kann der Auftrag, die Aussage zur Folge zu überprüfen, mit Hilfe der Überprüfung des Wahrheitsgehaltes der Gleichung 8x+2=90 ausgedrückt werden. Dieser Term kodiert die Aussage, dass 90 ein Teil der Folge mit der Regel 8x+2 ist. Die Möglichkeit, für diese Gleichung Äquivalenzumformungen durchzuführen, verweist auf die Festlegung iFest22 (*Die mathematische Struktur von Zahlenfolgen lässt sich vergleichen.*), denn eine Äquivalenzumformung (z.B. Subtraktion auf beiden Seiten der Gleichung) ändert zwar die inhaltliche Struktur der Gleichung, nicht jedoch die Gleichwertigkeit auf beiden Seiten. Durch Subtraktion der 2 auf beiden Seiten wird die mathematische Aussage dahingehend abgeändert, als nun die Behauptung gezeigt werden muss, dass 88 durch 8 teilbar ist, also 8x=88. Orhan führt diese Äquivalenzumformung explizit durch, und zwar vor dem Hintergrund der Tatsache, dass solche komplexen Termumformungen nicht Gegenstand des Lernkontextes sind: „Dann hab ich, weil minus 2 und so abgezogen, dann 88 kommt da raus!" Die konkrete Durchführung dieser Umformung verweist in diesem Zusammenhang auf iFest22a. Die Verifikation der Aussage, dass 88 durch 8 teilbar ist, fällt Orhan leicht: „Weil die 88 in der 8er Reihe ist." (Z. 102)

Es wird deutlich, dass Orhan Festlegungen eingeht, deren inferentielle Relation auf komplexe Termumformungen und ein elaboriertes Äquivalenzkonzept im Zusammenhang mit Gleichungen und Zahlenfolgen verweisen. Zugleich wird deutlich, dass Orhans Festlegungen auf den strukturellen Charakter vieler wichtiger algebraischer Begriffe (Gleichheit, Term, Äquivalenz) verweisen. An dieser Stelle wird weiterhin das Potential des Theorierahmens und des Auswertungsschemas dahingehend deutlich, dass über Festlegungen die inhaltliche Verknüpfung von individuell genutzten Begriffen – vor allem auch auf propädeutischer Ebene – explizit gemacht werden kann.

Prozessanalyse zur Erarbeitung des Variablenbegriffs

Der folgende Analyseschritt untersucht Orhans Festlegungen im Zusammenhang mit der Verwendung der Variable. Aus konventionaler Sicht wird die Variable überwiegend als allgmeines Beschreibungsmittel für mathematische Strukturen z.B. von Zahlen- und Bildmusterfolgen in Termen (vgl. Kapitel 4) genutzt. Gleichzeitig kann die Variable im Zusammenhang mit der Verwendung in Termen theoretisches Objekt und damit Anlass zur Exploration neuer mathematischer Strukturen sein. Auf propädeutischer Ebene lassen sich bei Orhan – wie oben gezeigt – Festlegungen identifizieren, die auf die strukturelle Dimension spezifischer algebraischer Objekte bzw. Begriffe verweisen.

Die folgenden beiden Interviewausschnitte entstammen dem Interview 4 vom 26.06.2009, das nach Durchführung der Untersuchung entstanden ist. Im Rahmen der ersten Szene liegt Orhan die Zahlenfolge 2, 10, 18, 26, 34,... vor. Hierzu bestimmt er zunächst die Regel und schreibt sie auf („Man muss immer 8 addieren."). Orhan wird gebeten, die Regel im Sinne Pias zu formulieren. Vor dem Hintergrund der Konventionen, die in der Klasse gelten, zielt diese Frage – aus konventionaler Perspektive – darauf ab, die Regel in Form eines Terms mit Variable zu formulieren. Die Bearbeitung dieses Auftrages ist in Tabelle 6-13 abgedruckt.

Aus konventionaler Perspektive kann diese Situation als kSit18 (*Regeln zu Zahlenfolgen explizit machen (C)*) identifiziert werden.

Orhan wird an einer weiteren Stelle des Interviews (vgl. Tabelle 6-14) danach gefragt, den Variablenterm für eine gegebene Zahlenfolge herzuleiten und zu begründen, wofür das x im Variablenterm („bei Pia") stehe.

Tabelle 6-13 Orhan stellt einen allgemeinen Term zu einer Zahlenfolge auf.

T	P	Inhalt Interview 4 vom 26.06.09 in Hagen	Orhans Festlegungen	Begriffl. Fokus
		∞		
79	I	Ok, kannst du . auch noch mal versuchen hier, das so zu machen wie Pia? (*Folge: 2, 10, 18, 26, 34*)		
80	O	Ja, also so. Die Anfangszahl ist 2 plus immer 8 addieren, 8 mal x so, ne? (*O schreibt 2+8x=*)	**24**: *Mit Variablen in Termen können die Regeln von Bild- und Zahlenfolgen allgemein angegeben werden.*	Variable Term Regel
		∞		

Die erste Szene in Tabelle 6-13 steht stellvertretend für viele vergleichbare Szenen, die allesamt zum Ausdruck bringen, dass Orhan die Kodierung der mathematischen Regel mit Hilfe eines Terms mit Variablen keine große Mühe bereitet. Er nutzt dazu die im Klassenverband verabredeten Vorgehensweisen, bestimmt zunächst die Startzahl der Folge („die Anfangszahl ist 2", Z. 80) und danach die Schrittlänge („plus immer 8 addieren", Z. 80), um dann den Term 2+8x zu notieren. Die Festlegung iFest24 (*Mit Variablen in Termen können die Regeln von Bild- und Zahlenfolgen allgemein angegeben werden.*) kann in diesem Zusammenhang rekonstruiert werden. Auf die Nachfrage, wofür die Variable stehe, antwortet Orhan: „Das x steht – ehm - für die Zahl, also was da für Zahl, sagen wir mal du sagst die 35. Stelle." (Z. 222) Orhan verweist hier nicht nur auf das Konzept der Stelle, für das die Variable in diesem Zusammenhang genutzt werden kann, sondern er verweist auch auf die spezifische Bedeutung der Variable, die sich aus dem Gebrauch ergibt. Die Bedeutung der Variable nimmt in denjenigen Situationen konkrete Gestalt an, wo nach spezifischen Stellen von Zahlen- oder Bildmusterfolgen gefragt ist. Orhan sagt: „Das x steht (…) für die Zahl" (Z. 222 bzw. 72). Die Bedeutung der Variable wird für Orhan in denjenigen speziellen *Situationen* manifest, in denen er bestimmte Stellen *sucht*: „Sagen wir mal, die Stelle suchst du." (Z. 224 bzw. 74) Orhan macht hier den spezifischen Werkzeugcharakter der Variable explizit (vgl. Sfard / Linchevski 1994) und er geht die folgende Festlegung iFest25 ein: *Hohe Stellen einer Zahlenfolge lassen sich mit Hilfe von Variablentermen leicht berechnen. Das x steht für die Stelle.*

Tabelle 6-14 Orhan zur Bedeutung der Variable

T	P	Inhalt Interview 4 vom 26.06.09 in Hagen	Orhans Festlegungen	Begriffl. Fokus
		∞		
68	O	Anfangszahl ist 5, also 5 plus 7, also 7 mal x	**24**: *Mit Variablen in Termen können die Regeln von Bild- und Zahlenfolgen allgemein angegeben werden.*	Variable Term Regel
69	I	Ok, also wieso ist jetzt, wieso die 7?		
70	O	Weil man 7 addiert!	**12a:** *Arithm. Regelmäßigketien kann ich durch Differenzbildung bestimmen.*	Differenzbildung arithm. Regelm.
71	I	Genau. Und wofür steht das x?		
72	O	X steht für, ah da, da kommt eine Zahl, also ein. Das x steht dann immer für eine Zahl	**25:***Hohe Stellen einer Zahlenfolge lassen sich mit Hilfe von Variablen-*	Stelle Variable hochrechnen
73	I	Ok.	*termen leicht berechnen. Das x steht für die Stelle.*	
74	O	Sagen wir mal, ich suche bei dieser Reihenfolge (*O zeigt auf 5, 12, 19, 26*) zum Beispiel die 35. Dann muss ich 7 mal 35 plus 5 addieren.		
[...]				
221	I	Wofür steht denn das x bei Pia?		
222	O	Das x steht ehm für die Zahl, also was da für Zahl, sagen wir mal du sagst die 35. Stelle, da muss man (*unverständlich:* pldrei) Stelle und dann addieren	**25:***Hohe Stellen einer Zahlenfolge lassen sich mit Hilfe von Variablen-termen leicht berechnen. Das x steht für die Stelle.*	Stelle Variable hochrechnen
223	I	Ok		
224	O	Sagen wir mal die Stelle suchst du.		
		∞		

Die folgende Szene gibt Hinweise darauf, inwiefern Orhan die Herleitung und Begründung des Variablenterms zur allgemeinen Beschreibung der Zahlenfolge nicht mit reiner gelernter Syntax durchführt (*Startzahl + Stelle·Differenz*), sondern inwiefern er Festlegungen eingeht, die auf ein inhaltliches Verständnis (statt einer rezepthaften Anwendung der Syntax) schließen lassen. Die nachfolgende Szene zeigt, inwiefern sich Orhans Festlegungen zum Operationsverständnis der Multiplikation im Umgang mit statischen Punktmustern im Vergleich zur Eingangsszene geändert haben. Im abschließenden Nachinterview fragt Orhan, ob er ein besonderes Muster zeichnen könne, das er im Rahmen des Lernkontextes kenngelernt habe. Orhan zeichnet daraufhin 19 Punkte (vgl. Abb. 6-11). An dieser Stelle ist anzunehmen, dass Orhan sich auf ein Punktmuster mit 20 Punkten aus der Etappe A (Ordnen A) bezieht. Orhan formuliert sogar in Z. 424 selbst, dass er 20 Punkte gezeichnet habe.

Abbildung 6-11 Orhan zeichnet ein statisches Punktmuster und umkreist die Winkel

Tabelle 6-15 Orhan zur Bedeutung der Variable

T	P	Inhalt Interview 4 vom 26.06.09 in Hagen	Orhans Festlegungen	Begriffl. Fokus
		∞		
422	O	Jetzt ist das Muster da. Da wo wir ge-zeichnet haben: So (*kreist oben rechts 4 Punkte über Eck ein*) und so, oder? 1,2,3,4. So (*zeichnet unten rechts 5 Punkte ein*), so (*zeichnet unten links 5 Punkte ein*) und so(*zeichnet oben links 5 Punkte ein*):	**4a:** *Das Muster lässt sich in jeweils 4 Bündel zu je 5 Punkten einteilen.*	Muster Bündel Teilmuster
423	I	Was ist daran für dich besonders?		
424	O	Dass ehm, dass diese Punkte. Das sind 20 Stück. Und dann immer so eingekreist sind, also in 4 Hälften. 20 geteilt durch 4 gleich 5. Weil hier fünf Punkte sind – und 20, also 20 Punkte und geteilt durch 4 sind 5.	**2a:** *Ich kann ein Produkt finden, das es erlaubt, das Muster zu strukturie-ren.*	Produkt Muster Struktur
		∞		

Obwohl Orhan hier zunächst in der Ecke rechts oben 4 Punkte umkreist, lassen seine Aussagen in Tab. 6-15 die Annahme zu, dass Orhan davon ausgeht, 4 mal 5 Punkte in den jeweiligen Winkeln eingekreist zu haben. Die Analysen in den vorangegangenen Abschnitten zu Orhans Defiziten in Bezug auf das Erfassen geometrischer Strukturen können eine solche Annahme ebenfalls untermauern. Sichtbar wird in der obigen Szene, inwiefern sich Orhans Operationsverständnis der Multiplikation im Vergleich zur Eingangsszene 6 Wochen zuvor geändert hat. Ein solcher Vergleich ist mit großer Vorsicht zu ziehen, da einerseits wichtige Lernmomente ausgeblendet werden, da es sich weiterhin um ein bekanntes und bereits mit seiner Lösung im Unterricht besprochenes Beispiel handelt und weiterhin, weil Orhan dieses Beispiel von sich aus in das Interview einbringt. Gleichwohl kann festgehalten werden, dass Orhan hier erkennt, dass sich das Muster „in 4 Hälften" (Z. 424 in Tab. 6-15, gemeint sind wohl Viertel bzw. 4 Winkel) einteilen lässt und er die Winkel (bis auf einen) jeweils so abgetragen hat, dass sie 5 Punkte enthalten. Es wird auch deutlich, dass Orhan erkennt, dass Muster offentlichtlich wichtig sind und man sie bei der Anzahlbestimmung nutzen kann. Vor dem Hintergrund der obigen Einschränkungen hinsichtlich der Besonderheit dieser Szene, können daraus natürlich keine Schlussfolgerungen dahingehend gezogen werden, dass sich Orhans Operationsverständnis zur Multiplikation grundlegend gewandelt hat. Es kann darüber hinaus auch keine Aussage dazu gemacht werden, inwiefern Orhan weitere neue statische Punktmuster in mathematisch tragfähiger Weise strukturiert und dazu einen adäquaten Term angeben kann. Gleichwohl zeigt diese Szene, dass Orhan zumindest in diesem Beispiel den Faktor 4 der Anzahl der Winkel zuordnet und den Faktor 5 der Anzahl der Punkte in jedem Winkel. Insofern stellt die 4 für Orhan hier keine *Zahl als Anzahl von Punkten* dar, sondern eine Anzahl von Winkeln.

Diese Veränderungen im Operationsverständnis der Multiplikation deuten daher an (bei aller Vorsicht hinsichtlich der Interpretationsunschärfe), inwiefern Orhan die Herleitung des allgmeinen Variablenterms in Tabelle 6-14 – und dabei insbesondere die Erklägun der Faktoren 7 und x – hier keine syntaktischen Regeln wiederholt, sondern inwiefern er hier tatsächlich inhaltlich fundierte Festlegungen eingeht.

Zwei weitere Aspekte sind in diesem Zusammenhang von herausgehobener Bedeutung, die im Folgenden diskutiert werden: einerseits die Aktivierung von Festlegungen, die sich auf Festlegungen anderer Situationen zurückführen lassen sowie deren inferentielle Verknüpfung, und andererseits der explizite Variablenbegriff als Restrukturierung entlang der Begriffe.

Zunächst zeigt die Analyse der inferentiellen Relationen der hier rekonstruierten Festlegungen die folgenden Zusammenhänge:

iFest24 (*Mit Variablen in Termen können die Regeln von Bild- und Zahlenfolgen allgemein angegeben werden.* (cia: Variable, Term, Regel))
↓

iFest25 (*Hohe Stellen einer Zahlenfolge lassen sich mit Hilfe von Variablentermen leicht berechnen. Das x steht für die Stelle.* (cia: Stelle, Variable, hochrechnen))

Diese beiden Festlegungen stehen in größeren Festlegungszusammenhängen, insbesondere weil sie in Situationen eingegangen werden, denen noch weitere Festlegungen zugrunde liegen (vgl. hierzu z.B. den Transkriptausschnitt in

Tabelle 6-10 zur Berechnung hoher Stellen in Zahlenfolgen). Die Rekonstruktion der inferentiellen Verknüpfung ergibt in diesem Zusammenhang:

iFest11a (*Der Zahlenfolge liegen arithmetische Strukturen zugrunde.* (cia: Zahlenfolge, arithmetische Struktur))

↓

iFest17 (*Die Regeln können auf unterschiedliche Weise explizit gemacht werden.* (cia: Regel, Unterschiedlichkeit, Term))

↓

iFest18 (*Mit Termen lassen sich hohe Stellen in Folgen berechnen.* (cia: Term, Stelle, Folge))

↓

iFest19 (*Um einen Term aufzustellen, bestimme ich Startzahl und Schrittlänge.* (cia: Term, Startzahl, Schrittlänge))

↓

iFest12a (*Die arithm. Regelmäßigkeit kann ich mit Differenzbildung bestimmen.* (cia: Differenzbildung))

↓

iFest13c (*Die Regel des Wachstums lautet: Es werden immer 6 Punkte addiert.* (cia: Regel, Zuwachs))

↓

iFest24 (*Mit Variablen in Termen können die Regeln von Bild- und Zahlenfolgen allgemein angegeben werden.* (cia: Variable, Term, Regel))

iFest25 (*Hohe Stellen einer Zahlenfolge lassen sich mit Hilfe von Variablentermen leicht berechnen. Das x steht für die Stelle.* (cia: Stelle, Variable, hochrechnen))

Sehr auffällig ist hier die große Ähnlichkeit mit der konventionalen Festlegungsstruktur aus Situation kSit20 (vgl. Kap. 4.2). Im Folgenden ist ein Ausschnitt der konventionalen Festlegungsstruktur mit Bezug auf den Variablenbegriff dargestellt, auf den die konventionalen Festlegungen des Lernkontextes verweisen:

kFest7. (Viele) Bild- und Zahlfolgen weisen Strukturen und Regelmäßigkeiten auf.

↓

kFest8. Die Regelmäßigkeiten können auf unterschiedliche Weise explizit gemacht werden.

↓

kFest4a. Mit Hilfe von Termen lassen sich die Strukturen von Zahlfolgen explizit machen.

↓

kFest11. Mit Variablen in Termen können die Regeln von Bild- und Zahlenfolgen allgemein angegeben werden.

↓

kFest13. Hohe Stellen einer Zahlenfolge lassen sich mit Hilfe von Variablentermen leicht berechnen. Das x steht für die Stelle.

Es wird deutlich, dass nicht nur die konventionalen und individuellen Festlegungen selbst ein hohes Maß an Ähnlichkeit aufweisen (vgl. jeweils die Festlegungen iFest11a mit kFest7, iFest17 mit kFest8 und kFest4a, iFest24 mit kFest11 sowie iFest25 mit kFest13), sondern dass darüber hinaus die inferentiellen Relationen der Festlegungen untereinander in hohem Maße übereinstimmt. Weiterhin fällt beim Vergleich der inferentiellen Verknüpfungen die weitere Ausdifferenzierung der Festlegungsstruktur sowie die Zunahme an begrifflicher Substanz gegenüber den Situationen zum Umgang mit dynamischen Bildmustern und Zahlenfolgen der Etappe B auf (vgl. Kapitel 6.2.2). Dort konnten bereits wichtige Hinweise auf einen propädeutischen Variablenbegriff entlang der rekonstruierten Festlegungen und Inferenzen identifiziert werden. Die dort eingegangenen Festlegungen zum propädeutischen Variablenbegriff (iFest11→iFest12a→iFest14) werden auch hier in ähnlicher Weise aktiviert. Unterschiede zwischen iFest11 und iFest11a zeigen sich allenfalls hinsichtlich des mathematischen Gegenstandes (Punktmuster-Zahlenfolgen), sowie hinsichtlich der rekursiven Bestimmung des nächsten Folgegliedes und der expliziten Bestimmung des gesuchten Folgegliedes (iFest14-iFest14a).

Der Vergleich von konventionaler und individueller Festlegungsstruktur, die jeweils auf den Variablenbegriff verweist, sowie der jeweiligen Inferenzen, zeigt ein hohes Maß an Übereinstimmung. Die Analyse zeigt weiterhin, dass die in Kapitel 6.2.2 rekonstruierten individuellen Festlegungen zum Umgang mit dynamischen Bildmustern und Zahlenfolgen, die auf einen propädeutischen Variablenbegriff verweisen, hier erneut aktiviert werden mit den entsprechenden Modifikationen hinsichtlich des mathematischen Gegenstandes, sowie der veränderten konventionalen Situation. Dies bestätigt einerseits die Anlage des Lernkontextes mit Blick auf die sukzessive Ausdifferenzierung der konventionalen Festlegungsstruktur und der Zunahme an begrifflicher Substanz. Es zeigt andererseits, dass der hier verwendete Propädeutikbegriff, *der tief in der festlegungsbasierten Perspektive verankert ist, tragfähig ist, um individuelle* Begriffsbildungsprozesse *bereits in Stadien zu identifizieren, in denen die Begriffe nicht explizit sind.*

Dem Variablenbegriff selbst liegen dabei in diesem Zusammenhang qualitativ neue Festlegungen zugrunde. An Festlegung iFest25 (*Hohe Stellen einer Zahlenfolge lassen sich mit Hilfe von Variablentermen leicht berechnen. Das x steht für die Stelle.* (cia: Stelle, Variable, hochrechnen)) wird nun vor dem Hintergrund eines Vergleichs unteschiedlicher Lernstände verdeutlicht, inwiefern diese Festlegung – die explizit auf die Variable verweist – beschreibbar ist vor dem Hintergrund einer Restrukturierung entlang der Begriffe. Eine solche Restrukturierung wird hier nicht als ein Restrukturierungs*prozess* rekonstruiert, da hier nicht alle Entwicklungsschritte beschrieben werden, sondern vielmehr im Vergleich unterschiedlicher Lernstände bzw. unterschiedlicher Etappen im Lernprozess.

Bereits in Situationen, die nicht explizit auf die Variable verweisen, geht Orhan Festlegungen ein, die auf einen propädeutischen Variablenbegriff verweisen (wie z.B. die Festlegung iFest18 (*Mit Termen lassen sich hohe Stellen in Folgen explizit berechnen*) beim Bestimmen der Anzahl der Punkte in der 200. Stelle einer Bildmusterfolge, vgl. Tab. 6-10). Auch kann Orhan in dieser Situation den entsprechenden Term 2+6·200 aufstellen. Vor dem Hintergrund der expliziten Berechnung hoher Stellen der Zahlenfolge wird deutlich, dass Orhan seine Strategie zur Bestimmung von Anzahlen in Folgegliedern gegenüber der rekursiven Bestimmung optimiert hat. Insofern nutzt er in der neuen Situation die Bestimmungsstrategien in flexibler Weise. Der explizite Variablenbegriff im zugehörigen Term 2+6x wird in der Situation in Tab. 6-11 nicht aktiviert. Er stellt gleichsam hinsichtlich der hier verwendeten Festlegungen *nur* eine Art neuer Nomenklatur dar. Orhans Festlegung iFest25 macht das deutlich (vgl. Tab. 6-14): *Hohe Stellen einer Zahlenfolge lassen sich mit Hilfe von Variablentermen leicht berechnen. Das x steht für die Stelle.* Den ersten Teil dieser Festlegung geht Orhan bereits mit iFest18 in der Szene aus Tab. 6-10 ein. Die Variable x ist ein im Unterricht neu eingeführter Begriff, der neue Festlegungen erfordert. Die neue Festlegung (iFest25) schöpft aber hinsichtlich der ihr zugrunde liegenden Festlegungen ihre wesentliche Berechtigungen von denjenigen Festlegungen, die bereits den Situationen der Szene in Tab. 6-10 zugrunde liegen. Insofern zeigt das folgende Diagramm 6-18 Orhans Festlegungen sowie deren inferentiellen Relationen zu zwei verschiedenen Lernständen: Die Festlegungen iFest21→iFest18→ iFest20 mit ihren inferentiellen Relationen zu einem Zeitpunkt, als die Variable noch nicht explizit ist (vgl. Tab. 6-10) sowie die Festlegungen iFest21→ iFest18→iFest20→ iFest25 zu einem Zeitpunkt, nachdem die Variable im Unterricht erarbeitet wurde. Der Vergleich der Festlegungen und ihrer inferentiellen Relationen zu den beiden unterschiedlichen Lernständen in Diagramm 6-18 bestätigt einerseits, dass sich die Festlegungen mit ihren inferentiellen Relationen *situationsübergreifend* als stabil erweisen.

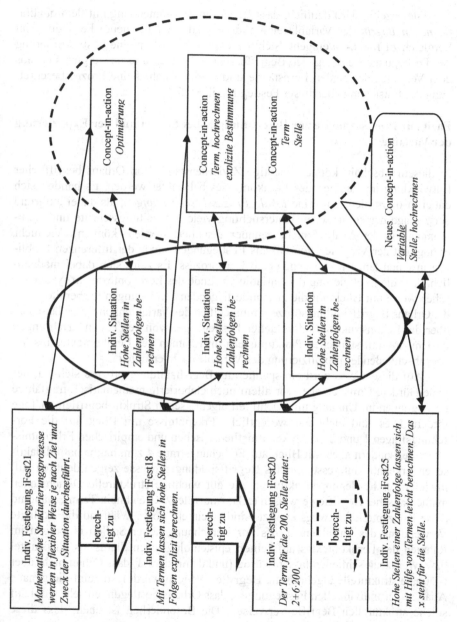

Diagramm 6-18 Festlegungen vor und nach der Erarbeitung der Variable im Unterricht

Gleichzeitig wird deutlich, dass Orhan im Zusammenhang mit dem qualitativ *neuen Begriff* der Variable eine andere (und ebenfalls neue) Festlegung im Vergleich zu Tab. 6-10 eingeht. Sichtbar wird hier insofern eine Restrukturierung der Festlegungen entlang der Begriffe. Diese Restrukturierung ergibt sich aus dem Vergleich der beiden Lernstände und markiert dahr keine Prozessbeschreibung der Entstehung ebendieser Festlegung iFest25.

Fazit zur Prozessanalyse zur Berechnung hoher Stellen und der Explizierung der Variable

In diesem Abschnitt können wichtige Zwischenstände von Orhans begrifflicher Entwicklung im Rahmen des Lernkontextes beleuchtet werden. Es handelt sich dabei insofern nicht um reine *lokale Prozessbeschreibungen*, als dabei aufgrund der Anlage der empirischen Untersuchung viele Erarbeitungsschritte und Lernmomente in der Analyse nicht genauer diskutiert werden (können). Vielmehr ermöglicht der Vergleich von Orhans Festlegungen sowie der Inferenzen Einblicke in einen längerfristig angelegten Lernprozess. Es zeigt sich dabei maßgeblich, dass die Explizierung der Variable am Ende des Lernkontextes in systematischer Weise mit Blick auf die zugrunde liegenden Festlegungen vorbereitet wurde. Orhans Begriffsbildungsprozess hinsichtlich des Variablenkonzeptes lässt sich über die Rekonstruktion individueller Festlegungen von den ersten Erfahrungen im Umgang mit statischen Punktmustern im Rahmen des Lernkontextes bis hin zur (abschließenden) Explizierung der Variable nachverfolgen.

Auf diese Weise wird ein spannender Begriffsbildungsprozess sichtbar, der viele Hürden, Umwege aber vor allem auch elaborierte mathematisch-tragfähige Festlegungen im Umgang mit wichtigen algebraischen Strukturbegriffen zu Tage fördert. Dies sind nicht nur wesentliche Erkenntnisse mit Blick auf die Forschungsfragen 1 und 2 zum erkenntnistheoretischen und empirischen Erkenntnisinteresse, sondern auch mit Blick auf Forschungsfrage 4 zum mathematikdidaktischen Erkenntnisinteresse. Orhans Begriffsbildungsprozesse zeigen deutlich auf, inwiefern er Festlegungen aktiviert, die auf wichtige strukturelle Dimensionen mathematischer Begriffe verweisen (z.B. Äquivalenz, Gleichheit, Term), während diese Konzepte keineswegs explizit sind. Vielmehr noch: Während die explizite Verwendung des Variablenbegriffs zur Berechnung hoher Stellen in Folgen im Rahmen des Lernkontextes auf seinen epistemologischen Status als Hilfsmittel bzw. Werkzeug schließen lassen würde (und damit darauf, dass Orhan nicht über adäquate strukturelle algebraische Begriffe verfügen würde), so zeigt die genaue Analyse der individuellen Festlegungen, dass Orhans Festlegungen sehr wohl auf solche strukturellen Begriffe verweisen. Die Besonderheit ist eben, dass diese Begriffe nicht explizit sind.

Insofern erweist sich die festlegungsbasierte Perspektive als fruchtbar mit Blick auf die Analyse individueller Begriffsbildungsprozesse dahingehend, dass gewichtige Hinweise auf bedeutsame algebraische Präkonzepte und deren Relation untereinander über Festlegungen und Inferenzen identifiziert werden können. Insbesondere kann in diesem Zusammenhang die Entstehung des Variablenbegriffs in kurzfristiger Hinsicht als Restrukturierung von Festlegungen entlang der Begriffe verstanden werden und in langfristiger Hinsicht als Ergebnis eines differenzierten und komplexen Entwicklungsprozesses individueller Festlegungen und deren inferentieller Relationen.

Tabelle 6-16 Orhans Festlegungsstrukturen zur Berechnung hoher Stellen und der Explizierung der Variable

Zeitpunkt im Rahmen des Lernprozesses (konv. und ind. Sit.) →		kSit13: Anzahlen von dynamischen Bildmustern bestimmen -C	kSit14: *Regeln zu dyn. Bildmustern explizit machen -C*	kSit18: *Regeln zu Zahlenfolgen explizit machen -C*	kSit20: *Aussagen zu Zahlenfolgen beurteilen -C*
↓Begriffe konventionell	individuell (cia)	iSit5: Anz. zu dyn. PM bestimmen	iSit6: *Regeln zu ZF explizit machen*		iSit8: *Aussagen zu ZF beurteilen*
Regelmäßigkeit	Arithm. Struktur	iFest11	iFest11a		iFest11a
Unterschiedlichkeit	Darstellung	X	iFest17		X
Regel	arith. Regel	iFest13c	iFest13c		iFest13c
Term	Term	iFest18, iFest19	iFest18, iFest19		X
Differenzbildung	Differenzbildung	X	iFest12a		X
Folge	als theor. Objekt	X		X	iFest22, iFest22a
	als Werkzeug	X		X	iFest14
Variable	*Variable*	X	iFest24		X
Hochrechnen	*Hochrechnen*	X	iFest25		X
Optimierung	*Optimierung*	iFest21	iFest21		iFest21
Stelle	*Stelle*	iFest20	iFest20		X
Explizite Bestimmung	*Explizite Bestimmung*	X		X	iFest23
	Rekursivität	X		X	iFest23a

Die obige Tabelle listet die für den dritten Abschnitt der Analyse rekonstruierten individuellen Festlegungen der analysierten Lernstände entlang der konventionalen Situationen auf. Die strukturelle Gesamtschau in Tab. 6-16 kann die
detaillierte Analyse dieses Abschnitts noch um wichtige Details ergänzen. Zum
einen fällt auf, dass sich die konventionalen Festlegungen kSit14 und kSit18
hinsichtlich der von Orhan aktivierten Festlegungen einer individuellen Situation
(iSit6) zuordnen lassen. Die Analyse der handlungsleitenden Begriffe ergänzt die
komplementäre inhaltliche Deutung dieses Phänomens: Orhan dekodiert dynamische Bildmuster in (An-)Zahlenfolgen und er macht diese (An-) Zahlenfolgen im
weiteren Verlauf seiner Bearbeitungen zum Gegenstand der Erkundungen. Orhan
aktiviert in diesen Erkundungsprozessen überwiegend Festlegungen, die auf
arithmetische Strukturierungsbegriffe verweisen, nicht allerdings auf geometrische Strukturierungsbegriffe.

Weiterhin wird deutlich, inwiefern sich das individuelle Festlegungsgefüge
entlang der neuen konventionalen Situationen weiter ausdifferenziert hat und an
begrifflicher Substanz gegenüber den Analysen in Kapitel 6.2 zugenommen hat.

6.3.2 Phänomenanalyse

In diesem Abschnitt werden vor dem Hintergrund der Prozessanalyse aus Kapitel
6.3.1 spezifische Phänomene des Entwicklungsverlaufes genauer betrachet.

Analyse handlungsleitender Festlegungen

Als handlungsleitende Festlegungen werden im Folgenden solche Festlegungen
bezeichnet, die für Schülerinnen und Schüler über eine hochgradige und längerfristige (d.h. in den Regel den Lernprozess überdauernde) Viabilität verfügen. Sie
werden nicht nur für wahr gehalten, sie werden auch in unterschiedlichsten Situationen immer wieder aktiviert. Sie haben sich in vielen anderen Situationen als
zuverlässig erwiesen, aber sie müssen nicht mathematisch tragfähig sein. Von
handlungsleitenden concepts-in-action unterscheiden sie sich also dadurch, dass
die handlungsleitenden Festlegungen zu einer situationsübergreifenden Analysekategorie gehören, während die concepts-in-action situativ verankert sind.

Im folgenden Transkriptausschnitt des Interviews 4 nach Durchführung der
Untersuchung wird Orhan gefragt, welcher der 4 Wege des Lernkontextes, die
50. Stelle der folgenden Zahlenfolge zu berechnen, ihm am leichtesten falle: 3,
16, 19, 42,… Orhan gibt an, dass ihm Pias Weg am leichtesten falle. Anschließend begründet er (Tab. 6-17).

Tabelle 6-17 Transkriptausschnitt eines Interviews mit Orhan vom 26.06.2009

T	P	Inhalt Interview 4 vom 26.06.09 in Hagen	Orhans Festlegungen	Begriffl. Fokus
			∞	
215	I	Von Pia?		
216	O	Ja		
217	I	Warum?		
218	O	Weil: Sie multipliziert und Multiplizieren geht schneller als plus rechnen oder mit Punkt oder so Zeichnung	**26**: Mit arithmetischen Bearbeitungen bin ich effizienter als mit Visualisierung. **27**: Multiplizieren ist schneller als addieren.	Optimierung arith. Struktur Optimierung
			∞	

Beide Festlegungen iFest26 (*Mit arithmetischen Bearbeitungen bin ich effizienter als mit Visualisierungen.*) und iFest27 (*Multiplizieren ist schneller als addieren.*) liegen vielfältigen individuellen Situationen von Orhan im Verlauf des Lernkontextes zugrunde. In den Kapiteln 6.1-6.3 konnte herausgearbeitet werden, inwiefern Orhan auf vielfältige Weise arithmetische concepts-in-action nutzt, insbesondere auch in denjenigen Situationen, die hinsichtlich der konventionalen Festlegungsstruktur auf geometrische Konzepte verweisen. In der Einführungsszene dieser Arbeit (vgl. Kap. 2 und Kap. 6.1) konnte gezeigt werden, inwiefern Orhan zu gegebenen Punktmustern zunächst die Anzahl der Punkte und danach ein passendes Produkt bestimmt, dessen Faktoren er als disjunkte Mengen im Muster abträgt (vgl. die Festlegungen iFest2, iFest2a, iFest4b, iFest5, iFest6 (*Zu einem statischen Punktmuster kann ich ein Produkt finden.*), iFest6b, iFest7).

Die Kategorien der *Multiplikation* und der *Addition* sind von Beginn des hier betrachteten Lernprozesses an die entscheidenden handlungsleitenden Kategorien für die Entwicklungen der individuellen Festlegungen. Schon bei der Anzahlbestimmung der Punkte in statischen Punktmustern sind die *sukzessive punktweise Addition* und die *Multiplikation* (iFest6) die zentralen handlungsleitenden Konzepte. Die Identifikation des Terms 4·5 im Punktmuster ist aus konventionaler Sicht falsch, insbesondere geht Orhan keine Festlegungen ein, die in diesem Zusammenhang auf geometrische Strukturierungsbegriffe verweisen. Gleichwohl zeigen die an den unterschiedlichsten Situationen herausgearbeiteten Festlegungen mit ihren Verweisen auf arithmetische concepts-in-action sehr deutlich, inwiefern es sich bei den Festlegungen iFest26 und iFest27 um handlungsleitende Festlegungen handelt. In diesem Zusammenhang lässt sich eine weitere individuelle Festlegung als handlungsleitend identifizieren: iFest12a (*Die arithmetische Regelmäßigkeit kann ich mit Differenzbildung bestimmen*). Die Analyse unterschiedlichster individueller und konventionaler Situationen hat gezeigt, inwiefern Orhan selbst in geometrisch hochgradig strukturierten Punktmusterfolgen die Regelmäßigkeiten über Differenzbildung bestimmt. Hierbei macht er komplexe arithmetische Strukturen explizit (vgl. z.B. Kap. 6.2).

Analyse der elementaren Festlegungen

An die Analyse der handlungsleitenden Festlegungen knüpft die Analyse der elementaren Festlegungen an, auf die Orhans individuelle Festlegungen verweisen. Hierzu konnte bereits in den Kapiteln 6.1 und 6.2 gezeigt werden, inwiefern Orhans Festlegungen auf die elementaren Festlegungen E1 (*(Viele) Bildmuster und Zahlenfolgen weisen Strukturen und Regelmäßigkeiten auf.*) und E2 (Mit Algebra lassen sich Strukturen und Regelmäßigkeiten in Bildmustern und Zahlenfolgen explizit machen, beschreiben und verstehen) verweisen. Hierbei konnte auch gezeigt werden, inwiefern seine Festlegungen maßgeblich auf die arithmetische Dimension und die spezifische Betrachtung von Zahlenfolgen und deren arithmetischen Zusammenhängen der elementaren Festlegungen verweisen. Auf eine solche Tendenz weisen auch die rekonstruierten Festlegungen in Kapitel 6.3 hin. Ferner konnten in Kapitel 6.3 vielfältige Verweise auf Festlegung E4 (*Mathematische Strukturierungsprozesse werden in flexibler Weise je nach Ziel und Zweck der Situation durchgeführt.*) gefunden werden (vgl. iFest17, iFest18, iFest21, iFest25, iFest26, iFest27). Hier zeigt sich, dass die konventionale Anlage des Lernkontextes gerade in Etappe B Situationen bereitstellt, in denen Orhan Festlegungen eingeht, die zeigen, dass er einen Umgang mit und die Strukturierung von Mustern in Bild- und Zahlenfolgen optimiert. Prototypisch für einen solchen veränderten und situationsadäquaten Umgang mit Mustern ist sicherlich der zunehmend explizite Umgang z.B. bei der Bestimmung von Folgegliedern in Zahlenfolgen.

Insbesondere zeigen aber auch die Analysen in Kapitel 6.2, dass Orhan die Festlegung E3 (*Muster lassen sich mit unterschiedlichen Variationen strukturieren und beschreiben.*) nicht eingeht, bzw. dass seine Festlegungen nur auf Teile der begrifflichen Substanz verweisen, auf die auch E3 verweist. Hierbei ist hervorzuheben, dass Orhans Festlegungen fast ausschließlich auf arithmetische, nicht aber auf geometrische Strukturierungsbegriffe verweisen. In Kapitel 4.2 konnte gezeigt werden, inwiefern die Festlegung E3 gerade auf die strukturellen Dimensionen algebraischer Begriffe verweist (z.B. das Äquivalenzkonzept im Zusammenhang von Mustern und Termen und die unterschiedliche Signifikanz z.B. von $2+5x=2+2x+3x$). Zwar konnte gezeigt werden, inwiefern Orhans Festlegungen auf vielfältige strukturelle algebraische Konzepte verweisen, diese bleiben aber z.B. auf Zahlenfolgen und damit arithmetische Strukturbegriffe bzw.

Gegenstände beschränkt. Insofern verweisen Orhans Festlegungen zum Variablenbegriff vornehmlich auf seinen Werkzeugcharakter als Hilfsmittel zur Berechnung hoher Stellen in Folgen.

Diese Betrachtung der elementaren Festlegungen zeigt, dass Orhan vielfältige Festlegungen eingeht, die – mit Ausnahme der geometrischen Strukturierungsbegriffe – einen Großteil der begrifflichen Substanz abdecken, auf die auch die elementaren Festlegungen verweisen. Dieses Ergebnis bestätigt einerseits, dass die rekonstruierten Hürden im Verlauf des Begriffsbildungsprozesses auf das nicht Eingehen elementarer Festlegungen bereits zu früheren Zeitpunkten des Lernprozesses zurückzuführen sind. Auf diese Weise werden auch Brüche und Umwege mathematischer Begriffsbildungsprozesse über Festlegungen explizit. Andererseits bestätigt die Betrachtung der eingegangenen elementaren Festlegungen aber auch, inwiefern Orhan vor dem Hintergrund seines geschickten und versierten Umgangs mit arithmetischen Strukturen in Bildmuster- und Zahlenfolgen einen im Rahmen dieses Lernkontextes mathematisch tragfähigen Variablenbegriff entwickelt.

7 Fallbeispiel 2: Karin

In diesem Kapitel wird das zweite Fallbeispiel dieser Arbeit genauer analysiert. Das auswertungspraktische Vorgehen orientiert sich dabei wie in Kapitel 6 an dem in Kap. 1 entwickelten Theorierahmen und dem daraus in Kap. 2 abgeleiteten forschungspraktischen Auswertungsschema. Für die Art der Darstellung der Ergebnisse wird hier allerdings ein anderer Zugang gewählt als in Kapitel 6. Anhand zentraler Lerngegenstände wird hier eine eher stofflich-fallbezogene Darstellung der Ergebnisse gewählt. Die Art der Rekonstruktion der individuellen Begriffsbildungsprozesse orientiert sich dabei nicht vollkommen an der konventionalen Verlaufsstruktur des Lernkontextes. Vielmehr werden zu einzelnen mathematischen Gegenstandsbereichen die gegenstandsspezifischen individuellen Festlegungsentwicklungen rekonstruiert, während die Zielsetzung der Darstellungen in Kapitel 6 sich eher an der umfassenden Rekonstruktion der individuellen Begriffsbildungsprozesse entlang der konventionalen Struktur des Lernkontextes orientierten. Die Entscheidung, die Art der Darstellung in diesem Kapitel anders zu gestalten, begründe ich wie folgt:

- Zum einen ermöglicht die gegenstandsbezogene Darstellung der Ergebnisse im Rahmen dieser Fallanalyse die Möglichkeit der konsequenten Vergleichbarkeit der beiden Fälle Orhan und Karin. Weil Karin – eine Schülerin der Klasse 6 eines Gymnasiums – über ein ganz anderes fachliches Leistungsspektrum verfügt als Orhan, erscheint der konsequente Vergleich von Festlegungen entlang der spezifischen mathematischen Gegenstände vor allem mit Blick auf das epistemologische und empirische Erkenntnisinteresse dieser Arbeit als sehr gewinnbringend.

- Beide Fälle weisen nicht nur hinsichtlich des individuellen mathematischen Leistungsspektrums, sondern auch hinsichtlich der einzelnen Verläufe der Begriffsbildungsprozesse große Unterschiede auf. Spannend an Orhans Begriffsbildungsprozessen sind insbesondere die Hürden und die Umwege seiner Lernentwicklung, die im Lichte des sehr elaborierten Umgangs mit wichtigen mathematischen Gegenständen einen interessanten Kontrast darstellen. Die recht umfassende Rekonstruktion seiner Begriffsbildungsprozesse im Rahmen des Lernkontexes ist ein geeignetes Mittel, die Originalität und die Umwege sowie das komplexe Zusammenspiel der Festlegungen und Inferenzen, die seinen Lernprozess prägen, angemessen darzustellen. Karins Begriffsbildungsprozesse verlaufen – aus konventionaler Sicht – weitaus geradliniger. Die gegenstandsbezogene Falluntersuchung kann in diesem Zusammenhang wichtige lokale Erkenntnisse über die Entwicklung von individuellen Festlegungen zu bestimmten mathematischen Gegenständen liefern.

- Drittens wird durch die Unterschiedlichkeit der Darstellung der Ergebnisse in den Kapiteln 6 und 7 das Leistungsspektrum des Theorierahmens weiter ausgeleuchtet. Betrachtet werden die begrifflichen Prozesse hier weniger in horizontaler Richtung entlang der konventionalen Festlegungsstruktur des Lernkontextes (wie in Kapitel 6), sondern entlang wesentlicher dem Lernkontext zugrunde liegenden Konzepte. Während also in Kapitel 6 eine Entwicklung individueller Begriffsbildungsprozesse entlang der komplexer werdenden Festlegungsstruktur und der sich gegenseitig bedingenden Vielzahl von Begriffen (über Inferenzen) deutlich gemacht wird, wird hier ein eher kontext- als fallbezogener Zugang gewählt (gleichwohl wird hier natürlich der Spezifität des Fallbeispiels hinreichend Rechnung getragen). Die Struktur der Ergebnisse dieses Kapitels ist insofern anders. Ein Vergleich wird in Kapitel 8 vorgenommen.

Karin ist eine Schülerin, die zum Zeitpunkt der empirischen Erhebung die sechsten Klasse eines Gymnasiums in Oer-Erkenschwick besucht. Auswertungsgrundlage bilden die Aufzeichnungen der Unterrichtsbeobachtungen, die Abschriften der Schülerhefte sowie die Daten der vier Interviews, die im Verlauf der Durchführung der Untersuchung entstanden sind.

7.1 Festlegungen zu Termen: zwischen Kalkül und Kontext

In diesem Abschnitt wird Karins Umgang mit (linearen) Termen sowohl auf impliziter als auch auf expliziter Ebene untersucht. Dabei wird sich zeigen, dass Karin beim Umgang mit Termen Festlegungen eingeht, die hinsichtlich des hier verfolgten Variablenbegriffs eine wesentliche Rolle spielen.

Sichtbar wird ein Prozess, in dem zunächst entlang zweier konventional sehr unterschiedlicher Situationen entsprechend verschiedene individuelle Festlegungen eingegangen werden. Eine dritte Situation zur Berechnung hoher Folgeglieder ist daraufhin Anlass für die Aktivierung qualitativ neuer Festlegungen. Zum einen kann nachvollzogen werden, inwiefern Karin Festlegungen aktiviert, die einen eher rekursiven Umgang mit Zahlen- und Bildmusterfolgen durch einen expliziten Umgang ablösen. Andererseits zeigen diese Szenen sehr deutlich die Bedeutung der inferentiellen Relationen zwischen Festlegungen für die individuellen Begriffsbildungsprozesse auf, denn durch das Eingehen neuer Festlegungen zur Berechnung hoher Stellen in Folgen geht Karin gleichzeitig neue Festlegungen zum Umgang mit dynamischen Bildmusterfolgen ein. Insofern kann hier mithin gezeigt werden, inwiefern qualitativ neue (konventionale) Situationen nicht nur das Eingehen neuer Festlegungen aktivieren können, sondern inwiefern diese Situationen Auswirkungen auf ganze Festlegungsstrukturen haben können.

Zum rekursiven Umgang mit dynamischen Bildmusterfolgen: Bestimmung von Anzahlen und Regeln

Der erste hier analysierte Ausschnitt von Karins Begriffsbildungsprozess stammt aus einem Interview, das im Anschluss an die fünfte Stunde der Durchführung der Untersuchung geführt wurde. Zu diesem Zeitpunkt hatten die Schülerinnen und Schüler im Unterricht die Etappe B des Lernkontextes bearbeitet und waren daher mit Situationen zum Umgang mit Bildmuster- und Zahlenfolgen vertraut. Die folgende Szene zeigt einen Ausschnitt aus einem Interview, in dem Karin zunächst eine dynamische Punktmusterfolge vorgelegt wird (vgl. Abb. 7-1 oben). Karin bestimmt hierfür zunächst die Regel („Da werden erst 2 so. Dann werden hier noch mal 2 mal 3 hinten dran!", Z. 2 im Interview vom 06.11.2009) und zeichnet dann das vierte Folgenglied auf (vgl. Abb. 7-1 unten). Vorgelegt wurden Karin die ersten drei Stellen der Bildmusterfolge (links), wobei die Markierung im zweiten Folgeglied von Karin später hinzugefügt wurde.

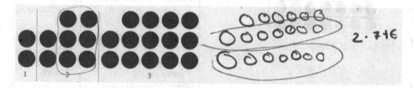

Abbildung 7-1 Karins schriftliche Bearbeitung der Aufträge im Interview

Der Interviewausschnitt beginnt mit dem Auftrag, einzuzeichnen, wie sich die Folge von Glied zu Glied verändert.

Hinsichtlich ihrer konventionalen Festlegungsstruktur lässt sich diese Interviewszene den folgenden beiden konventionalen Festlegungen zuordnen:

kSit 5: Anzahlen von dynamischen Bildmustern bestimmen (B)

kSit 6: Regeln zu dynamischen Bildmustern explizit machen (B)

Tabelle 7-1 Transkript eines Interviewausschnitts mit Karin vom 06.11.2009

T	P	Inhalt Interview mit Karin vom 06.11.2009	Karins Festlegungen	Begrifflicher Fokus
		∞		
7	I	Vielleicht versuchst du noch mal einzuzeichnen, was von Folgenglied zu Folgenglied immer dazukommt! Du hast ja gerade gesagt, 2…		
8	K	Es kommen immer die 2 noch dazu! (*K umkreist 2 Dreierreihen*). Also immer 2 von den… Also immer: erst immer die beiden Punkte, dann kommen 2 davon dazu (*K zeigt auf Dreierreihen*). Also eine Reihe, da kommt 2. Son Teil kommt immer dazu! (*K zeigt auf einen Sechser!*)	**1**: *Dem Punktmuster liegen geometrische Strukturen zugrunde.* **2**: *Die Regel des Wachstums lautet: 2 (senkr.) Reihen zu je 3 Punkten werden hinzugefügt.*	Muster geom. Struktur geom. Regel senkr. Reihen
9	I	Ok! Und wie kann man auf einen Blick hier zum Beispiel erkennen wie viele das sind? (*I zeigt auf das vierte Folgenglied*) Also du hast ja gerade abgezählt.		
10	K	Da rechnet man 2·7, weil das sind ja… (*umkreist 2 waagerechte 7er-Reihen, vgl. Darstellung*) 2·7+6 (*schreibt 2·7+6*)	**1**: *Dem Punktmuster liegen geometrische Strukturen zugrunde.* **3**: *Die Anzahl der Punkte in einem Muster bestimme ich durch geschicktes Bündeln und einer opt. Strukturierung.* **4**: *Die Anzahl der Punkte ergibt sich durch Multiplikation von Anzahlen gleichmächtiger waagerechter Reihen.* **5**: *Die Anzahl der Punkte kann ich mit einem Term angeben.*	Muster geom. Struktur Anzahl Bündel Strukturierung Optimierung Anzahl waager. Reihen Multiplikation Anzahl Term
11	I	Wie kann man das hier rausfinden (*I zeigt auf das dritte Folgenglied*)		
12	K	4·3+2 (*K zeigt auf 4 Dreierreihen und auf die beiden Startpunkte*)	**4a**: *Die Anzahl der Punkte ergibt sich durch Multiplikation von Anzahlen gleichmächtiger senkrechter Reihen.*	Anzahl senkr. Reihen Multiplikation
		∞		

Auch hinsichtlich der rekonstruierten Festlegungen lassen sich in dieser Szene zwei Abschnitte identifizieren. Karin wird zunächst aufgefordert einzuzeichnen, wie sich die Folge von Glied zu Glied verändert (vgl. Z. 8 in Tab. 7-1). Karin markiert daraufhin zwei Dreierreihen im zweiten Folgeglied (vgl. Abb. 7-1 oben) und sagt in Z. 8: „So'n Teil kommt immer dazu!" Offenbar beschreibt Karin in diesem Ausschnitt die geometrische Struktur der Punktmusterfolge. Sie benennt dabei mit „so'n Teil" denjenigen Abschnitt der Folge (zwei senkrechte Reihen mit je drei Punkten), der von Glied zu Glied als Zuwachs mit angefügt wird. Es lassen sich die individuellen Festlegungen iFest1 (*Dem Punktmuster liegen geometrische Strukturen zugrunde.* (cia: geometrische Struktur)) und iFest2 (*Die Regel des Wachstums lautet: 2 (senkr.) Reihen zu je 3 Punkten werden hinzugefügt.*(cia: Regel, senkrechte Punktreihen)) identifizieren, wobei Festlegung iFest1 Berechtigung liefert für iFest2 (vgl. Diagramm 7-1). Beide Festlegungen verweisen auf die individuelle Situation iSit1 (*Regeln zu dynamischen Bildmustern explizit machen (B)*).

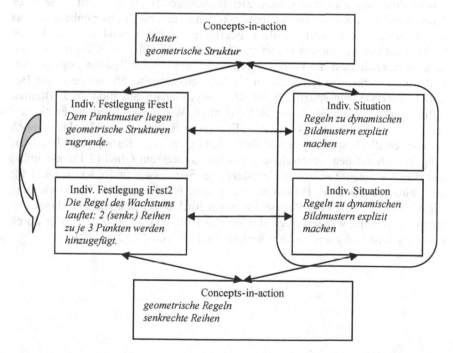

Diagramm 7-1 Karins Festlegungsdreiecke 1 (oben) und 2 (unten) zur Situation iSit2 ((*Regeln zu dynamischen Bildmustern explizit machen (B)*))

Im weiteren Verlauf der Szene wird Karin zum vierten Folgeglied gefragt, wie man auf einen Blick erkennen könne, wie viele Punkte das Muster aufweist. Karin gibt an, dass man die Punkte im Muster berechnen könne, indem man die beiden unteren waagerechten Punktreihen mit je 7 Punkten und die obere Punktreihe mit 6 Punkten addiere. Sie schreibt dazu den folgenden Term auf: „2·7+6" (vgl. Z. 10). Die hier rekonstruierten Festlegungen sind mitsamt der inferentiellen Relationen in den Festlegungsdreiecken 3-6 in Diagramm 7-1 dargestellt.

Besonders auffällig in diesem Zusammenhang ist die genauere Betrachtung der handlungsleitenden concepts-in-action in den beiden unterschiedlichen Situationen iSit1 und iSit2. In der letzteren Situation iSit1 geht Karin verschiedene Festlegungen ein, die spezifisch für die Bestimmung von Anzahlen und die arithmetische Strukturierung der Punktmusterfolge ist: Weil das Punktmuster eine geometrische Struktur aufweist (iFest1), lässt sich durch das Bündeln der Punkte eine optimierte Strukturierung finden, mit der man die Anzahl der Punkte schnell bestimmen kann. Wenn man solch eine Strukturierung ermittelt hat, lässt sich die Anzahl durch das Zusammenfassen gleichmächtiger Teilmengen mit Hilfe eines Terms angeben (iFest4). Das concept-in-action in diesem Zusammenhang ist das der Multiplikation (aufgefasst als wiederholte Addition). Und die Anzahl der Punkte lässt sich vor diesem Hintergrund angeben mit Hilfe eines Terms (iFest5). Es wird deutlich, dass die Festlegungen, die Karin bei der Bestimmung von Anzahlen und Termen in dynamischen Bildmustern eingeht, überwiegend auf Begriffe verweisen, die spezifisch für die konventionale Situation sind: Bündel, Optimierung, Flexibilität, Term, Multiplikation. Weder verweisen die Festlegungen auf den Zuwachs von Glied zu Glied (zwei Reihen zu je 3 Punkten), noch fokussieren die Festlegungen vor dem Hintergrund von Karins Regelbeschreibung in Z. 8 auf den Unterschied zwischen konstantem Glied (2 Punkte links) und dem variablen Teil der Bildmusterfolge. Stattdessen findet Karin lokal für jedes einzelne Glied der Punktmusterfolge eine für sie optimale Strukturierung, mit der sie die Anzahl der Punkte auf einen Blick angeben kann: mal durch Zusammenfassen der waagerechten Reihen (im Falle von 2·7+6, Z. 10) oder durch Zusammenfassen der senkrechten Reihen (im Falle von 4·3+2 , Z. 12).

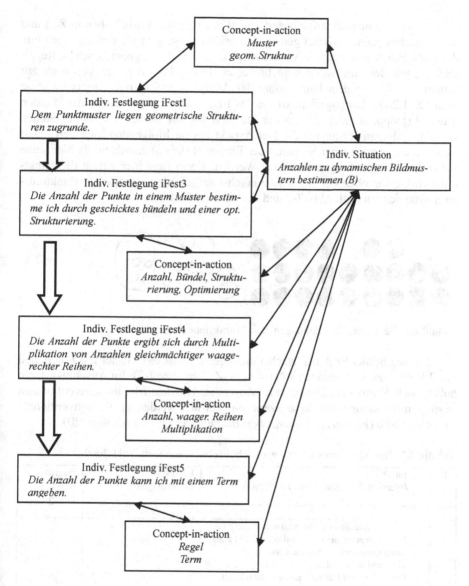

Diagramm 7-2 Karins Festlegungsdreiecke 3, 4, 5, 6 zu der Situation iSit1 (*Anzahlen zu dynamischen Bildmustern explizit machen (B)*)

Ist Karin hingegen aufgefordert, die Wachstumsregel (iSit2 oben in Z. 8 und in der nachfolgenden Szene) genauer zu erläutern, so geht sie Festlegungen ein, die maßgeblich auf Begriffe verweisen, die sich auf die geometrischen Regelmäßigkeiten der Bildmusterfolge beziehen. Deutlicher wird der Vergleich zur Situation kSit1 vor dem Hintergrund der Analyse der folgenden Interviewszene vom 10.11.2009. Durchgeführt wurde das Interview im Anschluss an die Stunden 8 und 9 (Doppelstunde). Thema der Stunden war die Berechnung hoher Stellen von Zahlenfolgen (Erkunden C). Der Aspekt des nachfolgenden Interviews lässt sich allerdings noch einer Situation der Etappe B (kSit6) zuordnen, da hier keine hohen Stellen von Folgen berechnet werden. Karin liegt hier erneut die Punktmusterfolge von oben vor. Sie wird zunächst aufgefordert, das nächste Punktmuster aufzuzeichnen (vgl. Abb. 7-2 und Z. 3 in Tab. 7-2).

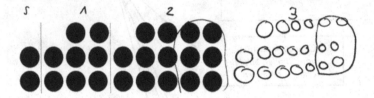

Abbildung 7-2 Karins Bearbeitungen zum Transkriptausschnitt in Tabelle 7-2

Karin gibt hier bzgl. der Wachstumsregel an, dass das Muster pro Folgeglied um 2 Reihen zu je 3 Punkten wächst (vgl. Z. 2 in Tab. 7-2). Im Anschluss daran äußert sich Karin detaillierter zum Zuwachs. Hinsichtlich der konventionalen Festlegungsstruktur kann diese Szene eingeordnet werden in die konventionale Situation kSit6 (*Regeln zu dynamischen Bildmustern explizit machen (B)*).

Tabelle 7-2 Transkript eines Interviewausschnitts mit Karin vom 10.11.2009

T	P	Inhalt Interview 3 mit Karin vom 10.11.2009	Karins Festlegungen	Begrifflicher Fokus
		∞		
1	I	So, ich hatte dir ja letztes Mal schon ein paar Muster gezeigt, aber wir sind noch nicht ganz fertig geworden. ... Schauen wir uns das vielleicht noch mal an. Dieses Muster: Das sind ja die unterschiedlichen Stellen. Stelle 1 (*2 Punkte)*, Stelle 2 (*2+2·3)*, Stelle 3 (*2+4·3)*.		

2	K	Da kommt immer 2 mal die drei Punkte.	**1**: *Dem Punktmuster liegen geometrische Strukturen zugrunde.* **2**: *Die Regel des Wachstums lautet: 2 (senkr.) Reihen zu je 3 Punkten werden hinzugefügt.*	Muster, geom. Struktur geom. Regel senkr. Reihen
3	I	Genau! Magst du mir das nächste Muster mal aufmalen? (*K. zeichnet* ⭕⭕ ↓↑↓↑↓↑ *)* Ok! Wie viele Punkte sind denn da auf diesem Muster?		
7	I	Ok. Du hast ja jetzt gerade gesagt, es kommen immer…		
8	K	2! Also hier kommen immer so! (*K zeichnet 2 Dreierreihen ein!*)	**2**: *Die Regel des Wachstums lautet: 2 (senkr.) Reihen zu je 3 Punkten werden hinzugefügt*	geom. Regel senkr. Reihen
9	I	Ok! Also hier kommen einmal 6 dazu…		
10	K	Also hier kommen erst die Punkte (*K zeigt auf die 2 Startpunkte*). Dann kommen da 6 zu (*K zeigt auf 2+2·3*). Dann ist das Bild wieder und die neuen 6, die hinzu kommen (*K zeigt auf 2+4·3*). Und dann sind die hier hinzugekommen (*K umkreist 2·3 Punkte an der 3. Stelle*).	**6**: *Durch Einkreisen lässt sich der Zuwachs visualisieren und explizit machen.* **7**: *Ein dynamisches Bildmuster lässt sich in Teilmuster gliedern.* **8**: *Das Änderungsverhalten von Teilmustern ist verschieden (Startzahl-Zuwachs).* **9**: *In dynamischen Bildmustern kann es entlang der Regel konstante und variable Teilmuster geben.*	Zuwachs Visualisierung Teilmuster Teilmuster, Startzahl, Zuwachs konst. Teilmuster var. Teilmuster Regel
			∞	

Die hier rekonstruierten Festlegungen lassen sich der individuellen Situation iSit2 (*Regeln zu dynamischen Punktmustern explizit machen (B)*) zuordnen. Sie stehen in folgender inferentieller Relation:

iFest1 (*Dem Punktmuster liegen geometrische Strukturen zugrunde.* (cia: Muster, geom. Struktur))

↓

iFest7 (*Ein dynamisches Bildmuster lässt sich in Teilmuster gliedern.* (cia: Teilmuster))

↓

iFest8 (*Das Änderungsverhalten von Teilmustern ist verschieden. (Startzahl-Zuwachs* (cia: Änderungsverhalten, Teilmuster, Startzahl, Zuwachs))

↓

iFest9 (*In dynamischen Bildmustern kann es entlang der Regel konstante und variable Teilmuster geben.* (cia: konstantes Teilmuster, variables Teilmuster, Regel))

↓

iFest2 (*Die Regel des Wachstums lautet: 2 (senkr.) Reihen zu je 3 Punkten werden hinzugefügt.* (cia: geom. Regel, senkrechte Reihen))

↓

iFest6 (*Durch Einkreisen lässt sich der Zuwachs visualisieren und explizit machen.* (cia: Zuwachs, Visualisierung))

Die Analyse der handlungsleitenden concepts-in-action zeigt ihre Spezifität für die individuelle Situation. Karin geht hier Festlegungen ein, die sich maßgeblich auf das (dynamische) Änderungsverhalten des Musters beziehen. Dabei verweisen ihre Festlegungen z.B. darauf, dass es zunächst einmal unterschiedliche Teilmuster gibt und dass diese weiterhin unterschiedliche Änderungsverhalten aufweisen können. So ändert sich bspw. die Startzahl gar nicht (konstantes Wachstum gleich 0) und das variable Teilmuster wächst um jeweils zwei Reihen zu je 3 Punkten. Während Karins Festlegungen in dieser Szene sowie in Z. 8 in Tab. 7-1 (iSit2: *Regeln zu dynamischen Punktmustern explizit machen (B)*) auf relationale Begriffe verweisen (Startzahl-Zuwachs, konstantes Teilmuster-variables Teilmuster, Zuwachs pro Folgeglied), verweisen die Festlegungen in iSit1 (*Anzahlen zu dynamischen Bildmustern explizit machen (B)*) eher auf statische Begriffe beim Umgang mit Mustern (Anzahl, Bündel, Optimierung, Flexibilität, Multiplikation, Term).

Fazit zum rekursiven Umgang mit dynamischen Bildmusterfolgen

Kennzeichnend für beide hier analysierten Szenen ist, dass Karin mit Bildmusterfolgen in rekursiver Weise umgeht. Für die Regel der Bildmusterfolge benennt Karin jeweils den Zuwachs von Folgeglied zu Folgeglied. Für die Bestimmung der Anzahlen nutzt Karin eine geometrische Strukturierung der jeweiligen Folgeglieder und bestimmt so die Anzahlen auf unterschiedliche Weisen: einmal durch das Zusammenfassen senkrechter und einmal durch das Zusammenfassen waagerechter Punktreihen. Gemeinsam ist beiden Zugängen, dass Karin das Punktmuster in Reihen strukturiert und dass sie einen entsprechenden Term angeben kann.

Von herausgehobener Bedeutung ist die Unterschiedlichkeit der Festlegungsstrukturen entlang der beiden individuellen bzw. konventionalen Situationen. Es konnte gezeigt werden, dass Karins Festlegungen bei der Anzahlbestimmung auf statische Begriffe verweisen. Dies erklärt beispielsweise, warum Karin die vierte Stelle der Bildmusterfolge in waagerechten und die dritte Stelle der Bildmusterfolge in senkrechten Punktreihen strukturiert (vgl. Z. 10 und 12 in Tab. 7-1): Für die Anzahlbestimmung in jedem Folgeglied (statische Perspektive) ist es nicht erheblich, ob die Anzahl der Punkte entlang einer waagerechten oder einer senkrechten Strukturierung ermittelt wird. Der direkt zuvor bestimmte Zuwachs („Es kommen immer die 2 noch dazu!" (*K umkreist 2 Dreierreihen im 2 Folgeglied*)) fließt in die Bestimmung der Anzahlen insofern nicht ein, als Karin hier die zwei Reihen zu je 3 Punkten in ihren Berechnungen nutzt. Diese eher dynamische Perspektive ist für die Bestimmung von Anzahlen und Termen zu einzelnen Folgegliedern für Karin nicht nötig.

Im folgenden Abschnitt wird ein Interviewausschnitt diskutiert, der hinsichtlich der konventionalen Festlegungen auf eine neue konventionale Situation verweist: die Berechnung hoher Stellen in Folgen. Besonders interessant ist dieser Ausschnitt nicht nur deswegen, weil er das Eingehen neuer Festlegungen vor dem Hintergrund der konventionalen Festlegungen erforderlich macht (und Karin diese eingeht), sondern weil aufgezeigt werden kann, wie neue Festlegungen als *begriffliche Verknüpfungen* entstehen, d.h. Karin macht Festlegungen explizit, die auf Begriffe verweisen, die vorher ganz unterschiedlichen Situationen zugeordnet werden konnten. Die Etablierung eines expliziten Umgangs mit Folgen bei Karin kann so unter Rückgriff auf Restrukturierungsprozesse von Festlegungen entlang der Situationen erklärt werden.

Zum expliziten Umgang mit dynamischen Bildmusterfolgen: Bestimmung von hohen Stellen in Folgen

In der folgenden Interviewszene bekommt Karin im Anschluss an die Bestimmung des nächsten Folgegliedes (vgl. Abb. 7-2) sowie der zugehörigen Terme ($2 \cdot 7 + 6$ und $4 \cdot 3 + 2$ zum zweiten bzw. dritten Folgeglied) den Auftrag, die Anzahl der Punkte im 10. Folgeglied zu bestimmen. Diese Szene kann der konventionalen Situation kSit13 (*kSit 13: Anzahlen von dynamischen Bildmustern bestimmen (C)*) zugeordnet werden.

Tabelle 7-3 Ausschnitt eines Interviews mit Karin vom 10.11.2009

T	P	Inhalt Interview 3 mit Karin vom 10.11.2009	*Karins Festlegungen*	Begrifflicher Fokus
			∞	
15	I	[...] Kannst du mir jetzt noch mal – wir haben ja gerade auch schon hochgerechnet (*im Unterricht*) – das noch mal angeben für die 10. Stelle?		
16	K	Ehm – da kommt . 7·6 kommt hinzu! 7·6 sind 42. Sind 7·6=42?	**10**: Die *Regel des Wachstums kann zur Anzahlbestimmung genutzt werden.* **3**: *Die Anzahl der Punkte in einem Muster bestimme ich durch geschicktes Bündeln und einer opt. Strukturierung.*	Hochrechnen Regel Anzahl Zuwachs Term Anzahl, Bündel Strukturierung Optimierung
17	I	Ja!		
18	K	42 und dann kommen noch .. ehm: 56!		
19	I	Wie kommst du auf die 56?		
20	K	Hier kommen ja noch 7 mal von diesen 6-Dingern dazu (*K zeigt in der 3. Stelle auf 2·3 Reihen*)! 42 und dann plus die! (*zeigt auf die Punkte der 3. Stelle und zählt dann die 2+6·3 Punkte noch einmal ab*) [...] (*K schreibt 7·6+14=56*)	**11**: *Der Term a+b·x repräsentiert die Summe eines konstanten Teilmusters (Startzahl a) und eines von der Stelle und dem Zuwachs abhängigen TM (bx).* **5a**: *Regel und Anzahlen in Folgen kann ich mit einem Term angeben.*	konst. TM var. TM Term Stelle hochrechnen Regel Anzahl Term
			∞	

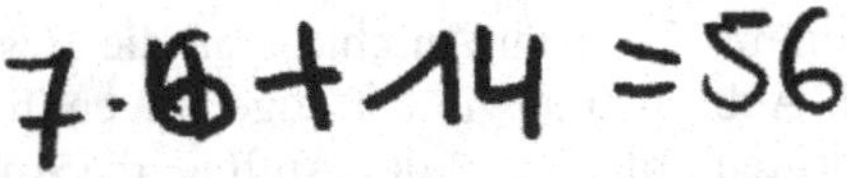

Abbildung 7-3 Karins Bearbeitung zur Berechnung der Anzahl der Punkte

In Abb. 7-3 ist Karins Bearbeitung des Auftrags dieser Szene zu sehen. Die Abbildung zeigt Karins Bearbeitung zur Berechnung der Anzahl der Punkte im 10. Folgenglied der Punktmusterfolge.

Im Interviewausschnitt wird Karin zunächst nach der Anzahl der Punkte im 10. Folgenglied gefragt. Karin antwortet mit Bezug auf die dritte Stelle der Bildmusterfolge, dass 7·6 Punkte hinzugefügt werden. Karin berechnet somit an dieser Stelle den Zuwachs der restlichen 7 Stellen zum dritten Folgeglied (vgl. Z. 16) in expliziter Form. Karin nutzt hier die Wachstumsregel der Bildmusterfolge zur Bestimmung der Anzahl der Punkte im 10. Folgenglied. Insofern kann Festlegung iFest10 rekonstruiert werden: *Die Regel des Wachstums kann zur Anzahlbestimmung genutzt werden* (cia: hochrechnen, Regel, Anzahl, Zuwachs, Term). Karin berechnet eine Gesamtsumme von 42+14=56 Punkten (vgl. Z. 18). Auf Nachfrage erklärt Karin ihren Rechenweg: Sie berechnet den Zuwachs von der dritten bis zur zehnten Stelle, indem sie den Zuwachs pro Folgenglied mit 7 multipliziert und dazu 14 addiert. Hierbei ist zu beachten, dass die dritte Stelle nicht 14, sondern 2+3·6=20 Punkte zählt. Es scheint gleichwohl in dieser Szene plausibel, dass der Fehler darauf zurückgeführt werden kann, dass Karin hier zwei Stellen vertauscht. Dieser Bestimmungsfehler jedoch ändert nichts an Karins prinzipiellem Vorgehen. Zu einer gewissen Anzahl an Punkten addiert sie den Zuwachs bis zur gewünschten Stelle nicht sukzessive und damit auf rekursive Art, sondern durch die Zusammenfassung der Zuwächse über die Stellen hinweg (mit Hilfe der Multiplikation als wiederholte Addition) und damit auf explizite Weise (genauer: $a_{10}=a_3+7\cdot6$). Hier lässt sich daher die folgende Festlegung rekonstruieren: iFest11 (*Der Term $a+b\cdot x$ repräsentiert die Summe eines konstanten Teilmusters (Startzahl a) und eines von der Stelle und dem Zuwachs abhängigen Teilmusters (bx)* (cia: konstantes und variables Teilmuster, Term, Stelle, hochrechnen)). Hinsichtlich der rekonstruierten Festlegungen lässt sich diese Situation iSit3 (*Anzahlen zu dynamischen Bildmustern explizit machen (C)*) zuordnen.

Auffällig ist der genauere Blick auf die hier rekonstruierten individuellen Festlegungen iFest10 und iFest11. Diese Festlegungen verweisen beide sowohl auf concepts-in-action, die im vorangegangenen Abschnitt einem eher statischen Umgang mit Bildmusterfolgen zugeordnet werden konnten, als auch auf concepts-in-action, die einem eher relational-dynamischen Umgang mit Bildmusterfolgen zugeordnet werden konnten. Festlegung iFest10 verweist sowohl auf die Begriffe der Anzahl und des Terms (eher statische Perspektive auf Bildmusterfolgen) als auch auf die Begriffe der Regel und der Zuwachs (eher dynamische Perspektive). Ebenso verweist Festlegung iFest11 sowohl auf den Begriff des Terms als auch auf den Begriff des konstanten bzw. variablen Teilmusters. Weiterhin verweisen beide Festlegungen auf die situationsdefinierende Tätigkeit des Hochrechnens.

Beide Festlegungen iFest10 und iFest11 geht Karin in einer Situation ein, in der sie Anzahlen von Folgegliedern berechnen muss, die sie nicht ohne weiteres aufzeichnen kann. Auch die rekursive Berechnung der Anzahl der Punkte im 10. Folgeglied führt Karin nicht durch. Handlungsleitend ist vielmehr das Konzept der *expliziten Bestimmung* von Folgegliedern. Karin geht hier einerseits die Festlegung ein, dass sie die Anzahl der Punkte in einem Muster mit Hilfe von Termen und der Zusammenfassung gleichmächtiger Teilmengen bestimmen kann, und andererseits, dass der Zuwachs pro Folgeglied 6 Punkte beträgt. Einerseits nutzt Karin die Bestimmung der Regel (iSit2: *Regeln zu dynamischen Bildmustern explizit machen (B)*) und andererseits die Berechnung der Anzahlen mit Hilfe eines Terms (iSit1: *Anzahlen zu dynamischen Bildmustern explizit machen (B)*). Die individuelle Situation iSit3 (*Anzahlen zu dynamischen Bildmustern explizit machen (C)*) also kann hinsichtlich der zugrunde liegenden Festlegungen als Verknüpfung der beiden Situationen iSit1 und iSit2 aufgefasst werden.

Vielmehr kann darüber hinaus die Entstehung der beiden neuen Festlegungen iFest10 und iFest11 als die Restrukturierung von Festlegungen entlang der Situationen iSit1 und iSit2 modelliert werden (vgl. Diagramm 7-3).

Deutlich wird in diesem Diagramm auch, inwiefern die neuen Festlegungen iFest10 und iFest11 berechtigt werden jeweils durch Festlegungen, die zwei unterschiedlichen Situationen zugeordnet werden können.

Auswirkungen hat die Entwicklung neuer Festlegungen (als Folge von Restrukturierungen von bereits eingegangenen Festlegungen) auch auf die inferentiellen Relationen von bereits eingegangenen Festlegungen. So zeigt die Rekonstruktion der inferentiellen Relationen der in dieser Szene eingegangenen Festlegungen, dass die Festlegungen aus iSit2 zur Bestimmung der Regeln in dynamischen Bildmustern (B) den Status von Berechtigungen zur Bestimmung von Anzahlen einnehmen; d.h. also für diejenigen Festlegungen, die im obigen Abschnitt zum rekursiven Umgang mit Folgen der Situation iSit1 (*Anzahlen zu dyn. Bildmustern explizit machen (B)*) zugeordnet werden konnten (iFest1→ iFest7→ iFest8→ iFest9→ iFest2 →iFest6 in iSit2 bzw. iFest1→ iFest3→ iFest4/iFest4a→ iFest5 in iSit1). Nachfolgend sind die Relationen zwischen den Festlegungen aufgeführt.

iFest1→ iFest7→ iFest8→ iFest9→ iFest2 →iFest6→ iFest4a→ iFest5a→ iFest10→ iFest11

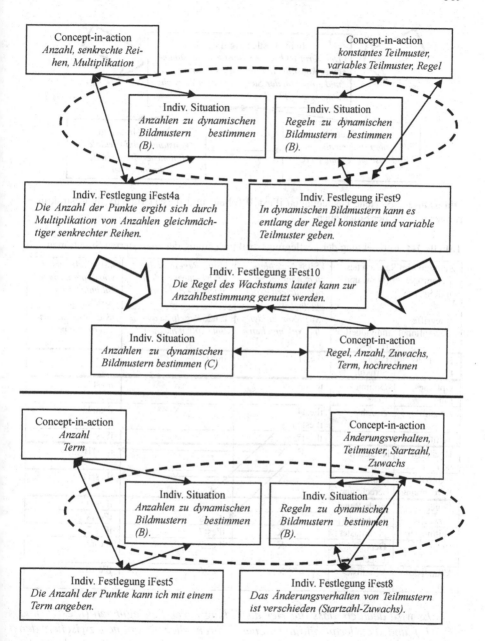

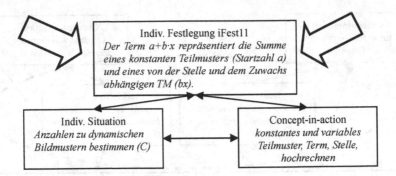

Diagramm 7-3 Neue Festlegungen iFest10 (oben) und iFest11 (unten) als Restrukturierungen entlang der Situationen

Tabelle 7-4 Entwicklung der Festlegungsstruktur entlang der analysierten Situationen

Zeitpunkt im Rahmen des Lernprozesses (konv. und ind. Sit.) →		kSit5: *Anzahlen zu dynamischen Bildmustern expl. machen -B*	kSit6: *Regeln zu dyn. Bildmustern explizit machen - B*	kSit13: *Anzahlen von dynamischen Bildmustern bestimmen -C*
↓Begriffe konventional	individuell (cia)	iSit1: *Anz. zu dyn. Bm expl. machen*	iSit2: *Regeln zu dyn. Bm explizit machen*	iSit3: *Anz. zu dyn. Bm bestimmen*
Regelmäßigkeit	Geom. Struktur	iFest1	iFest1	iFest1
Optimierung	Optimierung	iFest3	X	iFest3
Anzahl	Anzahl	iFest4 iFest4a	X	iFest4a
Term	Term	iFest5	X	iFest5a
Hochrechnen	Hochrechnen	X	X	iFest10
Explizite Berechnung	Explizite Berechnung	X	X	iFest11
Regel	arith. Regel	X	iFest9	iFest9
Zuwachs	Zuwachs	X	iFest8	iFest8
Teilmuster	Teilmuster	X	iFest7	iFest7
Regel	Geom. Regel	X	iFest2	iFest2
Visualisierung	Visualisierung	X	iFest6	iFest6

Es wird deutlich, dass die Herausbildung neuer Festlegungen (iFest10 und iFest11) und die Herausbildung neuer inferentieller Relationen zwischen den Festlegungen sehr eng miteinander verknüpft sind. Dabei geben die Analysen der

hier diskutierten Szenen genaueren Einblick in die Entstehung neuer Festlegungen als Folge von Restrukturierungen von Festlegungen. Die Tabelle 7-4 zeigt nicht nur die Entwicklung der Festlegungen im Verlauf der drei Situationen, sie zeigt darüber hinaus auch, (i) inwiefern die neuen Festlegungen durch je zwei bereits eingegangene Festlegungen aus je unterschiedlichen Situationen berechtigt werden und (ii) inwiefern die neue Situation iSit3 hinsichtlich der zugrunde liegenden Festlegungen als Verknüpfung der Situationen iSit1 und iSit2 betrachtet werden kann.

1. Zum einen zeigt die Analyse, dass die Berechnung hoher Stellen in Folgen (das Hochrechnen) als zentrale Aktivität für die Herausbildung zentraler konventionaler Festlegungen ist. Die Festlegungen iFest10 und iFest11 verweisen auf zentrale Begriffe des Lernkontextes und sie machen die komplexe inferentielle Verknüpfung von Festlegungen deutlich: Karin nutzt die Regel des Musters zur Bestimmung der Anzahl im 10. Folgenglied, sie nutzt die Regel zum Aufstellen eines adäquaten Terms und sie identifiziert unterschiedliche Wachstumsvorgänge der einzelnen Teilmuster (Startzahl – Zuwachs). Dabei werden die Bezüge z.B. zu den konventionalen Festlegungen kFest12 (*Die Regeln können zur Berechnung großer Stellen der Folge genutzt werden*, vgl. iFest10), kFest13 (*Hohe Stellen einer Zahlenfolge lassen sich mit Hilfe von Variablentermen leicht berechnen. Das x steht für die Stelle*, vgl. iFest5a) oder kFest11 (*Mit Variablen in Termen können die Regeln von Bild- und Zahlenfolgen allgemein angegeben werden*, vgl. iFest11) deutlich. Denn obwohl Karin in den hier analysierten Situationen den Variablenbegriff nicht expliziert, so geht sie dennoch Festlegungen ein, die hinsichtlich der konventionalen Festlegungen des Lernkontextes von entscheidender Bedeutung für die Herausbildung des Variablenbegriffs sind. Insofern mag es nicht verwundern, dass Karin im weiteren Verlauf des Lernkontextes keine Probleme hat, die Variable in Termen für die Explizierung der Regel von Bildmuster- und Zahlenfolgen zu nutzen.

2. Es konnte in diesem Abschnitt nicht nur gezeigt werden, wie vor dem Hintergrund des Hochrechnens als der zentralen Aktivität zur Herausbildung von Festlegungen, die auf einen propädeutischen Variablenbegriff verweisen, neue Festlegungen entstehen, es konnte darüber hinaus Einblick in die Feinstruktur der inferentiellen Restrukturierungsprozesse von Festlegungen gegeben werden. Individuelle Festlegungen, die vormals in unterschiedlichen Situationen eingegangen wurden, werden in der Situation zur Berechnung hoher Stellen miteinander verknüpft und ändern ihren Status, werden mithin zum inferentiellen Vorgänger – und das heißt zum Grund – für neue Festlegungen.

Mit Blick auf Forschungsfrage 3 zum konstruktiven Erkenntnisinteresse zeigt sich daher, dass sich die konventionale Festlegungsstruktur (exemplarisch: statische Muster (Etappe A) – dynamische Muster (Etappe B) – Berechnung hoher Stellen (Etappe B)) in diesem Fall als geeigneter Lernanlass für die Herausbildung adäquater und mathematisch-tragfähiger Festlegungen zu einem differenzierten Termbegriff und zu einem propädeutischen (und später: expliziten) Variablenbegriff darstellt.

3. Weiterhin wird deutlich, dass Karin angesichts der Berechnung hoher Stellen von Folgen Festlegungen eingeht, die auf die explizite Bestimmung von Folgegliedern verweisen. Diese Festlegungen stehen im deutlichen Kontrast zum rekursiven Umgang mit Folgen in den ersten analysierten Szenen (vgl. Tab. 7-1 und 7-2). Hier wird nicht nur das Potential des Lernkontextes mit Blick auf Forschungsfrage 3 noch einmal deutlich, sondern auch zentrale epistemologische Aspekte (Forschungsfrage 1 zum epistemologischen Erkenntnisinteresse). Die Analyse der concepts-in-action zeigt die enge Verknüpfung eines rekursiven bzw. expliziten Umgangs mit Folgen, den entsprechenden Visualisierungen in den dazugehörigen Punktmustern sowie den assoziierten mathematischen Aspekten.

Mit Hilfe des festlegungsbasierten Theorierahmens zur Analyse individueller Begriffsbildungsprozesse kann daher nicht nur die enge Verknüpfung unterschiedlicher individueller Begriffe explizit gemacht werden (vgl. dazu auch Kap. 6), sondern darüber hinaus auch die unterschiedlichen Wirkungsweisen und Einflussgrößen von verschiedenen Darstellungsmodi, Begriffen und individuellen Handlungen.

4. Durch die Berücksichtigung dieser unterschiedlichen Einflussgrößen auf den individuellen Begriffsbildungsprozess kann insbesondere der Prozess der Verdinglichung mathematischer Objekte (*reification*), auf den Sfard / Linchevski (1994) verweisen, genauer beleuchtet werden. Zentrale Annahme dabei ist, dass mathematische Objekte nicht mehr (nur) hinsichtlich ihrer operationalen, sondern zunehmend auch hinsichtlich ihrer strukturellen Dimension genutzt werden. Ein solcher Prozess konnte hier beispielhaft anhand des Termbegriffs aufgezeigt werden. Karin nutzt Terme zunächst zur Explizierung der geometrischen Strukturierung, der Term ist hier ein Werkzeug zur symbolischen Verdeutlichung der dargestellten Punktmuster. Karin nutzt den Term in iSit3 in anderer Weise: Karin nutzt den Term dort als theoretisches Objekt, das die Relationen zwischen zwei mathematischen Objekten (einem gegebenen Punktmuster an Stelle 3 und der Anzahl der Punkte im 10. Folgenglied) repräsentiert. Betrachtet man die Festlegungen, die dem Termbegriff in iSit3 zugrunde liegen, so zeigt sich, dass sich mit

einem Term nicht mehr nur Regel und Anzahlen angeben lassen (Festlegung iFest5a: *Regel und Anzahlen in Folgen kann ich mit einem Term angeben.*), sondern dass der Term selbst zum Gegenstand neuer Entdeckungen geworden ist (mit dem Term lassen sich konstante und variable Teilmuster beschreiben, vgl. iFest11).

Gleichzeitig zeigt die Analyse auch, inwiefern Karins Festlegungen zunehmend auf die Nutzung eines Kalküls verweisen. Karin berechnet die Anzahl der Punkte des 10. Folgegliedes nicht auf rekursive Weise durch die wiederholte Addition, sondern Karin fasst hier den Zuwachs der 7 fehlenden Folgeglieder zusammen und stellt einen adäquaten Term auf. Der Kontext der Lernumgebung eignet sich daher vor dem Hintergrund von Karins Festlegungsentwicklung zur Aktivierung und zunehmenden Nutzung des Kalküls vor dem Hintergrund gesicherter und mathematisch-tragfähiger Festlegungen zum Folgen-, Term- sowie propädeutischen Variablenbegriff.

5. Ein Vergleich zu den Begriffsbildungsprozessen, die für Orhan in Kapitel 6 herausgearbeitet wurden, wird hier entlang des entscheidenden Fluchtpunktes dieser Arbeit angestellt: entlang der Festlegungen.

Hinsichtlich der eingegangenen Festlegungen fällt auf, dass Karins Festlegungen (z.B. zur Bestimmung von Anzahlen in dynamischen Bildmustern) sich von Orhans Festlegungen dahingehend unterscheiden, dass Karins Festlegungen maßgeblich auf geometrische Strukturierungsbegriffe verweisen, während Orhans Festlegungen maßgeblich auf arithmetische Strukturierungsbegriffe verweisen. Exemplarisch können dazu die beiden folgenden Festlegungen gegenüber gestellt werden:

Karins Festlegung iFest4: *Die Anzahl der Punkte in einem Muster bestimme ich durch geschicktes Bündeln und eine optimale Strukturierung.*

Orhans Festlegung iFest4b: *Die zwei Faktoren des Produkts 4·5 stellen 2 disjunkte Punktmengen im Muster dar.*

Die Analyse hat gezeigt, dass Orhan die Punkte im Muster zunächst punktweise abzählt und zur so gefundenen Anzahl ein Produkt sucht, dessen Faktoren er als 2 disjunkte Mengen im Punktmuster abträgt. Orhan strukturiert das Punktmuster zunächst also entlang des Anzahlbegriffs (indem er die Anzahl durch Abzählen bestimmt) und weist der Anzahl dann ein entsprechendes Produkt zu. Karin strukturiert das Punktmuster zunächst entlang der waagerechten bzw. senkrechten Punktreihen und stellt ein Produkt (als wiederholte Addition der Reihen) bzw. eine entsprechende Summe (a+b·c) auf.

Für Orhan konnte gezeigt werden, inwiefern das Eingehen von Festlegungen, die allein auf arithmetische Strukturierungsbegriffe verweisen, Auswirkungen auf weitere Situationen im Begriffsbildungsprozess haben kann. So lassen sich Schwierigkeiten beim Fortsetzen von dynamischen Punktmusterfolgen auf mathematisch nicht-tragfähige Festlegungen zurückführen, die Orhan bereits bei der Anzahlbestimmung in statischen Bildmustern eingegangen ist. Das erklärt beispielsweise, wieso Orhan eine Festlegung wie Karins iFest11 (*Der Term a+bx repräsentiert die Summe eines konstanten Teilmusters und eines von der Stelle und dem Zuwachs abhängigen* Teilmusters) gar nicht eingehen kann: Orhan geht zu keinem Zeitpunkt seiner Begriffsbildungsprozesse Festlegungen ein, die konsequent sowohl auf die geometrische Strukturierung der Punktmuster, als auch auf die arithmetische Fortsetzbarkeit in Verbindung mit der Berechnung hoher Stellen dieser Folgen verweisen. Gleichzeitig kann hingegen auch gezeigt werden, inwiefern die Entwicklung seiner elaborierten Festlegungen zu mathematisch zentralen Begriffen (Äquivalenz, propädeutischer Variablenbegriff, Folgenbegriff als theoretisches Objekt etc.) mit der konsequenten Aktivierung von Festlegungen zu arithmetischen Strukturierungsbegriffen verknüpft ist.

Orhan entwickelt auf dieser Basis einen expliziten Umgang mit Zahlen- und Bildmusterfolgen, bei dem er zunächst die arithmetischen Gesetzmäßigkeiten ermittelt und vor diesem Hintergrund einen Term bestimmt, den er für die Berechnung gewisser Stellen in Zahlenfolgen nutzt. Einen expliziten Umgang mit Folgen, wie sich vor dem Hintergrund von Karins Festlegungen rekonstruieren lässt, findet sich bei Orhan nicht. Karins Festlegungen hingegen verweisen sowohl auf den geometrischen Zuwachs in der Folge, als auch auf die arithmetische Berechnung der 10. Stelle der Folge (mit dem Term 7·6+14=56).

7.2 Festlegungen zu Mustern: zwischen Elementarem und Elaboriertem

In diesem Abschnitt werden Karins Festlegungen zum Musterbegriff genauer untersucht. Mathematik als die Wissenschaft von Mustern und Strukturen zu begreifen, meint, dem Musterbegriff ist eine fundamentale Bedeutung zuzuschreiben. Dies gilt insbesondere für den vorliegenden Lernkontext, in dem die Variable, sowie wichtige weitere mathematische Konzepte (Äquivalenz, Term, Folge etc.) über die Erkundung von Mustern und Strukturen thematisiert werden.

Insofern rückt dieses Kapitel zwar vornehmlich Karins Festlegungsentwicklungen zum Musterbegriff in den Fokus. Dies liefert hingegen vor dem Hintergrund des spezifischen Lerngegenstandes wichtige Erkenntnisse für die Herausbildung assoziierter Begriffe (wie z.B. den der Variable). Gleichzeitig wird durch die Fokussierung auf Karins Festlegungen zum Musterbegriff die Rolle der elementaren Festlegungen für den individuellen Begriffsbildungsprozess auf interessante Weise beleuchtet. So kann exemplarisch anhand einer elementaren Festlegung gezeigt werden, welche fundamentale Bedeutung das Eingehen dieser elementaren Festlegung für den individuellen Begriffsbildungsprozess hat und inwiefern sie diesen beeinflusst. Diese Betrachtung ist insofern komplementär zu den Darstellungen der Begriffsbildungsprozesse bei Orhan, als dort gezeigt werden konnte, welche Auswirkungen das nicht-Eingehen oder nur teilweise Eingehen der elementaren Festlegungen auf den Begriffsbildungsprozess haben kann.

Elementare Festlegungen zu Mustern bei der Bestimmung von Regeln in Folgen

Die folgende Tabelle 7-5 zeigt einen Transkriptausschnitt eines Interviews mit Karin vom 10.11.2009, der bereits in Kapitel 7.2 hinsichtlich der Bestimmung von Regeln in dynamischen Bildmusterfolgen diskutiert wurde (vgl. Tab. 7-2). Eine noch feinere Untersuchung dieser Szene hinsichtlich der rekonstruierbaren Festlegungen, die Karin zugeschrieben werden können, liefert wichtige Erkenntnisse zu den eingegangenen elementaren Festlegungen. Dazu sollte an dieser Stelle mit Bezug auf Kapitel 1 und 2 angemerkt werden, dass bei den hier vorgestellten Analysen nie alle rekonstruierten Festlegungen angegeben werden (können). Es ist vielmehr im Sinne des Theorierahmens gar nicht möglich, alle eingegangenen Festlegungen anzugeben. Vielmehr sind die hier vorgestellten Festlegungen mitsamt der rekonstruierten Relationen (relevante) Ausschnitte individueller Festlegungsstrukturen.

Die folgende Abbildung 7-4 zeigt Karins Bearbeitungsschritte im ersten Teil des Interviews: Hier hat Karin zunächst die Regel der Folge bestimmt und das Muster dann demgemäß fortgesetzt.

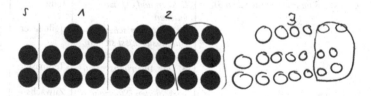

Abbildung 7-4 Die Abbildung zeigt die Punktmusterfolge, die Karin in der Szene des Interviews in Tab. 7-5 vorliegt

In der folgenden Szene beschreibt Karin die Regel der in Abb. 7-4 abgebildeten Punktmusterfolge genauer.

Tabelle 7-5 Transkript eines Interviewausschnitts mit Karin vom 10.11.2009 (vgl. Tab. 7-2)

T	P	Inhalt Interview 3 mit Karin vom 10.11.2009	Karins Festlegungen	Begrifflicher Fokus
			∞	
2	K	Da kommt immer 2 mal die drei Punkte.	**1**: *Dem Punktmuster liegen geometrische Strukturen zugrunde.* **2**: *Die Regel des Wachstums lautet: 2 (senkr.) Reihen zu je 3 Punkten werden hinzugefügt.*	Muster, geom. Struktur geom. Regel senkr. Reihen
3	I	Genau! Magst du mir das nächste Muster mal aufmalen? (*K. zeichnet* ▧↓↑↓↑↓↑) […]		
7	I	Ok. Du hast ja jetzt gerade gesagt, es kommen immer…		
8	K	2! Also hier kommen immer so! (*K zeichnet 2 Dreierreihen ein!*)	**1**: *Dem Punktmuster liegen geometrische Strukturen zugrunde.* **2**: *Die Regel des Wachstums lautet: 2 (senkr.) Reihen zu je 3 Punkten werden hinzugefügt*	Muster, geom. Struktur geom. Regel senkr. Reihen
9	I	Ok! Also hier kommen einmal 6 dazu…		
10	K	Also hier kommen erst die Punkte (*K zeigt auf die 2 Startpunkte*). Dann kommen da 6 zu (*K zeigt auf 2+2·3*). Dann ist das Bild wieder und die neuen 6, die hinzu kommen (*K zeigt auf 2+4·3*). Und dann sind die hier hinzugekommen (*K umkreist 2·3 im Punktmuster 2+6·3*).	**1**: *Dem Punktmuster liegen geometrische Strukturen zugrunde.***6**: *Durch Einkreisen lässt sich der Zuwachs visualisieren und explizit machen.* **7**: *Ein dynamisches Bildmuster lässt sich in Teilmuster gliedern.* **8**: *Das Änderungsverhalten von Teilmustern ist verschieden (Startzahl-Zuwachs).* **9**: *In dynamischen Bildmustern kann es entlang der Regel konstante und variable Teilmuster geben.*	Muster, geom. Struktur Zuwachs Visualisierung Teilmuster Teilmuster, Startzahl, Zuwachs konst. Teilmuster var. Teilmuster Regel
			∞	

Anknüpfend an die detaillierte Analyse dieser Szene in Kapitel 7.1 fällt auf, dass Karins Explizierungen der Regel in dieser Szene insbesondere die Festlegung iFest1 (*Dem Punktmuster liegen geometrische Strukturen zugrunde.* (cia: Muster, geom. Struktur)) zugrunde liegt. Insofern lässt sich die Festlegung iFest1 in jedem von Karins Turns (bzw. den entsprechenden Zeilen) in der obigen Tabelle 7-5 rekonstruieren (auch wenn diese davon abweichend in Tabelle 7-2 nicht in jedem Turn aufgeführt sind). Insbesondere konnte in Kapitel 7.1 herausgearbeitet werden, dass diese Festlegung eine basale Rolle im inferentiellen Festlegungsgefüge dieser Szene spielt (vgl. dazu die entsprechende Rekonstruktion iFest1→ iFest7→ iFest8→ iFest9→ iFest2 →iFest6 in Kap. 7.1).

Ferner fällt der hohe Grad an begrifflicher Übereinstimmung mit der folgenden Festlegung E1 auf:

E1. (Viele) Bildmuster und Zahlenfolgen weisen Strukturen und Regelmäßigkeiten auf.

Zwar verweist die Festlegung iFest1 auf Punktmuster und auf geometrische Strukturen, während das begriffliche Spektrum der elementaren Festlegung E1 nicht auf diese beschränkt ist, sondern vielmehr auch Zahlenfolgen und arithmetische Strukturen mit einschließt. Allerdings ist in diesem Zusammenhang zu beachten, dass eine Ausweitung des mathematischen Gegenstandsbereiches auf Zahlenfolgen – aus konventionaler Perspektive – in dieser Situation gar nicht erforderlich ist.

Insofern verweist beispielsweise Karins Festlegung iFest8 *Das Änderungsverhalten von Teilmustern ist verschieden (Startzahl-Zuwachs)*) auf die (berechtigende) Festlegung iFest1 bzw. auf die elementare (konventionale) Festlegung E1. Karin macht hier die relationale bzw. dynamische Struktur der Bildmusterfolge explizit, indem sie den Zuwachs der Folge von Glied zu Glied identifiziert und sich dabei auf die entsprechenden Teilmuster der Folgenglieder bezieht.

Im nächsten Abschnitt wird die Rolle der elementaren Festlegungen in Situationen zur Berechnung hoher Stellen in Folgen genauer betrachtet.

Elementare Festlegungen zu Mustern bei der Berechnung hoher Stellen in Folgen

Die folgende Interviewszene entstammt einem Interview vom 17.11.2009, das mit Karin nach Durchführung der Untersuchung geführt wurde. Karin bekommt hier zunächst ein Punktmuster vorgelegt (vgl. Abb. 7-5). Sie setzt das Punktmuster fort und bestimmt so die vierte Stelle des Musters. Danach wird sie gebeten, einen Term zu diesem Muster anzugeben. Danach wird Karin gefragt, wie viele Punkte sich an der 100. Stelle befinden würden. Karin notiert daraufhin die folgende Rechnung (vgl. Abb. 7-5): 3+100·6=603.

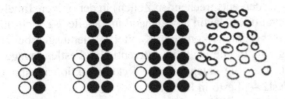

$$3 + x \cdot 6$$
$$3 + 100 \cdot 6 = 603$$

Abbildung 7-5 Dargestellt ist hier das Ergebnis von Karins ersten drei Bearbeitungsschritten im Vorlauf der Interviewszene

Im Anschluss an diese ersten drei Bearbeitungsschritte wird Karin gefragt, ob es ein Punktmuster gebe, das 1203 Punkte aufweise. Hinsichtlich der konventionalen Festlegungen, die der folgenden Szene zugrunde liegen, lässt sich diese Situation kSit16 (*Aussagen zu dynamischen Bildmustern beurteilen (C)*) zuordnen (vgl. für eine detaillierte Analyse der konventionalen Struktur von kSit16 die Analyse der strukturell ähnlichen Situation kSit20 Kapitel 4.2).

Auf die Frage des Interviewers, ob es ein Bild mit 1203 Punkten gebe, gibt Karin an: „Vielleicht 2 – eh – ja, gibt es!" (vgl. Z. 16) An dieser Stelle ist es plausibel davon auszugehen, dass Karin zunächst die Idee hat, dass möglicherweise die Stelle 200 eine Anzahl von 1203 Punkten aufweist („vielleicht 2"). Danach berechnet sie die Anzahl der Punkte an der 200. Stelle im Kopf und erhält das gewünschte Ergebnis. Insbesondere vor dem Hintergrund ihrer anschließenden Erklärung („200·6 sind ja 1203", Z. 16) ist diese Deutung wahrscheinlich. Unabhängig davon jedenfalls findet Karin offenbar eine Rechnung auf der Grundlage der Regel der Bildmusterfolge, an der diese Folge 1203 Punkte hat. Karin erklärt daraufhin ihre Überlegung in Z. 18 genauer: „Das ist ja das Doppelte von 603! Hab ich einfach 200·6." Bemerkenswert hier ist, dass Karin sich auf den Begriff *des Doppelten* bezieht. Häufig verwenden Schülerinnen und Schüler im Rahmen des Lernkontextes diesen Begriff im Zusammenhang mit der (aus konventionaler Sicht: falschen) Proportionalitätsannahme für Folgen (z.B. für die Folge mit der Regel 5+3x): *Wenn das 100. Folgenglied 305 Punkte aufweist, sind im 1000.*

Folgenglied 3050 Punkte. Diese Annahme ist natürlich für die hier beschriebene Folge falsch, denn das 1000. Folgenglied hätte 5+1000·3=3005 Punkte). In der hier analysierten Szene kann die Proportionalitätsannahme allerdings vor dem Hintergrund von Karins weiterer Erklärung für ihre Festlegungen ausgeschlossen werden. Denn sie sagt weiter in Z. 18: „Hab ich einfach 200·6" bzw. „200·6 sind ja 1200+3" in Z. 16. Karin findet hier eine richtige Rechnung und orientiert sich dabei an den konstant bleibenden Startpunkten und dem variablen Teilmuster in Abhängigkeit von der Stelle.

Tabelle 7-6 Transkript eines Interviewausschnitts mit Karin

T	P	Inhalt Interview 4 mit Karin vom 17.11.2009	Karins Festlegungen	Begriff- licher Fokus
		∞		
15	I	Ok, 603. Also im 100. Bild sind 603. Jetzt würd mich interessieren, ob die Zahl 1203 Teil der Punkt-folge hier ist – ob es ein Bild gibt mit 1203 Punkten.		
16	K	Vielleicht 2 – eh – ja gibt es! 200·6 sind ja 1200+3!	**12**: *Eine Zahl p ist Teil der Folge, wenn es eine Stelle gibt, so dass die Summe von Startzahl mit „Stelle mal Zuwachs" die Zahl p ergibt.*	explizite Berech-nung Folge Stelle
17	I	Ok. Wie hast du das jetzt rausgekriegt so schnell?		
18	K	Ich hab das einfach hier – weil das sind ja 603! Das ist ja das doppelte von 603 (*zeigt auf 1203*)! Hab ich einfach 200·6.	**1a**: *(Viele) Bildmuster und Zahlenfolgen weisen Strukturen und Regel-mäßigkeiten auf.* **10**: *Die Regel des Wachstums kann zur expliziten Anzahlbe-stimmung genutzt wer-den.* **11**: *Der Term a+bx repräsentiert die Summe eines konstanten Teil-musters (Startzahl a) und eines von der Stelle und dem Zuwachs abhängi-gen TM (bx).*	Muster Struktur explizite Berech-nung Regel, Zuwachs Anzahl konst. TM var. TM Term Stelle hochrech-nen
		∞		

Es können daher (neben iFest10 und iFest11) die folgenden Festlegungen rekonstruiert werden:

iFest12: *Eine Zahl p ist Teil der Folge, wenn es eine Stelle gibt, so dass die Summe von Startzahl mit „Stelle mal Zuwachs" die Zahl p ergibt.* (cia: explizite Berechnung, Folge, Stelle)

iFest1a (=E1): *Viele Bildmuster und Zahlenfolgen weisen Strukturen und Regelmäßigkeiten auf.* (cia: Muster, Struktur)

Hier zeigt sich zum einen, dass Karin mit der Festlegung iFest12 eine weitere Festlegung eingeht, die als neue Festlegung als Ergebnis eines Restrukturierungsprozesses von Festlegungen entlang der Situationen erklärt werden kann (vgl. hierzu in ähnlicher Weise die Argumentation aus Kapitel 7.1). Die Festlegung iFest12 verweist vor dem Hintergrund der Berechnung hoher Stellen von Folgen sowohl auf die arithmetischen Strukturierungsbegriffe des *Terms*, der *expliziten Berechnung* sowie des *Zuwachs*, wie auch auf die geometrischen Strukturierungsbegriffe der *Startzahl* und der *Stelle*. Gleichzeitig liegt dieser sehr elaborierten Festlegung die (berechtigende) Festlegung iFest1a zugrunde, die der elementaren Festlegung E1 entspricht. Karin nutzt in dieser Szene nicht nur die geometrischen Regelmäßigkeiten der Bildmusterfolge, sondern darüber hinaus auch die arithmetischen Gesetzmäßigkeiten zur Beantwortung der Frage, ob es eine Stelle mit 1203 Punkten gebe. Insofern lässt sich diese Situation der folgenden individuellen Situation zuordnen:

iSit4: *Aussagen zu dynamischen Bildmustern beurteilen (C)*

Die Rekonstruktion der inferentiellen Relationen dieser Szene macht deutlich, inwiefern die Festlegung iFest1a zentral für Karins Begründungszusammenhang ist:

iFest1a (*Viele Bildmuster und Zahlenfolgen weisen Strukturen und Regelmäßigkeiten auf.* (cia: Muster, Struktur))

↓

iFest10 (*Die Regel des Wachstums kann zur expliziten Anzahlbestimmung genutzt werden.* (cia: explizite Berechnung, Term, Regel, Anzahl, Zuwachs))

↓

iFest11 (*Der Term a+bx repräsentiert die Summe eines konstanten Teilmusters (Startzahl a) und eines von der Stelle und dem Zuwachs abhängigen Teilmusters (bx).* (cia: konstantes und variables Teilmuster, Term, Stelle))

↓

iFest12 (*Eine Zahl p ist Teil der Folge, wenn es eine Stelle gibt, so dass die
Summe von Startzahl mit „Stelle mal Zuwachs" die Zahl p ergibt.*
(cia: explizite Berechnung, Folge, Stelle))

Es wird deutlich, dass Karin für die Beurteilung der Aussage zu der Folge
zunächst die Regel nutzt und dann die Anzahl von Punkten im 200. Folgenglied
berechnet. Bevor Karin demnach Stellung nimmt zu der Frage, ob es eine Stelle
mit 1203 Punkten gebe, bestimmt sie zunächst die Anzahl von Punkten in einem
Folgenglied. Hinsichtlich der zugrunde liegenden Festlegungen kann dies der
Situation iSit3 (*Anzahlen zu dynamischen Bildmustern explizit machen (C)*) zugeordnet werden. Insofern erweitert sich damit insbesondere das Inferenzenge-
füge, das bereits in Kap. 7.1 für die Situation iSit3 rekonstruiert werden konnte,
für die Situation iSit4 (*Aussagen zu dynamischen Bildmustern beurteilen (C)*) wie
folgt:

iFest1a→ iFest7→ iFest8→ iFest9→ iFest2 →iFest6→ iFest4a→ iFest5a→
iFest10→ iFest11→ iFest12

Die Analyse offenbart unterschiedliche Phänomene im Verlauf des Begriffsbildungsprozesses. Einerseits lässt sich beobachten, dass sowohl die Festle-
gungs- als auch die Inferenzenstruktur an Komplexität zunimmt und sich entlang
der konventionalen Struktur des Lernkontextes erweitert und ausdifferenziert.
Andererseits zeigt sich die fundamentale Bedeutung der elementaren Festlegung
für den Begriffsbildungsprozess selbst. Zusammen mit den Ergebnissen aus Kapitel 7.1 zeigt sich, dass die Festlegung iFest1 bzw. die Festlegung iFest1a, also
die konventionale elementare Festlegung E1, allen Situationen iSit1-iSit4 zugrunde liegt. Sie erweist sich damit als fundamental im Zusammenhang mit der
zunehmenden Komplexisierung der Inferenzen und der eingegangen Festlegungen. Als elementare stoffliche Bausteine des Lernkontextes erweisen sich die
elementaren Festlegungen daher in gewissem Sinne in komplementärer Art und
Weise als fundamental für die individuellen Begriffsbildungsprozesse im Rahmen
des Lernkontextes.

Die folgende Tabelle 7-7 zeigt den Verlauf der Festlegungen entlang der hier
analysierten Szenen. Dabei ist die elementare Festlegung E1 in Zeile 1 der Tabelle hervorgehoben.

Tabelle 7-7 Entwicklung der Festlegungsstruktur entlang der hier analysierten Szenen

Zeitpunkt im Rahmen des Lernprozesses (konv. und ind. Sit.) → ↓Begriffe konventionell / individuell (cia)		kSit6: *Regeln zu dyn. Bildmustern explizit machen - B* iSit2: *Regeln zu dyn. Bm explizit machen*	kSit16: *Aussagen zu dynamischen Bildmustern beurteilen (C)* iSit4: *Aussagen zu dynamischen Bildmustern beurteilen (C)*
Regelmä-ßigkeit	Regel Struktur	iFest1: *Dem Punktmuster liegen geometrische Strukturen zugrunde.*	iFest1a: *(Viele) Bildmuster und Zahlenfolgen weisen Strukturen und Regelmäßigkeiten auf.*
Regel	arith. Regel	iFest9	iFest9
Zuwachs	Zuwachs	iFest8	iFest8
Teilmuster	Teilmuster	iFest7	iFest7
Regel	Geom. Regel	iFest2	iFest2
Visualisie-rung	Visualisie-rung	iFest6	iFest6
Hochrech-nen	Hochrech-nen	X	iFest10
Explizite Berechnung	Explizite Berechnung	X	iFest11
Folge	Bildfolge Zahlenfolge	X	iFest12
Optimie-rung	Optimie-rung	X	iFest3
Anzahl	Anzahl	X	iFest4a
Term	Term	X	iFest5a

Von besonderer Aussagekraft ist die hier aufgezeigte Entwicklung angesichts der expliziten Verwendung der Variable in iSit4. Karin nutzt dort die Variable zur Angabe der Regel der Bildmusterfolge. In einem Heftdokument in Abb. 7-6 bearbeitet Karin eine Aufgabe, in der sie Ole (Charakter des Lernkontextes) helfen soll, zu einer gegebenen Mauerfolge (Folge aus Holzklötzen, vgl. Abb. 7-6 oben) eine Begründung zu der Aussage zu geben, dass die Regel der Folge durch den Term 7+4·x angegeben werden kann.

Karin bearbeitet diese Aufgabe in der letzten Stunde der Durchführung der Untersuchung. In dieser Aufgabe wird Karin – aus konventionaler Perspektive – aufgefordert, den Zusammenhang von Mauerfolge und Term zu erklären. Dabei kann entlang der Bearbeitung der Aufgabe folgende Festlegung rekonstruiert werden:

iFest13: *In einem Term a+b·x steht a für die Startzahl, b für die Schrittlänge und x für die Stelle.* (cia: Term, Startzahl, Schrittlänge, Stelle, Variable)

27 **Mauerfolgen**

Till hat eine Folge von Mauern gebaut:

a) Ole sagt, dass sich die benötigte Würfelzahl durch den Term 7 + 4·x beschreiben lässt. Hilf Ole, das zu begründen.

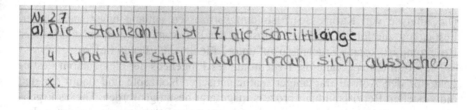

Abschrift des Heftauszugs:
„a) Die Startzahl ist 7, die Schrittlänge 4 und die Stelle kann man sich aussuchen x."

Abbildung 7-6 Aufgabe 27 (oben), Karins Bearbeitung der Aufgabe 27a vom 17.11.2009 und eine Abschrift ihrer Bearbeitung (unten).

Mit Blick auf das concept-in-action der Variable, auf das diese Festlegung verweist, verdeutlicht die Bearbeitung den Werkzeugcharakter, den Karin der Variable in dieser Aufgabe zuweist. Der Term und die Variable stellen in diesem Zusammenhang gleichsam eine Art der Aufforderung dar, eine bestimmte Stelle zu berechnen. Ist die Stelle unbestimmt, so *kann man sich diese aussuchen*, schreibt Karin. Gemessen an den stofflichen Zielsetzungen des Lernkontextes entspricht diese Beschreibung den Anforderungen, die erwartet werden können. Die Analysen der Begriffsbildungsprozesse von Orhan sowie die Analysen zu Karins Begriffsbildung sprozessen in Kapitel 7.1 zeigen darüber hinaus, inwiefern eingegangene Festlegungen auf propädeutische und noch nicht explizite

Begriffe verweisen, die das fachliche Niveau dieser Explizierung sogar noch übersteigen.

Karins Bearbeitung dieser Aufgabe V27 zeigt darüber hinaus aber deutlich, inwiefern der Festlegung iFest13 die Festlegung iFest1a (und damit die elementare Festlegung E1) zugrunde liegt. Karin bringt mit der Aufgabenbearbeitung zum Ausdruck, dass sie unterschiedliche (strukturierende und im linearen Fall invariante) Merkmale der Mauerfolge erkennt (Schrittlänge und Startzahl) und diese für die Berechnung beliebiger Stellen der Folge nutzen kann. Insofern weist auch diese Folge gewisse Muster auf, die sich sowohl auf geometrischer als auch auf arithmetischer Ebene beschreiben lassen.

Zwischen Elementarem und Elaboriertem: Fazit zu Festlegungen zu Mustern

Die Analyse von Karins Begriffsbildungsprozessen entlang einer spezifischen Festlegung, die für die stoffliche Substanz des Lernkontextes von entscheidender Bedeutung ist, konnte Ergebnisse auf unterschiedlichen Ebenen liefern.

1) Zum einen konnte die Bedeutung des Eingehens der elementaren Festlegung für den Aufbau tragfähiger mathematischer Konzepte und damit für den individuellen Begriffsbildungsprozess insgesamt bestätigt werden. Dieses Ergebnis vervollständigt die Diskussion der elementaren Festlegungen im ersten Teil dieser Arbeit in komplementärer Weise. Dort konnten die elementaren Festlegungen hinsichtlich der stofflichen Anlage des Lernkontextes als die entscheidenden Bausteine identifiziert werden, weil sie inhaltlich ein reduziertes Festlegungsnetz aufspannen, das den inhaltlichen Kern der Arbeit absteckt. Gleichzeitig können sie den Konstruktionsprozess von Lernkontexten unterstützen. In diesem Kapitel konnte nun auch deren Bedeutung für den Begriffsbildungsprozess als individuell eingegangene Festlegungen aufgezeigt werden. Die Tabellen 7-4 und 7-7 zeigen in diesem Zusammenhang, inwiefern Karin die Festlegung iFest1 bzw. iFest1a (bzw. die elementare Festlegung E1) in allen hier analysierten Situationen eingeht. Gleichzeitig zeigt die genauere Betrachtung der jeweiligen Inferenzen dieser Situationen, dass die Festlegungen iFest1 bzw. iFest1a Berechtigung für alle weiteren eingegangenen Festlegungen geben. Dies macht den besonderen Status der elementaren Festlegung E1 – nicht nur für die konventionale Festlegungsstruktur des Lernkontextes, sondern auch – für die individuellen Festlegungsstrukturen deutlich.

Damit kann nicht nur gezeigt werden, dass die elementare Festlegung E1 Karins Handeln in einer Vielzahl von Situationen zugrunde liegt, sondern darüber hinaus auch, dass das (individuelle) Eingehen der elementaren Festlegung von übergeordneter Bedeutung für die Entwicklung der individuellen Festlegungen, für die Entwicklung der inferentiellen Relationen zwischen den Festlegungen, für erfolgreiches Handeln im Lernkontext, sowie für die individuellen Begriffsbildungsprozesse sind. Im Hinblick auf Forschungsfrage 4 zum mathematikdidaktischen Erkenntnisinteresse dieser Arbeit wird mit den elementaren Festlegungen daher ein Analyseinstrument genutzt, das nicht nur den Lernkontext gliedert, sondern das sich entlang der Ergebnisse, die es hervorbringt, als entscheidend für die Analyse individueller Begriffsbildungsprozesse herausstellt. Mit Bezug auf Forschungsfrage 2 zum empirischen Erkenntnisinteresse kann gezeigt werden, wie individuelle Begriffsbildungsprozesse aus festlegungsbasierter Perspektive verlaufen können, sich im Rahmen des Lernkontextes bei Karin mathematisch tragfähige Festlegungen herausbilden und welche Rolle in diesem Prozess die elementaren Festlegungen spielen.

2) Weiterhin konnte gezeigt werden, dass die Situationen zwar hinsichtlich der inferentiellen Relationen der (gegebenen) Festlegungsstrukturen komplexer werden können (und zwar sowohl in konventionaler als auch in individueller Dimension), dass von dieser Komplexität der Situation allerdings das (individuelle) Eingehen der elementaren Festlegung unabhängig zu sein scheint.

3) In Kapitel 2.4 konnten vor dem Hintergrund der festlegungsbasierten Perspektive auf individuelle Begriffsbildungsprozesse sowie vor dem Hintergrund des daraus abgeleiteten forschungspraktischen Auswertungsschemas unterschiedliche Verläufe von individuellen Begriffsbildungsprozessen identifiziert werden. Diese Verläufe wurden entlang spezifischer Festlegungsentwicklungen charakterisiert.

Mit Bezug auf die Tabellen 2-5 (zur Typisierung eines erfolgreich verlaufenden individuellen Begriffsbildungsprozesses) und 7-4 bzw. 7-7 (zur Beschreibung von Karins Festlegungsentwicklungen) zeigt ein Vergleich an, dass Karin mit Blick auf die hier untersuchten Begriffe (Muster, Term, Regel, Variable (propädeutisch) etc.), sowie die hier untersuchten Situationen (iSit1-iSit4) einen erfolgreichen Begriffsbildungsprozess durchlaufen hat (vgl. Forschungsfrage 2 zum empirischen Erkenntnisinteresse)

4) Ein Vergleich mit Orhans Begriffsbildungsprozessen, die in Kapitel 6 herausgearbeitet wurden, zeigt auf, inwiefern Orhans Festlegungen gerade hinsichtlich der elementaren Festlegung E1 maßgeblich auf arithmetische Strukturierungsbegriffe verweisen. Insofern nutzt Orhan – anders als Karin – die geometrischen Zuwächse nicht für die Beschreibung der Muster in den Bildfolgen. Gleichwohl zeigt die Analyse auch, dass Orhan im Verlauf der Situationen Fest-

legungen herausbildet, die auf mathematisch tragfähige – und für den Rahmen des Lernkontextes sehr elaborierte – Begriffe (Äquivalenzkonzept, Folge als theoretisches Objekt) verweisen.

Insofern kann gerade die jeweilige Spezifität der individuellen Begriffsbildungsverläufe exemplarisch entlang des Eingehens bzw. nur teilweisen Eingehens der elementaren Festlegung E1 verdeutlicht werden. Auch dies macht die – analytische und forschungspraktische – Kraft dieses Analyseinstruments explizit (vgl. Forschungsfrage 4 zum mathematikdidaktischen Erkenntnisinteresse).

8 Zusammenfassung und Perspektiven

„Verstehen ist so nicht mehr das Anknipsen eines kartesischen Lichts, sondern wird als praktische Beherrschung einer bestimmten Art inferentiell gegliederten *Tuns* verstanden (...). Nach dieser inferentialistischen Betrachtungsweise ist klares Denken eine Sache des Wissens, worauf man sich mit jeder seiner Behauptungen festgelegt hat und was zu dieser Festlegung berechtigen würde" (Brandom 2000, S. 193).

Es gehört zu einer der zentralen Grundannahmen dieser Arbeit, dass es unsere Festlegungen sind, die die kleinsten Einheiten des Denkens und Handelns darstellen. *In* Festlegungen denken wir und *mit* Festlegungen handeln wir. Festlegungen können als Gründe für weitere Festlegungen dienen und aus ihnen ergeben sich Konsequenzen für die Verwendung von Begriffen. Festlegungen sind insofern inferentiell gegliedert. Festlegungen eingehen und Festlegungen zuweisen sind spezifische Formen des praktischen Handelns, das unserem Begriffsgebrauch zugrunde liegt.

Aus dieser Idee heraus wurde im Verlauf dieser Arbeit die Perspektive entwickelt, die individuelle Begriffsbildungsprozesse im Mathematikunterricht auf die Entwicklung von Festlegungen, Berechtigungen und Inferenzen zurückführt. Lernen wird als das zunehmende Beherrschen tragfähiger inferentieller Relationen zwischen Festlegungen aufgefasst: individuelle Begriffsbildung vollzieht sich nur da, wo wir praktisch handeln, Festlegungen eingehen und Festlegungen zuweisen. Im ersten Teil dieser Arbeit wurde daher ein *Begriffsbildungsbegriff* fundiert, der vollständig auf Festlegungen als kleinste Einheiten des Denkens und Handelns zurückgeführt wird und der darüber hinaus Keimzelle des forschungspraktischen Auswertungsschemas ist.

Vor dem Hintergrund dieser Annahmen wurde in einer explorativen Studie untersucht, inwiefern sich individuelle Begriffsbildungsprozesse über die Beschreibung von Festlegungsentwicklungen beschreiben lassen.

Die Ergebnisse und die Perspektiven werden im Folgenden entlang der Forschungsfragen zusammengefasst.

Forschungsfrage 1 zum epistemologischen Erkenntnisinteresse: *Inwiefern lassen sich Begriffsbildungsprozesse als die Entwicklung von Festlegungen erklären, strukturieren und verstehen?*

Vor dem Hintergrund der umfassenden theoretischen Fundierung der festlegungsbasierten Perspektive auf individuelle Begriffsbildungsprozesse sowie angesichts des ebenfalls festlegungsbasierten forschungspraktischen Auswertungsschemas konnte erwartet werden, dass sich individuelle Begriffsbildungsprozesse grundsätzlich als die Entwicklung von Festlegungen darstellen lassen. Angesichts der detaillierten Fallbetrachtungen der Begriffsbildungsprozesse von Orhan und Karin, die entlang der individuellen Festlegungsentwicklungen durchgeführt wurden, belegen die Ergebnisse der empirischen Erhebung diese Vermutung in mehrfacher Hinsicht:

- Hinsichtlich der individuellen Begriffsbildungsprozesse selbst zeigen die beiden Fälle sehr spezifische Entwicklungsverläufe auf. So lässt sich bei Karin ein Begriffsbildungsprozess beschreiben, der entlang der konventionalen begrifflichen Struktur des Lernkontextes, sowie entlang der Lernziele sehr geradlinig verläuft. Viele der Festlegungen, die Karin eingeht, entsprechen den konventionalen Festlegungen, die in den entsprechenden Situationen dem Lernkontext zugrunde liegen. Orhans Begriffsbildungsprozess zeichnet aus, dass sich seine individuell eingegangenen Festlegungen häufig nicht an der konventionalen Struktur des Lernkontextes orientieren. Auf diese Weise können Hürden und Umwege im Lernprozess identifiziert werden. Gleichzeitig bildet Orhan vor dem Hintergrund der arithmetischen concepts-in-action, die für seine Festlegungen handlungsleitend sind, mathematisch tragfähige – wiederum gemessen an der konventionalen Struktur des Lernkontextes – (prä-) algebraische Strukturbegriffe heraus. Die untersuchten Fallbeispiele zeigen daher, dass individuelle Begriffsbildungsprozesse in differenzierter und individuell sehr spezifischer Weise sowohl hinsichtlich des Leistungsspektrums, als auch hinsichtlich des Verlaufs der Entwicklungen über Festlegungen, Berechtigungen und Inferenzen darstellbar sind.

- Damit sich individuelle Begriffsbildungsprozesse mit Hilfe individueller Festlegungen darstellen lassen, muss der Theorierahmen über gewisse Merkmale verfügen. So konnte zum einen die Entstehung neuer Festlegungen im Einzelfall nachvollzogen werden (vgl. hierzu Kap. 6.1). In diesem Zusammenhang muss betont werden, dass Ziel dieser Arbeit nicht ist, solche Entstehungsprozesse im Sinne einer Beschreibung von Lernmomenten in systematischer Weise nachzuvollziehen, sondern insbesondere längerfristig (über einen Zeitraum von mehreren Wochen) angelegte Begriffsbildungsprozesse entlang des Vergleichs von Lernständen genauer zu betrachten. Betrachtet werden hier stattdessen Entwicklungsprozesse von Festlegungen und Inferenzen über verschiedene Situationen und Lernstände hinweg und damit über einen längerfristigen Zeitraum (von etwa 4-5 Wochen). Insofern konnte die Entwicklung von Festlegungen nicht nur in kurzfristiger Hinsicht in spezifischen Situationen, sondern insbesondere auch situationsübergreifend in langfristiger Hinsicht für beide Fallbeispiele herausgearbeitet werden. Darüber hinaus konnten unterschiedliche Typen von Festlegungen charakterisiert werden. Die elementaren Festlegungen stellen in diesem Zusammenhang eine bedeutende Klasse von Festlegungen im Rahmen von Lernkontexten dar, weil sie – auf konventionaler Seite – auf die fachinhaltliche Substanz des Lernkontextes verweisen. Es konnte daher sowohl gezeigt werden, inwiefern elementare Festlegungen in erfolgreich verlaufenden Begriffsbildungsprozessen konsequent eingegangen werden, als auch, inwiefern das nur teilweise oder nicht-Eingehen der elementaren Festlegungen zu Hürden in Begriffsbildungsprozessen führen kann.

Obwohl also die Annahme, dass sich individuelle Begriffsbildungsprozesse auf Festlegungen, Berechtigungen und Inferenzen zurückführen lassen, bestätigt werden konnte, so hat erst die empirische Studie die genaue Ergebnisstruktur, die sich mit einem festlegungsbasierten Theorierahmen angeben lässt, genauer ausgeschärft. Es wurden hierzu innovative Merkmale der festlegungsbasierten Perspektive hinsichtlich der Frage identifiziert, inwiefern eine ebensolche Perspektive überhaupt geeignet scheint, individuelle Begriffsbildungsprozesse genauer zu beschreiben, zu strukturieren und zu verstehen.

- Eine genauere Analyse der concepts-in-action hat erste Anzeichen für eine stoffgebundene Charakterisierung der Fallbeispiele geliefert. Aufgrund der kleinen Fallzahl, die im Rahmen des qualitativen Designs vor dem Hintergrund des Erkenntnisinteresses dieser Arbeit durchaus angemessen ist, lassen die Ergebnisse keine generalisierbaren Aussagen zu. Gleichwohl konnten entlang der handlungsleitenden Begriffe in den untersuchten Situationen Muster herausgearbeitet werden, die zumindest für Orhan auf ein scharfes Profil hinweisen. So geht Orhan in fast allen Situationen Festlegungen ein, bei denen arithmetische Begriffe handlungsleitend sind (z.B. arithmetische Strukturierungsbegriffe beim Umgang mit dynamischen Bildmusterfolgen). Orhan könnte in diesem Zusammenhang prototypisch für ein *arithmetisches Fallbeispiel* im Umgang mit Bildmuster- und Zahlenfolgen stehen. Mit Blick auf das epistemologische Erkenntnisinteresse ist es wohl eines der überraschendsten Ergebnisse dieser Arbeit, dass sich eine solche Charakterisierung im Lichte der festlegungsbasierten Perspektive auf individuelle Begriffsbildung abzeichnet. Denn einerseits ist diese Arbeit gar nicht mit dem Ziel angetreten, solche Charakterisierungen herauszuarbeiten bzw. vorzunehmen. Andererseits dient die lokale Integration der Theorie der Conceptual Fields (Vergnaud 1996a) in den epistemologischen Gesamtrahmen insbesondere dazu, die epistemischen Handlungen der Schülerinnen und Schüler beim Mathematiktrei-

ben genauer zu untersuchen. Die concepts-in-action stellen in diesem Zusammenhang nämlich ein geeignetes Analyseinstrument dar, genauer zu untersuchen, entlang welcher Kategorien, Begriffe oder Darstellungen wir Informationen auswählen und Festlegungen eingehen. Es sollte Aufgabe weiter-
gehender Studien sein, die Merkmale und Abgrenzungen solcher Charakterisierungen möglicherweise mit Hilfe von Typenbildungen für den hier zugrunde liegenden Gegenstandsbereich, aber auch darüber hinaus in festlegungsbasierter Perspektive herauszuarbeiten.

- Weiterhin weisen die Ergebnisse der empirischen Erhebung auf unterschiedliche Entstehungsmodi individueller Festlegungen hin. Die Entstehung neuer
Festlegungen konnte in diesem Zusammenhang sowohl als Restrukturierungsprozess entlang der Situationen als auch entlang der Begriffe modelliert
werden. Dieses Ergebnis zeigt insbesondere, dass sich die theoretisch erarbei-
teten Entstehungsmodi individueller Festlegungen an den empirischen Daten
wiederfinden lassen.

- Ein weiteres Merkmal der festlegungsbasierten Perspektive auf individuelle
Begriffsbildung ist die innovative Perspektive auf das Verständnis von *Propädeutik*. Die Ergebnisse der Erhebung haben gezeigt, inwiefern mit der hier
vorliegenden Arbeit ein Konzept von *Propädeutik* instituiert wird, das auf die
Analysewerkzeugen individueller und konventionaler Festlegungen zurückgeführt werden kann. So konnte beispielsweise für Orhan herausgearbeitet werden, inwiefern er Festlegungen eingeht, die auf den Variablenbegriff verweisen, obwohl dieser gleichsam nicht explizit ist. So konnten individuelle *Begriffsbildungen* über die Anfänge im Umgang mit statischen Punktmustern bis
hin zur expliziten Verwendung der Variable verdeutlicht werden. Die Funkti-
onalität eines so verstandenen Begriffs von *Propädeutik* zeigt sich im Rahmen
der vorliegenden Untersuchung aber insbesondere auch in denjenigen Situationen, in denen gewisse Begriffe auf propädeutischer Ebene verwendet werden, ohne dass sie gleichsam im weiteren Verlauf explizit gemacht werden.
Orhan geht zum Beispiel Festlegungen ein, die auf den Folgenbegriff als theoretisches Objekt mit vielfältigen algebraisch wichtigen Eigenschaften verweisen.

Die Art der Darstellung der beiden Falluntersuchungen zeigt darüber hinaus,
inwiefern individuelle Begriffsbildungsprozesse in festlegungsbasierter Perspektive entlang des Erkenntnisinteresses auf unterschiedliche Weise strukturiert
werden können. Im Falle von Orhan wurde der Zugang über eine möglichst umfassende Darstellung seiner individuellen Begriffsbildungsprozesse entlang der
konventionalen Struktur des Lernkontextes gewählt. Auf diese Weise konnten
erste Anzeichen für eine Charakterisierung sowie die Entwicklung seiner Festle-

gungen entlang der Vielzahl von Begriffen, die Orhan nutzt, herausgearbeitet werden. Auf diese Weise entsteht ein differenziertes Bild, das das Spektrum der im Rahmen des Lernkontextes verwendeten Festlegungen und Begriffe aufzeigt. Die Darstellungen zum Fallbeispiel Karin zeigen, inwiefern gleichermaßen fachspezifische Gesichtspunkte und Erkenntnisinteressen in den Mittelpunkt der Untersuchung gerückt werden können. So konnte für Karin sowohl die spezifische Festlegungsentwicklung zum rekursiven bzw. expliziten Umgang mit Folgen, als auch die Bedeutung der elementaren Festlegungen im Zusammenhang mit der Explizierung des Variablenbegriffs herausgearbeitet werden. Auf diese Weise können bereichsspezifische Falluntersuchung in festlegungsbasierter Perspektive durchgeführt werden. Für weitergehende Untersuchungen, die in festlegungsbasierter Perspektive durchgeführt werden, kann eine solche komplementäre Darstellungsweise (vor dem Hintergrund des spezifischen Erkenntnisinteresses) durchaus gewinnbringenden Einsatz finden. So können einerseits typische (Festlegungs-)Entwicklungsverläufe in gewissen Lernkontexten herausgearbeitet werden und andererseits spezifische Festlegungsentwicklungen entlang gewisser Begriffe des Lernkontextes. Auf diese Weise können sich die Analyse des Lernkontextes hinsichtlich des begrifflichen Potentials (und damit verbunden kompakte Darstellungen typischer individueller Begriffsbildungsprozesse) und die Evaluation bzw. Konstruktion von Lernkontexten (und damit verbunden die differenzierte Darstellung verschiedener Einzelphänomene) gegenseitig befruchten.

In diesem Zusammenhang sind auch die (epistemologischen) Grenzen (mit Bezug auf Forschungsfrage 1) der hier vorliegenden Perspektive zu benennen. Diese ergaben sich insbesondere im Zuge der Auswertung des empirischen Materials. Zwar konnten vielfältige Beispiele für Festlegungsentwicklungen sowie die inferentiellen Relationen der Festlegungen gegeben werden, gleichwohl zeigt die Auswertungspraxis der Daten der empirischen Erhebung aber auch, dass eine *Rekonstruktion der individuellen Inferenzen* ungleich komplexer und methodisch weniger gut zu kontrollieren ist als die Rekonstruktion individueller Festlegungen. Insofern stoßen die Aussagen, die vor dem Hintergrund der Auswertung des empirischen Materials in dieser Arbeit gemacht werden, dort an ihre Grenzen, wo eine systematische Betrachtung von *Entwicklungen individueller Inferenzen* wünschenswert gewesen wäre. Insofern erscheinen weitergehende Forschungsansätze angebracht, die der vorliegenden Beschreibung von Festlegungsentwicklungen unter Berücksichtigung individueller Inferenzen eine Beschreibung individueller Inferenzentwicklungen unter Berücksichtigung von individuellen Festlegungen zur Seite stellen.

Die Ergebnisse zum epistemologischen Erkenntnisinteresse, das in dieser Arbeit verfolgt wird, machen gleichsam die Implikationen der hier vorgestellten Perspektive auf *Begriffsbildung* auf den *Bildungsbegriff* an sich deutlich. Lernprozesse konnten mit Hilfe von Festlegungen im Rahmen der vorliegenden Untersuchung rekonstruiert werden über das zunehmende Beherrschen von Begründungszusammenhängen (inferentielle Relationen zwischen den Festlegungen). Dazu liegt der empirischen Erhebung dieser Arbeit ein Lernkontext zugrunde, der in vielerlei Hinsicht progressiv und innovativ für den Mathematikunterricht ist: nicht nur aufgrund des expliziten Umgangs mit Festlegungen, sondern auch hinsichtlich des Lehrens und Lernens von Begriffen an sich. So wird die Variable im Rahmen des Lernkontextes nicht zu Beginn eingeführt und ihre Eigenschaften zunehmend ausgelotet, sondern der vielfältige Umgang mit Bildmuster- und Zahlenfolgen sowie die Bestimmung von Regeln stehen im Mittelpunkt des Lernkontextes. Die Variable selbst wird in diesem Zusammenhang gegen Ende des Lernkontextes als eine Möglichkeit thematisiert, die Regel von Folgen mit Hilfe von Termen und Variablen zu beschreiben. Zugleich ist die Variable im Rahmen des Lernkontextes zwar inhaltliche Zielmarke, gleichzeitig werden hier allerdings weitere assoziierte und mathematisch bedeutsame Konzepte in fachdidaktisch innovativer Weise thematisiert (Äquivalenz, Muster, Folgen, Strukturuntersuchungen). Die fachdidaktischen Maximen des Lernkontextes orientieren sich dabei folglich nicht an dem Bild einer segmentierenden Didaktik, in deren Sinne eine Einführung der Variable ebenso in umgekehrter Richtung erfolgen könnte (Explizierung, separates Kennenlernen gewisser Eigenschaften, Verknüpfung und Transfer).

Es zeigt schon der Vergleich der konventionalen Strukturen solcher unterschiedlicher Lernkontexte, dass – zumindest für den hier vorliegenden Lernkontext – Begriffsbildungsprozesse gar nicht modelliert werden können als die zunehmende Aneignung gewisser Eigenschaften für bereits bekannte Begriffe. Im vorliegenden Lernkontext beispielsweise wird die Variable in expliziter Form erst gegen Ende thematisiert. Festlegungen allerdings, die notwendig für die Herausbildung eines mathematisch tragfähigen Variablenbegriffs sind, liegen dem Lernkontext bereits von Beginn an zugrunde. Insofern verlaufen die individuellen Begriffsbildungsprozesse, die sich im vorliegenden Lernkontext vollziehen (können), nicht als zunehmende Aneignung von Eigenschaften des bereits von Beginn an bekannten Begriffs der Variable, sondern vielmehr als das zunehmende Beherrschen von inferentiellen Relationen zwischen Festlegungen, die über den überwiegenden Teil des Lernkontextes keineswegs auf den expliziten Variablenbegriff verweisen.

Insofern ist eine Perspektive auf individuelle Begriffsbildungsprozesse nötig, die dem didaktischen Potential des vorliegenden Lernkontextes gerecht wird. Die Ergebnisse der vorliegenden Untersuchung legen nahe, dass die hier eingenommene Perspektive in diesem Sinne adäquat ist. Zum einen zeigen Orhans und Karins Begriffsbildungsprozesse, dass sie bereits in frühen Stadien des Lernprozesses Festlegungen eingehen, die auf mathematisch substanzielle und tragfähige Begriffe verweisen, die erst zu späteren Zeitpunkten des Lernkontextes explizit genutzt werden. Weiterhin zeigen die Begriffsbildungsprozesse, inwiefern konsequent Festlegungen eingegangen werden, die auf eine breite begriffliche Substanz verweisen und insofern auf viele involvierte Begriffe. Eine Abgrenzung entlang gewisser Begriffseigenschaften ist vor dem Hintergrund der Vielfalt und der Komplexität der hier rekonstruierten Begriffsbildungsprozesse kaum möglich. Vielmehr zeigt die zunehmende Ausdifferenzierung gerade der beherrschten Inferenzen, sowie die Entstehung neuer Festlegungen als die inferentielle Verknüpfung bisher nicht verknüpfter Festlegungen (Restrukturierungsprozesse von Festlegungen), die Tragfähigkeit der Beschreibungsmittel *Festlegungen, Berechtigungen* und *Inferenzen* der hier vorgelegten Perspektive auf Mathematiklernen in sinnstiftenden Kontexten auf.

Insofern kann die inferentielle Perspektive auf Mathematiklernen Wege aufzeigen, wie Lehr- und Lernprozesse in offenen und sinnstiftenden Lernkontexten (bzw. solchen Kontexten, die über ähnliche Eigenschaften wie der vorliegende verfügen) genauer beschrieben, strukturiert und verstanden werden können.

Forschungsfrage 2 zum empirischen Erkenntnisinteresse: *Wie entwickeln sich Merkmale, Muster und Strukturen individueller Festlegungen im Verlauf von Begriffsbildungsprozessen bei Schülerinnen und Schülern?*

Im Zusammenhang mit Forschungsfrage zwei stehen zwei Erkenntnisebenen im Fokus dieser Arbeit. Die eine Ebene (1) bezieht sich auf die konkreten individuellen Begriffsbildungsprozesse entlang der konventionalen fachinhaltlichen Struktur des Lernkontextes. Hier sind insbesondere solche Fragen von Interesse, die nach den spezifischen Eigenschaften individueller Begriffsbildungsprozesse in dem vorliegenden Lernkontext zu Zahlen- und Bildmusterfolgen fragen. Die zweite Ebene (2) tangiert die epistemologische Ebene der Beschreibung individueller Festlegungsverläufe. In diesem Zusammenhang sind insbesondere solche Fragestellungen zu nennen, die nach dem Einfluss sozialer Faktoren auf die individuellen Festlegungen und deren Entwicklungen fragen.

(1) Angesichts des Forschungsstandes bezüglich der stoffdidaktischen Grundlagen zum Gegenstandsbereich dieser Arbeit und der Diskussion des Lernkontextes in Kapitel 4 konnte davon ausgegangen werden, dass die innovative (konventionale) Struktur des Lernkontextes vielfältige Erkundungsprozesse zu mathematisch (speziell: algebraisch) substanziellen Konzepten in Gang setzen würde. In diesem Zusammenhang konnte hervorgehoben werden, dass die Variable nicht im Sinne einer kalkülorientierten Didaktik als Rechenoperator zur

Lösung komplexer Gleichungsstrukturen *eingeführt* wird, sondern dass die Schülerinnen und Schüler zunächst inhaltlich substanzielle Festlegungen eingehen, für die sie in einem nächsten Schritt erst die Variable als weiteres Beschreibungsmittel mathematischer Strukturen verwenden würden (vgl. hierzu insbesondere Kieran 2007, Mason et al. 2005, Prediger 2009 oder Hefendehl-Hebeker 2001 bzw. die Ausführungen in Kap. 4). Weiterhin wurde hervorgehoben, inwiefern im Rahmen des Lernkontextes die Dichotomie von operationaler und struktureller Dimension mathematischer Konzepte (vgl. hierzu Sfard / Linchevski 1994) konsequent von Beginn an thematisiert wird. In diesem Zusammenhang konnte als Spezifikum des Lernkontextes insbesondere der innovative Umgang mit dem Musterbegriff genutzt werden, der hinsichtlich der einzugehenden Festlegungen sowohl Hilfsmittel (z.B. zur Visualisierung) als auch theoretisches Objekt (z.B. zur Erkundung mathematischer Strukturen in Mustern) darstellt. In diesem Zusammenhang erweist sich die Visualisierung von Mustern als besonders geeignet zur Thematisierung der Dichotomie mathematischer Begriffe als Werkzeuge und theoretische Objekte (vgl. Böttinger / Söbbeke 2009, S. 151) bzw. der Dichotomie mathematischer Objekte als operationale bzw. strukturelle Objekte (vgl. z.B. Sfard / Linchevski 1994).

Insgesamt zeigen die Ergebnisse der empirischen Erhebung, wie vielfältig die individuellen Begriffsbildungsprozesse in dem vorliegenden Lernkontext sein können. Zum einen ist diese Vielfalt natürlich entlang des Leistungsspektrums der beiden Schüler erklärbar, das insbesondere vor dem Hintergrund der Schulform (Hauptschule – Gymnasium) deutliche Unterschiede aufweist. Für das spezifische Erkenntnisinteresse dieser Arbeit sind aber gerade diese kontrastreichen Fälle von besonderem Interesse, weil sie sowohl Antwort auf die Frage geben, wie unterschiedlich Begriffsbildungsprozesse in ein und demselben Lernkontext sein können, als auch auf die Frage, inwiefern das vorliegende theoretische Gerüst dieser Arbeit individuelle Begriffsbildungsprozesse in ganz unterschiedlichen Leistungs- und Komplexitätsspektren abzubilden, zu strukturieren und verstehbar zu machen vermag.

Im Einzelnen konnten dabei unterschiedliche individuelle Entwicklungsprozesse von Festlegungen beschrieben werden. So konnten zum einen epistemologische Entwicklungen arithmetischer Strukturbegriffe über Festlegungen rekonstruiert werden. Orhan sucht sich z.B. zunächst einen passenden arithmetischen Strukturierungsbegriff (Multiplikation), um die individuelle Situation (Anzahlen in statischen Bildmustern bestimmen) zu ordnen bzw. zu bewältigen: Er weist einer gewissen Anzahl eines statischen Punktmusters ein Produkt zu. Später nutzt er arithmetische Strukturierungsbegriffe (Differenzbildung) als ordnungsgebende Elemente, um die Regel der Folge explizit zu machen und damit eine andere Situation zu bewältigen. Hier zeigt sich in epistemologischer Hinsicht ein qualitativer Unterschied der Festlegungen, die auf mathematische Strukturierungsbegriffe verweisen. Während Orhan zunächst die Festlegung eingeht, zu einer gegebenen und bekannten arithmetischen Struktur (die Anzahl im statischen Bildmuster) einen passenden Strukturierungsbegriff finden zu können (das Produkt), so nutzt er in der anderen Situation mathematische Strukturierungsbegriffe (Differenzbildung), um die unbekannte (arithmetische) Struktur explizit zu machen. Dieses Beispiel zeigt, inwiefern Orhan hier zunehmend Festlegungen eingeht, die auf den Werkzeugcharakter der genutzten arithmetischen Strukturierungsbegriffe verweisen, die Orhan für weitere Erkundungen nutzt.

Weiterhin lässt sich der epistemologische Wandel des Regelbegriffs entlang der konventionalen Situationen beobachten. Zunächst geht Orhan Festlegungen ein, die auf den Begriff der *arithmetischen Regel* (das Produkt, das er der gegebenen Anzahl von Punkten eines statischen Musters zuweist) als Werkzeug bzw. Hilfsmittel insofern verweisen, als das Produkt hier als geeignetes Mittel zur Explizierung der Regel in statischen Bildmustern erscheint. Auch in den Situationen zur Bestimmung von Regeln dynamischer Muster (z.B. Bildmusterfolgen) nutzt Orhan den Begriff der arithmetischen Regel (die er i.d.R. durch Bildung von Differenzen ermittelt) als Hilfsmittel, um die mathematische Struktur der Folge zu bestimmen. Bei der Berechnung hoher Stellen konnten Situationen identifiziert werden, in denen der Regelbegriff seinen epistemologischen Status geändert hat: Hier setzt Orhan mathematische Regeln zueinander in Beziehung, vergleicht die Zuwächse von Folgen und nutzt die unterschiedlichen Änderungsverhalten der Teilmuster vielfältiger Eigenschaften des Regelbegriffs (nun als theoretisches Objekt) selbst. Auf diese Weise wird die Regel der Zahlenfolge (*immer 8 addieren*) zum theoretischen Objekt (*die 8er-Reihe*), das mit seinen Eigenschaften mit der Regel der ursprünglichen Folge in Beziehung gesetzt wird (*90 ist nicht Teil der (ursprünglichen) Folge, weil 88 Teil der 8er-Reihe ist*).

An diesen beiden Beispielen zeigt sich zum einen, inwiefern sich im Rahmen des Lernkontextes individuelle Begriffsbildungsprozesse abzeichnen, bei denen die Entwicklungen der Festlegungen auf epistemologische Statuswechsel mathematisch bedeutsamer Strukturierungsbegriffe verweisen. Gleichzeitig wird deutlich, inwiefern der Umgang mit den mathematischen Gegenständen des Lernkontextes den von Sfard angemahnten Verdinglichungsprozess hin zu einem strukturellen Verständnis mathematischer Objekte unterstützen kann (vgl. Sfard 1991).

In ähnlicher Weise lassen sich die Übergänge von rekursivem hin zu einem expliziten Umgang mit Folgen bei Orhan und Karin nachweisen. So geht Orhan zunächst Festlegungen ein, in denen er Eigenschaften des Folgenbegriffs (z.B. die Rekursivität) nutzt, um weitere Folgenglieder zu bestimmen. Der Folgenbegriff mit seinen Eigenschaften ist in diesem Zusammenhang Werkzeug zur Bestimmung weiterer Folgenglieder. In weiteren Situationen dann setzt Orhan Folgen mit ihren Eigenschaften zueinander in Beziehung und erkundet auf diese Weise die Eigenschaften des Folgenbegriffs (nun als theoretisches Objekt) an sich (vgl. dazu das Beispiel oben, in dem Orhan die Bestimmung hoher Folgenglieder zu Zahlenfolgen auf explizite Weise durchführt).

Diese Beispiele zeigen, inwiefern eine differenzierte Beschreibung individueller Begriffsbildungsprozesse mit dem vorliegenden theoretischen Rahmen nicht nur darstellbar ist (vgl. Forschungsfrage 1 zum epistemologischen Erkenntnisinteresse), sondern inwiefern auch die Ergebnisse hinsichtlich der beobachteten Phänomene von individuellen Begriffsbildungsprozessen an den gegenwärtigen gegenstandsspezifischen Forschungsstand anknüpfen und weitere Erkenntnisse beispielsweise zum Umgang mit Folgen und Bildmustern liefern können.

In Kapitel 2 konnte gezeigt werden, inwiefern eine systematische und präskriptive Beschreibung individueller Begriffsbildungsprozesse im Sinne des Aufstellens hypothetischer Lernwege aus festlegungstheoretischer Perspektive möglich scheint (ähnlich wie die hypothetical learning trajectories nach Simon 1995). Eine solche Systematik wurde im Rahmen dieser Arbeit jedoch nicht entwickelt.

Weiterhin konnten im Rahmen der konkreten Betrachtung der individuellen Festlegungen verschiedene Klassen von Festlegungen identifiziert werden. Hier konnten insbesondere die Festlegungsentwicklungen bei Karin zeigen, welche wichtige Bedeutung dem Eingehen der elementaren Festlegungen bei erfolgreich verlaufenden Begriffsbildungsprozessen zukommt. Das Fallbeispiel Orhan zeigt, welche Auswirkungen das nur teilweise Eingehen der elementaren Festlegungen auf individuelle Begriffsbildungsprozesse haben kann: So lassen sich Hürden (aus konventionaler Perspektive) im Verlauf des Lernprozesses auf Festlegungen zurückführen, die z.T. auf mathematisch nicht-tragfähige (aber individuell hochgradig viable) Festlegungen zurück geführt werden können, die in vorherigen Situationen des Lernprozesses eingegangen wurden. An Stellen wie diesen zeigt sich das Potential der theoretischen Perspektive auf die Betrachtung individueller Begriffsbildungsprozesse in der Langzeitperspektive über mehrere Wochen hinweg: Solche Prozesse können über Festlegungen in differenzierter Weise dargestellt und Implikationen aus unterschiedlichen Situationen auf den weiteren Verlauf der Begriffsbildungsprozesse können explizit gemacht werden.

Eine weitere wichtige Klasse von Festlegungen wurde mit den handlungsleitenden Festlegungen identifiziert. Handlungsleitende Festlegungen sind für Schülerinnen und Schüler über einen längeren Zeitraum hochgradig viabel, unabhängig davon, ob sie mathematisch tragfähig sind oder nicht. Im Gegensatz zu handlungsleitenden Begriffen gehören handlungsleitende Festlegungen zu einer *situationsübergreifenden Analysekategorie*. Im Rahmen der vorliegenden Untersuchung konnten die folgenden handlungsleitenden Festlegungen für Orhan herausgearbeitet werden:

iFest26: *Mit arithmetischen Bearbeitungen bin ich effizienter als mit Visualisierungen.*
iFest27: *Multiplizieren ist schneller als addieren.*

Diese Ergebnisse sind insofern von hoher Relevanz, als gezeigt werden konnte, inwiefern sie z.b. bei Orhan dazu führen, dass auch mathematisch nichttragfähige Festlegungen eingegangen werden. Insofern kann die systematische Rekonstruktion handlungsleitender Festlegungen bei Schülerinnen und Schülern im Rahmen der Erprobung von Lernkontexten helfen, weitere Lernanlässe zu schaffen, solche handlungsleitenden Festlegungen explizit zu thematisieren.

(2) Auf der epistemologischen Ebene konnten im Vorfeld der empirischen Erhebung zum konkreten Verlauf individueller Festlegungen weitaus weniger klar abzugrenzende Hypothesen formuliert werden. Die Diskussion des theoretischen Rahmens dieser Arbeit in den Kapiteln 1-3 hat gezeigt, inwiefern hier eine Perspektive eingenommen werden kann, aus der mit Hilfe der Festlegungen als kleinste Analyseeinheit sowohl die individuelle Dimension des Lernens als auch beispielsweise soziale Normen im Mathematikunterricht beschrieben werden können. Dabei ist jedoch keineswegs klar, inwiefern sich hinsichtlich der eingegangenen Festlegungen individuelle und soziale Ebene gegenseitig bedingen. Cobb/Yackel haben bereits 1996 herausgearbeitet, dass für die Betrachtung mathematischer Lernprozesse die Analyse sowohl der individuellen als auch der sozialen Dimension erforderlich ist. Hußmann (2006) formuliert als eines der zentralen Ergebnisse seiner Untersuchung zur konstruktivistischen Begriffsbildung, dass „den beiden Dimensionen eine symmetrische Relation (...) nicht zugesprochen werden (kann, F.S.). Innerhalb der Gruppen ist dieses Ungleichgewicht zu Gunsten der sozialen Dimension" (Hußmann 2006, S. 177) zu beobachten. Weiter beobachtet Hußmann hinsichtlich der interaktionalen Feinstruktur: „Zwar handelten die Gruppenmitglieder immer wieder Vorgehensweisen, Begriffe und Namen aus, die Interaktionen schienen aber oft durch hierarchische Strukturen und Affekte bedingt" (Hußmann 2006, S. 177). Vor diesem Hintergrund versteht sich die vorliegende Studie als ein Beitrag zur Entwicklung einer theoretischen Perspektive, in der die sozialen und individuellen Bedingungen beim Mathematiklernen weiter ausgeschärft werden können.

Hierzu kann insbesondere die Beobachtung der Entstehung neuer Festlegungen aufschlussreich sein. Für Orhan konnte gezeigt werden, inwiefern er beim Umgang mit statischen Punktmustern Festlegungen eingeht, die sich vor dem Hintergrund der Interaktion mit Ariane weiterentwickeln und zu neuen Festlegungen führen. Dies verdeutlichen die folgenden beiden Festlegungen von Orhan:

iFest2: *Ariane kann ein Produkt finden, das es erlaubt, das Bild mit einem Muster zu strukturieren.*
iFest2a: *Ich kann ein Produkt finden, das es erlaubt, das Bild zu strukturieren.*

So lassen sich aus festlegungsbasierter Perspektive Momente der Interaktion identifizieren, in denen sich neue individuelle Festlegungen im Lichte der Festlegungen der Diskurspartner herausbilden. In der oben beschriebenen Situation beispielsweise lassen sich unterschiedliche Primärrahmen zum Umgang mit bzw. zur Anzahlbestimmung in statischen Bildmustern identifizieren (zum Konzept der Rahmung vgl. Kap. 3 bzw. Krummheuer 1984, 2008). Insbesondere treten die Rahmungsdifferenzen in dieser Szene deshalb nicht zu Tage, weil die individuellen Berechtigungen (bzw. Stützungen in interaktionstheoretischer Sprache) nicht expliziert werden. In diesem Sinne können die anschließenden Modulationen von Orhans Primärrahmen mit Hilfe der individuellen Festlegungen, die er zunächst Ariane zuschreibt und die er dann vor dem Hintergrund der fachlichen Verifikation durch die Bestimmung der Anzahlen selbst eingeht, erklärt werden.

In diesem Zusammenhang ist auch eine analysierte Szene von zentraler Bedeutung, in der Orhan sich im Rahmen einer Aufgabenbearbeitung auf eine unbestimmte Person bezieht, wenn er sagt: „Aber dann gibt, dann – Sie haben also – oder wer gemacht hat, hat die 4er Reihe gemacht, 4, 8, 12" (vgl. Z. 12 im Interview 2 vom 20.05.2009). Orhan bezieht hier die Berechtigung für seine Festlegung einerseits durch das gefundene Muster und weiterhin durch die Zuschreibung der Festlegung, dass *die Erfinder der Aufgabe eine arithmetische Struktur visualisiert hat.* Orhan sichert seine Festlegung in diesem Zusammenhang daher auch noch entlang einer institutionell gefestigten Norm ab: Aufgaben im Mathematikunterricht liegen gewisse Strukturen und Gegenstände zugrunde, die es als Schüler zu entdecken gilt.

Diese Betrachtungen zeigen, dass mit individuellen Festlegungen normative Ebenen im Mathematikunterricht beschrieben und interaktionale Strukturen explizit gemacht werden können. Spezifisch für die hier vorliegende Arbeit ist in diesem Zusammenhang natürlich nicht, gut erforschte interaktionstheoretische Erkenntnisebenen in eine neue Sprache zu übersetzen. Vielmehr können die Ergebnisse der Studie die Komplementarität des hier vorliegenden Ansatzes zu interaktionstheoretischen Perspektiven auf Mathematikunterricht deutlich machen. Durch die Beschreibung des gegenseitigen Zuschreibens und Eingehens von Festlegungen kann die soziale Dimension individueller Begriffsbildungsprozesse mit einer einzigen Analyseeinheit und vor dem Hintergrund eines theoretischen Gesamtrahmens beschrieben und verstanden werden. Soziale Normen und interaktionale Spezifika (wie Rahmungsdifferenzen) lassen sich als wesentliche

Einflussgrößen auf das Eingehen individueller Festlegungen explizit machen. Dabei zeichnet die festlegungsbasierte Perspektive aus, dass solche Einflüsse über die Feinstruktur des Zuschreibens und Eingehens von Festlegungen im Diskurs beschrieben werden können. Damit liegt eine kohärente theoretische Perspektive vor, die das Zusammenspiel sozialer und individueller Faktoren bei individuellen Begriffsbildungsprozessen zu beschreiben vermag. Darüber hinaus können stoffdidaktische Erwägungen ebenfalls aus festlegungsbasierter Perspektive Leitfäden für die Beurteilung individueller Begriffsbildungsprozesse liefern (vgl. dazu die Diskussion des Lernkontextes in Kapitel 4).

Auf diese Weise kann mit der vorliegenden Arbeit eine multiperspektivische Betrachtung individueller Begriffsbildung fundiert werden, bei der mit Festlegungen individuelle Prozesse, eingebettet in die soziale Praxis, entlang der fachinhaltlichen Gegenstandsbereiche beschrieben werden können. Perspektiven ergeben sich damit insbesondere hinsichtlich der affektiven Einflussgrößen im Mathematikunterricht (vgl. zur Bedeutung affektiver Einflussgrößen auf Mathematiklernen z.B. Hußmann 2006).

An dieser Stelle werden gleichsam die Grenzen des vorliegenden Rahmens deutlich. So konnte im Rahmen der vorliegenden Arbeit z.B. nicht geklärt werden, inwiefern sich affektive Einflussgrößen über individuelle Festlegungen modellieren lassen. Weiterhin liegt eine besondere Herausforderung darin, die tatsächlichen Entwicklungs*prozesse* und die Lern*momente* als die entscheidenden Situationen bei Begriffsbildungsprozessen zu rekonstruieren. Es gehört nicht zum Ziel dieser Arbeit, eine systematische Betrachtung solcher Entstehensmomente aus festlegungstheoretischer Perspektive vorzunehmen, sondern vielmehr durch den Vergleich von Lernständen eine festlegungs- und inferenzbasierte Entwicklung über einzelne Etappen nachzuvollziehen und deren Spezifität zu beschreiben. Gleichwohl wäre es für das tiefere Verständnis der Entwicklung individueller Festlegungen wichtig, gerade solche Entstehensmomente und damit *Momente der Wissenskonstruktion* (vgl. in diesem Zusammenhang z.B. Hershkovitz et al. 2001) aus festlegungsbasierter Perspektive heraus genauer zu untersuchen.

Forschungsfrage 3 zum konstruktiven Erkenntnisinteresse: *Inwiefern eignet sich der zugrunde liegende Lernkontext zum Aufbau individueller Festlegungsstrukturen hinsichtlich eines adäquaten Variablenbegriffs, eines adäquaten Umgangs mit Zahlenfolgen und Bildmustern sowie deren Darstellungs- und Zählformen?*

In Kapitel 1 dieser Arbeit wird hervorgehoben, dass bei der Beschreibung individueller Begriffsbildungsprozesse immer zugleich auch der zugrunde liegende

Lernkontext im Fokus der Betrachtung steht. So ist die Frage, wie individuelle Begriffsbildungsprozesse im Rahmen eines gegebenen Lernkontextes verlaufen, gar nicht unabhängig von der Frage beantwortbar, wie die Begriffsbildungsprozesse verlaufen *sollten* bzw. weiter noch, inwiefern sie vor diesem Hintergrund *erfolgreich* verlaufen. So lässt sich bei der Beschreibung individueller Begriffsbildungsprozesse immer die Frage stellen, inwiefern die Spezifität dieser Prozesse (vgl. Forschungsfragen 1 und 2) nicht auf Besonderheiten des Lernkontextes zugrückgeführt werden kann. Gleichzeitig bietet diese Frage die Möglichkeit, das Spektrum an Ergebnissen weiter auszuloten, die mit dem festlegungsbasierten Theorierahmen geliefert werden können.

In Kapitel 1 wurde betont, dass bei dem konstruktiven Erkenntnisinteresse ein evaluativer Schwerpunkt gesetzt wird. Das meint, dass angedeutet wurde, inwiefern der vorliegende theoretische Rahmen mögliche Konstruktionsprozesse von Lernkontexten mit Hilfe von Festlegungen strukturieren kann. Schon die Auswahl eines bereits existierenden Lernkontextes macht deutlich, dass hier allenfalls die Spezifität des Lernkontextes im Sinne einer evaluativen Beschreibung genauer herausgearbeitet werden kann.

Zwei Ebenen sind vor dem Hintergrund der Ergebnisse der Studie von besonderer Bedeutung, die sich auf fachinhaltliche bzw. kontext-spezifische Merkmale im Zusammenhang mit der obigen Forschungsfrage beziehen.

Hinsichtlich der fachinhaltlichen Grundlagen des Lernkontextes, die in Kapitel 4 genauer untersucht werden, zeigen die beiden Fallbeispiele Karin und Orhan zwar Unterschiede hinsichtlich der individuellen Begriffsbildungsprozesse. Gleichwohl konnte gezeigt werden, inwiefern sowohl Orhan als auch Karin in den verschiedenen Situationen Festlegungen eingehen, die entweder den elementaren Festlegungen entsprechen oder wenigstens Spezialfälle der elementaren Festlegungen darstellen. Die elementaren Festlegungen spannen in diesem Zusammenhang ein reduziertes Festlegungsnetz auf, das den fachinhaltlichen Kern des Lernkontextes absteckt. Sowohl Orhan als auch Karin haben mathematisch tragfähige und vor dem Hintergrund der Lernziele des Kontextes angemessene Festlegungen herausgebildet, die auf den Variablenbegriff verweisen. Darüber hinaus konnte insbesondere für Orhan gezeigt werden, inwiefern er Festlegungen eingeht, die auf eine Reihe weiterer mathematisch substanzieller Begriffe verweisen. Insofern kann die Forschungsfrage 3 für die beiden hier gewählten Fallbeispiele in dieser Hinsicht positiv beantwortet werden. In diesem Zusammenhang konnte ebenso herausgearbeitet werden, dass die konventionale Festlegungsstruktur des Lernkontextes sinnstiftende Anlässe zur Herausbildung mathematisch tragfähiger Festlegungen liefert. Gleichwohl ist natürlich aufgrund der kleinen Fallzahl klar, dass hier keine generalisierenden bzw. präskriptiven Aussagen getroffen werden können. Hierzu scheinen kontextspezifische Studien sinnvoll, die zu begrifflichen Kernelementen des Kontextes individuelle Begriffsbildungsprozesse rekonstruieren (vgl. zu einer solchen Darstellung die Analyse im Fallbeispiel Karin).

Vor dem Hintergrund des Forschungsstandes scheint weitgehende Einigkeit darüber zu herrschen, dass Schülerinnen und Schüler im Mathematikunterricht vielfältige Anlässe finden sollten, ihre Gründe für das mathematische Denken und Handeln explizit zu machen (vgl. z.b. Kieran 2007, Mason et al. 2005, Lee 2001, Berlin 2010, Fischer 2009, S. 27; Söbbeke 2005, S. 257 oder z.B. Steinweg 2001, S. 257). Mit der Anlage des Lernkontextes wurde ein innovatives Design untersucht, das die explizite Beurteilung, Kommentierung und Aushandlung von Festlegungen in vielfältigen Lernanlässen forciert. Stellvertretend hierfür kann die bei Karin untersuchte schriftliche Bearbeitung einer Aufgabe betrachtet werden, in der sie *Ole*, einem Charakter des Lernkontextes, helfen soll, eine Begründung dafür zu liefern, dass sich eine abgebildete Mauerfolge durch einen gegebenen Term beschreiben lässt. In einem solchen Aufgabenformat wird ein Lernanlass präsentiert, in dem die Schülerinnen und Schüler die Möglichkeit erhalten, ihre Festlegungen zu wichtigen mathematischen Gegenständen explizit zu machen (hier z.b. Variable, Folge, Term, lineares Wachstum). Karins Bearbeitung dieser Aufgabe und damit ihre Explizierung der individuellen Festlegungen zeigt, dass sie diesen Anlass im Sinne der Aufgabe nutzt. Darüber hinaus zeigt ein Beispiel mit Orhan in einem Interview vom 26.06.2009 (vgl. Tabellen 6-13 und 6.14), inwiefern Orhan im Zusammenhang mit *Pias Zugang zur Beschreibung von Mustern in Folgen* einen mathematisch tragfähigen Term- und Variablenbegriff aktiviert.

Die Beispiele zeigen einerseits, inwiefern hier Anlässe bereit gestellt werden, individuelle Festlegungen sowie inferentielle Relationen explizit zu machen. Andererseits wird deutlich, inwiefern sich Aufgaben dieser Art im Rahmen des vorliegenden Kontextes dazu eignen, dass Schülerinnen und Schüler Festlegungen eingehen, die gewissen Darstellungsmodi, Zugangsweisen oder spezifischen Begriffsaspekten zugeordnet werden können.

Forschungsfrage 4 zum mathematikdidaktischen Erkenntnisinteresse: *Inwiefern lässt der zugrunde liegende festlegungsbasierte Theorierahmen vor dem Hintergrund des skizzierten Forschungsstandes neue Einsichten in und Perspektiven auf mathematische individuelle Begriffsbildungsprozesse zu?*

Die Fundierung der theoretischen Anlage dieser Arbeit in den Kapiteln 1-3, die stoffdidaktischen Betrachtungen zum Lernkontext in Kapitel 4, die methodologischen Überlegungen in Kapitel 5, sowie die Ergebnisse der empirischen Erhebung weisen auf Eigenschaften der inferentialistischen Perspektive auf individuelle Begriffsbildung hin, die neue und wichtige Einblicke in ebensolche Prozesse zulassen.

1) Ausgehend von der Annahme, dass individuelle Festlegungen kleinste Einheiten des Denkens und Handelns sind, wird ein lerntheoretischer Rahmen instituiert, mit dessen Hilfe sich individuelle mathematische Begriffsbildung genauer beschreiben lässt. In einem zweiten Schritt wird die lokale Integration der Theorie der Conceptual Fields (Vergnaud 1996a) mit dem Ziel der genauen Analyse der epistemischen Handlungen von Schülerinnen und Schülern in mathematischen Aktivitäten vorgenommen. Auf diese Weise entsteht ein kohärenter Theorierahmen zur Beschreibung individueller Begriffsbildungsprozesse, aus dem heraus ein forschungspraktisches Auswertungsschema abgeleitet wird. Die Ergebnisse der empirischen Erhebung legen nahe, dass individuelle Begriffsbildungsprozesse insbesondere auch vor dem Hintergrund ihrer sozialen Eingebundenheiten (Normen, soziale Einflussgrößen und interaktionale Spezifika) mit der vorliegenden Perspektive beschrieben werden können. Weiterhin zeigen die Ergebnisse der empirischen Untersuchung, dass sich die Unterscheidung zwischen individueller und konventionaler Ebene eignet, auch die stoffdidaktische Fundierung der entsprechenden Gegenstandsbereiche, in denen individuelle Begriffsbildung sich vollzieht, über Festlegungen vorzunehmen.

Dieses Vorgehen mündet in eine festlegungsbasierte Perspektive auf soziale und individuelle Dimensionen von Begriffsbildung und knüpft damit an die bereits von Cobb / Yackel 1996 angemahnte Notwendigkeit, bei der Analyse mathematischer Lernprozesse ebendiese beiden Ebenen mitzuberücksichtigen. Cobb / Yackel (1996) gehen dabei so vor, dass sie mathematische Lernprozesse sowohl aus interaktionstheoretischer als auch aus individualpsychologischer Perspektive analysieren (vgl. dazu auch Kapitel 3). Durch konsequenten Vergleich und Abgrenzung der beiden theoretischen Perspektiven sowie der jeweiligen Ergebnisse, die sie auf diese Weise erhalten, werden die Ergebnisse zusammengefügt (gewissermaßen entlang des von Cobb (2007) programmatisch vertretenen Diktums „Theorizing as bricolage"). Auf diese Weise erhalten Cobb und Yackel (1996) nicht nur eine innovative Ergebnisstruktur, sondern auch tiefgreifende und neue Einblicke in mathematische Lernprozesse vor dem Hintergrund individueller und sozialer Perspektiven.

Die Ergebnisse dieser Arbeit legen nun nahe, dass mit der inferentialistischen Perspektive auf individuelle Begriffsbildung ein kohärentes theoretisches Programm vorliegt, das diese scheinbar gegensätzlichen theoretischen Perspektiven auf Mathematiklernen und damit zwei scheinbar gegensätzliche Forschungsstränge in der Mathematikdidaktik miteinander verbinden kann. Die Grenzen der vorliegenden Perspektive zeigen sich hierbei insbesondere im Spannungsfeld der theoretischen Komplexität der Hintergrundannahmen dieser Perspektive einerseits und der fachdidaktischen Operationalisierbarkeit auf der anderen Seite. Der Mehrwert einer solchen theoretischen Perspektive auf individuelle Begriffsbildungsprozesse muss sich auch an der Zugänglichkeit der theoretischen Anlage messen lassen. In diesem Zusammenhang erscheint es sinnvoll, die in dieser Arbeit vorgelegten Fundierungen für spezifische fachdidaktische Analysezwecke weiter auszudifferenzieren und die theoretische Basis so zu elementarisieren, dass die vorliegende Perspektive in vielfältiger Weise einsetzbar ist und genutzt werden kann.

2) Weiterhin können die Ergebnisse dieser Arbeit einen Beitrag zur Diskussion um das Verhältnis von (Grund-)Vorstellungen, Begriffen und Festlegungen leisten. Für den vorliegenden Lernkontext zeichnet sich die festlegungsbasierte Perspektive auf individuelle Begriffsbildung dadurch aus, dass mit Hilfe individueller Festlegungen das komplexe Zusammenspiel verschiedenster (propädeutischer und expliziter) Begriffe bzw. Teilbegriffe deutlich wird. Wenn Orhan beispielsweise Eigenschaften von Zahlenfolgen miteinander vergleicht und die Frage, ob 90 Teil einer gewissen Folge ist, mit dem Argument bejaht, dass 88 Teil der 8er Reihe sei, so verweisen seine hier rekonstruierten Festlegungen nicht nur auf den Folgenbegriff, sondern darüber hinaus auf Teilaspekte des Äquivalenz-, des Variablen- sowie des Musterbegriffs. Gleichzeitig kann die Rekonstruktion der individuellen Inferenzen die Begründungsstruktur offenlegen. Auf diese Weise kann nicht nur eine situative Rekonstruktion der Festlegungs- und Inferenzenstruktur vorgenommen werden, sondern die Entwicklungsperspektive ermöglicht mit diesen Analysewerkzeugen eine längerfristige Betrachtung des individuellen Begriffsbildungsprozesses.

Die Erklärungsrichtung einer Perspektive, die sich beispielsweise an der Rekonstruktion von Grundvorstellungen (vgl. z.B. vom Hofe 1995) orientierten würde, verläuft daher gewissermaßen in umgekehrter Richtung wie die hier eingeschlagene. So zeigen sich in den hier analysierten Beispielen vielfältige Situationen, in denen sich Grundvorstellungen sowohl bei Orhan, als auch bei Karin (z.B. zum Variablenbegriff) identifizieren lassen. Die Vorgehensweise einer solchen Rekonstruktion orientiert sich dabei aber an den vorab aufgestellten Aspekten gewisser Begriffe. Mit Festlegungen kann demgegenüber nicht nur (über inferentielle Relationen) das komplexe Beziehungsgefüge (sowohl auf konventionaler als auch auf individueller Ebene) sichtbar gemacht werden, sondern es ist darüber hinaus möglich, im Rahmen der explorativen Untersuchung neue, noch nicht bekannte Festlegungen zu rekonstruieren. Individuelle Festlegungen lassen sich nicht vorab in einem statischen Kanon definieren, insofern ist die festlegungsbasierte Perspektive auf individuelle Begriffsbildung latent perspektiverweiternd. Hier bestehen vielfältige Anschlussmöglichkeiten für weitere Studien, das komplexe Festlegungs- und damit das komplexe Begriffsgefüge, das gewissen Lernkontexten bzw. gewissen mathematischen Gegenständen zugrunde liegt, zu explorieren, um auf diese Weise neue mathematische bzw. individuell genutzte Begriffsaspekte zu erforschen.

3) Die Ergebnisse der empirischen Studie bestätigen, dass sich das forschungspraktische Auswertungsschema, das vor dem Hintergrund der theoretischen Fundierung in dieser Arbeit entwickelt wurde, als tragfähig erweist um individuelle Begriffsbildungsprozesse darzustellen. Die vorliegende Arbeit hat sich in diesem Zusammenhang zum Ziel genommen, Begriffsbildungsprozesse in detaillierter Weise entlang der analytischen Grundeinheiten *Festlegungen, Berechtigungen* und *Inferenz* zu rekonstruieren. In weiteren Arbeiten ist eine zunehmende Formalisierung des Auswertungsschemas durchaus denkbar und im Sinne des Einsatzes bei größeren Stichproben erscheint ein solcher Schritt sinnvoll.

4) In Kapitel 2 konnte angedeutet werden, inwiefern der hier zugrunde liegende Theorierahmen und das daraus abgeleitete Auswertungsschema zur Analyse individueller Begriffsbildungsprozesse nicht nur in deskriptiver Hinsicht, sondern auch in konstruktiver Hinsicht über Potential verfügen kann. So lassen sich insbesondere die elementaren Festlegungen dazu nutzen, den Konstruktionsprozess von Lernkontexten zu strukturieren. Gleichzeitig konnte im Rahmen der empirischen Studie eine weitere Festlegungsklasse identifiziert werden: die handlungsleitenden Festlegungen. Die konsequente Erforschung kontextspezifischer handlungsleitender Festlegungen kann in einem weiteren Prozess insbesondere die Evaluation von Lernkontexten unterstützen. Mit Blick auf Orhans Festlegung iFest26 (*Mit arithmetischen Bearbeitungen bin ich effizienter als mit Visualisierungen.*) könnten im Rahmen des Lernkontextes beispielsweise im Zuge einer Evaluation weitere (konventionale) Situationen eingepflegt werden, die entweder die Effizienz der Erkundung geometrischer Muster anhand ausgewählter Beispiele forcieren oder ausgewählte Festlegungen (wie z.B. iFest27) in einem konkreten Lernanlass explizit zum Gegenstand der Beurteilung und Reflexion durch die Schülerinnen und Schüler werden lassen.

Schluss

Schließlich ist diese Arbeit eine Untersuchung der Sprache, die wir im Mathematikunterricht verwenden. Am meisten beeinflusst hat mich bei dieser Untersuchung die leitende Idee, dass wir „immer schon inmitten des Spiels des Gebens und Verlangens von Gründen (stehen, F.S.). Wir bewohnen einen normativen Raum, und innerhalb dieser implizit normativen Praktiken formulieren wir unsere Fragen, interpretieren uns gegenseitig und beurteilen die Richtigkeiten der Begriffsverwendung" (Brandom 2000, S. 898). Diese Idee, dass die Verwendung von Sprache etwas ist, für das wir verantwortlich sind, weil wir uns festlegen und damit gleichsam praktisch handeln, hat nicht nur den Prozess strukturiert, in der die Arbeit entstanden ist, sondern auch die eigene Haltung zu Sprache ständig aufs Neue herausgefordert. Und so liegt die wohl überraschendste Erkenntnis dieser Arbeit für mich in der praktischen Erfahrung begründet, welche Kraft und welchen Reichtum Sprache für uns bereit halten kann. Die wohl tiefgreifendste Erfahrung hingegen liegt für mich in der Erkenntnis, welch existenzieller Zustand es ist, festgelegt zu sein.

Literatur

von Aster, Michael (2005): Wie kommen Zahlen in den Kopf? Ein Modell der normalen und abweichenden Entwicklung zahlenverarbeitender Hirnfunktionen. In: Ders. / Lorenz, Jens Holger (Hrsg.): *Rechenstörungen bei Kindern. Neurowissenschaft, Psychologie, Pädagogik.* Göttingen: Vandenhoeck & Ruprecht, S. 13-33.

Ausubel, David P. / Novak, Joseph D. / Hanesian, H. (1982): Psychologie des Unterrichts. Band 1 und 2. 2., völlig überarbeitete Auflage. Weinheim, Basel: Beltz.

Beck, Christian / Maier, Hermann (1993): Das Interview in der mathematikdidaktischen Forschung. In: *Journal für Mathematikdidaktik* 14 (2), S. 147-179.

Bender, Peter / Schreiber, Alfred (1985): Operative Genese der Geometrie. Wien / Stuttgart: Höler-Pichler-Tempsky & Teubner.

Berlin, Tatjana (2010): Algebra erwerben und besitzen. Eine binationale empirische Studie in der Jahrgangsstufe 5. Dissertation Duisburg, Essen, Universität. URL: http://duepublico.uni-duisburg-essen.de/servlets/ DocumentServlet?id=22563 (Zugriff am 17.01.2010).

Berlin, Tatjana / Fischer, Astrid / Hefendehl-Hebeker, Lisa / Melzig, Dagmar (2009): Vom Rechnen zum Rechenschema – zum Aufbau einer algebraischen Perspektive im Arithmetikunterricht. In: Fritz, Annemarie / Schmidt, Siegbert (Hrsg.): *Fördernder Mathematikunterricht in der Sekundarstufe I.* Weinheim: Beltz, S. 270-291.

Böttinger, Claudia / Söbbeke, Elke (2009): Growing Patterns as examples for developing a new View onto Algebra and Arithmetic. In: Durand-Guerrier, Viviane / Soury-Lavergne, Sophie / Arzarello, Ferdinandeo (Hrsg.): *Proceedings of CERME 6 – Sixth Congress of the European Society for Research in Mathematics Education.* Lyon (France): Institut National de Recherché Pédagogique, S. 649-658.

Bohnsack, Rolf / Nentwig-Gesemann, Iris / Nohl, Arnd-Michael (2007): Die dokumentarische Methode und ihre Forschugnspraxis. Grundlagen qualitativer Sozialforschung. 2., erweiterte und aktualisierte Auflage. Wiesbaden: Verlag für Sozialwissenschaften.

Brandom, Robert (1994). Making it explicit. Reasoning, representing, and discursive commitment. Cambridge (MA): Harvard.

Brandom, Robert B. (2000): Expressive Vernunft. Begründung, Repräsentation und diskursive Festlegung. Frankfurt am Main: Suhrkamp.

Brandom, Robert (2000a): Pragmatik und Pragmatismus. In: Sandbothe, Mike (Hrsg.): *Die Renaissance des Pragmatismus. Aktuelle Verflechtungen zwischen analytischer und kontinentaler Philosophie.* Weilerswist: Velbrück Wissenschaft, S. 29-58.

Brandom, Robert (2001): Begründen und Begreifen. Eine Einführung in den Inferentialismus. Frankfurt am Main: Suhrkamp.

Brandom, Robert (2001a): Der Mensch, das normative Wesen. Über die Grundlagen unseres Sprechens. Eine Einführung. In: Die ZEIT 29, 12.07.2001.

Brandom, Robert (2002): Tales of the Mighty Dead. Historical Essays in the Metaphysics of Intentionality. Cambridge (MA), London: Harvard.

Bruner, Jerome S. / Olver, Rose R. / Greenfield, Patricia M. (1971): Studien zur kognitiven Entwicklung. Eine kooperative Untersuchung am „Center for Cognitive Studies" der Harvard-Universität. Stuttgart: Klett.

Cobb, Paul (2007): Putting Philosophy to Work. Coping with Multiple Theoretical Perspectives. In: Lester, Frank K. (Hrsg.): *Second Handbook of Research on Mathematics Teaching and Learning.* Charlotte (NC): Information Age Publishing, S. 3-38.

Cobb, Paul / Yackel, Erna (1996): Constructivist, Emergent, and Sociocultural Perspectives in the Context of Developemental Research. In: *Educational Psychologist* 31 (3), S. 175-190.

Cooper, Tom / Warren, Elizabeth (2008): The effect of different representations on Years 3 to 5 students' ability to generalise. In: *ZDM Mathematics Education* 40, S. 23-37.

Derry, Jan (2008): Abstract rationality in education: from Vygotsky to Brandom. In: *Studies in Philosophy and Education* 27, S. 49-62.

Descartes, René (1964): Abhandlung über die Methode des richtigen Vernunftgebrauchs und der wissenschafltichen Wahrheitsforschung. Stuttgart: Reclam.

Detel, Wolfgang (2007): Grundkurs Philosophie. Band 3. Philosophie des Geistes und der Sprache. Stuttgart: Reclam.

Dörffler, Willibald (1994): Haben wir Mathematik im Kopf? In: Pickert / Weidig (Hrsg.): *Mathematik erfahren und lehren. Festschrift für Hans Joachim Vollrath.* Stuttgart, S. 63-71.

Dreyfus, Tommy / Kidron, Lina (2006): Interacting parallel constructions. A solitary learner and the bifurcation diagram. In: *Recherches en didactique des mathématiques* 26 (3), S. 295-336.

English, Lyn / Warren, Elizabeth (1998): Introducing the Variable through Pattern Exploration. In: *The Mathematics Teacher* 91 (2), S. 166-170.

Enzensberger, Hans Magnus (2009): Der Zahlenteufel. Ein Kopfkissenbuch für alle, die Angst vor der Mathematik haben. 10., überarbeitete Auflage. München: Deutscher Taschenbuch Verlag.

Fischer, Astrid (2009): Zwischen bestimmten und unbestimmten Zahlen – Zahl- und Variablenauffassungen von Fünftklässlern. In: *Journal für Mathematikdidaktik* 20 (1), S. 3-29.

Fischer, Astrid / Hefendehl-Hebeker, Lisa / Prediger, Susanne (2010): Mehr als Umformen: Reihhaltige algebraische Denkhandlungen im Lernprozess sichtbar machen. In: *PM Praxis der Mathematik* 52 (33), S. 1-7.

Friebertshäuser, Barbara (1997): Interviewtechniken – ein Überblick. In: Dies. / Prengel, Annedore: *Handbuch qualitative Methoden in der Erziehungswissenschaft.* Weinheim, München: Juventa, S. 371-395.

Fuhrmann, André / Olsen, Eric J. (Hrsg.) (2004): Pragmatisch Denken. Frankfurt, Lancaster: Ontos.

Gallin, Peter / Ruf, Urs (1998): Sprache und Mathematik in der Schule. Auf eigenen Wegen zur Fachkompetenz. Seelze: Kallmeyer.

Goldin, Gerald (2004): Problem Solving Heuristics, Affect, and Discrete Mathematics. In: *ZDM Zentralblatt für Didaktik der Mathematik* 36 (2), S. 56-60

Gravemeijer, Koeno (1994): Educational Development and Developmental Research in Mathematics Education. In: *Jounal for Research in Mathematics Education* 25 (5), S. 443-471.

Habermas, Jürgen (2004): Wahrheit und Rechtfertigung. Frankfurt am Main: Suhrkamp.

Hausendorf, Heiko / Quasthoff, Uta (2005): Sprachentwicklung und Interaktion. Eine linguistische Studie zum Erwerb von Diskursfähigkeiten. Radolfzell: Verlag für Gesprächsforschung.

Healy, L. / Hoyles, C. (1999): Visual and symbolic reasoning in mathematics. Making connections with computers? In: *Mathematical Thinking and Learning* 1, S. 59-84.

Hefendehl-Hebeker, Lisa (2001): Die Wissensform des Formelwissens. In: Weiser, W. / Wollring, B. (Hrsg.): *Beiträge zur Didaktik der Mathematik für die Primarstufe. Festschrift für Siegbert Schmidt.* Hamburg: Kovac, S. 83-98.

Hefendehl-Hebeker, Lisa (2007): Algebraisches Denken – was ist das? In: *Beiträge zum Mathematikunterricht 2007.* Hildesheim: Franzbecker, S. 148-151.

Hershkovitz, Rina (2009): Contour lines between a model as a theoretical framework and the same model as methodological tool. In: Schwarz, B.B. / Dreyfus, T. / dies. (Hrsg.): *Transformation of knowledge through classroom interaction*. London: Routledge, S. 273-280.

Hershkovitz, Rina / Schwarz, Baruch B. / Dreyfus, Tommy (2001): Abstraction in context: Epistemic Actions. In: *Journal for Research in Mathematics Education* 32 (2), S. 195-222.

Hofe, Rudolf vom (1995): Grundvorstellungen mathematischer Inhalte. Heidelberg, Berlin, Oxford: Spektrum.

Hußmann, Stephan (2004): Off the beaten track. Mathematics as conceptmongering. In: *Nieuw Archief voor Wiskunde* 5 (1), S. 64-68.

Hußmann, Stephan (2006): Konstruktivistisches Lernen an Intentionalen Problemen. Mathematik unterrichten in einer offenen Lernumgebung. Hildesheim: Franzbecker.

Hußmann, Stephan (2008): Ich mal mir ein Bild, dann versteh` ich es besser. Visualisierungen als Stütze algebraischen Denkens. In: *PM Praxis der Mathematik in der Schule* 21(3). S. 24-27.

Hußmann, Stephan (2009): Mathematik selbst erfinden. In: Leuders, Timo / Hefendehl-Hebeker, Lisa / Weigand, Hans-Georg (Hrsg.): *Mathemagische Momente*. Berlin: Cornelsen, S. 62-73.

Hußmann, Stephan / Greefrath, Gilbert / Mühlenfeld, Udo / Witzmann, Conny (in Vorbereitung für 2012): Wie geht es weiter? Zahlen- und Bildmuster erforschen. Erscheint in Prediger, Susanne / Barzel, Bärbel / Hußmann, Stephan / Leuders, Timo (Hrsg.): *mathewerkstatt 6*. Berlin: Cornelsen.

Jungwirth, Helga (2003): Interpretative Forschung in der Mathematikdidaktik – ein Überblick für Irrgäste, Teilzieher und Standvögel. In: *ZDM Zentralblatt für Didaktik der Mathematik* 35 (5), S. 189-200.

Jungwirth, Helga / Krummheuer, Götz (2006): Banal sozial? Zur Soziologisierung des mathematischen Lehrens und Lernens durch die interpretative Unterrichtsforschung. In: Jungwirth, H. / Krummheuer, G. (Hrsg.): *Der Blick nach innen: Aspekte der alltäglichen Lebenswelt Mathematikunterricht. Band 1*. Münster, New York: Waxmann, S. 7-18.

Jungwirth, Helga / Krummheuer, Götz (2008): Interpretative Forschung als Prozess: zu den Denkfiguren einer Forschungsrichtung von ihrem Beginn bis heute. In: Jungwirth, H.; Krummheuer, G. (Hrsg.): *Der Blick nach innen: Aspekte der alltäglichen Lebenswelt Mathematikunterricht. Band 2*. Münster, New York: Waxmann, S. 145-172.

Kant, Immanuel (1999): Kritik der reinen Vernunft. In: Kant, Immanuel: Die drei Kritiken. Band I. Herausgegeben von Alexander Ulfig. Köln: Parkland.

Kaput, James (1995): A research base supporting long term algebra reform? In: Owens, D. / Reed, M. / Millsaps, G (Hrsg.): *Proceedings of the Seventh Annual Meeting of the North American Chapter of the International Group for the Psychology of Mathematics Education. Vol. 1.* Columbus, OH: ERIC Clearinghouse for Science, Mathematics, and Environmental Education, S. 71-94.

Kieran, Carolyn (2007): Learning and teaching algebra at the middle school through college levels. Building meaning for symbols and their manipulation. In: Lester, Frank K. (Hrsg.): *Second Handbook of Research on Mathematics Teaching and Learning.* Charlotte (NC): Information Age Publishing, S. 706-762.

Krummheuer, Götz (1983): Algebraische Termumformungen in der Sekundarstufe I. Bielefeld: IDM (= Materialien und Studien; 31).

Krummheuer, Götz (1984): Zur unterrichtsmethodischen Dimension von Rahmungsprozessen. In: *Journal für Mathematikdidaktik* 5 (2), S. 285-306.

Krummheuer, Götz (2008): Inskription, Narration und diagrammatich basierte Argumentation. Narrative Rationalisierungspraxen im Mathematikunterricht der Grundschule. In: Jungwirth, Helga / ders. (Hrsg.): *Blick nach innen: Aspekte der alltäglichen Lebenswelt Mathematikunterricht.* Münster, New York: Waxmann, S. 7-36.

Lamnek, Siegfried (1988): Qualitative Sozialforschung. Band 1: Methodologie. München: Psychologie Verlags Union.

Lee, Lesley (1996): An initiation into algebraic culture thhrough generalization activities. In: In: Bednarz, N. / Kieran, C. / Lee, L. (Hrsg.): *Approaches to Algebra. Perspectives for Research and Teaching.* Dordrecht: Kluwer, S. 87-106.

Leuders, Timo / Hußmann, Stephan / Barzel, Bärbel / Prediger, Susanne (2011, im Druck): Das macht Sinn! Sinnstiftung mit Kontexten und Kernideen. In: *PM Praxis der Mathematik.*

Malle, Günther (1993): Didaktische Probleme der elementaren Algebra. Braunschweig, Wiesbaden: Vieweg.

Mason, John (1996): Expressing generality and roots of algebra. In: Bednarz, N. / Kieran, C. / Lee, L. (Hrsg.): *Approaches to Algebra. Perspectives for Research and Teaching.* Dordrecht: Kluwer, S. 65-86.

Mason, John / Graham, Alan / Johnston-Wilder, Sue (2005): Developing thinking in algebra. London: Stage.

Mayring, Phillipp (2002): Einführung in die qualitative Sozialforschung. Eine Einführung zu qualitativem Denken. 5. Auflage. Weinheim, Basel: Beltz.

Meyer, Michael (2007a): Entdecken und Begründen im Mathematikunterricht. Von der Abduktion zum Argument. Hildesheim: Franzbecker.

Meyer, Michael (2007b): Entdecken und Begründen im Mathematikunterricht. Zur Rolle der Abduktion und des Arguments. In: *Journal für Mathematik-Didaktik* 28 (3/4), S. 286-310.

Perler, Dominik (1996): Repräsentation bei Descartes. Frankfurt am Main: Klostermann.

Prediger, Susanne (2000): Mathematische Logik in der Wissensverarbeitung. Historisch-philosophische Gründe für eine Kontextuelle Logik. In: *Mathematische Semesterberichte* 47 (2), S. 165-191.

Prediger, Susanne (2004): Mathematiklernen in interkultureller Perspektive. Mathematikphilosophische, deskriptive und präskriptive Betrachtungen. München, Wien: Profil (Klagenfurter Beiträge zur Didaktik der Mathematik; 6).

Prediger, Susanne (2008): "...nee, so darf man das Gleich doch nicht denken" Lehramtsstudierende auf dem Weg zur fachdidaktisch fundierten diagnostischen Kompetenz. In: Barzel, Bärbel / Berlin, Tatjana / Bertalan, Dagmar / Fischer, Astrid (Hrsg.): *Algebraisches Denken. Festschrift für Lisa Hefendehl-Hebeker*. Franzbecker: Hildesheim, S. 89-99.

Prediger, Susanne (2009): Inhaltliches Denken vor Kalkül. Ein didaktisches Prinzip zur Vorbeugung und Förderung bei Rechenschwierigkeiten. In: Fritz, Annemarie / Schmidt, Siegbert (Hrsg.): *Fördernder Mathematikunterricht in der Sekundarstufe I*. Weinheim: Beltz, S. 213-234.

Prediger, Susanne (2010): Über das Verhältnis von Theorien und wissenschaftlichen Praktiken – am Beispiel von Schwierigkeiten mit Textaufgaben. In: *Journal für Mathematikdidaktik* 31 (2), S. 167-195.

Prediger, Susanne / Bikner-Ahsbahs, Angelika / Arzarello, Ferdinando (2008): Networking strategies and methods for connecting theoretical approaches: first steps towards a conceptual framework. In: *ZDM Mathematics Education* 40, S. 165-178.

Prediger, Susanne / Barzel, Bärbel / Leuders, Timo / Hußmann, Stephan (2011): Systematisieren und Sichern. Nachhaltiges Lernen durch aktives Ordnen. Erscheint in: *Mathematik lehren* 164, S. 2-10.

Prediger, Susanne / Leuders, Timo / Barzel, Bärbel / Hußmann, Stephan (Hrsg.) (in Vorbereitung für 2012): mathewerkstatt 5. Handbuch für Lehrkräfte. Berlin: Cornelsen.

Reinmann-Rothmeyer, Gabi / Mandl, Heinz (2001): Unterrichten und Lernumgebungen gestalten. In: Krapp, Andreas / Weidenmann, Bernd: *Pädagogische Psychologie. Ein Lehrbuch*. 4., vollständig überarbeitete Auflage. Weinheim: Beltz, S. 601-646.

Rüede, Christan (2009): Wenn das Unausgesprochene regelnd wirkt – eine theoretische und empirische Arbeit zum Impliziten. In: *Journal für Mathematik-Didaktik 30* (2), S. 93-120.

Sandbothe, Mike (Hrsg.) (2000): Die Renaissance des Pragmatismus. Weilerswist: Velbrück.

Sawyer, W. W. (1955): A Prelude to Mathematics. London: Penguin.

Schwarz, Baruch B. / Dreyfus, Tommy / Hershkowitz, Rina (2009): The nested epistemic actions model for abstraction in context. In: dies (Hrsg.): *Transformation of Knowledge through Classroom Interaction*. London: Routledge, S. 11-41.

Seiler, Thomas Bernhard (1985): Sind Begriffe Aggregate von Komponenten oder idiosynkratische Minitheorien? Kritische Überlegungen zum Komponentenmodell von Dedre Genter und Vorschläge zu einer alternativen Konzeption. In: Ders. / Wannenmacher, Wolfgang (Hrsg.): *Begriffs- und Wortbedeutungsentwicklung. Theoretischer, empirische und methodische Untersuchungen*. Berlin: Springer, S. 105-131.

Seiler, Thomas Bernhard (2001): Begreifen und Verstehen. Ein Buch über Begriffe und Bedeutungen. Mühltal: Verlag Allgemeine Wissenschaft (=Darmstädter Schriften zur Allgemeinen Wissenschaft; 1).

Seiler, Thomas Bernhard (2008): Wissen zwischen Sprache, Information, Bewusstsein – Probleme mit dem Wissensbegriff. Münster: Monsenstein und Vannerdat.

Sellars, Wilfried (1999): Der Empirismus und die Philosophie des Geistes. Paderborn: mentis.

Selter, Christoph / Spiegel, Hartmut (1997): Wie Kinder rechnen. Leipzig, Stuttgart, Düsseldorf: Klett.

Sfard, Anna (1991): On the Dual Nature of Mathematical Conceptions: Reflections on Processes and Objects as Different Sides of the Same Coin. In: *Educational Studies in Mathematics* 22, S. 1-36.

Sfard, Anna (2001): There is more to Discourse than Meets the Ears: Looking at Thinking as Communicating to Learn more about Mathematical Learning. In: *Educational Studies in Mathematics* 46, S. 13-57.

Sfard, Anna (2008): Thinking as Communicating. Human development, the Growth of Discourses, and Mathematizing. Cambridge: Cambridge University Press.

Sfard, Anna / Linchevski, Liora (1994): The Gains and Pitfalls of Reification: The Case of Algebra. In: *Educational Studies in Mathematics* 26, S. 191-228.

Siebel, Franziska (2005): Elementare Algebra und ihre Fachsprache. Eine allgemein-mathematische Untersuchung. Darmstadt: Verlag Allgemeine Wissenschaft.

Sierpinska, Anna / Lerman, Stephen (1996): Epistemologies of Mathematics and of Mathematics Education. In: Bishop, Alan et al. (Hrsg.): *International Handbook of Mathematics Education.* Dordrecht: Kluwer Academic Publishers, S. 827-876.

Simon, Martin (1995): Reconstructing mathematics pedagogy from a constructivist perspective. In: *Journal for Research in Mathematics Education* 26 (2), S. 114-145.

Simon, Martin / Tzur, Ron (2004): Explicating the Role of Mathematical Tasks in Conceptual Learning: An Elaboration of the Hypothetical Learning Trajectory. In: *Mathematical Thinking and Learning* 6 (2), S. 91-104.

Söbbeke, Elke (2005): Zur visuellen Strukturierungsfähigkeit von Grundschulkindern. Epistemologische Grundlagen und empirische Fallstudien zu kindlichen Strukturierungsprozessen mathematischer Anschauungsmittel. Hildesheim: Franzbecker.

Spitzer, Manfred (2002): Lernen. Gehirnforschung und die Schule des Lebens. Heidelberg, Berlin: Spektrum.

Steinbring, Heinz (1999): Epistemologische Analyse mathematischer Kommunikation. In: *Beiträge zum Mathematikunterricht,* S. 515-518.

Steinbring, Heinz (2000): Mathematische Bedeutung als eine soziale Konstruktion. Grundzüge der epistemologisch orientierten mathematischen Interaktionsforschung. In: *Journal für Mathematikdidaktik* 21 (1), S. 28-49.

Steinbring, Heinz (2006): What Makes a Sign a Mathematical Sign? An Epistemological Perspective on Mathematical Interaction. In: *Educational Studies in Mathematics* 61 (1-2), S. 133-162.

Steinweg, Anna Susanne (2001): Zur Entwicklung des Zahlenmusterverständnisses bei Kindern. Epistemologisch-pädagogische Grundlegung. Münster: Lit.

Tietze Uwe-Peter / Klika, Manfred / Wolpers, Hans (Hrsg.): Mathematikunterricht in der Sekundarstufnfe 2. Band 1. Fachdidakitsche Grundfragen – Didaktk der Analysis. 2., durchgesehene Auflage. Braunschweig, Wiesbaden: Vieweg.

Toulmin, Stephen (1969): The rules of argument. Cambridge: Cambridge University Press.

Usiskin, Zalman (1988): Conceptions of Algebra and Uses of Variables. In: *NCTM: The Ideas of Algebra, K-12. Yearbook of the National Co0unil of Teachers of Mathematics.* Reston: NCTM, S. 8-19.

Vergnaud, Gérard (1990): Epistemology and Psychology of Mathematics Education. In: Nesher, Pearla / Kilpatrick, Jeremy (Hrsg.): *Mathematics and Cognition. A Research Synthesis by the International Group for the Psychology of Mathematics Education.* Cambridge, New York: Cambridge University Press, S. 14-30.

Vergnaud, Gérard (1992): Conceptual Fields, Problem-Solving and Intelligent Computer-Tools. In: De Corte, Erik / Linn, Marcia / Mandl, Heinz / Verschaffel, Lieven (Hrsg): *Comptuter-based learning environments and problem-solving.* Berlin: Springer, S. 287-208.

Vergnaud, Gérard (1996): Education, the best portion of Piaget's heritage. In: *Swiss Journal of Psychology* 55 (2/3), S. 112-118.

Vergnaud, Gérard (1996a): The theory of conceptual fields. In Steffe, L.P. / Nesher, P. / Cobb, P. / Goldin, G.A. / Greer, B. (Hrsg.): *Theories of Mathematical Learning.* Mahwah (NJ): Lawrence Erlbaum, S. 219-239.

Vergnaud, Gérard (1997): The Nature of Mathematical Concepts. In: Nunes, T. / Bryant, P. (Hrsg.): *Learning and Teaching Mathematics: An International Perspective.* Hove (UK): Psychology Press, S. 5-28.

Vergnaud, Gérard (1999): A Comprehensive Theory of Representation for Mathematics Education. In: *Journal of Mathematical Behavior* 17 (2), S. 167-181.

Vogd, Werner (2005a): Systemtheorie und Rekonstruktive Sozialforschung – Versuch einer Brücke. Leverkusen: Barbara Budrich.

Voigt, Jörg (1984a): Interaktionsmuster und Routinen im Mathematikunterricht. Theoretische Grundlagen und mikroethnographische Falluntersuchungen. Weinheim: Beltz.

Voigt, Jörg (1984b): Die Kluft zwischen didaktischen Maximen und ihrer Verwirklichung im Mathematikunterricht. In: *Journal für Mathematikdidaktik* 5 (2), S. 265-283.

Vollrath, Hans-Joachim (1984): Methodik des Begriffslehrens im Mathematikunterricht. Stuttgart: Klett.

Vygotsky, L. S. (1986): Denken und Sprechen. Frankfurt am Main: Fischer.

Vygotsky, L. S. (1998): Child Psychology. In: Rieber, Robert W. (Hrsg): *The collected works of L. S. Vygotsky. Volume 5.* New York: Plenum Press.

Warren, Elizabeth / Cooper, Tom (2008): Generalising the Pattern Rule for Visual Growth Patterns: Actions that Support 8 year olds' Thinking. In: *Educational Studies in Mathematics 67.* Dordrecht: Kluwer Academic Publishers, S. 171-185.

Winter, Heinrich (1983): Über die Entfaltung begrifflichen Denkens im Mathematikunterricht. In: *Journal für Mathematik-Didaktik* 3, S. 175-204.

Wittenberg, Alexander (1963): Bildung und Mathematik. Stuttgart: Klett.

Wittman, Erich Ch. (1998): Design und Erforschung von Lernumgebungen als Kern der Mathematikdidaktik. In: *Beiträge zur Lehrerbildung* 16 (3), S. 329-342.

Wittmann, Erich Ch. / Müller, Norbert M. (2007): Muster und Strukturen als fachliches Grundkonzept. In: Walther, Gerd / van den Heuvel-Panhuizen, Marja / Granzer, Dietlinde / Köller, Olaf (Hrsg.): Bildungsstandards für die Grundschule. Mathematik konkret. Berlin: Cornelsen, S. 42-65.

Zazkis, Rina / Liljedahl, Peter (2002): Arithmetic Sequence as a Bridge between Conceptual Fields. In: *Canadian Journal of Science, Mathematics and Technology Education* 2 (1), S. 91-118.

Zazkis, Rina / Liljedahl, Peter (2002a): Generalization of Patterns: The Tension between Algebraic Thinking and Algebraic Notation. In: *Educational Studies in Matheamtics 49*. Dordrecht: Kluwer Academic Publishers, S. 379-402.